零基础实践

深度学习

U0338899

毕　然　孙高峰
周湘阳　刘威威
──────── 编著

清华大学出版社
北　京

内 容 简 介

　　本书从人工智能、机器学习和深度学习三者的关系开始,以深度学习在计算机视觉、自然语言处理和推荐系统的应用实践为主线,逐步剖析模型原理和代码实现。书中的内容深入浅出,通过原理与代码结合、产业实践和作业题结合的方式,帮助读者更好掌握深度学习的相关知识和深度学习开源框架的使用方法。为了让更多的读者从中受益,快速应对复杂多变的 AI 应用,书中还介绍各种模型资源和辅助工具,旨在帮助读者在人工智能的战场上武装到牙齿,和"AI 大师"一样无往不利。

　　人工智能是一门跨学科的技术,本书可作为深度学习的入门读物,也可作为人工智能或相关学科本科生和研究生的教材,还可供 AI 爱好者和从业者使用。

图书在版编目(CIP)数据

零基础实践深度学习/毕然等编著. —北京:清华大学出版社,2020.12(2022.7 重印)
ISBN 978-7-302-56751-6

Ⅰ. ①零… Ⅱ. ①毕… Ⅲ. ①机器学习 Ⅳ. ①TP181

中国版本图书馆 CIP 数据核字(2020)第 212149 号

责任编辑:贾　斌
封面设计:蒋卓骧　宋玉涵
责任校对:胡伟民
责任印制:杨　艳

出版发行:清华大学出版社
　　　　网　　　址:http://www.tup.com.cn,http://www.wqbook.com
　　　　地　　　址:北京清华大学学研大厦 A 座　　　邮　　编:100084
　　　　社 总 机:010-83470000　　　　　　　　　　邮　　购:010-62786544
　　　　投稿与读者服务:010-62776969,c-service@tup.tsinghua.edu.cn
　　　　质量反馈:010-62772015,zhiliang@tup.tsinghua.edu.cn
　　　　课件下载:http://www.tup.com.cn,010-83470236
印 装 者:三河市龙大印装有限公司
经　　销:全国新华书店
开　　本:185mm×260mm　　印　张:28.75　　　　字　　数:720 千字
版　　次:2020 年 12 月第 1 版　　　　　　　　　　印　　次:2022 年 7 月第 4 次印刷
印　　数:6001~8000
定　　价:128.00 元

产品编号:090314-01

○ 序 言

很高兴看到《零基础实践深度学习》的出版。本书结合深度学习理论与实践，使用百度飞桨平台实现自然语言处理、计算机视觉及个性化推荐等领域的经典应用，为广大读者打开了一扇在实践中学习人工智能的大门。

人工智能已经成为新一轮科技革命和产业变革的重要驱动力量，正在越来越多地与各行各业深度融合，推动人类社会进入智能时代。深度学习是新一代人工智能的核心基础技术，有很强的通用性。开发便捷、训练高效、部署灵活的深度学习框架及平台，已具备了自动化、模块化和标准化特征，使得人工智能进入工业大生产阶段。

我国经济社会正在转向高质量发展，科技创新催生的新发展动能，正在加快新发展格局的形成。大力发展新一代人工智能，能够促进我国科技跨越发展、产业优化升级和生产力整体跃升，从而建设现代化经济体系，为人民创造更加美好的生活。

要加快发展新一代人工智能技术及应用，就需要培养既有行业洞察和实践，又懂人工智能技术的复合型人才。有幸的是，向上承载应用、向下对接芯片的深度学习平台日趋成熟，为开发者快速学习和高效研发人工智能应用提供了有力支撑。

本书深入浅出地介绍了深度学习技术原理，其中既有作者对技术的思考，又有从产业实践中总结的经验。书中的实践代码基于国内领先的飞桨深度学习平台开发，为读者详细阐述了深度学习技术的经典算法和产业实践，同时在 AI Studio（百度 AI 学习与实训社区）中配套在线视频课程及代码，便于读者学习。

作为引领这一轮科技革命和产业变革的战略性技术，人工智能不断创新发展的同时，也在加速产业智能化升级。希望这本书能够帮助广大读者快速入门深度学习，在智能时代大展宏图。

百度首席技术官　王海峰

2020 年 11 月

○ 前言

　　作为一名在人工智能领域搬砖了十几年的老工匠,我非常高兴与大家共同学习和探讨深度学习的那些事儿。书中阐述的很多观点和实践,都是我多年来的教学经验和项目经验累积,是入门深度学习必须要掌握的基本功。感谢读者朋友们选择本书作为开启深度学习实践的教材,期待阅读本书后,大家可以领悟并掌握深度学习的"套路",并举一反三,轻松驾驭学业和工作中与深度学习相关的任务。

　　2020年,COVID-19席卷全球、国际形势瞬息万变,加速了中国产业政策和基础教育的变革,同时也加快了走出"舒适区"的步伐。不难想象,未来20年,中国的人工智能必将进入高速发展阶段,机遇与挑战并存。"乘风破浪会有时,直挂云帆济沧海",我很期待下一代人工智能的领航人能在中国诞生,能在本书的读者中产生。

　　特色一:理论和代码结合、实践与平台结合,帮助读者快速掌握深度学习基本功

　　目前在市面上,关于人工智能和深度学习的图书已经汗牛充栋,但大多偏重理论,对于AI实践应用的介绍涉猎较少。但以我多年的经验来看,作为深度学习的初学者,应该更需要一本理论和代码结合、实践与平台结合的书,因为多数开发者更习惯通过实践代码来理解模型背后的原理。本书介绍的内容和相关代码,都配有在线课程,读者可扫描封底的二维码获取。在线课程以Jupyter notebook的方式呈现,代码可以在线运行。

　　建议本书最佳的阅读方式:阅读本书时,读者可以观看视频课程,同时在线运行实践代码,观察打印结果。通过纸质图书、线上课程视频和交互式的编程平台三位一体的设计策略,可以帮助读者在最短的时间内,轻松愉悦地掌握深度学习的基本功,这就是本书撰写的初衷。

　　特色二:工业实践案例和作业结合,帮助读者快速具备深度学习应用的能力

　　很多接触深度学习时间不是很长的开发者都会面临一个困惑,虽然系统学习了很多相关课程,能独立实践经典的学术问题,并追平领

梯度计算公式

$$\frac{\partial L}{\partial w_j} = \frac{1}{N}\sum_{i}^{N}(z_i - y_i)\frac{\partial z_i}{w_j} = \frac{1}{N}\sum_{i}^{N}(z_i - y_i)x_i^j$$

借助于numpy里面的矩阵操作，我们可以直接对所有w_j（$j = 0, ..., 12$）一次性的计算出13个参数所对应的梯度来

先考虑只有一个样本的情况，上式中的$N = 1$，$\frac{\partial L}{\partial w_j} = (z_1 - y_1)x_1^j$

可以通过具体的程序查看每个变量的数据和维度

```
In[19]  x1 = x[0]
        y1 = y[0]
        z1 = net.forward(x1)
        print('x1 {}, shape {}'.format(x1, x1.shape))
        print('y1 {}, shape {}'.format(y1, y1.shape))
        print('x1 {}, shape {}'.format(z1, z1.shape))

x1 [-0.02146321  0.03767327 -0.28552309 -0.08663366  0.01289726  0.04634817
  0.00795597 -0.00765794 -0.25172191 -0.11881188 -0.29002528  0.0519112
 -0.17590923], shape (13,)
y1 [-0.00390539], shape (1,)
x1 [-12.05947643], shape (1,)
```

按上面的公式，当只有一个样本时，可以计算某个w_j，比如w_0的梯度

```
In[20]  gradient_w0 = (z1 - y1) * x1[0]
        print('gradient_w0 {}'.format(gradient_w0))

gradient_w0 [0.25875126]
```

■图　理论知识讲解和可运行代码演示一体化

先的效果，但在产业应用时，仍然信心不足，感觉自己和在工业界摸爬滚打多年的工程师们有很大的差距。因此本书在撰写时，除了选取一些经典的学术问题，作为介绍深度学习知识的案例外，还选取了一些真实的工业实践项目，作为比赛题和作业题。这些项目都来源于百度工程师正在研发的与人工智能相关的工业应用。

在这些真实的工业实践项目中，读者会接触到很多独有的数据集和有趣的问题，并和成千上万的读者们共同较量模型优化的效果。如果您能在这些实践中独占鳌头，那么恭喜您，与在人工智能前端冲浪已久的工程师们相比，您已经毫不逊色。如果愿意，您甚至可以尝试面试顶级科技公司，从事与人工智能相关的研发工作。

03 作业：
1.尝试不同优化方案，在工业项目上赢得自信
2.自己拍摄10张虫子的照片，分析模型的效果

特色三：深度学习全流程工具支撑，帮助读者武装到牙齿

在人工智能应用飞速落地的今天，如何实现快速建模，如何提升模型的训练和部署效率，已经成为工业界普遍关注的课题。因此本书在介绍深度学习的各种"生存技巧"之后，还为读者配备了飞桨"最先进武器"，内容由"武器"的制造者——飞桨产品架构师

们共同撰写。高超生存技巧,配以先进的武器,相信可以让读者更加自信地驾驭这场轰
轰烈烈的 AI 浪潮,并大放异彩。

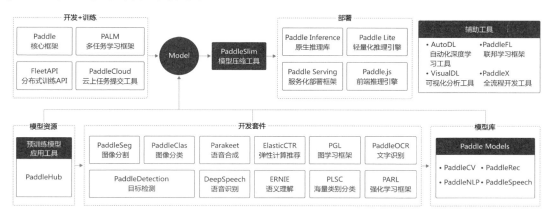

全书共 8 章,可分为 3 部分:第 1 部分包括第 1～2 章,以最基础的深度学习任务
(房价预测和手写数字识别)为例,内容由浅入深,层层剖析,帮助读者入门深度学习的
编程并掌握深度学习各环节的优化方法;第 2 部分包括第 3～7 章,以计算机视觉、自然
语言处理和推荐系统三个深度学习最常用领域的典型任务为例,介绍各领域的基础知
识和应用深度学习解决实际问题的方案及实践过程,帮助读者对深度学习模型有更深
刻的理解;第 3 部分为第 8 章,系统化地介绍飞桨提供的各种武器,包括模型资源、工业
化训练和部署工具,以及如何基于飞桨进行二次研发。

特别感谢王海峰老师在百忙中给本书作序,您对人工智能发展趋势的深刻理解为
我们提供了方向指引;感谢吴甜女士的指导和帮助,您对人工智能技术的热爱、对 AI
人才的重视和培育让本书的诞生成为可能;感谢马艳军、于佃海、李轩涯、周奇在本书撰
写过程中的大力支持,让其更匹配深度学习读者的需求;感谢飞桨研发工程师们为本书
的写作提供基础素材和提供简洁、高效、易用的实践代码;最后还要感谢迟恺、吴蕾、聂
浪、张克明、钱芳、郑子禾等同学对于本书细致入微的编辑和校对。

如果通过本书的学习,能够让读者得到开悟,并激发大家在深度学习领域持续深耕
的兴趣,那将是本书作者的最大的荣幸。由于本书作者学识有限,深度学习方法也还在
不断完善,书中难免存在疏漏,希望读者朋友不吝赐教,共同将这本书打造得更完美。

百度杰出架构师、飞桨产品负责人

2020 年 11 月于北京

目录

第 7 章　推荐系统　　283

第1章 零基础入门深度学习

1.1 机器学习和深度学习综述

1.1.1 人工智能、机器学习、深度学习的关系

近些年人工智能、机器学习和深度学习的概念十分火热,但很多从业者却很难说清它们之间的关系,外行人更是雾里看花。在研究深度学习之前,我们先从三个概念的正本清源开始。

概括来说,人工智能、机器学习和深度学习覆盖的技术范畴是逐层递减的。人工智能是最宽泛的概念。机器学习是当前比较有效的一种实现人工智能的方式。深度学习是机器学习算法中最热门的一个分支,近些年取得了显著的进展,并替代了大多数传统机器学习算法。三者的关系如图 1.1 所示,即:人工智能＞机器学习＞深度学习。

■图 1.1 人工智能、机器学习和深度学习三者关系示意

如字面含义,人工智能是研发用于模拟、延伸和扩展人的智能的理论、方法、技术及应用系统的一门新的技术科学。由于这个定义只阐述了目标,而没有限定方法,因此实现人工智能存在的诸多方法和分支,导致其变成一个"大杂烩"式的学科。

1.1.2 机器学习

区别于人工智能,机器学习,尤其是监督学习则有更加明确的指代。机器学习是专门研究计算机怎样模拟或实现人类的学习行为,以获取新的知识或技能,重新组织已有的知识结构,使之不断改善自身的性能。这

句话有点"云山雾罩"的感觉,让人不知所云,下面我们从机器学习的实现和方法论两个维度进行剖析,帮助读者更加清晰地认识机器学习的来龙去脉。

1. 机器学习的实现

机器学习的实现可以分成两步:训练和预测,类似于我们熟悉的归纳和演绎:

(1) 归纳:从具体案例中抽象一般规律,机器学习中的"训练"也是如此。从一定数量的样本(已知模型输入 X 和模型输出 Y)中,学习输出 Y 与输入 X 的关系(可以想象成某种表达式)。

(2) 演绎:从一般规律推导出具体案例的结果,机器学习中的"预测"亦是如此。基于训练得到的 Y 与 X 之间的关系,如出现新的输入 X,计算出输出 Y。通常情况下,如果通过模型计算的输出和真实场景的输出一致,则说明模型是有效的。

2. 机器学习的方法论

下面从"牛顿第二定律"入手,介绍机器学习的思考过程,以及在思考过程中如何确定模型参数,模型三个关键部分(假设、评价、优化)该如何应用。

1) 案例:机器从牛顿第二定律实验中学习知识

机器学习的方法论和人类科研的过程有异曲同工之妙,下面以"机器从牛顿第二定律实验中学习知识"为例,帮助读者更加深入理解机器学习(监督学习)的方法论本质。

牛顿第二定律:

牛顿第二定律是牛顿在 1687 年于《自然哲学的数学原理》一书中提出的,其常见表述为:物体加速度的大小跟作用力成正比,跟物体的质量成反比,与物体质量的倒数成正比。牛顿第二运动定律和第一、第三定律共同组成了牛顿运动定律,阐述了经典力学中基本的运动规律。

在中学课本中,牛顿第二定律有两种实验设计方法:倾斜滑动法和水平拉线法,如图 1.2 所示。

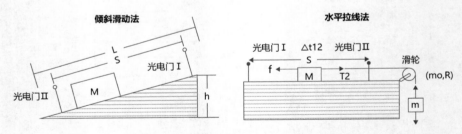

■图 1.2　牛顿第二定律实验设计方法

相信很多读者都有摆弄滑轮和小木块做物理实验的青涩年代和美好回忆。通过多次实验数据,可以统计出如表 1-1 所示的不同作用力下的木块加速度。

观察实验数据不难猜测,物体的加速度 a 和作用力之间的关系应该是线性关系。因此我们提出假设 $a = w \cdot F$,其中,a 代表加速度,F 代表作用力,w 是待确定的参数。通过大量实验数据的训练,确定参数 w 是物体质量的倒数 $1/m$,即得到完整的模型公式 $a = F/m$。当已知作用到某个物体的力时,基于模型可以快速预测物体的加速度。例如:燃料对火箭的推力 $F = 10$,火箭的质量 $m = 10$,可快速得出火箭的加速度 $a = 1$。

表 1-1 实验获取的大量数据样本和观测结果

项　　目	作用力 X	加速度 Y
第 1 次	4	2
第 2 次	4	2
…	…	…
第 n 次	6	3

2）确定模型参数

这个有趣的案例演示了机器学习的基本过程，但其中有一个关键点的实现尚不清晰，即：如何确定模型参数 $w = 1/m$？

确定参数的过程与科学家提出假说的方式类似，合理的假说至少可以解释所有的已知观测数据。如果未来观测到不符合理论假说的新数据，科学家会尝试提出新的假说。如天文史上，使用大圆和小圆组合的方式计算天体运行在中世纪是可以拟合观测数据的。但随着欧洲机械工业的进步，天文观测设备逐渐强大，越来越多的观测数据无法套用已有的理论，这促进了使用椭圆计算天体运行的理论假说出现。因此，模型有效的基本条件是能够拟合已知的样本，这给我们提供了学习有效模型的实现方案。

如图 1.3 所示，是以 H 为模型的假设，它是一个关于参数 w 和输入 X 的函数，用 $H(w, X)$ 表示。模型的优化目标是 $H(w, X)$ 的输出与真实输出 Y 尽量一致，两者的相差程度即是模型效果的评价函数（相差越小越好）。那么，确定参数的过程就是在已知的样本上，不断减小该评价函数（$H(w, X)$ 和 Y 相差）的过程，直到学习到一个参数 w，使得评价函数的取值最小。这个衡量模型预测值和真实值差距的评价函数也被称为损失函数（Loss Function）。

■图 1.3 确定模型参数示意图

举例来说，机器如一个机械的学生一样，只能通过尝试答对（最小化损失）大量的习题（已知样本）来学习知识（模型参数 w），并期望用学习到的知识（模型参数 w），组成完整的模型 $H(w, X)$，回答不知道答案的考试题（未知样本）。最小化损失是模型的优化目标，实现损失最小化的方法称为优化算法，也称为寻解算法（找到使得损失函数最小的参数解）。参数 W 和输入 X 组成公式的基本结构称为假设。在牛顿第二定律的案例中，基于对数据的观测，我们提出了线性假设，即作用力和加速度是线性关系，用线性方程表示。由此可见，模型假设、评价函数（损失/优化目标）和优化算法是构成模型的三个部分。

3）模型结构介绍

那么构成模型的三个部分（模型假设、评价函数和优化算法）是如何支撑机器学习流程的呢？如图 1.4 所示。

（1）模型假设：世界上的可能关系千千万，漫无目标地试探 $Y \sim X$ 之间的关系显然是十分低效的。因此假设空间先圈定了一个模型能够表达的关系可能，如蓝色圆圈所示。机器还会进一步在假设圈定的圆圈内寻找最优的 $Y \sim X$ 关系，即确定参数 w。

（2）评价函数：寻找最优之前，我们需要先定义什么是最优，即评价一个 $Y \sim X$ 关系的

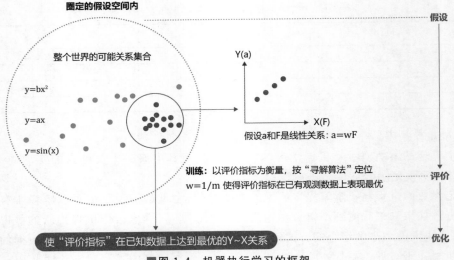

■ 图 1.4　机器执行学习的框架

好坏的指标。通常衡量该关系是否能很好地拟合现有观测样本,将拟合的误差最小作为优化目标。

（3）优化算法:设置了评价指标后,就可以在假设圈定的范围内,将使得评价指标最优（损失函数最小/最拟合已有观测样本）的 $Y \sim X$ 关系找出来,这个寻找的方法即为优化算法。最笨的优化算法即按照参数的可能,穷举每一个可能取值来计算损失函数,保留使得损失函数最小的参数作为最终结果。

从上述过程可以得出,机器学习的过程与牛顿第二定律的学习过程基本一致,都分为假设、评价和优化三个阶段:

（1）第一阶段,假设:通过观察加速度 a 和作用力 F 的观测数据,假设 a 和 F 是线性关系,即 $a = w \times F$。

（2）第二阶段,评价:对已知观测数据上的拟合效果好,即 $w \times F$ 计算的结果,要和观测的 a 尽量接近。

（3）第三阶段,优化:在参数 w 的所有可能取值中,发现 $w = 1/m$ 可使得评价最好（最拟合观测样本）。

机器执行学习的框架体现了其学习的本质是"参数估计"。在此基础上,许多看起来完全不一样的问题都可以使用同样的框架进行学习,如科学定律、图像识别、机器翻译和自动问答等,它们的学习目标都是拟合一个"大公式",如图 1.5 所示。

■ 图 1.5　机器学习就是拟合一个"大公式"

1.1.3 深度学习

机器学习算法理论在 20 世纪 90 年代发展成熟，在许多领域都取得了成功应用。但平静的日子只延续到 2010 年左右，随着大数据的涌现和计算机算力提升，深度学习模型异军突起，极大改变了机器学习的应用格局。今天，多数机器学习任务都可以使用深度学习模型解决，尤其在语音、计算机视觉和自然语言处理等领域，深度学习模型的效果比传统机器学习算法有显著提升。

那么相比传统的机器学习算法，深度学习做出了哪些改进呢？其实两者在理论结构上是一致的，即：模型假设、评价函数和优化算法，其根本差别在于假设的复杂度，如图 1.6 所示。

■图 1.6 深度学习的模型复杂度难以想象

不是所有的任务都像牛顿第二定律那样简单直观。对于图 1.6 中的美女照片，人脑可以接收到五颜六色的光学信号，能用极快的速度反应出这张图片中人物是一位美女，而且是程序员喜欢的类型。但对计算机而言，只能接收到一个数字矩阵，对于美女这种高级的语义概念，从像素到高级语义概念中间要经历的信息变换的复杂性是难以想象的！这种变换已经无法用数学公式表达，因此研究者们借鉴了人脑神经元的结构，设计出神经网络的模型。

1. 神经网络的基本概念

人工神经网络包括多个神经网络层，如卷积层、全连接层、LSTM 等，每一层又包括很多神经元，超过三层的非线性神经网络都可以被称为深度神经网络。通俗地讲，深度学习的模型可以视为是输入到输出的映射函数，如图像到高级语义（美女）的映射，足够深的神经网络理论上可以拟合任何复杂的函数。因此神经网络非常适合学习样本数据的内在规律和表示层次，对文字、图像和语音任务有很好的适用性。因为这几个领域的任务是人工智能的基础模块，所以深度学习被称为实现人工智能的基础也就不足为奇了。

神经网络结构如图 1.7 所示。

（1）神经元：神经网络中每个节点称为神经元，由两部分组成：

- 加权和：将所有输入加权求和。
- 非线性变换（激活函数）：加权和的结果经过一个非线性函数变换，让神经元计算具备非线性的能力。

（2）多层连接：大量这样的节点按照不同的层次排布，形成多层的结构连接起来，即称为神经网络。

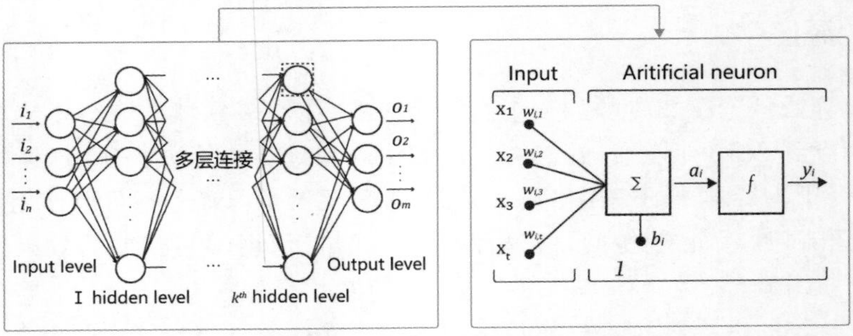

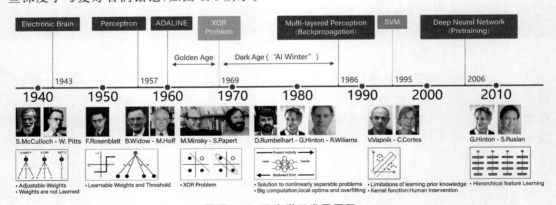

■图 1.7　神经网络结构示意图

（3）前向计算：从输入计算输出的过程，顺序从网络前至后。

（4）计算图：以图形化的方式展现神经网络的计算逻辑又称为计算图。我们也可以将神经网络的计算图以公式的方式表达如下：

$$Y = f_3(f_2(f_1(w_1 \cdot x_1 + w_2 \cdot x_2 + w_3 \cdot x_3 + b) + \cdots) \cdots) \cdots)$$

由此可见，神经网络并没有那么神秘，它的本质是一个含有很多参数的"大公式"。如果大家感觉这些概念仍过于抽象，理解得不够透彻，先不用着急，后续我们会以实践案例的方式，再次介绍这些概念。

2. 深度学习的发展历程

那么如何设计神经网络呢？下一节会以"房价预测"为例，演示使用 Python 实现神经网络模型的细节。在此之前，我们先回顾一下深度学习的悠久历史。

神经网络思想的提出已经是 75 年前的事情了，现今的神经网络和深度学习的设计理论是一步步趋于完善的。在这漫长的发展岁月中，一些取得关键突破的闪光时刻，值得我们这些深度学习爱好者们铭记，如图 1.8 所示。

■图 1.8　深度学习发展历程

- 1940 年：首次提出神经元的结构，但权重是不可学的。
- 1950—1960 年：提出权重学习理论，神经元结构趋于完善，开启了神经网络的第一个黄金时代。
- 1969 年：提出异或问题（人们惊奇地发现神经网络模型连简单的异或问题也无法解决，对其期望从云端跌落到谷底），神经网络模型进入了被束之高阁的黑暗时代。

- 1986 年：新提出的多层神经网络解决了异或问题，但随着 20 世纪 90 年代后理论更完备并且实践效果更好的 SVM 等机器学习模型的兴起，神经网络并未得到重视。
- 2010 年左右：深度学习进入真正兴起时期。随着神经网络模型改进的技术在语音和计算机视觉任务上大放异彩，也逐渐被证明在更多的任务，如自然语言处理以及海量数据的任务上更加有效。至此，神经网络模型重新焕发生机，并有了一个更加响亮的名字：深度学习。

为何神经网络到 2010 年后才焕发生机呢？这与深度学习成功所依赖的先决条件：大数据涌现、硬件发展和算法优化有关。

（1）大数据是神经网络发展的有效前提。神经网络和深度学习是非常强大的模型，需要足够量级的训练数据。时至今日，之所以很多传统机器学习算法和人工特征依然是足够有效的方案，原因在于很多场景下没有足够的标记数据来支撑深度学习这样强大的模型。深度学习的能力特别像科学家阿基米德的豪言壮语："给我一根足够长的杠杆，我能撬动地球！"深度学习也可以发出类似的豪言："给我足够多的数据，我能够学习任何复杂的关系"。但在现实中，足够长的杠杆与足够多的数据一样，往往只能是一种美好的愿景。直到近些年，各行业 IT 化程度提高，累积的数据量爆发式地增长，才使得应用深度学习模型成为可能。

（2）依靠硬件的发展和算法的优化。现阶段依靠更强大的计算机、GPU、autoencoder 预训练和并行计算等技术，深度网络在训练上的困难已经被逐渐克服。其中，数据量和硬件是更主要的原因。没有前两者，科学家们想优化算法都无从进行。

3．深度学习的研究和应用蓬勃发展

早在 1998 年，一些科学家就已经使用神经网络模型识别手写数字图像了。但深度学习在计算机视觉应用上的兴起，还是在 2012 年 ImageNet 比赛上，使用 AlexNet 做图像分类。如果比较下 1998 年和 2012 年的模型，会发现两者在网络结构上非常类似，仅在细节上有所优化。在这十四年间计算性能的大幅提升和数据量的爆发式增长，促使模型完成了从"简单的数字识别"到"复杂的图像分类"的跨越。

虽然历史悠久，但深度学习在今天依然在蓬勃发展，一方面基础研究快速发展，另一方面工业实践层出不穷。基于深度学习的顶级会议 ICLR（international conference on learning representations）统计，深度学习相关的论文数量呈逐年递增的状态，如图 1.9 所示。同时，不仅仅是深度学习会议，与数据和模型技术相关的会议 ICML 和 KDD，专注视觉的 CVPR 和专注自然语言处理的 EMNLP 等国际会议的大量论文均涉及深度学习技术。该领域和相关领域的研究方兴未艾，技术仍在不断创新突破中。

另一方面，以深度学习为基础的人工智能技术，在升级改造众多的传统行业领域，存在极其广阔的应用场景。图 1.10 选自艾瑞咨询的研究报告，人工智能技术不仅可在众多行业中落地应用（广度），在部分行业（如安防）已经实现了市场化变现和高速增长（深度），为社会贡献了巨大的经济价值。

4．深度学习改变了 AI 应用的研发模式

1）实现了端到端的学习

深度学习改变了很多领域算法的实现模式。在深度学习兴起之前，很多领域建模的思

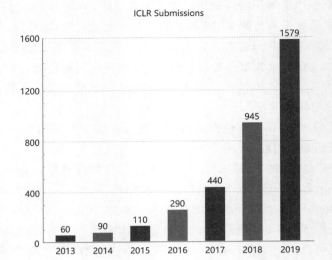

ICLR Submissions

■图 1.9　深度学习相关论文数量逐年攀升

◇ AI+零售
范围：线下新零售门店；
应用：AI摄像头、服务机器人等；
进展：概念落地仅12个月，大部分处于试点阶段

☺ AI+教育
范围：在线教育
应用：英语测评、智能批改、拍照搜题等；
进展：集中在自适应学习，有校外教育机构提供

♟ AI+电力
范围：电力传输、线路维护及能耗控制
应用：电网动态仿真、高精度视觉巡查机器人等；
进展：互联网巨头&社会资本强化与传统电力公司合作

⚙ AI+工业
范围：基础工业部门中的机械工业；
应用：工业质检机器人、工业云关联算法等；
进展：工业整体尚处于向自动化、数字化转型阶段

⊛ AI+金融
范围：银行、保险、证券等金融机构；
应用：风险控制、保险理赔、移动支付等；
进展：监管加强倒逼传统金融机构增加技术收入

⊞ AI+医疗
范围：诊疗、康复及医疗机构运维；
应用：影像辅助诊断、语音 电子病历、导诊机器人等；
进展：AI辅助诊断解决方案试点工作持续推进

⚏ AI+物流
范围：快递物流仓储；
应用：视觉导航AGV、AI质检产品等；
进展：受限于仓库基础建设，AGV出货量增速放缓

⊟ AI+交通
范围：城市交通调度优化及车辆监控；
应用：高清摄像头车辆识别、智能停车等；
进展：二三线城市大力布局智能交通基础设施

⚑ AI+建筑
范围：社区、园区、写字楼
应用：人脸考勤、访客管理、人口管控等；
进展：新建项目大规模采用，对传统项目渗透加快

⚐ AI+安防
范围：视频监控、出入口控制；
应用：社会治理、警务刑侦、建筑楼宇等；
进展：2018年市场规模增速接近250%

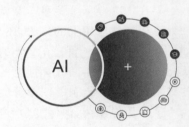

■图 1.10　以深度学习为基础的 AI 技术在各行业广泛应用

路是投入大量精力做特征工程，将专家对某个领域的"人工理解"沉淀成特征表达，然后使用简单模型完成任务（如分类或回归）。而在数据充足的情况下，深度学习模型可以实现端到端的学习，即不需要专门做特征工程，将原始的特征输入模型中，模型可同时完成特征提取和分类任务，如图 1.11 所示。

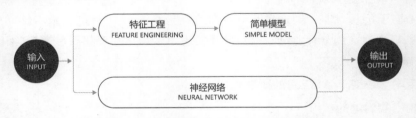

■图 1.11　深度学习实现了端到端的学习

以计算机视觉任务为例,特征工程是诸多图像科学家基于人类对视觉理论的理解,设计出来的一系列提取特征的计算步骤,典型如 SIFT 特征。在 2010 年之前的计算机视觉领域,人们普遍使用 SIFT 一类特征+SVM 一类的简单浅层模型完成建模任务。

说明:

SIFT 特征由 David Lowe 在 1999 年提出,在 2004 年加以完善。SIFT 特征是基于物体上的一些局部外观的兴趣点而与影像的大小和旋转无关。对于光线、噪声、微视角改变的容忍度也相当高。基于这些特性,它们是高度显著而且相对容易撷取,在母数庞大的特征数据库中,很容易辨识物体而且鲜有误认。使用 SIFT 特征描述对于部分物体遮蔽的侦测率也相当高,甚至只需要 3 个以上的 SIFT 物体特征就足以计算出位置与方位。在现今的计算机硬件速度下和小型的特征数据库条件下,辨识速度可接近即时运算。SIFT 特征的信息量大,适合在海量数据库中快速准确匹配。

---

2) 实现了深度学习框架标准化

除了应用广泛的特点外,深度学习还推动人工智能进入工业大生产阶段,算法的通用性导致标准化、自动化和模块化的框架产生,如图 1.12 所示。

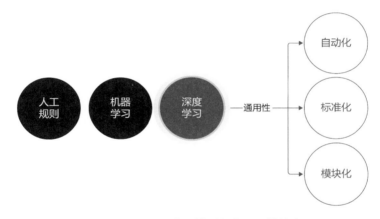

■图 1.12　深度学习模型具有通用性特点

在此之前,不同流派的机器学习算法理论和实现均不同,导致每个算法均要独立实现,如随机森林和支撑向量机(SVM)。但在深度学习框架下,不同模型的算法结构有较大的通用性,如常用于计算机视觉的卷积神经网络模型(CNN)和常用于自然语言处理的长短期记忆模型(LSTM),都可以分为组网模块、梯度下降的优化模块和预测模块等。这使得抽象出统一的框架成为可能,并大大降低了编写建模代码的成本。一些相对通用的模块,如网络基础算子的实现、各种优化算法等都可以由框架实现。建模者只需要关注数据处理,配置组网的方式,以及用少量代码串起训练和预测的流程即可。

在深度学习框架出现之前,机器学习工程师处于手工业作坊生产的时代。为了完成建模,工程师需要储备大量数学知识,并为特征工程工作积累大量行业知识。每个模型是极其个性化的,建模者如同手工业者一样,将自己的积累形成模型的"个性化签名"。而今,"深度

学习工程师"进入了工业化大生产时代。只要掌握深度学习必要但少量的理论知识,掌握
Python 编程即可以在深度学习框架实现非常有效的模型,甚至与该领域最领先的模型不相
上下。建模这个被"老科学家"们长期把持的领域面临着颠覆,也是新入行者的机遇,如
图 1.13 所示。

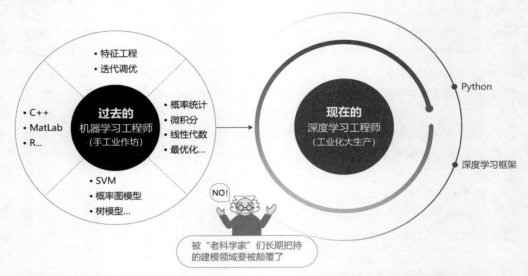

■图 1.13　深度学习工程师处于工业化大生产时代,"老科学家"长期积累的优势不再牢固

　　人生天地之间,若白驹过隙,忽然而已,每个人都希望留下自己的足迹。为何要学习深
度学习技术,以及如何通过这本书来学习呢? 一方面,深度学习的应用前景广阔,是极好的
发展方向和职业选择。另一方面,本书会使用国产的深度学习框架飞桨(PaddlePaddle)来
编写实践案例,基于框架的编程让深度学习变得易学易用。

1.1.4　作业

　　(1) 类比牛顿第二定律的案例,在你的工作和生活中还有哪些问题可以用监督学习的
框架来解决? 模型假设和参数是什么? 评价函数(损失)是什么?
　　(2) 为什么说深度学习工程师有发展前景? 怎样从经济学(市场供需)的角度做出
解读?

作业提交方式

请读者扫描图书封底的二维码,在 AI Studio"零基础实践深度学习"课程中的"作业"节
点下提交相关作业。

1.2　使用 Python 和 NumPy 构建神经网络模型

　　下面让我们介绍第一个实践案例:基于 Python 编写完成房价预测任务的神经网络模
型,并在这个过程中亲身设计一个神经网络模型。

1.2.1 波士顿房价预测任务

上一节我们初步认识了神经网络的基本概念(如神经元、多层连接、前向计算、计算图)和模型结构三要素(模型假设、评价函数和优化算法)。本节将以"波士顿房价"任务为例,向读者介绍使用 Python 语言和 NumPy 库来构建神经网络模型的思考过程和操作方法。

波士顿房价预测是一个经典的机器学习任务,类似于程序员世界的 Hello World。和大家对房价的普遍认知相同,波士顿地区的房价是由诸多因素影响的。该数据集统计了 13 种可能影响房价的因素和该类型房屋的均价,期望构建一个基于 14 个因素进行房价预测的模型,如图 1.14 所示。

属性名	解释	类型
CRIM	该镇的人均犯罪率	连续值
ZN	占地面积超过25.000平方英尺的住宅用地比例	连续值
INDUS	非零售商业用地比例	连续值
CHAS	是否邻近Charies River	离散值,1=邻近;0=不邻近
NOX	一氧化氮浓度	连续值
RM	每栋房屋的平均客房数	连续值
AGE	1940年之前建成的自用单位比例	连续值
DIS	到波士顿5个就业中心的加权距离	连续值
RAD	到径向公路的可达性指数	连续值
TAX	全值财产税率	连续值
PTRATIO	学生与教师的比例	连续值
B	1000(BK-0.63)^2,其中BK为黑人占比	连续值
LSTAT	低收入人群占比	连续值
MEDV	同类房屋价格的中位数	连续值

■图 1.14 波士顿房价影响因素示意图

对于预测问题,可以根据预测输出的类型是连续的实数值,还是离散的标签,区分为回归任务和分类任务。因为房价是一个连续值,所以房价预测显然是一个回归任务。下面我们尝试用最简单的线性回归模型解决这个问题,并用神经网络来实现这个模型。

1. 线性回归模型

假设房价和各影响因素之间能够用线性关系来描述:

$$y = \sum_{j=1}^{M} x_j w_j + b$$

模型的求解即是通过数据拟合出每个 w_j 和 b。其中,w_j 和 b 分别表示该线性模型的权重和偏置。一维情况下,w_j 和 b 是直线的斜率和截距。

线性回归模型使用均方误差作为损失函数,用以衡量预测房价和真实房价的差异,公式如下:

$$MSE = \frac{1}{n}\sum_{i=1}^{n}(\hat{Y}_i - Y_i)^2$$

思考:

为什么要以均方误差作为损失函数?即将模型在每个训练样本上的预测误差加和,来衡量整体样本的准确性。这是因为损失函数的设计不仅仅要考虑"合理性",同样需要考虑"易解性",这个问题在后面的内容中会详细阐述。

---

2. 线性回归模型的神经网络结构

神经网络的标准结构中每个神经元由加权和与非线性变换构成,然后将多个神经元分层摆放并连接形成神经网络。线性回归模型可以认为是神经网络模型的一种极简特例,是一个只有加权和、没有非线性变换的神经元(无需形成网络),如图 1.15 所示。

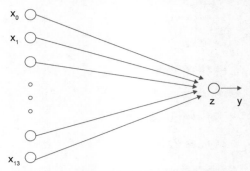

■图 1.15　线性回归模型的神经网络结构

1.2.2　构建波士顿房价预测任务的神经网络模型

深度学习不仅实现了模型的端到端学习,还推动了人工智能进入工业大生产阶段,产生了标准化、自动化和模块化的通用框架。不同场景的深度学习模型具备一定的通用性,五个步骤即可完成模型的构建和训练,如图 1.16 所示。

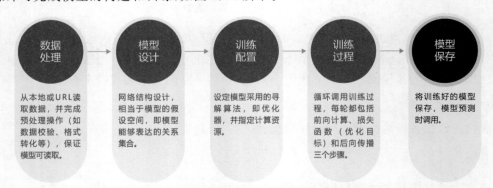

■图 1.16　构建神经网络/深度学习模型的基本步骤

正是由于深度学习的建模和训练的过程存在通用性,在构建不同的模型时,只有模型三要素不同,其他步骤基本一致,深度学习框架才有用武之地。

1. 数据处理

数据处理包含五个部分:数据导入、数据形状变换、数据集划分、数据归一化处理和封装 load data 函数。数据预处理后,才能被模型调用。

1)读入数据

通过如下代码读入数据,了解下波士顿房价的数据集结构。

```
# 导入需要用到的 package
import numpy as np
import json
# 读入训练数据
datafile = './work/housing.data'
data = np.fromfile(datafile, sep = ' ')
```

2)数据形状变换

由于读入的原始数据是 1 维的,所有数据都连在一起。因此需要我们将数据的形状进行变换,形成一个 2 维的矩阵,每行为一个数据样本(14 个值),每个数据样本包含 13 个 X(影响房价的特征)和一个 Y(该类型房屋的均价)。

```
# 读入之后的数据被转化成 1 维 array,其中 array 的第 0 - 13 项是第一条数据,第 14 - 27 项是第
二条数据,以此类推....
# 这里对原始数据做 reshape,变成 N x 14 的形式
feature_names = [ 'CRIM', 'ZN', 'INDUS', 'CHAS', 'NOX', 'RM', 'AGE','DIS',
                  'RAD', 'TAX', 'PTRATIO', 'B', 'LSTAT', 'MEDV' ]
feature_num = len(feature_names)
data = data.reshape([data.shape[0] // feature_num, feature_num])
```

3)数据集划分

将数据集划分成训练集和测试集,其中训练集用于确定模型的参数,测试集用于评判模型的效果。为什么要对数据集进行拆分,而不能直接应用于模型训练呢?这与学生时代的授课和考试关系比较类似,如图 1.17 所示。

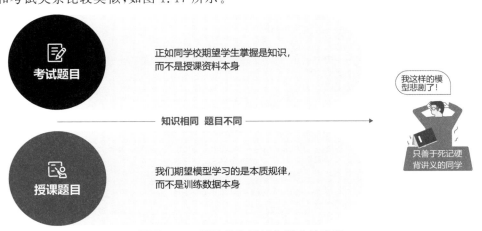

■图 1.17 训练集和测试集拆分的意义

　　上学时总有一些自作聪明的同学,平时不认真学习,考试前临阵抱佛脚,将习题死记硬背下来,但是成绩往往并不好。因为学校期望学生掌握的是知识,而不仅仅是习题本身。另出新的考题,才能鼓励学生努力去掌握习题背后的原理。同样我们期望模型学习的是任务的本质规律,而不是训练数据本身,模型训练未使用的数据,才能更真实地评估模型的效果。

　　在本案例中,我们将 80% 的数据用作训练集,20% 用作测试集,实现代码如下。通过打印训练集的形状,可以发现共有 404 个样本,每个样本含有 13 个特征和 1 个预测值。

```
ratio = 0.8
offset = int(data.shape[0] * ratio)
training_data = data[:offset]
training_data.shape
```

4）数据归一化处理

　　对每个特征进行归一化处理,使得每个特征的取值缩放到 0~1。这样做有两个好处:一是模型训练更高效;二是特征前的权重大小可以代表该变量对预测结果的贡献度(因为每个特征值本身的范围相同)。

```
# 计算 train 数据集的最大值,最小值,平均值
maximums, minimums, avgs = \
                    training_data.max(axis = 0), \
                    training_data.min(axis = 0), \
        training_data.sum(axis = 0) / training_data.shape[0]
# 对数据进行归一化处理
for i in range(feature_num):
    #print(maximums[i], minimums[i], avgs[i])
    data[:, i] = (data[:, i] - minimums[i]) / (maximums[i] - minimums[i])
```

5）封装成 load data 函数

　　将上述几个数据处理操作封装成 load data 函数,以便下一步模型的调用,实现方法如下。

```
def load_data():
    # 从文件导入数据
    datafile = './work/housing.data'
    data = np.fromfile(datafile, sep = ' ')

    # 每条数据包括14项,其中前面13项是影响因素,第14项是相应的房屋价格中位数
    feature_names = [ 'CRIM', 'ZN', 'INDUS', 'CHAS', 'NOX', 'RM', 'AGE', \
                    'DIS', 'RAD', 'TAX', 'PTRATIO', 'B', 'LSTAT', 'MEDV' ]
    feature_num = len(feature_names)

    # 将原始数据进行 Reshape,变成[N, 14]这样的形状
    data = data.reshape([data.shape[0] // feature_num, feature_num])

    # 将原数据集拆分成训练集和测试集
    # 这里使用 80% 的数据做训练,20% 的数据做测试
    # 测试集和训练集必须是没有交集的
    ratio = 0.8
```

```
offset = int(data.shape[0] * ratio)
training_data = data[:offset]

# 计算训练集的最大值,最小值,平均值
maximums, minimums, avgs = training_data.max(axis = 0), training_data.min(axis = 0), \
                    training_data.sum(axis = 0) / training_data.shape[0]

# 对数据进行归一化处理
for i in range(feature_num):
    #print(maximums[i], minimums[i], avgs[i])
    data[:, i] = (data[:, i] - minimums[i]) / (maximums[i] - minimums[i])

# 训练集和测试集的划分比例
training_data = data[:offset]
test_data = data[offset:]
return training_data, test_data

# 获取数据
training_data, test_data = load_data()
x = training_data[:, :-1]
y = training_data[:, -1:]
```

2. 模型设计

模型设计是深度学习模型关键要素之一,也称为网络结构设计,相当于模型的假设空间,即实现模型"前向计算"(从输入到输出)的过程。

如果将输入特征和输出预测值均以向量表示,输入特征 x 有 13 个分量,y 有 1 个分量,那么参数权重的形状(shape)是 13×1。假设我们以如下任意数字赋值参数做初始化:
$w = [0.1, 0.2, 0.3, 0.4, 0.5, 0.6, 0.7, 0.8, -0.1, -0.2, -0.3, -0.4, 0.0]$

```
w = [0.1, 0.2, 0.3, 0.4, 0.5, 0.6, 0.7, 0.8, -0.1, -0.2, -0.3, -0.4, 0.0]
w = np.array(w).reshape([13, 1])
```

取出第 1 条样本数据,观察样本的特征向量与参数向量相乘的结果。

```
x1 = x[0]
t = np.dot(x1, w)
print(t)
```

完整的线性回归公式,还需要初始化偏移量 b,同样随意赋初值 -0.2。那么,线性回归模型的完整输出是 $z = t + b$,这个从特征和参数计算输出值的过程称为"前向计算"。

```
b = -0.2
z = t + b
print(z)
```

将上述计算预测输出的过程以"类和对象"的方式来描述,类成员变量有参数 w 和 b。通过写一个 forward 函数(代表"前向计算")完成上述从特征和参数到输出预测值的计算过程,代码如下所示。

```
class Network(object):
    def __init__(self, num_of_weights):
        # 随机产生 w 的初始值
        # 为了保持程序每次运行结果的一致性,
        # 此处设置固定的随机数种子
        np.random.seed(0)
        self.w = np.random.randn(num_of_weights, 1)
        self.b = 0.

    def forward(self, x):
        z = np.dot(x, self.w) + self.b
        return z
```

基于 Network 类的定义,模型的计算过程如下所示。

```
net = Network(13)
x1 = x[0]
y1 = y[0]
z = net.forward(x1)
print(z)
```

3. 训练配置

模型设计完成后,需要通过训练配置寻找模型的最优值,即通过损失函数来衡量模型的好坏。训练配置也是深度学习模型关键要素之一。

通过模型计算 x_1 表示的影响因素所对应的房价应该是 z,但实际数据告诉我们房价是 y。这时我们需要有某种指标来衡量预测值 z 跟真实值 y 之间的差距。对于回归问题,最常采用的衡量方法是使用均方误差作为评价模型好坏的指标,具体定义如下:

$$Loss = (y - z)^2$$

上式中的 $Loss$(简记为:L)通常也被称作损失函数,它是衡量模型好坏的指标。在回归问题中均方误差是一种比较常见的形式,分类问题中通常会采用交叉熵作为损失函数,在后续的章节中会更详细地介绍。对一个样本计算损失函数值的实现如下:

```
Loss = (y1 - z) * (y1 - z)
print(Loss)
```

因为计算损失函数时需要把每个样本的损失函数值都考虑到,所以我们需要对单个样本的损失函数进行求和,并除以样本总数 N。

$$L = \frac{1}{N} \sum_i (y_i - z_i)^2$$

在 Network 类下面添加损失函数的计算过程如下:

```
class Network(object):
    def __init__(self, num_of_weights):
        # 随机产生 w 的初始值
        # 为了保持程序每次运行结果的一致性,此处设置固定的随机数种子
        np.random.seed(0)
        self.w = np.random.randn(num_of_weights, 1)
```

```
        self.b = 0.

    def forward(self, x):
        z = np.dot(x, self.w) + self.b
        return z

    def loss(self, z, y):
        error = z - y
        cost = error * error
        cost = np.mean(cost)
        return cost
```

使用定义的 Network 类，可以方便地计算预测值和损失函数。需要注意的是，类中的变量 x，w，b，z，$error$ 等均是向量。以变量 x 为例，共有两个维度，一个代表特征数量（值为 13），一个代表样本数量，代码如下所示。

```
net = Network(13)
# 此处可以一次性计算多个样本的预测值和损失函数
x1 = x[0:3]
y1 = y[0:3]
z = net.forward(x1)
print('predict: ', z)
loss = net.loss(z, y1)
print('loss:', loss)
```

4. 训练过程

上述计算过程描述了如何构建神经网络，通过神经网络完成预测值和损失函数的计算。接下来介绍如何求解参数 w 和 b 的数值，这个过程也称为模型训练过程。训练过程是深度学习模型的关键要素之一，其目标是让定义的损失函数 $Loss$ 尽可能地小，也就是说，找到一个参数解 w 和 b 使得损失函数取得极小值。

我们先做一个小测试：如图 1.18 所示，基于微积分知识，求一条曲线在某个点的斜率等于函数该点的导数值。那么不妨思考一下，当处于曲线的极值点时，该点的斜率是多少？

这个问题并不难回答，处于曲线极值点时的斜率为 0，即函数在极值点处的导数为 0。那么，让损失函数取极小值的 w 和 b 应该是下述方程组的解：

$$\frac{\partial L}{\partial w} = 0$$

$$\frac{\partial L}{\partial b} = 0$$

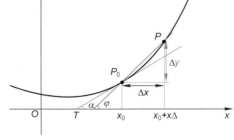

■图 1.18　曲线斜率等于导数值

将样本数据 (x, y) 带入上面的方程组中即可求解出 w 和 b 的值，但是这种方法只对线性回归这样简单的任务有效。如果模型中含有非线性变换，或者损失函数不是均方差这种简单的形式，则很难通过上式求解。为了解决这个问题，下面我们将引入更加普适的数值求解方法：梯度下降法。

1）梯度下降法

在现实中存在大量的函数正向求解容易,反向求解较难,被称为单向函数。这种函数在密码学中有大量的应用,密码锁的特点是可以迅速判断一个密钥是否是正确的(已知 x,求 y 很容易),但是即使获取到密码锁系统,无法破解出正确的密钥是什么(已知 y,求 x 很难)。

这种情况特别类似于一位想从山峰走到坡谷的盲人,他看不见坡谷在哪(无法逆向求解出 $Loss$ 导数为 0 时的参数值),但可以伸脚探索身边的坡度(当前点的导数值,也称为梯度)。那么,求解 $Loss$ 函数最小值可以这样实现:从当前的参数取值,一步步的按照下坡的方向下降,直到走到最低点。这种方法笔者称它为"盲人下坡法"。其实有个更正式的说法叫作"梯度下降法"。

训练的关键是找到一组 (w,b),使得损失函数 L 取极小值。我们先看一下损失函数 L 只随两个参数 w_5、w_9 变化时的简单情形,启发下寻解的思路。$L=L(w_5,w_9)$ 这里我们将 $w_0,w_1,\cdots,w_{12}$ 中除 w_5,w_9 之外的参数和 b 都固定下来,可以用图画出 $L(w_5,w_9)$ 的形式。

```python
net = Network(13)
losses = []
# 只画出参数 w5 和 w9 在区间[-160, 160]的曲线部分,以及包含损失函数的极值
w5 = np.arange(-160.0, 160.0, 1.0)
w9 = np.arange(-160.0, 160.0, 1.0)
losses = np.zeros([len(w5), len(w9)])

# 计算设定区域内每个参数取值所对应的 Loss
for i in range(len(w5)):
    for j in range(len(w9)):
        net.w[5] = w5[i]
        net.w[9] = w9[j]
        z = net.forward(x)
        loss = net.loss(z, y)
        losses[i, j] = loss

# 使用 matplotlib 将两个变量和对应的 Loss 作 3D 图
import matplotlib.pyplot as plt
from mpl_toolkits.mplot3d import Axes3D
fig = plt.figure()
ax = Axes3D(fig)

w5, w9 = np.meshgrid(w5, w9)

ax.plot_surface(w5, w9, losses, rstride=1, cstride=1, cmap='rainbow')
plt.show()
```

对于这种简单情形,我们利用上面的程序,可以在三维空间中画出损失函数随参数变化的曲面图。从图中可以看出有些区域的函数值明显比周围的点小。

需要说明的是:为什么这里我们选择 w_5 和 w_9 来画图?这是因为选择这两个参数的时候,可比较直观地从损失函数的曲面图上发现极值点的存在。其他参数组合,从图形上观测损失函数的极值点不够直观。

观察上述曲线呈现出"圆滑"的坡度,这正是我们选择以均方误差作为损失函数的原因之一。图 1.19 呈现了只有一个参数维度时,均方误差和绝对值误差(只将每个样本的误差累加,不做平方处理)的损失函数曲线图。

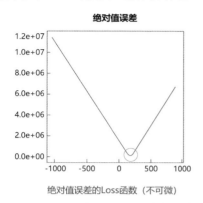

绝对值误差的Loss函数(不可微)

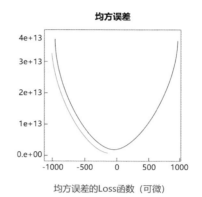

均方误差的Loss函数(可微)

■图 1.19 均方误差和绝对值误差损失函数曲线图

由此可见,均方误差表现的"圆滑"的坡度有两个好处:

(1)曲线的最低点是可导的。

(2)越接近最低点,曲线的坡度逐渐放缓,有助于通过当前的梯度来判断接最低点的程度(是否逐渐减少步长,以免错过最低点)。

而这两个特性绝对值误差是不具备的,这也是损失函数的设计不仅仅要考虑"合理性",还要追求"易解性"的原因。

现在我们要找出一组 $[w_5, w_9]$ 的值,使得损失函数最小,实现梯度下降法的方案如下:

(1)随机选一组初始值,例如:$[w_5, w_9] = [-100.0, -100.0]$

(2)选取下一个点 $[w_5', w_9']$,使得 $L(w_5', w_9') < L(w_5, w_9)$

(3)重复步骤 2,直到损失函数几乎不再下降。

如何选择 $[w_5', w_9']$ 是至关重要的,第一要保证 L 是下降的,第二要使得下降的趋势尽可能快。微积分的基础知识告诉我们,沿着梯度的反方向,是函数值下降最快的方向,如图 1.20 所示。简单理解,函数在某一个点的梯度方向是曲线斜率最大的方向,但梯度方向是向上的,所以下降最快的是梯度的反方向。

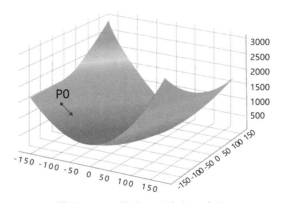

■图 1.20 梯度下降方向示意图

2)计算梯度

上面我们讲过了损失函数的计算方法,这里稍微加以改写。为了梯度计算更加简洁,引入因子 $\frac{1}{2}$,定义损失函数如下:

$$L = \frac{1}{2N} \sum_{i=1}^{N} (y_i - z_i)^2$$

其中 z_i 是网络对第 i 个样本的预测值：

$$z_i = \sum_{j=0}^{12} x_i^j \cdot w_j + b$$

梯度的定义：

$$gradient = \left(\frac{\partial L}{\partial w_0}, \frac{\partial L}{\partial w_1}, \cdots, \frac{\partial L}{\partial w_{12}}, \frac{\partial L}{\partial b} \right)$$

可以计算出 L 对 w 和 b 的偏导数：

$$\frac{\partial L}{\partial w_j} = \frac{1}{N} \sum_{i=1}^{N} (z_i - y_i) \frac{\partial z_i}{\partial w_j} = \frac{1}{N} \sum_{i=1}^{N} (z_i - y_i) x_i^j$$

$$\frac{\partial L}{\partial b} = \frac{1}{N} \sum_{i=1}^{N} (z_i - y_i) \frac{\partial z_i}{\partial b} = \frac{1}{N} \sum_{i=1}^{N} (z_i - y_i)$$

从导数的计算过程可以看出，因子 $\frac{1}{2}$ 被消掉了，这是因为二次函数求导的时候会产生因子 2，这也是我们将损失函数改写的原因。

下面我们考虑只有一个样本的情况下，计算梯度：

$$L = \frac{1}{2}(y_i - z_i)^2$$

$$z_1 = x_1^0 \cdot w_0 + x_1^1 \cdot w_1 + \cdots + x_1^{12} \cdot w_{12} + b$$

可以计算出：

$$L = \frac{1}{2}(x_1^0 \cdot w_0 + x_1^1 \cdot w_1 + \cdots + x_1^{12} \cdot w_{12} + b - y_1)^2$$

可以计算出 L 对 w 和 b 的偏导数：

$$\frac{\partial L}{\partial w_0} = (x_1^0 \cdot w_0 + x_1^1 \cdot w_1 + \cdots + x_1^{12} \cdot w_{12} + b - y_1) \cdot x_1^0 = (z_1 - y_1) \cdot x_1^0$$

$$\frac{\partial L}{\partial b} = (x_1^0 \cdot w_0 + x_1^1 \cdot w_1 + \cdots + x_1^{12} \cdot w_{12} + b - y_1) \cdot 1 = (z_1 - y_1)$$

可以通过具体的程序查看每个变量的数据和维度。

```
x1 = x[0]
y1 = y[0]
z1 = net.forward(x1)
print('x1 {}, shape {}'.format(x1, x1.shape))
print('y1 {}, shape {}'.format(y1, y1.shape))
print('z1 {}, shape {}'.format(z1, z1.shape))
```

按上面的公式，当只有一个样本时，可以计算某个 w_j，比如 w_0 的梯度。

```
按上面的公式，当只有一个样本时，可以计算某个 w_j，比如 w_0 的梯度.
gradient_w0 = (z1 - y1) * x1[0]
print('gradient_w0 {}'.format(gradient_w0))
```

同样我们可以计算 w_1 的梯度。

```
gradient_w1 = (z1 - y1) * x1[1]
print('gradient_w1 {}'.format(gradient_w1))
```

依次计算 w_2 的梯度。

```
gradient_w2 = (z1 - y1) * x1[2]
print('gradient_w1 {}'.format(gradient_w2))
```

聪明的读者可能已经想到,写一个 for 循环即可计算从 w_0 到 w_{12} 的所有权重的梯度,该方法读者可以自行实现。

3)使用 NumPy 进行梯度计算

基于 NumPy 广播机制(对向量和矩阵计算如同对 1 个单一变量计算一样),可以更快速地实现梯度计算。计算梯度的代码中直接用 $(z_1 - y_1) \cdot x_1$,得到的是一个 13 维的向量,每个分量分别代表该维度的梯度。

```
gradient_w = (z1 - y1) * x1
print('gradient_w_by_sample1 {}, gradient.shape {}'.format(gradient_w, gradient_w.shape))
```

输入数据中有多个样本,每个样本都对梯度有贡献。如上代码计算了只有样本 1 时的梯度值,同样的计算方法也可以计算样本 2 和样本 3 对梯度的贡献。

```
x2 = x[1]
y2 = y[1]
z2 = net.forward(x2)
gradient_w = (z2 - y2) * x2
print('gradient_w_by_sample2 {}, gradient.shape {}'.format(gradient_w, gradient_w.shape))

x3 = x[2]
y3 = y[2]
z3 = net.forward(x3)
gradient_w = (z3 - y3) * x3
print('gradient_w_by_sample3 {}, gradient.shape {}'.format(gradient_w, gradient_w.shape))
```

可能有的读者再次想到可以使用 for 循环把每个样本对梯度的贡献都计算出来,然后再作平均。但是我们不需要这么做,仍然可以使用 NumPy 的矩阵操作来简化运算,如 3 个样本的情况。

```
# 注意这里是一次取出 3 个样本的数据,不是取出第 3 个样本
x3samples = x[0:3]
y3samples = y[0:3]
z3samples = net.forward(x3samples)

print('x {}, shape {}'.format(x3samples, x3samples.shape))
print('y {}, shape {}'.format(y3samples, y3samples.shape))
print('z {}, shape {}'.format(z3samples, z3samples.shape))
```

上面的 x3samples,y3samples,z3samples 的第一维大小均为 3,表示有 3 个样本。下

面计算这 3 个样本对梯度的贡献。

```
gradient_w = (z3samples - y3samples) * x3samples
print('gradient_w {}, gradient.shape {}'.format(gradient_w, gradient_w.shape))
```

此处可见,计算梯度 gradient_w 的维度是 3×13,并且其第 1 行与上面第 1 个样本计算的梯度 gradient_w_by_sample1 一致,第 2 行与上面第 2 个样本计算的梯度 gradient_w_by_sample2 一致,第 3 行与上面第 3 个样本计算的梯度 gradient_w_by_sample3 一致。这里使用矩阵操作,可能更加方便地对 3 个样本分别计算各自对梯度的贡献。

那么对于有 N 个样本的情形,我们可以直接使用如下方式计算出所有样本对梯度的贡献,这就是使用 NumPy 库广播功能带来的便捷。小结一下这里使用 NumPy 库的广播功能:

(1)一方面可以扩展参数的维度,代替 for 循环来计算 1 个样本对从 w_0 到 w_{12} 的所有参数的梯度。

(2)另一方面可以扩展样本的维度,代替 for 循环来计算样本 0 到样本 403 对参数的梯度。

```
z = net.forward(x)
gradient_w = (z - y) * x
print('gradient_w shape {}'.format(gradient_w.shape))
print(gradient_w)
```

上面 gradient_w 的每一行代表了一个样本对梯度的贡献。根据梯度的计算公式,总梯度是对每个样本对梯度贡献的平均值。

$$\frac{\partial L}{\partial w_j} = \frac{1}{N} \sum_{i=1}^{N} (z_i - y_i) \frac{\partial z_i}{\partial w_j} = \frac{1}{N} \sum_{i=1}^{N} (z_i - y_i) x_i^j$$

我们也可以使用 NumPy 的均值函数来完成此过程:

```
# axis = 0 表示把每一行做相加然后再除以总的行数
gradient_w = np.mean(gradient_w, axis = 0)
print('gradient_w ', gradient_w.shape)
print('w ', net.w.shape)
print(gradient_w)
print(net.w)
```

我们使用 NumPy 的矩阵操作方便地完成了 gradient 的计算,但引入了一个问题,gradient_w 的形状是(13,),而 w 的维度是(13,1)。导致该问题的原因是使用 np.mean 函数时消除了第 0 维。为了加减乘除等计算方便,gradient_w 和 w 必须保持一致的形状。因此我们将 gradient_w 的维度也设置为(13,1),代码如下:

```
gradient_w = gradient_w[:, np.newaxis]
print('gradient_w shape', gradient_w.shape)
```

综合上面的讨论,计算梯度的代码如下所示。

```
z = net.forward(x)
gradient_w = (z - y) * x
gradient_w = np.mean(gradient_w, axis = 0)
gradient_w = gradient_w[:, np.newaxis]
gradient_w
```

上述代码非常简洁地完成了 w 的梯度计算。同样，计算 b 的梯度的代码也是类似的原理。

```
gradient_b = (z - y)
gradient_b = np.mean(gradient_b)
# 此处 b 是一个数值，所以可以直接用 np.mean 得到一个标量
gradient_b
```

将上面计算 w 和 b 的梯度的过程，写成 Network 类的 gradient 函数，实现方法如下所示。

```
class Network(object):
    def __init__(self, num_of_weights):
        # 随机产生 w 的初始值
        # 为了保持程序每次运行结果的一致性,此处设置固定的随机数种子
        np.random.seed(0)
        self.w = np.random.randn(num_of_weights, 1)
        self.b = 0.

    def forward(self, x):
        z = np.dot(x, self.w) + self.b
        return z

    def loss(self, z, y):
        error = z - y
        num_samples = error.shape[0]
        cost = error * error
        cost = np.sum(cost) / num_samples
        return cost

    def gradient(self, x, y):
        z = self.forward(x)
        gradient_w = (z-y) * x
        gradient_w = np.mean(gradient_w, axis = 0)
        gradient_w = gradient_w[:, np.newaxis]
        gradient_b = (z - y)
        gradient_b = np.mean(gradient_b)

        return gradient_w, gradient_b
```

调用上面定义的 gradient 函数，计算梯度

```
# 初始化网络
net = Network(13)
# 设置[w5, w9] = [-100., -100.]
```

```
net.w[5] = -100.0
net.w[9] = -100.0

z = net.forward(x)
loss = net.loss(z, y)
gradient_w, gradient_b = net.gradient(x, y)
gradient_w5 = gradient_w[5][0]
gradient_w9 = gradient_w[9][0]
print('point {}, loss {}'.format([net.w[5][0], net.w[9][0]], loss))
print('gradient {}'.format([gradient_w5, gradient_w9]))
```

4）确定损失函数更小的点

下面我们开始研究更新梯度的方法。首先沿着梯度的反方向移动一小步，找到下一个点 P1，观察损失函数的变化。

```
# 在[w5, w9]平面上，沿着梯度的反方向移动到下一个点 P1
# 定义移动步长 eta
eta = 0.1
# 更新参数 w5 和 w9
net.w[5] = net.w[5] - eta * gradient_w5
net.w[9] = net.w[9] - eta * gradient_w9
# 重新计算 z 和 loss
z = net.forward(x)
loss = net.loss(z, y)
gradient_w, gradient_b = net.gradient(x, y)
gradient_w5 = gradient_w[5][0]
gradient_w9 = gradient_w[9][0]
print('point {}, loss {}'.format([net.w[5][0], net.w[9][0]], loss))
print('gradient {}'.format([gradient_w5, gradient_w9]))
```

运行上面的代码，可以发现沿着梯度反方向走一小步，下一个点的损失函数的确减少了。感兴趣的话，大家可以尝试不停地单击上面的代码块，观察损失函数是否一直在变小。

在上述代码中，每次更新参数使用的语句：

```
net.w[5] = net.w[5] - eta * gradient_w5
```

- 相减：参数需要向梯度的反方向移动。
- eta：控制每次参数值沿着梯度反方向变动的大小，即每次移动的步长，又称为学习率。

大家可以思考下，为什么之前我们要做输入特征的归一化，保持尺度一致？这是为了让统一的步长更加合适。

如图 1.21 所示，特征输入归一化后，不同参数输出的 Loss 是一个比较规整的曲线，学习率可以设置成统一的值；特征输入未归一化时，不同特征对应的参数所需的步长不一致，尺度较大的参数需要

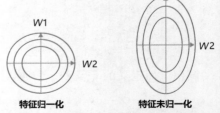

■图 1.21　未归一化的特征，会导致不同特征维度的理想步长不同

大步长,尺寸较小的参数需要小步长,导致无法设置统一的学习率。

5)代码封装 Train 函数

将上面的循环计算过程封装在 train 和 update 函数中,实现方法如下所示。

```python
class Network(object):
    def __init__(self, num_of_weights):
        # 随机产生 w 的初始值
        # 为了保持程序每次运行结果的一致性,此处设置固定的随机数种子
        np.random.seed(0)
        self.w = np.random.randn(num_of_weights, 1)
        self.w[5] = -100.
        self.w[9] = -100.
        self.b = 0.

    def forward(self, x):
        z = np.dot(x, self.w) + self.b
        return z

    def loss(self, z, y):
        error = z - y
        num_samples = error.shape[0]
        cost = error * error
        cost = np.sum(cost) / num_samples
        return cost

    def gradient(self, x, y):
        z = self.forward(x)
        gradient_w = (z - y) * x
        gradient_w = np.mean(gradient_w, axis=0)
        gradient_w = gradient_w[:, np.newaxis]
        gradient_b = (z - y)
        gradient_b = np.mean(gradient_b)
        return gradient_w, gradient_b

    def update(self, graident_w5, gradient_w9, eta=0.01):
        net.w[5] = net.w[5] - eta * gradient_w5
        net.w[9] = net.w[9] - eta * gradient_w9

    def train(self, x, y, iterations=100, eta=0.01):
        points = []
        losses = []
        for i in range(iterations):
            points.append([net.w[5][0], net.w[9][0]])
            z = self.forward(x)
            L = self.loss(z, y)
            gradient_w, gradient_b = self.gradient(x, y)
            gradient_w5 = gradient_w[5][0]
            gradient_w9 = gradient_w[9][0]
            self.update(gradient_w5, gradient_w9, eta)
            losses.append(L)
            if i % 50 == 0:
                print('iter {}, point {}, loss {}'.format(i, [net.w[5][0], net.w[9][0]], L))
        return points, losses
```

```
# 获取数据
train_data, test_data = load_data()
x = train_data[:, :-1]
y = train_data[:, -1:]
# 创建网络
net = Network(13)
num_iterations = 2000
# 启动训练
points, losses = net.train(x, y, iterations = num_iterations, eta = 0.01)

# 画出损失函数的变化趋势
plot_x = np.arange(num_iterations)
plot_y = np.array(losses)
plt.plot(plot_x, plot_y)
plt.show()
```

6）训练扩展到全部参数

为了能给读者直观的感受，上面演示的梯度下降的过程仅包含 w_5 和 w_9 两个参数，但房价预测的完整模型，必须要对所有参数 w 和 b 进行求解。这需要将 Network 中的 update 和 train 函数进行修改。由于不再限定参与计算的参数（所有参数均参与计算），修改之后的代码反而更加简洁。实现逻辑："前向计算输出、根据输出和真实值计算 *Loss*、基于 *Loss* 和输入计算梯度、根据梯度更新参数值"四个部分反复执行，直至损失函数最小。具体代码如下所示。

```
class Network(object):
    def __init__(self, num_of_weights):
        # 随机产生w的初始值
        # 为了保持程序每次运行结果的一致性,此处设置固定的随机数种子
        np.random.seed(0)
        self.w = np.random.randn(num_of_weights, 1)
        self.b = 0.

    def forward(self, x):
        z = np.dot(x, self.w) + self.b
        return z

    def loss(self, z, y):
        error = z - y
        num_samples = error.shape[0]
        cost = error * error
        cost = np.sum(cost) / num_samples
        return cost

    def gradient(self, x, y):
        z = self.forward(x)
        gradient_w = (z - y) * x
        gradient_w = np.mean(gradient_w, axis = 0)
        gradient_w = gradient_w[:, np.newaxis]
        gradient_b = (z - y)
        gradient_b = np.mean(gradient_b)
```

```
            return gradient_w, gradient_b

    def update(self, gradient_w, gradient_b, eta = 0.01):
        self.w = self.w - eta * gradient_w
        self.b = self.b - eta * gradient_b

    def train(self, x, y, iterations = 100, eta = 0.01):
        losses = []
        for i in range(iterations):
            z = self.forward(x)
            L = self.loss(z, y)
            gradient_w, gradient_b = self.gradient(x, y)
            self.update(gradient_w, gradient_b, eta)
            losses.append(L)
            if (i + 1) % 10 == 0:
                print('iter {}, loss {}'.format(i, L))
        return losses

# 获取数据
train_data, test_data = load_data()
x = train_data[:, :-1]
y = train_data[:, -1:]
# 创建网络
net = Network(13)
num_iterations = 1000
# 启动训练
losses = net.train(x, y, iterations = num_iterations, eta = 0.01)

# 画出损失函数的变化趋势
plot_x = np.arange(num_iterations)
plot_y = np.array(losses)
plt.plot(plot_x, plot_y)
plt.show()
```

7）随机梯度下降法

在上述程序中，每次损失函数和梯度计算都是基于数据集中的全量数据。对于波士顿房价预测任务数据集而言，样本数比较少，只有 404 个。但在实际问题中，数据集往往非常大，如果每次都使用全量数据进行计算，效率非常低，通俗地说就是"杀鸡用宰牛刀"。由于参数每次只沿着梯度反方向更新一点点，因此方向并不需要那么精确。一个合理的解决方案是每次从总的数据集中随机抽取出小部分数据来代表整体，基于这部分数据计算梯度和损失来更新参数，这种方法被称作随机梯度下降法（Stochastic Gradient Descent，SGD），核心概念如下：

- mini-batch：每次迭代时抽取出来的一批数据被称为一个 mini-batch。
- batch_size：一个 mini-batch 所包含的样本数目称为 batch_size。
- epoch：当程序迭代的时候，按 mini-batch 逐渐抽取出样本，当把整个数据集都遍历到了的时候，则完成了一轮训练，也叫一个 epoch。启动训练时，可以将训练的轮数 num_epochs 和 batch_size 作为参数传入。

下面结合程序介绍具体的实现过程，涉及数据处理和训练过程两部分代码的修改。

（1）数据处理代码修改。数据处理需要实现拆分数据批次和样本乱序（为了实现随机抽样的效果）两个功能。

```
# 获取数据
train_data, test_data = load_data()
train_data.shape
```

train_data 中一共包含 404 条数据，如果 batch_size＝10，即取前 0-9 号样本作为第一个 mini-batch，命名 train_data1。

```
train_data1 = train_data[0:10]
train_data1.shape
```

使用 train_data1 的数据（0-9 号样本）计算梯度并更新网络参数。

```
net = Network(13)
x = train_data1[:, :-1]
y = train_data1[:, -1:]
loss = net.train(x, y, iterations = 1, eta = 0.01)
loss
```

再取出 10-19 号样本作为第二个 mini-batch，计算梯度并更新网络参数。

```
train_data2 = train_data[10:20]
x = train_data1[:, :-1]
y = train_data1[:, -1:]
loss = net.train(x, y, iterations = 1, eta = 0.01)
loss
```

按此方法不断取出新的 mini-batch，并逐渐更新网络参数。

接下来，将 train_data 分成大小为 batch_size 的多个 mini_batch，如下代码所示：将 train_data 分成 $\frac{404}{10}+1=41$ 个 mini_batch 了，其中前 40 个 mini_batch，每个均含有 10 个样本，最后一个 mini_batch 只含有 4 个样本。

```
batch_size = 10
n = len(train_data)
mini_batches = [train_data[k:k + batch_size] for k in range(0, n, batch_size)]
print('total number of mini_batches is ', len(mini_batches))
print('first mini_batch shape ', mini_batches[0].shape)
print('last mini_batch shape ', mini_batches[-1].shape)
```

另外，我们这里是按顺序取出 mini_batch 的，而 SGD 里面是随机抽取一部分样本代表总体。为了实现随机抽样的效果，我们先将 train_data 里面的样本顺序随机打乱，然后再抽取 mini_batch。随机打乱样本顺序，需要用到 np. random. shuffle 函数，下面先介绍它的用法。

说明：

通过大量实验发现，模型对最后出现的数据印象更加深刻。训练数据导入后，越接近模型训练结束，最后几个批次数据对模型参数的影响越大。为了避免模型记忆影响训练效果，需要进行样本乱序操作。

```python
# 新建一个 array
a = np.array([1,2,3,4,5,6,7,8,9,10,11,12])
print('before shuffle', a)
np.random.shuffle(a)
print('after shuffle', a)
```

多次运行上面的代码，可以发现每次执行 shuffle 函数后的数字顺序均不同。上面举的是一个 1 维数组乱序的案例，我们再观察一下 2 维数组乱序后的效果。

```python
# 新建一个 array
a = np.array([1,2,3,4,5,6,7,8,9,10,11,12])
a = a.reshape([6, 2])
print('before shuffle\n', a)
np.random.shuffle(a)
print('after shuffle\n', a)
```

观察运行结果可发现，数组的元素在第 0 维被随机打乱，但第 1 维的顺序保持不变。例如数字 2 仍然紧挨在数字 1 的后面，数字 8 仍然紧挨在数字 7 的后面，而第二维的[3，4]并不排在[1，2]的后面。将这部分实现 SGD 算法的代码集成到 Network 类中的 train 函数中，最终的完整代码如下。

```python
# 获取数据
train_data, test_data = load_data()

# 打乱样本顺序
np.random.shuffle(train_data)

# 将 train_data 分成多个 mini_batch
batch_size = 10
n = len(train_data)
mini_batches = [train_data[k:k + batch_size] for k in range(0, n, batch_size)]

# 创建网络
net = Network(13)

# 依次使用每个 mini_batch 的数据
for mini_batch in mini_batches:
    x = mini_batch[:, :-1]
    y = mini_batch[:, -1:]
    loss = net.train(x, y, iterations=1)
```

（2）训练过程代码修改。将每个随机抽取的 mini-batch 数据输入到模型中用于参数训练。训练过程的核心是两层循环：

① 第一层循环,代表样本集合要被训练遍历几次,称为 Epoch,代码如下:

```
for epoch_id in range(num_epochs):
```

② 第二层循环,代表每次遍历时,样本集合被拆分成的多个批次,需要全部执行训练,称为 iter (iteration),代码如下:

```
for iter_id,mini_batch in emumerate(mini_batches):
```

在两层循环的内部是经典的四步训练流程:前向计算→计算损失→计算梯度→更新参数,这与大家之前所学是一致的,代码如下:

```
x = mini_batch[:, : -1]
y = mini_batch[:, -1:]
a = self.forward(x)                               # 前向计算
loss = self.loss(a, y)                            # 计算损失
gradient_w, gradient_b = self.gradient(x, y)      # 计算梯度
self.update(gradient_w, gradient_b, eta)          # 更新参数
```

将两部分改写的代码集成到 Network 类中的 train 函数中,最终的实现如下。

```python
import numpy as np
class Network(object):
    def __init__(self, num_of_weights):
        # 随机产生 w 的初始值
        # 为了保持程序每次运行结果的一致性,此处设置固定的随机数种子
        #np.random.seed(0)
        self.w = np.random.randn(num_of_weights, 1)
        self.b = 0.

    def forward(self, x):
        z = np.dot(x, self.w) + self.b
        return z

    def loss(self, z, y):
        error = z - y
        num_samples = error.shape[0]
        cost = error * error
        cost = np.sum(cost) / num_samples
        return cost

    def gradient(self, x, y):
        z = self.forward(x)
        N = x.shape[0]
        gradient_w = 1. / N * np.sum((z - y) * x, axis = 0)
        gradient_w = gradient_w[:, np.newaxis]
        gradient_b = 1. / N * np.sum(z - y)
        return gradient_w, gradient_b

    def update(self, gradient_w, gradient_b, eta = 0.01):
        self.w = self.w - eta * gradient_w
        self.b = self.b - eta * gradient_b
```

```python
    def train(self, training_data, num_epochs, batch_size = 10, eta = 0.01):
        n = len(training_data)
        losses = []
        for epoch_id in range(num_epochs):
            # 在每轮迭代开始之前,将训练数据的顺序随机打乱
            # 然后再按每次取 batch_size 条数据的方式取出
            np.random.shuffle(training_data)
            # 将训练数据进行拆分,每个 mini_batch 包含 batch_size 条的数据
            mini_batches = [training_data[k:k + batch_size] for k in range(0, n, batch_
size)]

            for iter_id, mini_batch in enumerate(mini_batches):
                #print(self.w.shape)
                #print(self.b)
                x = mini_batch[:, :-1]
                y = mini_batch[:, -1:]
                a = self.forward(x)
                loss = self.loss(a, y)
                gradient_w, gradient_b = self.gradient(x, y)
                self.update(gradient_w, gradient_b, eta)
                losses.append(loss)
                print('Epoch {:3d} / iter {:3d}, loss = {:.4f}'.
                              format(epoch_id, iter_id, loss))

        return losses
```

启动训练如以下代码所示:

```python
# 获取数据
train_data, test_data = load_data()

# 创建网络
net = Network(13)
# 启动训练
losses = net.train(train_data, num_epochs = 50, batch_size = 100, eta = 0.1)

# 画出损失函数的变化趋势
plot_x = np.arange(len(losses))
plot_y = np.array(losses)
plt.plot(plot_x, plot_y)
plt.show()
```

观察上述 Loss 的变化,随机梯度下降加快了训练过程,但由于每次仅基于少量样本更新参数和计算损失,所以损失下降曲线会出现震荡。

说明:
由于房价预测的数据量过少,所以难以感受到随机梯度下降带来的性能提升。

1.2.3 小结

本节我们详细介绍了如何使用 NumPy 实现梯度下降算法,构建并训练了一个简单的线性模型实现波士顿房价预测,可以总结出,使用神经网络建模房价预测有三个要点:

（1）构建网络，初始化参数 w 和 b，定义预测和损失函数的计算方法。

（2）随机选择初始点，建立梯度的计算方法和参数更新方式。

（3）从总的数据集中抽取部分数据作为一个 mini_batch，计算梯度并更新参数，不断迭代直到损失函数几乎不再下降。

1.2.4　作业

（1）样本归一化：预测时的样本数据同样也需要归一化，但使用训练样本的均值和极值计算，这是为什么？

（2）当部分参数的梯度计算为 0（接近 0）时，可能是什么情况？是否意味着完成训练？

（3）随机梯度下降的 batchsize 设置成多少合适？过小有什么问题？过大有什么问题？提示：过大以整个样本集合为例，过小以单个样本为例来思考。

（4）一次训练使用的配置：5 个 Epoch，1000 个样本，batchsize＝20，最内层循环执行多少轮？

（5）根据如图 1.22 所示的乘法和加法的导数公式，完成图 1.23 购买苹果和橘子的梯度传播的题目。

$$z=x+y \qquad \frac{\partial z}{\partial x}=1 \qquad \frac{\partial z}{\partial y}=1$$

$$z=xy \qquad \frac{\partial z}{\partial x}=y \qquad \frac{\partial z}{\partial y}=x$$

■图 1.22　乘法和加法的导数公式

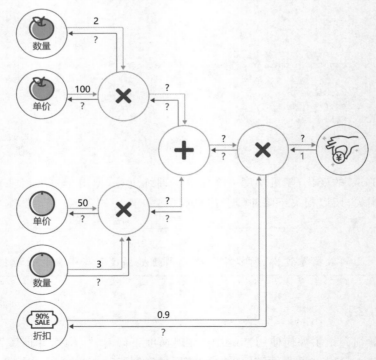

■图 1.23　购买苹果和橘子产生消费的计算图

说明：作业5基础知识介绍

1）求导的链式法则

链式法则是微积分中的求导法则，用于求一个复合函数的导数，是在微积分的求导运算中一种常用的方法。复合函数的导数将是构成复合这有限个函数在相应点的导数的乘积，就像锁链一样一环套一环，故称链式法则。如图1.24所示，如果求最终输出对内层输入（第一层）的梯度，等于外层梯度（第二层）乘以本层函数的梯度。

· 求导 $z=f_2(f_1(x))$，其中：$t=f_1(x)$，$z=f_2(t)$

$$\frac{\partial z}{\partial x} = \frac{\partial z}{\partial t}\ \frac{\partial t}{\partial x}$$

第一层　　第二层　　本层函
梯度　　　梯度　　　数求导

■图1.24　求导的链式法则

2）计算图的概念

（1）为何是反向计算梯度？即梯度是由网络后端向前端计算。当前层的梯度要依据处于网络中后一层的梯度来计算，所以只有先算后一层的梯度才能计算本层的梯度。

（2）案例：购买苹果产生消费的计算图。假设一家商店9折促销苹果，每个单价100元。计算一个顾客总消费的结构如图1.25所示。

① 前向计算过程：以黑色箭头表示，顾客购买了2个苹果，再加上九折的折扣，一共消费 $100\times2\times0.9=180$ 元。

② 后向传播过程：以红色箭头表示，根据链式法则，本层的梯度计算×后一层传递过来的梯度，所以需从后向前计算。

最后一层的输出对自身的求导为1。导数第二层根据图1.26所示的乘法求导的公式，分别为 0.9×1 和 200×1。同样地，第三层为 $100\times0.9=90$，$2\times0.9=1.8$。

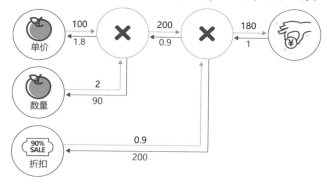

■图1.25　购买苹果所产生的消费计算图

$$\frac{\partial z}{\partial x}=y$$
$$z=xy$$
$$\frac{\partial z}{\partial y}=x$$

■图1.26　乘法求导的公式

（6）挑战题：用代码实现两层神经网络的梯度传播，中间层的尺寸为13【房价预测案例】（书中当前的版本为一层的神经网络），如图1.27所示。

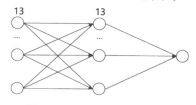

■图1.27　两层的神经网络

1.3 飞桨开源深度学习平台介绍

1.3.1 深度学习框架

近年来深度学习在很多机器学习领域都有着非常出色的表现,在图像识别、语音识别、自然语言处理、机器人、网络广告投放、医学自动诊断和金融等领域有着广泛应用。面对繁多的应用场景,深度学习框架有助于建模者节省大量而烦琐的外围工作,更聚焦业务场景和模型设计本身。

1. 深度学习框架优势

使用深度学习框架完成模型构建有如下两个优势:

(1)节省编写大量底层代码的精力:屏蔽底层实现,用户只需关注模型的逻辑结构。同时,深度学习工具简化了计算,降低了深度学习入门门槛。

(2)省去了部署和适配环境的烦恼:具备灵活的移植性,可将代码部署到 CPU/GPU/移动端上,选择具有分布式性能的深度学习工具会使模型训练更高效。

2. 深度学习框架设计思路

深度学习框架的本质是框架自动实现建模过程中相对通用的模块,建模者只实现模型个性化的部分,这样可以在"节省投入"和"产出强大"之间达到一个平衡。我们想象一下:假设你是一个深度学习框架的创造者,你期望让框架实现哪些功能呢?

相信对神经网络模型有所了解的读者都会得出如表 1-2 所示的设计思路。在构建模型的过程中,每一步所需要完成的任务均可以拆分成个性化和通用化两个部分。

(1)个性化部分:往往是指定模型由哪些逻辑元素组合,由建模者完成。

(2)通用部分:聚焦这些元素的算法实现,由深度学习框架完成。

表 1-2 深度学习框架设计示意图

思考过程	工作内容	工作职责	
		个性化部分-建模人员负责	通用部分-平台框架负责
Step1 模型设计	假设一种网络	设计网络结构	网格模块的实现(Layer、Variable),原子函数的实现(NumPy)
	设计平价函数(Loss)	指定 Loss 函数	Loss 函数实现(cross_entropy)
	寻找优化寻解方法	指定优化算法	优化算法实现(AdamOptimizer)
Step2 准备数据	准备训练数据	提供数据格式与位置,模型接入数据方式	为模型批量送入数据(Feed 方式、Py_reade 方式)
Step3 训练设置	训练配置	单机和多机配置	单机到多机的转换(transpile),训练程序的实现(run)
Step4 应用部署	部署应用或测试环境	确定保存模型和加载模型的环节点	保存模型的实现(save_inference_model、load_inference_model)
Step5 模型评估	评估模型效果	指定评估指标	指标实现(Accuracy)、图形化工具(VisualDL)
Step6 基本过程	全流程串起来	主程序	无

无论是计算机视觉任务还是自然语言处理任务,使用的深度学习模型结构都是类似的,只是在每个环节指定的实现算法不同。因此,多数情况下,算法实现只是相对有限的一些选择,如常见的 Loss 函数不超过十种、常用的网络配置也就十几种、常用优化算法不超过五种等。这些特性使得基于框架建模更像一个编写"模型配置"的过程。

1.3.2 飞桨开源深度学习平台

百度出品的深度学习平台飞桨(PaddlePaddle)是主流深度学习框架中一款完全国产化的产品,与 Google TensorFlow、Facebook Pytorch 齐名。2016 年飞桨正式开源,是国内首个全面开源开放、技术领先、功能完备的产业级深度学习平台。相比国内其他平台,飞桨是一个功能完整的深度学习平台,也是唯一成熟稳定、具备大规模推广条件的深度学习平台。

飞桨源于产业实践,始终致力于与产业深入融合,与合作伙伴一起帮助越来越多的行业完成 AI 赋能。目前飞桨已广泛应用于医疗、金融、工业、农业、服务业等领域,如图 1.28 所示。此外在新冠疫情期间,飞桨积极投入各类疫情防护模型的开发,开源了业界首个口罩人脸检测及分类模型,辅助各部门进行疫情防护,通过科技让工作变得更加高效。

■图 1.28 飞桨在各领域的应用

1. 飞桨开源深度学习平台全景

飞桨以百度多年的深度学习技术研究和业务应用为基础,集深度学习核心框架、基础模型库、端到端开发套件、工具组件和服务平台于一体,为用户提供了多样化的配套服务产品,助力深度学习技术的应用落地,如图 1.29 所示。飞桨支持本地和云端两种开发和部署模式,用户可以根据业务需求灵活选择。

概览图上半部分是从开发、训练到部署的全流程工具,下半部分是预训练模型、各领域的开发套件和模型库等模型资源。

1)框架和全流程工具

飞桨在提供用于模型研发的基础框架外,还推出了一系列的工具组件,来支持深度学习

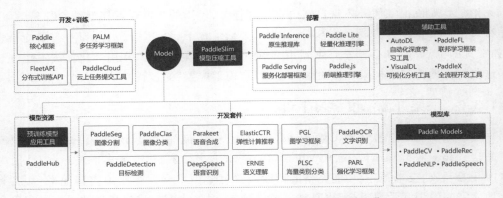

■图 1.29　飞桨 PaddlePaddle 组件使用场景概览

模型从训练到部署的全流程。

（1）模型训练组件。飞桨提供了分布式训练框架 FleetAPI，还提供了开启云上任务提交工具 PaddleCloud。同时，飞桨也支持多任务训练，可使用多任务学习框架 PALM。

（2）模型部署组件。飞桨针对不同硬件环境，提供了丰富的支持方案：

- Paddle Inference：飞桨原生推理库，用于服务器端模型部署，支持 Python、C、C++、Go 等语言，将模型融入业务系统的首选。

- Paddle Serving：飞桨服务化部署框架，用于云端服务化部署，可将模型作为单独的 Web 服务。

- Paddle Lite：飞桨轻量化推理引擎，用于 Mobile 及 IoT 等场景的部署，有着广泛的硬件支持。

- Paddle.js：使用 JavaScript（Web）语言部署模型，用于在浏览器、小程序等环境快速部署模型。

- PaddleSlim：模型压缩工具，获得更小体积的模型和更快的执行性能。

- X2Paddle：飞桨模型转换工具，将其他框架模型转换成 Paddle 模型，转换格式后可以方便地使用上述 5 个工具。

（3）其他全研发流程的辅助工具。

- AutoDL：飞桨自动化深度学习工具，自动搜索最优的网络结构与超参数，免去用户在诸多网络结构中选择困难的烦恼和人工调参的烦琐工作。

- VisualDL：飞桨可视化分析工具，不仅仅提供重要模型信息的可视化呈现，还允许用户在图形上进一步交互式的分析，得到对模型状态和问题的深刻认知，启发优化思路。

- PaddleFL：飞桨联邦学习框架，可以让用户运用外部伙伴的服务器资源训练，但又不泄露业务数据。

- PaddleX：飞桨全流程开发工具，可以让用户方便地基于 PaddleX 制作出适合自己行业的图形化 AI 建模工具。

2）模型资源

飞桨提供了丰富的端到端开发套件、预训练模型和模型库。

PaddleHub：预训练模型管理和迁移学习组件，提供 100＋预训练模型，覆盖自然语言处理、计算机视觉、语音、推荐四大领域。模型即软件，通过 Python API 或者命令行工具，一行代码完成预训练模型的预测。结合 Fine-tune API，10 行代码完成迁移学习，是进行原型验证（POC）的首选工具。

开发套件：针对具体的应用场景提供了全套的研发工具，例如在图像检测场景不仅提供了预训练模型，还提供了数据增强等工具。开发套件也覆盖计算机视觉、自然语言处理、语音、推荐这些主流领域，甚至还包括图神经网络和增强学习。与 PaddleHub 不同，开发套件可以提供一个领域极致优化（State Of The Art）的实现方案，曾有国内团队使用飞桨的开发套件拿下了国际建模竞赛的大奖。一些典型的开发套件包括：

- ERNIE：飞桨语义理解套件，支持各类训练任务的 Fine-tuning，保证极速推理的 Fast-Inference API，兼具灵活部署的 ERNIE Service 和具备轻量方案的 ERNIE Tiny 系列工具集。

- PaddleClas：飞桨图像分类套件，目的是为工业界和学术界提供便捷易用的图像分类任务模型和工具集，打通模型开发、训练、压缩、部署全流程，助力开发者训练更好的图像分类模型和应用落地。

- PaddleDetection：飞桨目标检测套件，目的是帮助开发者更快更好地完成检测模型的训练、精度速度优化到部署全流程。以模块化的设计实现了多种主流目标检测算法，并且提供了丰富的数据增强、网络组件、损失函数等模块，集成了模型压缩和跨平台高性能部署能力。具备高性能、模型丰富和工业级部署等特点。

- PaddleSeg：飞桨图像分割套件，覆盖了 U-Net、DeepLabv3＋、ICNet、PSPNet 和 HRNet 等主流的分割模型。通过统一的配置，帮助用户更便捷地完成从训练到部署的全流程图像分割应用。具备丰富的数据增强、主流模型覆盖、高性能和工业级部署等特点。

- PLSC：飞桨海量类别分类套件，为用户提供了大规模分类任务从训练到部署的全流程解决方案。提供简洁易用的高层 API，通过数行代码即可实现千万类别分类神经网络的训练，并提供快速部署模型的能力。

- ElasticCTR：飞桨弹性计算推荐套件，提供了分布式训练 CTR 预估任务和 Serving 流程一键部署方案，以及端到端的 CTR 训练和二次开发的解决方案。具备产业实践基础、弹性调度能力、高性能和工业级部署等特点。

- Parakeet：飞桨语音合成套件，提供了灵活、高效、先进的文本到语音合成工具套件，帮助开发者更便捷高效地完成语音合成模型的开发和应用。

- PGL：飞桨图学习框架，原生支持异构图，支持分布式图存储及分布式学习算法，覆盖业界大部分图学习网络，帮助开发者灵活、高效地搭建前沿的图学习算法。

- PARL：飞桨深度强化学习框架，夺冠 NeurIPS 2019 和 NeurIPS 2018。具有高灵活性、可扩展性和高性能的特点，支持大规模的并行计算，覆盖 DQN、DDPG、PPO、IMPALA、A2C、GA3C 等主流强化学习算法。

模型库：包含了各领域丰富的开源模型代码，不仅可以直接运行模型，还可以根据应用场景的需要修改原始模型代码，得到全新的模型实现。

比较三种类型的模型资源，PaddleHub 的使用最为简易，模型库的可定制性最强且覆盖领域最广泛。读者可以参考"PaddleHub→各领域的开发套件→模型库"的顺序寻找需要的模型资源,在此基础上根据业务需求进行优化,即可达到事半功倍的效果。

在上述概览图之外,飞桨还提供云端模型开发和部署的平台,可实现数据保存在云端,提供可视化 GUI 界面,安全高效。

2. 飞桨技术优势

与其他深度学习框架相比,飞桨具有如下四大领先优势,如图 1.30 所示。

开发便捷的　　　　　超大规模的　　　　　多端多平台部署的　　　　产业级
深度学习框架　　　　深度学习模型训练技术　高性能推理引擎　　　　　开源模型库

■图 1.30　飞桨领先的四大技术优势

- 开发便捷的深度学习框架:支持声明式、命令式编程,兼具开发灵活、高性能;网络结构自动设计,模型效果超越人类专家。
- 超大规模深度学习模型训练技术:千亿特征、万亿参数、数百节点的开源大规模训练平台;万亿规模参数模型实时更新。
- 多端多平台部署的高性能推理引擎:兼容多种开源框架训练的模型,不同架构的平台设备轻松部署推理速度全面领先。
- 产业级开源模型库:开源 200＋算法,包括国际竞赛冠军模型,快速助力产业应用。

下面以其中两项为例,展开说明。

1) 多领域产业级模型达到业界领先水平

大量工业实践任务的模型并不需要从头编写,而是在相对标准化的模型基础上进行参数调整和优化。飞桨支持的多领域产业级模型开源开放,且多数模型的效果达到业界领先水平,在国际竞赛中夺得 20 多项第一,如图 1.31 所示。

2) 支持多端多平台的部署,适配多种类型硬件芯片

随着深度学习技术在行业的广泛应用,对不同类型硬件设备、不同部署模型、不同操作系统、不同深度学习框架的适配需求涌现,飞桨的适配情况如图 1.32 所示。

训练好的模型需要无缝集成到各种类型的硬件芯片中,如机房服务器、摄像头芯片等。在中美贸易战日趋紧张的情况下,训练框架对国产芯片的支持显得尤其重要。飞桨走在了业界前列,提供了专门的端侧模型部署工具 Paddle Lite。Paddle Lite 适配的硬件芯片,以及由 Paddle Lite 转换的模型与其他主流框架在性能上的优势对比如图 1.33 所示。

说明:

以上数据为内部测试结果,实际结果可能受环境影响而在一定范围内变化,仅供参考。

---

3. 飞桨在各行业的应用案例

飞桨在各行业的广泛应用,不但让人们的日常生活变得更加简单和便捷,对企业而言,飞桨还助力产品研发过程更加科学,极大提升了产品性能,节约了大量的人工耗时成本。

飞桨各领域模型在国际竞赛中荣获多个第一

◎ 视觉模型

- **PyramidBox模型**: WIDER FACE比赛三项第一
- **HAMBox模型**: Wider Face and Person Challenge 2019第一
- **Attention Clusters网络模型和StNet模型**:ActivityNet Kinetics Challenge 2017 和2018 第一
- **C-TCN动作定位模型**: ActivityNet Challenge 2018 第一
- **BMN模型和CTCN模型**: ActivityNet Challenge 2019 Temporal Proposal Generation Task 和Temporal Action Localization Task 第一
- **ATP模型**: Visual Object Tracking Challenge VOT2019 第一
- **CACascade R-CNN模型**: Detection In the Wild Challenge 2019 Objects365 Full Track 第一
- **ACE2P**: CVPR LIP Challenge 2019 三项第一

☺ 语言理解模型

- **评论建议挖掘Multi-Perspective 模型**: SemEval 2019 Task 9 SubTask A 第一
- **阅读理解D-NET**: MRQA: EMNLP2019 Machine Reading Comprehension Challenge 十项第一

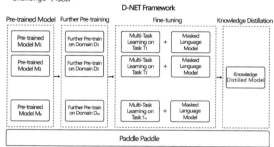

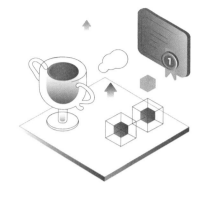

■ 图 1.31　飞桨各领域模型在国际竞赛中荣获多个第一

通过X2Paddle提供对 TensorFlow、Caffe和ONNX的支持

移动端: ARM CPU / Mali GPU / Adreno GPU / Metal GPU / FPGA / 华为 NPU
服务端: X86 CPU / NV GPU

Linux / MAC / Windows / iOS / Android

■ 图 1.32　飞桨对周边产品的适配情况

- PaddlePaddle ● 主流现实1 ● 主流现实2 ● 主流现实3

■ 图 1.33　飞桨对众多类型计算资源的支持，并在运算性能上优于其他的主流框架

1）飞桨联手百度地图，出行时间智能预估准确率从 81% 提升到 86%

在百度，搜索、信息流、输入法、地图等移动互联网产品中大量使用飞桨做深度学习任务。在百度地图，应用飞桨后提升了产品的部署和预测性能，支撑天级别的百亿次调用。完成了天级别的百亿级数据训练，用户出行时间预估的准确率从 81% 提升到 86%，如图 1.34 所示。

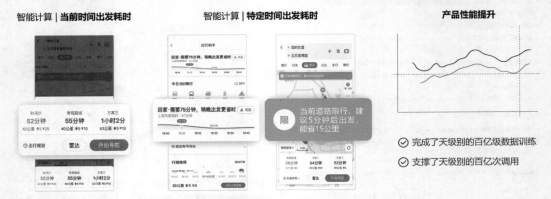

■图 1.34　百度地图出行时间智能预估应用

2）飞桨联手南方电网，电力巡检迈向"无人时代"

飞桨与南方电网合作，采用机器人代替人工进行变电站仪表的巡检任务，如图 1.35 所示。由于南方电网的变电站数量众多，日常巡检常态化，而人工巡检工作内容单调，人力投入大，巡检效率低。集成了基于飞桨研发的视觉识别能力的机器人，识别表数值的准确率高达 99.01%。在本次合作中，飞桨提供了端到端的开发套件支撑需求的快速实现，降低了企业对人工智能领域人才的依赖。

■图 1.35　南方电网电力智能巡检应用

4. 飞桨快速安装

进入实践之前，请先安装飞桨。飞桨提供了图形化的安装指导，操作简单，详细步骤请参考飞桨官网→快速安装。

飞桨官方网站：https://www.paddlepaddle.org.cn/

进入页面后，可按照提示进行安装，如图 1.36 所示。举例来说，笔者选择在笔记本电脑上安装飞桨，那么选择（Windows 系统＋pip＋Python3＋CPU 版本）的配置组合。其中 Windows 系统和 CPU 版本是个人笔记本的软硬件配置；Python3 是需要事先安装好的 Python 版本（Python 有 2 和 3 两个主流版本，两者的 API 接口不兼容）；pip 是命令行安装的指令。

快速安装

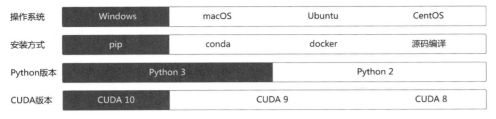

操作系统	Windows	macOS	Ubuntu	CentOS
安装方式	pip	conda	docker	源码编译
Python版本	Python 3		Python 2	
CUDA版本	CUDA 10	CUDA 9		CUDA 8

■图1.36 飞桨的安装页面示意图

1.3.3 作业

在飞桨官网上查看安装手册,在本机或服务器上安装PaddlePaddle库,并在GitHub上将本书的案例库下载到本地PC或服务器。

运行环境要求:
本地已经安装Python、PaddlePaddle、Jupyter。

1.4 使用飞桨重写房价预测模型

1.4.1 飞桨深度学习平台设计之"道"

当读者习惯使用飞桨框架后会发现,程序呈现出"八股文"的形态,即不同的程序员、使用不同模型、解决不同任务的时候,他们编写的建模程序是极其相似的。虽然这些设计在某些"极客"的眼里缺乏精彩,但从实用性的角度,我们更期望建模者聚焦需要解决的任务,而不是将精力投入在框架的学习上。因此使用飞桨编写模型是有标准的套路设计的,只要通过一个示例程序掌握使用飞桨的方法,编写不同任务的多种建模程序将变得十分容易。

这点与Python的设计思想一致:对于某个特定功能,并不是实现方式越灵活、越多样越好,最好只有一种符合"道"的最佳实现。此处"道"指的是如何更加匹配人的思维习惯。当程序员第一次看到Python的多种应用方式时,感觉程序天然就应该如此实现。但相信我,不是所有的编程语言都具备这样合"道"的设计,很多编程语言的设计思路是人需要去理解机器的运作原理,而不能以人类习惯的方式设计程序。同时,灵活意味着复杂,会增加程序员之间的沟通难度,也不适合现代工业化生产软件的趋势。

飞桨设计的初衷不仅要易于学习,还期望使用者能够体会到它的美感和哲学,与人类最自然的认知和使用习惯契合。

1.4.2 使用飞桨构建波士顿房价预测模型

本书中的案例覆盖计算机视觉、自然语言处理和推荐系统等主流应用场景,所有案例的代码结构完全一致,如图1.37所示。

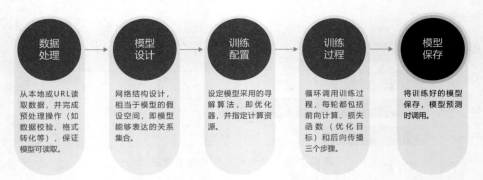

■图 1.37　使用飞桨框架构建神经网络过程

　　在之前的章节中,我们学习了使用 Python 和 NumPy 构建波士顿房价预测模型的方法,本节课我们将尝试使用飞桨重写房价预测模型,大家可以体会一下二者的异同。在数据处理之前,需要先加载飞桨框架的相关类库。

```
#加载飞桨、NumPy 和相关类库
import paddle
import paddle.fluid as fluid
import paddle.fluid.dygraph as dygraph
from paddle.fluid.dygraph import Linear
import numpy as np
import os
import random
```

代码中参数含义如下:

- paddle/fluid:飞桨的主库,目前大部分的实用函数均在 paddle.fluid 包内。
- dygraph:动态图的类库。
- Linear:神经网络的全连接层函数,即包含所有输入权重相加和激活函数的基本神经元结构。在房价预测任务中,使用只有一层的神经网络(全连接层)来实现线性回归模型。

说明:

　　飞桨支持两种深度学习建模编写方式,更方便调试的动态图模式和性能更好并易于部署的静态图模式。

　　(1)静态图模式(声明式编程范式,类比 C++):先编译后执行的方式。用户需预先定义完整的网络结构,再对网络结构进行编译优化后,才能执行获得计算结果。

　　(2)动态图模式(命令式编程范式,类比 Python):解析式的执行方式。用户无需预先定义完整的网络结构,每写一行网络代码,即可同时获得计算结果。

---

1. 数据处理

　　数据处理的代码不依赖框架实现,与使用 Python 构建房价预测任务的代码相同(详细解读请参考《使用 Python 和 NumPy 构建神经网络模型》章节),兹不赘述。

2. 模型设计

模型定义的实质是定义线性回归的网络结构,飞桨建议通过创建 Python 类的方式完成模型网络的定义,即定义 init 函数和 forward 函数。forward 函数是框架指定实现前向计算逻辑的函数,程序在调用模型实例时会自动执行 forward 方法。在 forward 函数中使用的网络层需要在 init 函数中声明。

实现过程分如下两步:

(1) 定义 init 函数:在类的初始化函数中声明每一层网络的实现函数。在房价预测模型中,只需要定义一层全连接层,模型结构和《使用 Python 和 NumPy 构建神经网络模型》章节模型保持一致。

(2) 定义 forward 函数:构建神经网络结构,实现前向计算过程,并返回预测结果,在本任务中返回的是房价预测结果。

```python
class Regressor(fluid.dygraph.Layer):
    def __init__(self):
        super(Regressor, self).__init__()

        # 定义一层全连接层,输出维度是1,激活函数为None,即不使用激活函数
        self.fc = Linear(input_dim = 13, output_dim = 1, act = None)

    # 网络的前向计算函数
    def forward(self, inputs):
        x = self.fc(inputs)
        return x
```

3. 训练配置

训练配置过程包含四步,如图 1.38 所示。

❶ 指定运行训练的　　❷ 声明模型实例　　❸ 加载训练和　　❹ 设置优化算法和
机器资源　　　　　　　　　　　　　　　测试数据　　　　学习率

■图 1.38 训练配置流程示意图

(1) 以 guard 函数指定运行训练的机器资源,表明在 with 作用域下的程序均执行在本机的 CPU 资源上。dygraph.guard 表示在 with 作用域下的程序会以飞桨动态图的模式执行(实时执行)。

(2) 声明定义好的回归模型 Regressor 实例,并将模型的状态设置为训练。

(3) 使用 load_data 函数加载训练数据和测试数据。

(4) 设置优化算法和学习率,优化算法采用随机梯度下降 SGD,学习率设置为 0.01。

训练配置代码如下所示:

```python
# 定义飞桨动态图的工作环境
with fluid.dygraph.guard():
```

```
# 声明定义好的线性回归模型
model = Regressor()
# 开启模型训练模式
model.train()
# 加载数据
training_data, test_data = load_data()
# 定义优化算法,这里使用随机梯度下降 – SGD
# 学习率设置为 0.01
opt = fluid.optimizer.SGD(learning_rate = 0.01, parameter_list = model.parameters())
```

说明：

（1）默认本案例运行在读者的笔记本上,因此模型训练的机器资源为 CPU。

（2）模型实例有两种状态：训练状态.train()和预测状态.eval()。训练时要执行正向计算和反向传播梯度两个过程,而预测时只需要执行正向计算。为模型指定运行状态,有两点原因：

- 部分高级的算子(例如 Drop out 和 Batch Normalization,在计算机视觉的章节会详细介绍)在两个状态执行的逻辑不同。
- 从性能和存储空间的考虑,预测状态时更节省内存,性能更好。

（3）在上述代码中可以发现声明模型、定义优化器等操作都在 with 创建的 fluid.dygraph.guard()上下文环境中进行,可以理解为 with fluid.dygraph.guard()创建了飞桨动态图的工作环境,在该环境下完成模型声明、数据转换及模型训练等操作。

在基于 Python 实现神经网络模型的案例中,我们为实现梯度下降编写了大量代码,而使用飞桨框架只需要定义 SGD 就可以实现优化器设置,大大简化了这个过程。

4. 训练过程

训练过程采用二层循环嵌套方式：

（1）内层循环：负责整个数据集的一次遍历,采用分批次（batch）方式。假设数据集样本数量为 1000,一个批次有 10 个样本,则遍历一次数据集的批次数量是 1000/10＝100,即内层循环需要执行 100 次。

```
for iter_id, mini_batch in enumerate(mini_batches):
```

（2）外层循环：定义遍历数据集的次数,通过参数 EPOCH_NUM 设置。

```
for epoch_id in range(EPOCH_NUM):
```

说明：

batch 的取值会影响模型训练效果。batch 过大,会增大内存消耗和计算时间,且效果并不会明显提升；batch 过小,每个 batch 的样本数据将没有统计意义。由于房价预测模型的训练数据集较小,我们将 batch 为设置 10。

每次内层循环都需要执行如下四个步骤,如图 1.39 所示,计算过程与使用 Python 编写模型完全一致。

数据准备   前向计算   计算损失函数   执行梯度反向传播

■图 1.39　内循环计算过程

(1) 数据准备:将一个批次的数据转变成 np.array 和内置格式。

(2) 前向计算:将一个批次的样本数据灌入网络中,计算输出结果。

(3) 计算损失函数:以前向计算结果和真实房价作为输入,通过损失函数 square_error_cost 计算出损失函数值(Loss)。飞桨所有的 API 接口都有完整的说明和使用案例,请在飞桨官网查询。

(4) 反向传播:执行梯度反向传播 backward 函数,即从后到前逐层计算每一层的梯度,并根据设置的优化算法更新参数 opt.minimize。

```python
with dygraph.guard(fluid.CPUPlace()):
    EPOCH_NUM = 10     # 设置外层循环次数
    BATCH_SIZE = 10    # 设置 batch 大小
    # 定义外层循环
    for epoch_id in range(EPOCH_NUM):
        # 在每轮迭代开始之前,将训练数据的顺序随机的打乱
        np.random.shuffle(training_data)
        # 将训练数据进行拆分,每个 batch 包含 10 条数据
        mini_batches = [training_data[k:k + BATCH_SIZE] for k in range(0, len(training_data), BATCH_SIZE)]
        # 定义内层循环
        for iter_id, mini_batch in enumerate(mini_batches):
            x = np.array(mini_batch[:, :-1]).astype('float32') # 获得当前批次训练数据
            y = np.array(mini_batch[:, -1:]).astype('float32') # 获得当前批次训练标签
                                                               # (真实房价)
            # 将 numpy 数据转为飞桨动态图 variable 形式
            house_features = dygraph.to_variable(x)
            prices = dygraph.to_variable(y)
            # 前向计算
            predicts = model(house_features)
            # 计算损失
            loss = fluid.layers.square_error_cost(predicts, label = prices)
            avg_loss = fluid.layers.mean(loss)
            if iter_id % 20 == 0:
                print("epoch: {}, iter: {}, loss is: {}".format(epoch_id, iter_id, avg_loss.numpy()))
            # 反向传播
            avg_loss.backward()
            # 最小化 loss,更新参数
            opt.minimize(avg_loss)
            # 清除梯度
            model.clear_gradients()
    # 保存模型
    fluid.save_dygraph(model.state_dict(), 'LR_model')
```

这个实现过程令人惊喜,前向计算、计算损失和反向传播梯度,每个操作居然只有1~2行代码即可实现! 我们再也不用一点点地实现模型训练的细节,这就是使用飞桨框架的威力!

5. 保存并测试模型

1) 保存模型

将模型当前的参数数据 model. state_dict()保存到文件中(通过参数指定保存的文件名 LR_model),以备预测或校验的程序调用,代码如下所示。

```python
# 定义飞桨动态图工作环境
with fluid.dygraph.guard():
    # 保存模型参数,文件名为 LR_model
    fluid.save_dygraph(model.state_dict(), 'LR_model')
    print("模型保存成功,模型参数保存在 LR_model 中")
```

理论而言,直接使用模型实例即可完成预测,而本书中预测的方式为什么是先保存模型,再加载模型呢? 这是因为在实际应用中,训练模型和使用模型往往是不同的场景。模型训练通常使用大量的线下服务器(不对外向企业的客户/用户提供在线服务),而模型预测则通常使用线上提供预测服务的服务器,或者将已经完成的预测模型嵌入手机或其他终端设备中使用。因此本书的讲解方式更贴合真实场景的使用方法。

回顾一下基于飞桨实现的房价预测模型,实现效果与之前基于 Python 实现的模型没有区别,但两者的实现成本有天壤之别。飞桨的愿景是用户只需要了解模型的逻辑概念,不需要关心实现细节,就能搭建强大的模型。

2) 测试模型

下面我们选择一条数据样本,测试一下模型的预测效果。测试过程和在应用场景中使用模型的过程一致,主要可分成如下三个步骤:

(1) 配置模型预测的机器资源。本案例默认使用本机,因此无须写代码指定。

(2) 将训练好的模型参数加载到模型实例中。由两个语句完成,第一句是从文件中读取模型参数;第二句是将参数内容加载到模型。加载完毕后,需要将模型的状态调整为 eval()(校验)。上文中提到,训练状态的模型需要同时支持前向计算和反向传导梯度,模型的实现较为臃肿,而校验和预测状态的模型只需要支持前向计算,模型的实现更加简单,性能更好。

(3) 将待预测的样本特征输入到模型中,打印输出的预测结果。

通过 load_one_example 函数实现从数据集中抽一条样本作为测试样本,具体实现代码如下所示。

```python
def load_one_example(data_dir):
    f = open(data_dir, 'r')
    datas = f.readlines()
    # 选择倒数第 10 条数据用于测试
    tmp = datas[-10]
    tmp = tmp.strip().split()
    one_data = [float(v) for v in tmp]
```

```
        # 对数据进行归一化处理
        for i in range(len(one_data) - 1):
            one_data[i] = (one_data[i] - avg_values[i]) / (max_values[i] - min_values[i])

        data = np.reshape(np.array(one_data[:-1]), [1, -1]).astype(np.float32)
        label = one_data[-1]
        return data, label
with dygraph.guard():
    # 参数为保存模型参数的文件地址
    model_dict, _ = fluid.load_dygraph('LR_model')
    model.load_dict(model_dict)
    model.eval()

    # 参数为数据集的文件地址
    test_data, label = load_one_example('./work/housing.data')
    # 将数据转为动态图的 variable 格式
    test_data = dygraph.to_variable(test_data)
    results = model(test_data)

    # 对结果做反归一化处理
    results = results * (max_values[-1] - min_values[-1]) + avg_values[-1]
    print("Inference result is {}, the corresponding label is {}".format(results.numpy(),
label))
```

通过比较"模型预测值"和"真实房价"可见,模型的预测效果与真实房价接近。房价预测仅是一个最简单的模型,使用飞桨编写都可以事半功倍,那么对于工业实践中更复杂的模型,使用飞桨节约的成本是不可估量的。同时飞桨针对很多应用场景和机器资源做了性能优化,在功能和性能上远强于自行编写的模型。

从下一章开始,我们将通过"手写数字识别"的案例,完整掌握使用飞桨编写模型的方方面面。

1.4.3 作业

(1)在本机或服务器上安装 Python、Jupyter 和 PaddlePaddle,运行房价预测的案例(两个版本),并观察运行效果。

(2)想一想:基于 Python 编写的模型和基于飞桨编写的模型存在哪些异同? 如程序结构、编写难易度、模型的预测效果、训练的耗时等。

1.5 NumPy 介绍

1.5.1 概述

NumPy(Numerical Python 的简称)是高性能科学计算和数据分析的基础包。使用飞桨构建神经网络模型时,通常会使用 NumPy 实现数据预处理和一些模型指标的计算,飞桨中的 Tensor 数据可以很方便地和 ndarray 数组进行相互转换。

NumPy 具有如下功能：

- ndarray 数组：一个具有矢量算术运算和复杂广播能力的多维数组，具有快速且节省空间的特点。
- 对整组数据进行快速运算的标准数学函数（无须编写循环）。
- 线性代数、随机数生成以及傅里叶变换功能。
- 读写磁盘数据、操作内存映射文件。

本质上，NumPy 期望用户在执行"向量"操作时，像使用"标量"一样轻松。读者可以先在本机上运行如下代码，感受一下 NumPy 的便捷。

```
>>>  import numpy as np
>>>  a = np.array([1,2,3,4])
>>>  b = np.array([10,20,30,40])
>>>  c = a + b
>>>  print (c)
```

1.5.2　基础数据类型：ndarray 数组

ndarray 数组是 NumPy 的基础数据结构，可以灵活、高效地处理多个元素的操作。本节主要从如下五部分展开介绍：

- 为什么引入 ndarray 数组。
- 如何创建 ndarray 数组。
- ndarray 数组的基本运算。
- ndarray 数组的切片和索引。
- ndarray 数组的统计运算。

1. 为什么引入 ndarray 数组

Python 中的 list 列表也可以非常灵活地处理多个元素的操作，但效率却非常低。与之比较，ndarray 数组具有如下特点：

- ndarray 数组中所有元素的数据类型相同、数据地址连续，批量操作数组元素时速度更快。而 list 列表中元素的数据类型可能不同，需要通过寻址方式找到下一个元素。
- ndarray 数组支持广播机制，矩阵运算时不需要写 for 循环。
- NumPy 底层使用 C 语言编写，内置并行计算功能，运行速度高于 Python 代码。

下面通过几个实际例子体会一下，在完成同一个任务时，使用 ndarray 数组和 list 列表的差异。

案例 1：实现 a+1 的计算

```
# Python 原生的 list
# 假设有两个 list
a = [1, 2, 3, 4, 5]
b = [2, 3, 4, 5, 6]
```

```
# 完成如下计算
# 对 a 的每个元素 + 1
# a = a + 1 不能这么写,会报错
# a[:] = a[:] + 1 也不能这么写,也会报错
for i in range(5):
    a[i] = a[i] + 1
a
# 结果为[2, 3, 4, 5, 6]
# 使用 ndarray
import numpy as np
a = np.array([1, 2, 3, 4, 5])
a = a + 1
a
# 结果为 array([2, 3, 4, 5, 6])
```

案例 2：实现 c＝a＋b 的计算

```
# 计算 a 和 b 中对应位置元素的和,是否可以这么写?
a = [1, 2, 3, 4, 5]
b = [2, 3, 4, 5, 6]
c = a + b
# 检查输出发现,不是想要的结果
c
# 结果为[1, 2, 3, 4, 5, 2, 3, 4, 5, 6]
# 使用 for 循环,完成两个 list 对应位置元素相加
c = []
for i in range(5):
    c.append(a[i] + b[i])
c
# 结果为[3, 5, 7, 9, 11]
# 使用 numpy 中的 ndarray 完成两个 ndarray 相加
import numpy as np
a = np.array([1, 2, 3, 4, 5])
b = np.array([2, 3, 4, 5, 6])
c = a + b
c
# 结果为 array([ 3,  5,  7,  9, 11])
```

通过上面的两个案例可以看出,在不写 for 循环的情况下,ndarray 数组就可以非常方便地完成数学计算。在编写矢量或者矩阵的程序时,可以像编写普通数值一样,使得代码极其简洁。

另外,ndarray 数组还提供了广播机制,它会按一定规则自动对数组的维度进行扩展以完成计算。如下面例子所示,1 维数组和 2 维数组进行相加操作,ndarray 数组会自动扩展 1 维数组的维度,然后再对每个位置的元素分别相加。

```
# 自动广播机制,1 维数组和 2 维数组相加

# 二维数组维度 2×5
# array([[ 1,  2,  3,  4,  5],
#        [ 6,  7,  8,  9, 10]])
```

```
d = np.array([[1, 2, 3, 4, 5], [6, 7, 8, 9, 10]])
# c 是一维数组,维度 5
# array([ 4,  6,  8, 10, 12])
c = np.array([ 4,  6,  8, 10, 12])
e = d + c
e
# 结果为 array([[ 5,  8, 11, 14, 17],
#        [10, 13, 16, 19, 22]])
```

2. 创建 ndarray 数组

创建 ndarray 数组最简单的方式就是使用 array 函数,它接收一切序列型的对象(包括其他数组),然后产生一个新的含有传入数据的 numpy 数组。下面通过实例体会下 array、arange、zeros、ones 四个主要函数的用法。

- array:创建嵌套序列(比如由一组等长列表组成的列表),并转换为一个多维数组。

```
# 导入 numpy
import numpy as np

# 从 list 创建 array
a = [1,2,3,4,5,6]              # 创建简单的列表
b = np.array(a)               # 将列表转换为数组
b
# 结果为 array([1, 2, 3, 4, 5, 6])
```

- arange:创建元素从 0 到 10 依次递增 2 的数组。

```
# 通过 np.arange 创建
# 通过指定 start, stop (不包括 stop),interval 来产生一个 1 维的 ndarray
a = np.arange(0, 10, 2)
a
# 结果为 array([0, 2, 4, 6, 8])
```

- zeros:创建指定长度或者形状的全 0 数组。

```
# 创建全 0 的 ndarray
a = np.zeros([3,3])
a
# 结果为 array([[0., 0., 0.],
#        [0., 0., 0.],
#        [0., 0., 0.]])
```

- ones:创建指定长度或者形状的全 1 数组。

```
# 创建全 1 的 ndarray
a = np.ones([3,3])
a
# 结果为 array([[1., 1., 1.],
#        [1., 1., 1.],
#        [1., 1., 1.]])
```

3. 查看 ndarray 数组的属性

ndarray 的属性包括 shape、dtype、size 和 ndim 等,通过如下代码可以查看 ndarray 数组的属性。

- shape：数组的形状 ndarray.shape,1 维数组(N,),二维数组(M,N),三维数组(M,N,K)。
- dtype：数组的数据类型。
- size：数组中包含的元素个数 ndarray.size,其大小等于各个维度的长度的乘积。
- ndim：数组的维度大小,ndarray.ndim,其大小等于 ndarray.shape 所包含元素的个数。

```
a = np.ones([3, 3])
print('a, dtype: {}, shape: {}, size: {}, ndim: {}'.format(a.dtype, a.shape, a.size, a.ndim))
# 结果为 a, dtype: float64, shape: (3, 3), size: 9, ndim: 2
import numpy as np
b = np.random.rand(10, 10)
b.shape
#(10, 10)
b.size
#100
b.ndim
#2
b.dtype
#dtype('float64')
```

4. 改变 ndarray 数组的数据类型和形状

创建 ndarray 之后,可以对其数据类型或形状进行修改,代码如下所示。

```
# 转化数据类型
b = a.astype(np.int64)
print('b, dtype: {}, shape: {}'.format(b.dtype, b.shape))

# 改变形状
c = a.reshape([1, 9])
print('c, dtype: {}, shape: {}'.format(c.dtype, c.shape))
```

5. ndarray 数组的基本运算

ndarray 数组可以像普通的数值型变量一样进行加减乘除操作,主要包含如下两种运算：

- 标量和 ndarray 数组之间的运算。
- 两个 ndarray 数组之间的运算。

1) 标量和 ndarray 数组之间的运算

标量和 ndarray 数组之间的运算主要包括除法、乘法、加法和减法运算,具体代码如下所示。

```
# 标量除以数组,用标量除以数组的每一个元素
arr = np.array([[1., 2., 3.], [4., 5., 6.]])
1. / arr
# 标量乘以数组,用标量乘以数组的每一个元素
arr = np.array([[1., 2., 3.], [4., 5., 6.]])
2.0 * arr
# 标量加上数组,用标量加上数组的每一个元素
arr = np.array([[1., 2., 3.], [4., 5., 6.]])
2.0 + arr
# 标量减去数组,用标量减去数组的每一个元素
arr = np.array([[1., 2., 3.], [4., 5., 6.]])
2.0 - arr
```

2)两个 ndarray 数组之间的运算

两个 ndarray 数组之间的运算主要包括减法、加法、乘法、除法和开根号运算,具体代码如下所示。

```
# 数组 减去 数组, 用对应位置的元素相减
arr1 = np.array([[1., 2., 3.], [4., 5., 6.]])
arr2 = np.array([[11., 12., 13.], [21., 22., 23.]])
arr1 - arr2
# 数组 加上 数组, 用对应位置的元素相加
arr1 = np.array([[1., 2., 3.], [4., 5., 6.]])
arr2 = np.array([[11., 12., 13.], [21., 22., 23.]])
arr1 + arr2
# 数组 乘以 数组,用对应位置的元素相乘
arr1 * arr2
# 数组 除以 数组,用对应位置的元素相除
arr1 / arr2
# 数组开根号,将每个位置的元素都开根号
arr ** 0.5
```

6. ndarray 数组的索引和切片

在编写模型过程中,通常需要访问或者修改 ndarray 数组某个位置的元素,则需要使用 ndarray 数组的索引。有些情况下可能需要访问或者修改一些区域的元素,则需要使用 ndarray 数组的切片。

ndarray 数组的索引和切片的使用方式与 Python 中的 list 类似。通过[-n,n-1]的下标进行索引,通过内置的 slice 函数,设置其 start,stop 和 step 参数进行切片,从原数组中切割出一个新数组。

ndarray 数组的索引是一个内容丰富的主题,因为选取数据子集或数组的单个元素的方式有很多。下面从一维数组和多维数组两个维度介绍索引和切片的方法。

1)一维 ndarray 数组的索引和切片

从表面上看,一维数组跟 Python 列表的功能类似,它们重要区别在于:数组切片产生的新数组,还是指向原来的内存区域,数据不会被复制,视图上的任何修改都会直接反映到源数组上。将一个标量值赋值给一个切片时,该值会自动传播到整个选区。

```
# 1 维数组索引和切片
a = np.arange(30)
a[10]
a = np.arange(30)
b = a[4:7]
b
# 结果为 array([4, 5, 6])
#将一个标量值赋值给一个切片时,该值会自动传播到整个选区.
a = np.arange(30)
a[4:7] = 10
a
# 数组切片产生的新数组,还是指向原来的内存区域,数据不会被复制.
# 视图上的任何修改都会直接反映到源数组上.
a = np.arange(30)
arr_slice = a[4:7]
arr_slice[0] = 100
a, arr_slice
# 通过 copy 给新数组创建不同的内存空间
a = np.arange(30)
arr_slice = a[4:7]
arr_slice = np.copy(arr_slice)
arr_slice[0] = 100
a, arr_slice
```

2）多维 ndarray 数组的索引和切片

多维 ndarray 数组的索引和切片具有如下特点：

- 在多维数组中,各索引位置上的元素不再是标量而是多维数组。
- 以逗号隔开的索引列表来选取单个元素。
- 在多维数组中,如果省略了后面的索引,则返回对象会是一个维度低一点的 ndarray。

多维 ndarray 数组的索引代码如下所示。

```
# 创建一个多维数组
a = np.arange(30)
arr3d = a.reshape(5, 3, 2)
arr3d
# 只有一个索引指标时,会在第 0 维上索引,后面的维度保持不变
arr3d[0]
# 两个索引指标
arr3d[0][1]
# 两个索引指标
arr3d[0, 1]
```

多维 ndarray 数组的切片代码如下所示。

```
# 创建一个数组

a = np.arange(24)
a
# reshape 成一个二维数组
a = a.reshape([6, 4])
a
```

```
# 使用 for 语句生成 list
[k for k in range(0, 6, 2)]
# 结合上面列出的 for 语句的用法
# 使用 for 语句对数组进行切片
# 下面的代码会生成多个切片构成的 list
# k in range(0, 6, 2) 决定了 k 的取值可以是 0, 2, 4
# 产生的 list 的包含三个切片
# 第一个元素是 a[0 : 0+2],
# 第二个元素是 a[2 : 2+2],
# 第三个元素是 a[4 : 4+2]
slices = [a[k:k+2] for k in range(0, 6, 2)]
slices
slices[0]
```

7. ndarray 数组的统计方法

可以通过数组上的一组数学函数对整个数组或某个轴向的数据进行统计计算。主要包括如下统计方法：

- mean：计算算术平均数，零长度数组的 mean 为 NaN。
- std 和 var：计算标准差和方差，自由度可调（默认为 n）。
- sum：对数组中全部或某轴向的元素求和，零长度数组的 sum 为 0。
- max 和 min：计算最大值和最小值。
- argmin 和 argmax：分别为最大和最小元素的索引。
- cumsum：计算所有元素的累加。
- cumprod：计算所有元素的累积。

说明：

sum、mean 以及标准差 std 等聚合计算既可以当作数组的实例方法调用，也可以当作 NumPy 函数使用。

```
# 计算均值,使用 arr.mean() 或 np.mean(arr),二者是等价的
arr = np.array([[1,2,3], [4,5,6], [7,8,9]])
arr.mean(), np.mean(arr)
# 求和
arr.sum(), np.sum(arr)
# 求最大值
arr.max(), np.max(arr)
# 求最小值
arr.min(), np.min(arr)
# 指定计算的维度
# 沿着第 1 维求平均,也就是将[1, 2, 3]取平均等于 2,[4, 5, 6]取平均等于 5,[7, 8, 9]取平均等于 8
arr.mean(axis = 1)
# 沿着第 0 维求和,也就是将[1, 4, 7]求和等于 12,[2, 5, 8]求和等于 15,[3, 6, 9]求和等于 18
arr.sum(axis = 0)
# 沿着第 0 维求最大值,也就是将[1, 4, 7]求最大值等于 7,[2, 5, 8]求最大值等于 8,[3, 6, 9]求最大值等于 9
```

```
arr.max(axis = 0)
# 沿着第 1 维求最小值,也就是将[1, 2, 3]求最小值等于 1,[4, 5, 6]求最小值等于 4,[7, 8, 9]求
最小值等于 7
arr.min(axis = 1)
# 计算标准差
arr.std()
# 计算方差
arr.var()
# 找出最大元素的索引
arr.argmax(), arr.argmax(axis = 0), arr.argmax(axis = 1)
# 找出最小元素的索引
arr.argmin(), arr.argmin(axis = 0), arr.argmin(axis = 1)
```

1.5.3 随机数 np.random

主要介绍创建 ndarray 随机数组以及随机打乱顺序、随机选取元素等相关操作的方法。

1. 创建随机 ndarray 数组

创建随机 ndarray 数组主要包含设置随机种子、均匀分布和正态分布三部分内容,具体代码如下所示。

1) 设置随机数种子

```
# 可以多次运行,观察程序输出结果是否一致
# 如果不设置随机数种子,观察多次运行输出结果是否一致
np.random.seed(10)
a = np.random.rand(3, 3)
a
```

2) 均匀分布

```
# 生成均匀分布随机数,随机数取值范围在[0, 1)之间
a = np.random.rand(3, 3)
a
# 生成均匀分布随机数,指定随机数取值范围和数组形状
a = np.random.uniform(low = -1.0, high = 1.0, size = (2,2))
a
```

3) 正态分布

```
# 生成标准正态分布随机数
a = np.random.randn(3, 3)
a
# 生成正态分布随机数,指定均值 loc 和方差 scale
a = np.random.normal(loc = 1.0, scale = 1.0, size = (3,3))
a
```

2. 随机打乱 ndarray 数组顺序

随机打乱 1 维 ndarray 数组顺序,发现所有元素位置都被打乱了,代码如下所示。

```
# 生成一维数组
a = np.arange(0, 30)
print('before random shuffle: ', a)
# 打乱一维数组顺序
np.random.shuffle(a)
print('after random shuffle: ', a)
```

随机打乱 2 维 ndarray 数组顺序，发现只有行的顺序被打乱了，列顺序不变，代码如下所示。

```
# 生成一维数组
a = np.arange(0, 30)
# 将一维数组转化成 2 维数组
a = a.reshape(10, 3)
print('before random shuffle: \n{}'.format(a))
# 打乱一维数组顺序
np.random.shuffle(a)
print('after random shuffle: \n{}'.format(a))
```

3. 随机选取元素

```
# 随机选取部分元素
a = np.arange(30)
b = np.random.choice(a, size = 5)
b
```

1.5.4　线性代数

线性代数（如矩阵乘法、矩阵分解、行列式以及其他方阵数学等）是任何数组库的重要组成部分，NumPy 中实现了线性代数中常用的各种操作，并形成了 numpy.linalg 线性代数相关的模块。本节主要介绍如下函数：

- diag：以一维数组的形式返回方阵的对角线（或非对角线）元素，或将一维数组转换为方阵（非对角线元素为 0）。
- dot：矩阵乘法。
- trace：计算对角线元素的和。
- det：计算矩阵行列式。
- eig：计算方阵的特征值和特征向量。
- inv：计算方阵的逆。

```
# 矩阵相乘
a = np.arange(12)
b = a.reshape([3, 4])
c = a.reshape([4, 3])
# 矩阵 b 的第二维大小，必须等于矩阵 c 的第一维大小
d = b.dot(c) # 等价于 np.dot(b, c)
```

```
print('a: \n{}'.format(a))
print('b: \n{}'.format(b))
print('c: \n{}'.format(c))
print('d: \n{}'.format(d))
# numpy.linalg  中有一组标准的矩阵分解运算以及诸如求逆和行列式之类的东西
# np.linalg.diag 以一维数组的形式返回方阵的对角线(或非对角线)元素,
# 或将一维数组转换为方阵(非对角线元素为 0)
e = np.diag(d)
f = np.diag(e)
print('d: \n{}'.format(d))
print('e: \n{}'.format(e))
print('f: \n{}'.format(f))
# trace, 计算对角线元素的和
g = np.trace(d)
g
# det,计算行列式
h = np.linalg.det(d)
h
# eig,计算特征值和特征向量
i = np.linalg.eig(d)
i
# inv,计算方阵的逆
tmp = np.random.rand(3, 3)
j = np.linalg.inv(tmp)
j
```

1.5.5　NumPy 保存和导入文件

1. 文件读写

NumPy 可以方便地进行文件读写,如下面这种格式的文本文件:

```
0.00632 18.00  2.310 0 0.5380 6.5750 65.20 4.0900  1 296.0 15.30 396.90  4.98 24.00
0.02731 0.00  7.070 0 0.4690 6.4210 78.90 4.9671  2 242.0 17.80 396.90  9.14 21.60
0.02729 0.00  7.070 0 0.4690 7.1850 61.10 4.9671  2 242.0 17.80 392.83  4.03 34.70
0.03237 0.00  2.180 0 0.4580 6.9980 45.80 6.0622  3 222.0 18.70 394.63  2.94 33.40
0.06905 0.00  2.180 0 0.4580 7.1470 54.20 6.0622  3 222.0 18.70 396.90  5.33 36.20
0.02985 0.00  2.180 0 0.4580 6.4300 58.70 6.0622  3 222.0 18.70 394.12  5.21 28.70
0.08829 12.50  7.870 0 0.5240 6.0120 66.60 5.5605  5 311.0 15.20 395.60 12.43 22.90
0.14455 12.50  7.870 0 0.5240 6.1720 96.10 5.9505  5 311.0 15.20 396.90 19.15 27.10
0.21124 12.50  7.870 0 0.5240 5.6310 100.00 6.0821  5 311.0 15.20 386.63 29.93 16.50
0.17004 12.50  7.870 0 0.5240 6.0040 85.90 6.5921  5 311.0 15.20 386.71 17.10 18.90
```

```
# 使用 np.fromfile 从文本文件'housing.data'读入数据
# 这里要设置参数 sep = '',表示使用空白字符来分隔数据
# 空格或者回车都属于空白字符,读入的数据被转化成 1 维数组
d = np.fromfile('./work/housing.data', sep = '')
d
```

2. 文件保存

NumPy 提供了 save 和 load 接口,直接将数组保存成文件(保存为 .npy 格式),或者从 .npy 文件中读取数组。

```
# 产生随机数组 a
a = np.random.rand(3,3)
np.save('a.npy', a)

# 从磁盘文件'a.npy'读入数组
b = np.load('a.npy')

# 检查 a 和 b 的数值是否一样
check = (a == b).all()
check
```

1.5.6　NumPy 应用举例

1. 计算激活函数 Sigmoid 和 ReLU

使用 ndarray 数组可以很方便地构建数学函数，并利用其底层的矢量计算能力快速实现计算。下面以神经网络中比较常用激活函数 Sigmoid 和 ReLU 为例，介绍代码实现过程。

- 计算 Sigmoid 激活函数

$$y = \frac{1}{1 + e^{-x}}$$

- 计算 ReLU 激活函数

$$y = \begin{cases} 0, & (x < 0) \\ x, & (x \geqslant 0) \end{cases}$$

使用 NumPy 计算激活函数 Sigmoid 和 ReLU 的值，使用 matplotlib 画出图形，代码如下所示。

```
# ReLU 和 Sigmoid 激活函数示意图
import numpy as np
% matplotlib inline
import matplotlib.pyplot as plt
import matplotlib.patches as patches

# 设置图片大小
plt.figure(figsize = (8, 3))

# x 是 1 维数组，数组大小是从 - 10. 到 10. 的实数，每隔 0.1 取一个点
x = np.arange( - 10, 10, 0.1)
# 计算 Sigmoid 函数
s = 1.0 / (1 + np.exp( - x))

# 计算 ReLU 函数
y = np.clip(x, a_min = 0., a_max = None)

###############################################################
# 以下部分为画图程序

# 设置两个子图窗口，将 Sigmoid 的函数图像画在左边
f = plt.subplot(121)
# 画出函数曲线
```

```
plt.plot(x, s, color = 'r')
# 添加文字说明
plt.text( - 5., 0.9, r'y = \sigma(x)', fontsize = 13)
# 设置坐标轴格式
currentAxis = plt.gca()
currentAxis.xaxis.set_label_text('x', fontsize = 15)
currentAxis.yaxis.set_label_text('y', fontsize = 15)

# 将 ReLU 的函数图像画在右边
f = plt.subplot(122)
# 画出函数曲线
plt.plot(x, y, color = 'g')
# 添加文字说明
plt.text( - 3.0, 9, r'y = ReLU(x)', fontsize = 13)
# 设置坐标轴格式
currentAxis = plt.gca()
currentAxis.xaxis.set_label_text('x', fontsize = 15)
currentAxis.yaxis.set_label_text('y', fontsize = 15)

plt.show()
```

2. 图像翻转和裁剪

图像是由像素点构成的矩阵，其数值可以用 ndarray 来表示。将上述介绍的操作用在图像数据对应的 ndarray 上，可以很轻松地实现图片的翻转、裁剪和亮度调整，具体代码和效果如下所示。

```
# 导入需要的包
import numpy as np
import matplotlib.pyplot as plt
from PIL import Image

# 读入图片
image = Image.open('./work/images/000000001584.jpg')
image = np.array(image)
# 查看数据形状，其形状是[H, W, 3],
# 其中 H 代表高度，W 是宽度，3 代表 RGB 三个通道
image.shape
# 原始图片
plt.imshow(image)
# 垂直方向翻转
# 这里使用数组切片的方式来完成，
# 相当于将图片最后一行挪到第一行，
# 倒数第二行挪到第二行，…，
# 第一行挪到倒数第一行
# 对于行指标,使用::-1来表示切片,
# 负数步长表示以最后一个元素为起点,向左走寻找下一个点
# 对于列指标和 RGB 通道,仅使用:表示该维度不改变
image2 = image[::-1, :, :]
plt.imshow(image2)
# 水平方向翻转
image3 = image[:, ::-1, :]
```

```
plt.imshow(image3)
# 保存图片
im3 = Image.fromarray(image3)
im3.save('im3.jpg')
# 高度方向裁剪
H, W = image.shape[0], image.shape[1]
# 注意此处用整除,H_start 必须为整数
H1 = H // 2
H2 = H
image4 = image[H1:H2, :, :]
plt.imshow(image4)
# 宽度方向裁剪
W1 = W//6
W2 = W//3 * 2
image5 = image[:, W1:W2, :]
plt.imshow(image5)
# 两个方向同时裁剪
image5 = image[H1:H2, \
               W1:W2, :]
plt.imshow(image5)
# 调整亮度
image6 = image * 0.5
plt.imshow(image6.astype('uint8'))
# 调整亮度
image7 = image * 2.0
# 由于图片的 RGB 像素值必须在 0~255
# 此处使用 np.clip 进行数值裁剪
image7 = np.clip(image7, \
         a_min = None, a_max = 255.)
plt.imshow(image7.astype('uint8'))
#高度方向每隔一行取像素点
image8 = image[::2, :, :]
plt.imshow(image8)
# 宽度方向每隔一列取像素点
image9 = image[:, ::2, :]
plt.imshow(image9)
#间隔行列采样,图像尺寸会减半,清晰度变差
image10 = image[::2, ::2, :]
plt.imshow(image10)
image10.shape
```

1.5.7 作业

(1) 使用 numpy 计算 tanh 激活函数。

tanh 是神经网络中常用的一种激活函数,其定义如下:

$$y = \frac{e^x - e^{-x}}{e^x + e^{-x}}$$

请参照 Sigmoid 激活函数的计算程序,用 numpy 实现 tanh 函数的计算,并画出其函数曲线,x 的取值范围设置为[−10., 10.]。

(2) 统计随机生成矩阵中有多少个元素大于 0。假设使用 np.random.randn 生成了随

机数构成的矩阵：

```
p = np.random.randn(10, 10)
```

提示：

可以尝试使用 q＝（p＞0），观察 q 是什么的数据类型和元素的取值。

作业提交方式

请读者扫描图书封底的二维码，在 AI Studio"零基础实践深度学习"课程中的"作业"节点下提交相关作业。

第2章 一个案例带你吃透深度学习

2.1 使用飞桨完成手写数字识别模型

2.1.1 手写数字识别任务

数字识别是计算机从纸质文档、照片或其他来源接收、理解并识别可读的数字的能力,目前比较受关注的是手写数字识别。手写数字识别是一个典型的图像分类问题,已经被广泛应用于汇款单号识别、手写邮政编码识别,大大缩短了业务处理时间,提升了工作效率和质量。

在处理如图 2.1 所示的手写邮政编码的简单图像分类任务时,可以使用基于 MNIST 数据集的手写数字识别模型。MNIST 是深度学习领域标准、易用的成熟数据集,包含 60 000 条训练样本和 10 000 条测试样本。

- 任务输入:一系列手写数字图片,其中每张图片都是 28×28 的像素矩阵。
- 任务输出:经过了大小归一化和居中处理,输出对应的 0~9 数字标签。

MNIST 数据集是从 NIST 的 Special Database 3(SD-3)和 Special Database 1(SD-1)构建而来。Yann LeCun 等人从 SD-1 和 SD-3 中各取一半作为 MNIST 训练集和测试集,其中训练集来自 250 位不同的标注员,且训练集和测试集的标注员完全不同。

MNIST 数据集的发布,吸引了大量科学家训练模型。1998 年,LeCun 分别用单层线性分类器、多层感知器(Multilayer Perceptron,MLP)和多层卷积神经网络 LeNet 进行实验使得测试集的误差不断下降(从 12% 下降到 0.7%)。在研究过程中,LeCun 提出了卷积神经网络(Convolutional Neural Network,CNN),大幅度地提高了手写字符的识别能力,也因此成为了深度学习领域的奠基人之一。

如今在深度学习领域,卷积神经网络占据了至关重要的地位,从最早 LeCun 提出的简单 LeNet,到如今 ImageNet 大赛上的优胜模型 VGGNet、

输入数据 手写邮政编码图片 　　　　MNIST数据集 　　　　输出数据 对输入数据判断结构

■图2.1　手写数字识别任务示意图

GoogLeNet、ResNet等,人们在图像分类领域,利用卷积神经网络取得了一系列惊人的结果。

手写数字识别的模型是深度学习中相对简单的模型,非常适用初学者。正如学习编程时,我们输入的第一个程序是打印 Hello World! 一样。在本书中,我们选取了手写数字识别模型作为启蒙教材,以便更好地帮助读者快速掌握飞桨平台的使用。

2.1.2　构建手写数字识别的神经网络模型

使用飞桨完成手写数字识别模型构建的代码结构如图2.2所示,与使用飞桨完成房价预测模型构建的流程一致,下面的章节中我们将详细介绍每个步骤的具体实现方法。

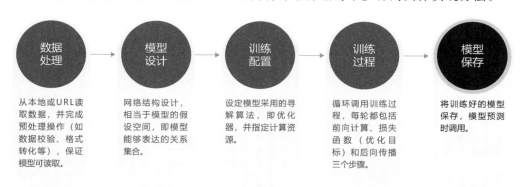

■图2.2　使用飞桨框架构建神经网络过程

2.1.3　飞桨各模型代码结构一致,大大降低了用户的编码难度

在探讨手写数字识别模型的实现方案之前,我们先"偷偷地看"一下程序代码。不难发现,与上一章学习的房价预测模型的代码比较,二者是极为相似的,如图2.3所示。

(1)从代码结构上看,模型均为数据处理、定义网络结构和训练过程三个部分。

(2)从代码细节来看,两个模型也很相似。

这就是使用飞桨框架搭建深度学习模型的优势,只要完成一个模型的案例学习,其他任务即可触类旁通。在工业实践中,程序员用飞桨框架搭建模型,无需每次都另起炉灶,多数情况是先在飞桨模型库中寻找与目标任务类似的模型,再在该模型的基础上修改少量代码即可完成新的任务。

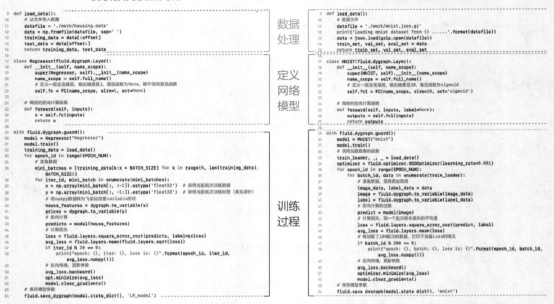

■图 2.3 房价预测和手写数字识别的模型实现代码"神似"

2.1.4 采用"横纵式"教学法,适用于深度学习初学者

在本书中,我们采用了专门为读者设计的创新性的"横纵式"教学法进行深度学习建模介绍,如图 2.4 所示。

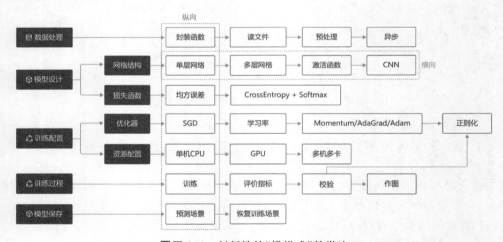

■图 2.4 创新性的"横纵式"教学法

在"横纵式"教学法中,纵向概要介绍模型的基本代码结构和极简实现方案。横向深入探讨构建模型的每个环节中,更优但相对复杂的实现方案。例如在模型设计环节,除了在极简版本使用的单层神经网络(与房价预测模型一样)外,还可以尝试更复杂的网络结构,如多层神经网络、加入非线性的激活函数,甚至专门针对视觉任务优化的卷积神经网络。

这种"横纵式"教学法的设计思路尤其适用于深度学习的初学者,具有如下两点优势:

(1)帮助读者轻松掌握深度学习内容:采用这种方式设计教学案例,读者在学习过程中接收到的信息是线性增长的,在难度上不会有阶跃式的提高。

(2)模拟真实建模的实战体验:先使用熟悉的模型构建一个可用但不够出色的基础版本(Baseline),再逐渐分析每个建模环节可优化的点,一点点地提升优化效果,让读者获得真实建模的实战体验。

相信在本章结束时,大家会对深入实践深度学习建模有一个更全面的认识,接下来我们将逐步学习建模的方法。

2.2　通过极简方案快速构建手写数字识别模型

2.2.1　通过极简方案构建手写数字识别模型

上一节介绍了创新性的"横纵式"教学法,有助于深度学习初学者快速掌握深度学习理论知识,并在过程中让读者获得真实建模的实战体验。在"横纵式"教学法中,纵向概要介绍模型的基本代码结构和极简实现方案,如图 2.5 所示。本节将使用这种极简实现方案快速完成手写数字识别的建模。

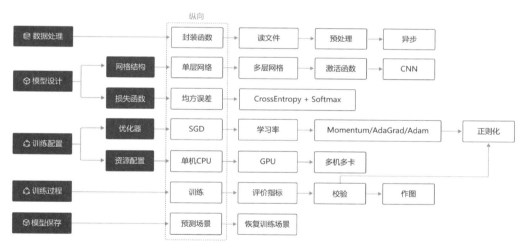

■图 2.5　"横纵式"教学法—纵向极简实现方案

1. 前提条件

在数据处理前,首先要加载飞桨平台与"手写数字识别"模型相关的类库,实现方法如下。

```
# 加载飞桨和相关类库
import paddle
```

```
import paddle.fluid as fluid
from paddle.fluid.dygraph.nn import Linear
import numpy as np
import os
from PIL import Image
```

2. 数据处理

飞桨提供了多个封装好的数据集 API,涵盖计算机视觉、自然语言处理、推荐系统等多个领域,帮助读者快速完成机器学习任务。如在手写数字识别任务中,通过 paddle.dataset.mnist 可以直接获取处理好的 MNIST 训练集、测试集,飞桨 API 支持如下常见的学术数据集:

- mnist
- cifar
- Conll05
- imdb
- imikolov
- movielens
- sentiment
- uci_housing
- wmt14
- wmt16

通过 paddle.dataset.mnist.train()函数设置数据读取器,batch_size 设置为 8,即一个批次有 8 张图片和 8 个标签,代码如下所示。

```
#如果~/.cache/paddle/dataset/mnist/目录下没有 MNIST 数据,API 会自动将 MINST 数据下载到该文件夹下
#设置数据读取器,读取 MNIST 数据训练集
trainset = paddle.dataset.mnist.train()
#包装数据读取器,每次读取的数据数量设置为 batch_size = 8
train_reader = paddle.batch(trainset, batch_size = 8)
```

paddle.batch 函数将 MNIST 数据集拆分成多个批次,通过如下代码读取第一个批次的数据内容,观察数据打印结果。

```
#以迭代的形式读取数据
for batch_id, data in enumerate(train_reader()):
    # 获得图像数据,并转为 float32 类型的数组
    img_data = np.array([x[0] for x in data]).astype('float32')
    # 获得图像标签数据,并转为 float32 类型的数组
    label_data = np.array([x[1] for x in data]).astype('float32')
    # 打印数据形状
    print("图像数据形状和对应数据为:", img_data.shape, img_data[0])
    print("图像标签形状和对应数据为:", label_data.shape, label_data[0])
    break

print("\n 打印第一个 batch 的第一个图像,对应标签数字为{}".format(label_data[0]))
```

```
# 显示第一batch的第一个图像
import matplotlib.pyplot as plt
img = np.array(img_data[0] + 1) * 127.5
img = np.reshape(img, [28, 28]).astype(np.uint8)

plt.figure("Image")              # 图像窗口名称
plt.imshow(img)
plt.axis('on')                   # 关掉坐标轴为off
plt.title('image')               # 图像题目
plt.show()
```

从打印结果看,从数据加载器 train_reader() 中读取一次数据,可以得到形状为(8,784)的图像数据和形状为(8,)的标签数据。其中,形状中的数字 8 与设置的 batch_size 大小对应,784 为 MINIST 数据集中每个图像的像素大小是 28×28。

此外,从打印的图像数据来看,图像数据的范围是[−1,1],表明这是已经完成图像归一化后的图像数据,并且空白背景部分的值是 −1。将图像数据反归一化,并使用 matplotlib 工具包将其显示出来,如图 2.6 所示。可以看到图片显示的数字是 5,和对应标签数字一致。

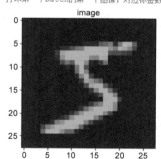

打印第一个batch的第一个图像,对应标签数字为5.0

■图 2.6 matplotlib 打印结果示意图

说明:

飞桨将维度是 28 * 28 的手写数字图像转成向量形式存储,因此使用飞桨数据加载器读取到的手写数字图像是长度为 784(28×28)的向量。

---

1) 飞桨 API 的使用方法

熟练掌握飞桨 API 的使用方法,是使用飞桨完成各类深度学习任务的基础,也是开发者必须掌握的技能,下面介绍飞桨 API 获取方式和使用方法。

(1) 飞桨 API 文档获取方式。登录"飞桨官网→文档→API Reference",获取飞桨 API 文档,如图 2.7 所示。

(2) 通过搜索和分类浏览两种方式查阅 API 文档。如果用户知道需要查阅的 API 名称,可通过页面右上角的搜索框,快速获取 API。

如果想全面了解飞桨 API 文档内容,也可以在 API Reference 首页,单击"API 功能分类",通过概念分类获取不同职能的 API,如图 2.8 所示。

■图 2.7　飞桨 API 文档

■图 2.8　飞桨 API 功能分类页面

在 API 功能分类的页面,读者可以根据神经网络建模的逻辑概念来浏览相应部分的 API,如优化器、网络层、评价指标、模型保存和加载等。

（3）API 文档使用方法。飞桨每个 API 的文档结构一致,包含接口形式、功能说明和计算公式、参数和返回值、代码示例四个部分。以 abs 函数为例,API 文档结构如图 2.9 所示。通过飞桨 API 文档,读者不仅可以详细查看函数功能,还可以通过可运行的代码示例来实践 API 的使用。

| abs

paddle.fluid.layers.abs *(x,name=None)*

绝对值激活函数

$$out = |x|$$

参数：

- x - abs算子的输入
- use_cudnn(BOOLEAN) – (bool,默认为false) 是否仅用于cudnn核，需要安装cudnn

返回：abs算子的输出

代码示例：

```
import paddle.fluid as fluid
data - fluid . data(name-" input" ,shape=[32, 784])
result - fluid.layers.abs(data)
```

■图 2.9　abs 函数的 API 文档

3. 模型设计

在房价预测深度学习任务中，我们使用了单层且没有非线性变换的模型，取得了理想的预测效果。在手写数字识别中，我们依然使用这个模型预测输入的图形数字值。其中，模型的输入为 784 维（28×28）数据，输出为 1 维数据，如图 2.10 所示。

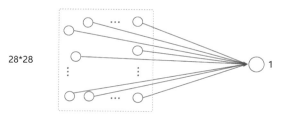

■图 2.10　手写数字识别网络模型

输入像素的位置排布信息对理解图像内容非常重要（如将原始尺寸为 28×28 图像的像素按照 7×112 的尺寸排布，那么其中的数字将不可识别），因此网络的输入设计为 28×28 的尺寸，而不是 1×784，以便于模型能够正确处理像素之间的空间信息。

说明：

事实上，采用只有一层的简单网络（对输入求加权和）时并没有处理位置关系信息，因此可以猜测出此模型的预测效果可能有限。在后续优化环节介绍的卷积神经网络则更好地考虑了这种位置关系信息，模型的预测效果也会有显著提升。

下面以类的方式组建手写数字识别的网络，实现方法如下所示。

```
#定义 mnist 数据识别网络结构,同房价预测网络
class MNIST(fluid.dygraph.Layer):
```

```
def __init__(self):
    super(MNIST, self).__init__()

    # 定义一层全连接层,输出维度是 1,激活函数为 None,即不使用激活函数
    self.fc = Linear(input_dim = 784, output_dim = 1, act = None)

# 定义网络结构的前向计算过程
def forward(self, inputs):
    outputs = self.fc(inputs)
    return outputs
```

4. 训练配置

训练配置需要先生成模型实例(设为"训练"状态),再设置优化算法和学习率(使用随机梯度下降 SGD,学习率设置为 0.001),实现方法如下所示。

```
# 定义飞桨动态图工作环境
with fluid.dygraph.guard():
    # 声明网络结构
    model = MNIST()
    # 启动训练模式
    model.train()
    # 定义数据读取函数,数据读取 batch_size 设置为 16
    train_loader = paddle.batch(paddle.dataset.mnist.train(), batch_size = 16)
    # 定义优化器,使用随机梯度下降 SGD 优化器,学习率设置为 0.001
    optimizer = fluid.optimizer.SGDOptimizer(learning_rate = 0.001, parameter_list = model.
parameters())
```

5. 训练过程

训练过程采用二层循环嵌套方式,训练完成后需要保存模型参数,以便后续使用。

- 内层循环:负责整个数据集的一次遍历,遍历数据集采用分批次(batch)方式。
- 外层循环:定义遍历数据集的次数,本次训练中外层循环 10 次,通过参数 EPOCH_NUM 设置。

```
# 通过 with 语句创建一个 dygraph 运行的 context
# 动态图下的一些操作需要在 guard 下进行
with fluid.dygraph.guard():
    model = MNIST()
    model.train()
    train_loader = paddle.batch(paddle.dataset.mnist.train(), batch_size = 16)
    optimizer = fluid.optimizer.SGDOptimizer(learning_rate = 0.001, parameter_list = model.
parameters())
    EPOCH_NUM = 10
    for epoch_id in range(EPOCH_NUM):
        for batch_id, data in enumerate(train_loader()):
            # 准备数据,格式需要转换成符合框架要求的
            image_data = np.array([x[0] for x in data]).astype('float32')
            label_data = np.array([x[1] for x in data]).astype('float32').reshape(-1, 1)
            # 将数据转为飞桨动态图格式
```

```
            image = fluid.dygraph.to_variable(image_data)
            label = fluid.dygraph.to_variable(label_data)

            #前向计算的过程
            predict = model(image)

            #计算损失,取一个批次样本损失的平均值
            loss = fluid.layers.square_error_cost(predict, label)
            avg_loss = fluid.layers.mean(loss)

            #每训练了1000批次的数据,打印下当前Loss的情况
            if batch_id != 0 and batch_id % 1000 == 0:
                print("epoch: {}, batch: {}, loss is: {}".format(epoch_id, batch_id, avg_
loss.numpy()))

            #后向传播,更新参数的过程
            avg_loss.backward()
            optimizer.minimize(avg_loss)
            model.clear_gradients()

    # 保存模型
    fluid.save_dygraph(model.state_dict(), 'mnist')
```

通过观察上述代码可以发现,手写数字识别的代码几乎与房价预测任务一致,如果不是下述读取数据的两行代码有所差异,我们会误认为这是房价预测的模型。

```
#准备数据,转换成符合框架要求的格式
image_data = np.array([x[0] for x in data]).astype('float32')
label_data = np.array([x[1] for x in data]).astype('float32').reshape(-1, 1)
```

另外,从训练过程中损失所发生的变化可以发现,虽然损失整体上在降低,但到训练的最后一轮,损失函数值依然较高。可以猜测手写数字识别完全复用房价预测的代码,训练效果并不好。接下来我们通过模型测试,获取模型训练的真实效果。

6. 模型测试

模型测试的主要目的是验证训练好的模型是否能正确识别出数字,包括如下四步:

(1)声明实例。

(2)加载模型:加载训练过程中保存的模型参数。

(3)灌入数据:将测试样本传入模型,模型的状态设置为校验状态(eval),告诉框架我们接下来只会使用前向计算的流程,不会计算梯度和梯度反向传播。

(4)获取预测结果,取整后作为预测标签输出。

在模型测试之前,需要先从./work/example_0.png文件中读取样例图片,并进行归一化处理。

```
#导入图像读取第三方库
import matplotlib.image as mpimg
import matplotlib.pyplot as plt
```

```
import numpy as np
from PIL import Image
# 读取图像
example = mpimg.imread('./work/example_0.png')
# 显示图像
plt.imshow(example)
plt.show()
im = Image.open('./work/example_0.png').convert('L')
print(np.array(im).shape)
im = im.resize((28, 28), Image.ANTIALIAS)
plt.imshow(im)
plt.show()
print(np.array(im).shape)
```

```
# 读取一张本地的样例图片,转变成模型输入的格式
def load_image(img_path):
    # 从 img_path 中读取图像,并转为灰度图
    im = Image.open(img_path).convert('L')
    print(np.array(im))
    im = im.resize((28, 28), Image.ANTIALIAS)
    im = np.array(im).reshape(1, -1).astype(np.float32)
    # 图像归一化,保持和数据集的数据范围一致
    im = 1 - im / 127.5
    return im

# 定义预测过程
with fluid.dygraph.guard():
    model = MNIST()
    params_file_path = 'mnist'
    img_path = './work/example_0.png'
# 加载模型参数
    model_dict, _ = fluid.load_dygraph("mnist")
    model.load_dict(model_dict)
# 灌入数据
    model.eval()
    tensor_img = load_image(img_path)
    result = model(fluid.dygraph.to_variable(tensor_img))
#   预测输出取整,即为预测的数字,打印结果
print("本次预测的数字是", result.numpy().astype('int32'))
```

本次预测的数字是 [4]

从打印结果来看,模型预测出的数字与图片实际的数字不一致。这里只是验证了一个样本的情况,如果我们尝试更多的样本,可发现许多数字图片识别结果是错误的。因此完全复用房价预测的实验并不适用于手写数字识别任务!

接下来我们会对手写数字识别实验模型进行逐一改进,直到获得令人满意的结果。

2.2.2　作业

(1) 使用飞桨 API paddle.dataset.mnist 的 test 函数获得测试集数据,计算当前模型的准确率。

（2）怎样进一步提高模型的准确率？可以在接下来内容开始前，写出你想到的优化思路。

作业提交方式

请读者扫描图书封底的二维码，在 AI Studio"零基础实践深度学习"课程中的"作业"节点下提交相关作业。

2.3 "手写数字识别"之数据处理

2.3.1 概述

上一节我们使用"横纵式"教学法中的纵向极简方案快速完成手写数字识别任务的建模，但模型测试效果并未达成预期。我们换个思路，从横向展开，如图 2.11 所示，逐个环节优化，以达到最优训练效果。本节主要介绍手写数字识别模型中，数据处理的优化方法。

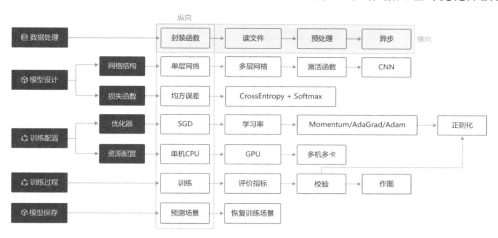

■图 2.11 "横纵式"教学法—数据处理优化

上一节，我们通过调用飞桨提供的 API（paddle. dataset. mnist）加载 MNIST 数据集。但在工业实践中，我们面临的任务和数据环境千差万别，通常需要自己编写适合当前任务的数据处理程序，一般涉及如下五个环节：

（1）读入数据。

（2）划分数据集。

（3）生成批次数据。

（4）训练样本集乱序。

（5）校验数据有效性。

前提条件

在数据读取与处理前，首先要加载飞桨平台和数据处理库，代码如下。

```
# 数据处理部分之前的代码,加入部分数据处理的库
import paddle
```

```
import paddle.fluid as fluid
from paddle.fluid.dygraph.nn import Linear
import numpy as np
import os
import gzip
import json
import random
```

2.3.2　读入数据并划分数据集

在实际应用中,保存到本地的数据存储格式多种多样,如 MNIST 数据集以 JSON 格式存储在本地,其数据存储结构如图 2.12 所示。

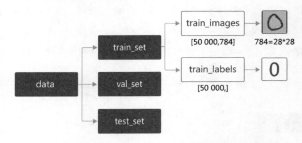

■图 2.12　MNIST 数据集的存储结构

data 包含三个元素的列表:train_set、val_set、test_set,包括 50 000 条训练样本、10 000 条验证样本、10 000 条测试样本。每个样本包含手写数字图片和对应的标签。

(1) train_set(训练集):用于确定模型参数。

(2) val_set(验证集):用于调节模型超参数(如多个网络结构、正则化权重的最优选择)。

(3) test_set(测试集):用于估计应用效果(没有在模型中应用过的数据,更贴近模型在真实场景应用的效果)。

train_set 包含两个元素的列表:train_images、train_labels。

(1) train_imgs:[50 000,784]的二维列表,包含 50 000 张图片。每张图片用一个长度为 784 的向量表示,内容是 28×28 尺寸的像素灰度值(黑白图片)。

(2) train_labels:[50 000,]的列表,表示这些图片对应的分类标签,即 0～9 的一个数字。

在本地. /work/目录下读取文件名称为 mnist.json.gz 的 MNIST 数据,并拆分成训练集、验证集和测试集,实现方法如下所示。

```
# 声明数据集文件位置
datafile = './work/mnist.json.gz'
print('loading mnist dataset from {} ......'.format(datafile))
# 加载json数据文件
data = json.load(gzip.open(datafile))
print('mnist dataset load done')
# 读取到的数据区分训练集,验证集,测试集
```

```
train_set, val_set, eval_set = data

# 数据集相关参数,图片高度 IMG_ROWS, 图片宽度 IMG_COLS
IMG_ROWS = 28
IMG_COLS = 28

# 打印数据信息
imgs, labels = train_set[0], train_set[1]
print("训练数据集数量: ", len(imgs))

# 观察验证集数量
imgs, labels = val_set[0], val_set[1]
print("验证数据集数量: ", len(imgs))

# 观察测试集数量
imgs, labels = val = eval_set[0], eval_set[1]
print("测试数据集数量: ", len(imgs))
```

扩展阅读

为什么学术界的模型总在不断精进呢？

通常某组织发布一个新任务的训练集和测试集数据后,全世界的科学家都针对该数据集进行创新研究,随后大量针对该数据集的论文会陆续发表。论文 1 的 A 模型声称在测试集的准确率 70%,论文 2 的 B 模型声称在测试集的准确率提高到 72%,论文 N 的 X 模型声称在测试集的准确率提高到 90%……

然而这些论文中的模型在测试集上准确率提升真实有效么？我们不妨大胆猜测一下。

假设所有论文共产生 1000 个模型,这些模型使用的是测试数据集来评判模型效果,并最终选出效果最优的模型。这相当于把原始的测试集当作了验证集,使得测试集失去了真实评判模型效果的能力,正如机器学习领域非常流行的一句话:"拷问数据足够久,它终究会招供",如图 2.13 所示。

■图 2.13　拷问数据足够久,它总会招供

那么当我们需要将学术界研发的模型复用于工业项目时,应该如何选择呢？给读者一个小建议:当几个模型的准确率在测试集上差距不大时,尽量选择网络结构相对简单的模型。往往越精巧设计的模型和方法,越不容易在不同的数据集之间迁移。

2.3.3　训练样本乱序并生成批次数据

1. 训练样本乱序：先将样本按顺序进行编号,建立 ID 集合 index_list。然后将 index_list 乱序,最后按乱序后的顺序读取数据。

说明:

通过大量实验发现,模型对最后出现的数据印象更加深刻。训练数据导入后,越接近模型训练结束,最后几个批次数据对模型参数的影响越大。为了避免模型记忆影响训练效果,需要进行样本乱序操作。

---

2. 生成批次数据：先设置合理的 batch_size,再将数据转变成符合模型输入要求的 np.array 格式返回。同时,在返回数据时将 Python 生成器设置为 yield 模式,以减少内存占用。

在执行如上两个操作之前,需要先将数据处理代码封装成 load_data 函数,方便后续调用。load_data 有三种模型：train、valid、eval,分为对应返回的数据是训练集、验证集、测试集。

```python
imgs, labels = train_set[0], train_set[1]
print("训练数据集数量: ", len(imgs))
# 获得数据集长度
imgs_length = len(imgs)
# 定义数据集每个数据的序号,根据序号读取数据
index_list = list(range(imgs_length))
# 读入数据时用到的批次大小
BATCHSIZE = 100

# 随机打乱训练数据的索引序号
random.shuffle(index_list)

# 定义数据生成器,返回批次数据
def data_generator():

    imgs_list = []
    labels_list = []
    for i in index_list:
        # 将数据处理成希望的格式,比如类型为 float32,shape 为[1, 28, 28]
        img = np.reshape(imgs[i], [1, IMG_ROWS, IMG_COLS]).astype('float32')
        label = np.reshape(labels[i], [1]).astype('float32')
        imgs_list.append(img)
        labels_list.append(label)
        if len(imgs_list) == BATCHSIZE:
            # 获得一个 batchsize 的数据,并返回
            yield np.array(imgs_list), np.array(labels_list)
            # 清空数据读取列表
            imgs_list = []
            labels_list = []

    # 如果剩余数据的数目小于 BATCHSIZE,
```

```
    # 则剩余数据一起构成一个大小为 len(imgs_list)的 mini-batch
    if len(imgs_list) > 0:
        yield np.array(imgs_list), np.array(labels_list)
    return data_generator

# 声明数据读取函数,从训练集中读取数据
train_loader = data_generator
# 以迭代的形式读取数据
for batch_id, data in enumerate(train_loader()):
    image_data, label_data = data
    if batch_id == 0:
        # 打印数据 shape 和类型
        print("打印第一个 batch 数据的维度:")
        print("图像维度: {}, 标签维度: {}".format(image_data.shape, label_data.shape))
break
```

打印第一个 batch 数据的维度:
图像维度:(100,1,28,28),标签维度:(100,1)

2.3.4 校验数据有效性

在实际应用中,原始数据可能存在标注不准确、数据杂乱或格式不统一等情况。因此在完成数据处理流程后,还需要进行数据校验,一般有两种方式:

(1) 机器校验:加入一些校验和清理数据的操作。

(2) 人工校验:先打印数据输出结果,观察是否是设置的格式。再从训练的结果验证数据处理和读取的有效性。

1. 机器校验

如以下代码所示,如果数据集中的图片数量和标签数量不等,说明数据逻辑存在问题,可使用 assert 语句校验图像数量和标签数据是否一致。

```
imgs_length = len(imgs)

    assert len(imgs) == len(labels), \
            "length of train_imgs({}) should be the same as train_labels({})".format(len
(imgs), len(lables))
```

2. 人工校验

人工校验是指打印数据输出结果,观察是否是预期的格式。实现数据处理和加载函数后,我们可以调用它读取一次数据,观察数据的 shape 和类型是否与函数中设置的一致。

```
# 声明数据读取函数,从训练集中读取数据
train_loader = data_generator
# 以迭代的形式读取数据
for batch_id, data in enumerate(train_loader()):
    image_data, label_data = data
    if batch_id == 0:
        # 打印数据 shape 和类型
```

```
        print("打印第一个 batch 数据的维度,以及数据的类型:")
        print("图像维度:{}, 标签维度:{}, 图像数据类型:{}, 标签数据类型:{}".format
(image_data.shape, label_data.shape, type(image_data), type(label_data)))
break
```

\# 打印第一个 batch 数据的维度,以及数据的类型:
\# 图像维度:(100, 1, 28, 28),标签维度:(100, 1),图像数据类型:< class 'numpy.ndarray'> ,标
签数据类型:< class 'numpy.ndarray'>

2.3.5　封装数据读取与处理函数

上文我们从读取数据、划分数据集、打乱训练数据、构建数据读取器到数据校验,完成了
一整套一般性的数据处理流程,下面将这些步骤放在一个函数中实现,方便在神经网络训练
时直接调用。

```
def load_data(mode = 'train'):
    datafile = './work/mnist.json.gz'
    print('loading mnist dataset from {} ......'.format(datafile))
    # 加载 json 数据文件
    data = json.load(gzip.open(datafile))
    print('mnist dataset load done')
    # 读取到的数据区分训练集,验证集,测试集
    train_set, val_set, eval_set = data
    if mode == 'train':
        # 获得训练数据集
        imgs, labels = train_set[0], train_set[1]
    elif mode == 'valid':
        # 获得验证数据集
        imgs, labels = val_set[0], val_set[1]
    elif mode == 'eval':
        # 获得测试数据集
        imgs, labels = eval_set[0], eval_set[1]
    else:
        raise Exception("mode can only be one of ['train', 'valid', 'eval']")
    print("训练数据集数量: ", len(imgs))
    # 校验数据
    imgs_length = len(imgs)
    assert len(imgs) == len(labels), \
            "length of train_imgs({}) should be the same as train_labels({})".format(len
(imgs), len(label))
    # 获得数据集长度
    imgs_length = len(imgs)
    # 定义数据集每个数据的序号,根据序号读取数据
    index_list = list(range(imgs_length))
    # 读入数据时用到的批次大小
    BATCHSIZE = 100
    # 定义数据生成器
    def data_generator():
        if mode == 'train':
            # 训练模式下打乱数据
            random.shuffle(index_list)
```

```
            imgs_list = []
            labels_list = []
            for i in index_list:
                # 将数据处理成希望的格式,比如类型为 float32,shape 为[1, 28, 28]
                img = np.reshape(imgs[i], [1, IMG_ROWS, IMG_COLS]).astype('float32')
                label = np.reshape(labels[i], [1]).astype('float32')
                imgs_list.append(img)
                labels_list.append(label)
                if len(imgs_list) == BATCHSIZE:
                    # 获得一个 batchsize 的数据,并返回
                    yield np.array(imgs_list), np.array(labels_list)
                    # 清空数据读取列表
                    imgs_list = []
                    labels_list = []

            # 如果剩余数据的数目小于 BATCHSIZE,
            # 则剩余数据一起构成一个大小为 len(imgs_list)的 mini-batch
            if len(imgs_list) > 0:
                yield np.array(imgs_list), np.array(labels_list)
    return data_generator
```

下面定义一层神经网络,利用定义好的数据处理函数,完成神经网络的训练。

```
# 数据处理部分之后的代码,数据读取的部分调用 Load_data 函数
# 定义网络结构,同上一节所使用的网络结构
class MNIST(fluid.dygraph.Layer):
    ...

# 训练配置,并启动训练过程
with fluid.dygraph.guard():
    model = MNIST()
    model.train()
    # 调用加载数据的函数
    train_loader = load_data('train')
    optimizer = fluid.optimizer.SGDOptimizer(learning_rate = 0.001, parameter_list = model.
parameters())
    EPOCH_NUM = 10
    for epoch_id in range(EPOCH_NUM):
        for batch_id, data in enumerate(train_loader()):
        # 准备数据,变得更加简洁
            image_data, label_data = data
            image = fluid.dygraph.to_variable(image_data)
            label = fluid.dygraph.to_variable(label_data)

            ... # 操作同上一节
    # 保存模型参数
    fluid.save_dygraph(model.state_dict(), 'mnist')
```

2.3.6　异步数据读取

上面提到的数据读取采用的是同步数据读取方式。对于样本量较大、数据读取较慢的

场景,建议采用异步数据读取方式。异步读取数据时,数据读取和模型训练并行执行,从而加快了数据读取速度,牺牲一小部分内存换取数据读取效率的提升,二者关系如图 2.14 所示。

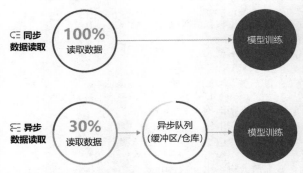

■图 2.14　同步数据读取和异步数据读取示意图

- 同步数据读取:数据读取与模型训练串行。当模型需要数据时,才运行数据读取函数获得当前批次的数据。在读取数据期间,模型一直等待数据读取结束才进行训练,数据读取速度相对较慢。
- 异步数据读取:数据读取和模型训练并行。读取到的数据不断的放入缓存区,无需等待模型训练就可以启动下一轮数据读取。当模型训练完一个批次后,不用等待数据读取过程,直接从缓存区获得下一批次数据进行训练,从而加快了数据读取速度。
- 异步队列:数据读取和模型训练交互的仓库,二者均可以从仓库中读取数据,它的存在使得两者的工作节奏可以解耦。

使用飞桨实现异步数据读取非常简单,如下所示。

```
# 定义数据读取后存放的位置,CPU 或者 GPU,这里使用 CPU
# place = fluid.CUDAPlace(0)时,数据读取到 GPU 上
place = fluid.CPUPlace()
with fluid.dygraph.guard(place):
    # 声明数据加载函数,使用训练模式
    train_loader = load_data(mode = 'train')
    # 定义 DataLoader 对象用于加载 Python 生成器产生的数据
    data_loader = fluid.io.DataLoader.from_generator(capacity = 5, return_list = True)
    # 设置数据生成器
    data_loader.set_batch_generator(train_loader, places = place)
    # 迭代的读取数据并打印数据的形状
    for i, data in enumerate(data_loader):
        image_data, label_data = data
        print(i, image_data.shape, label_data.shape)
        if i >= 5:
            break
```

与同步数据读取相比,异步数据读取仅增加了三行代码,如下所示。

```
place = fluid.CPUPlace()

# 设置读取的数据是放在 CPU 还是 GPU 上
```

```
data_loader = fluid.io.DataLoader.from_generator(capacity = 5, return_list = True)

#创建一个 DataLoader 对象用于加载 Python 生成器产生的数据.数据会由 Python 线程预先读取,并
异步送入一个队列中

data_loader.set_batch_generator(train_loader, place)

#用创建的 DataLoader 对象设置一个数据生成器 set_batch_generator,输入的参数是一个 Python
数据生成器 train_loader 和服务器资源类型 place(标明 CPU 还是 GPU)
```

fluid.io.DataLoader.from_generator 参数名称、参数含义、默认值如下。

参数含义如下:

- feed_list 仅在 PaddlePaddle 静态图中使用,动态图中设置为 None,本书默认使用动态图的建模方式。
- capacity 表示在 DataLoader 中维护的队列容量,如果读取数据的速度很快,建议设置为更大的值。
- use_double_buffer 是一个布尔型的参数,设置为 True 时,Dataloader 会预先异步读取下一个 batch 的数据并放到缓存区。
- iterable 表示创建的 Dataloader 对象是否是可迭代的,一般设置为 True。
- return_list 在动态图模式下需要设置为 True。

参数名和默认值如下:

- feed_list = None,
- capacity = None,
- use_double_buffer = True,
- iterable = True,
- return_list = False

异步数据读取并训练的完整案例代码如下所示。

```
with fluid.dygraph.guard():
    model = MNIST()
    model.train()
    #调用加载数据的函数
    train_loader = load_data('train')
    #创建异步数据读取器
    place = fluid.CPUPlace()
    data_loader = fluid.io.DataLoader.from_generator(capacity = 5, return_list = True)
    data_loader.set_batch_generator(train_loader, places = place)

    optimizer = fluid.optimizer.SGDOptimizer(learning_rate = 0.001, parameter_list = model.
parameters())
    EPOCH_NUM = 3
    for epoch_id in range(EPOCH_NUM):
        for batch_id, data in enumerate(data_loader):
            …

    fluid.save_dygraph(model.state_dict(), 'mnist')
```

从异步数据读取的训练结果来看,损失函数下降与同步数据读取训练结果一致。注意,异步读取数据只在数据量规模巨大时会带来显著的性能提升,对于多数场景采用同步数据读取的方式已经足够。

2.4 "手写数字识别"之网络结构

2.4.1 概述

前几节我们尝试使用与房价预测相同的简单神经网络解决手写数字识别问题,但是效果并不理想。原因是手写数字识别的输入是 28×28 的像素值,输出是 0~9 的数字标签,而线性回归模型无法捕捉二维图像数据中蕴含的复杂信息,如图 2.15 所示。无论是牛顿第二定律任务,还是房价预测任务,输入特征和输出预测值之间的关系均可以使用"直线"刻画(使用线性方程来表达)。但手写数字识别任务的输入像素和输出数字标签之间的关系显然不是线性的,甚至这个关系复杂到我们靠人脑难以直观理解的程度。

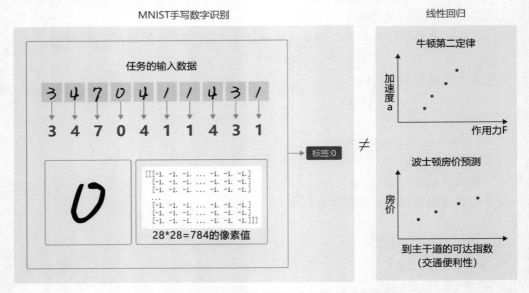

■图 2.15　数字识别任务的输入和输出不是线性关系

因此,我们需要尝试使用其他更复杂、更强大的网络来构建手写数字识别任务,观察一下训练效果,即将"横纵式"教学法从横向展开,如图 2.16 所示。本节主要介绍两种常见的网络结构:经典的多层全连接神经网络和卷积神经网络。

在介绍网络结构前,需要先进行数据处理,代码与上一节保持一致。

2.4.2 经典的全连接神经网络

经典的全连接神经网络来包含四层网络:输入层、两个隐含层和输出层,将手写数字识别任务通过全连接神经网络表示,如图 2.17 所示。

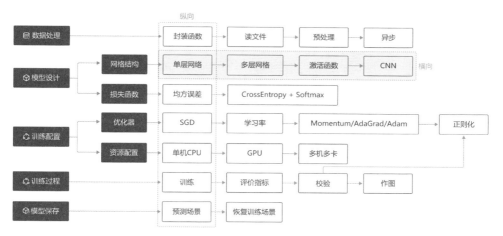

■图 2.16 "横纵式"教学法—网络结构优化

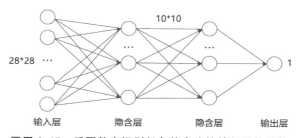

■图 2.17 手写数字识别任务的全连接神经网络结构

（1）输入层：将数据输入给神经网络。在该任务中，输入层的尺度为 28×28 的像素值。

（2）隐含层：增加网络深度和复杂度，隐含层的节点数是可以调整的，节点数越多，神经网络表示能力越强，参数量也会增加。在该任务中，中间的两个隐含层为 10×10 的结构，通常隐含层会比输入层的尺寸小，以便对关键信息做抽象，激活函数使用常见的 Sigmoid 函数。

（3）输出层：输出网络计算结果，输出层的节点数是固定的。如果是回归问题，节点数量为需要回归的数字数量。如果是分类问题，则是分类标签的数量。在该任务中，模型的输出是回归一个数字，输出层的尺寸为 1。

说明：

隐含层引入非线性激活函数 Sigmoid 是为了增加神经网络的非线性能力。

举例来说，如果一个神经网络采用线性变换，有四个输入 $x_1 \sim x_4$，一个输出 y。假设第一层的变换是 $z_1 = x_1 - x_2$ 和 $z_2 = x_3 + x_4$，第二层的变换是 $y = z_1 + z_2$，则将两层的变换展开后得到 $y = x_1 - x_2 + x_3 + x_4$。也就是说，无论中间累积了多少层线性变换，原始输入和最终输出之间依然是线性关系。

Sigmoid 是早期神经网络模型中常见的非线性变换函数，通过如下代码，绘制出 Sigmoid 的函数曲线。

```
def sigmoid(x):
    # 直接返回 sigmoid 函数
    return 1. / (1. + np.exp(-x))

# param:起点,终点,间距
x = np.arange(-8, 8, 0.2)
y = sigmoid(x)
plt.plot(x, y)
plt.show()
```

绘图结果见图 2.18。

针对手写数字识别的任务,网络层的设计如下:

(1)输入层的尺度为 28×28,但批次计算的时候会统一加 1 个维度(大小为 batchsize)。

(2)中间的两个隐含层为 10×10 的结构,激活函数使用常见的 Sigmoid 函数。

(3)与房价预测模型一样,模型的输出是回归一个数字,输出层的尺寸设置成 1。

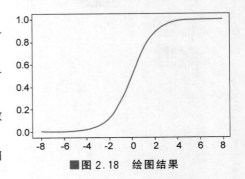

■图 2.18　绘图结果

下述代码为经典全连接神经网络的实现。完成网络结构定义后,即可训练神经网络。

```
# 多层全连接神经网络实现
class MNIST(fluid.dygraph.Layer):
    def __init__(self):
        super(MNIST, self).__init__()
        # 定义两层全连接隐含层,输出维度是 10,激活函数为 sigmoid
        self.fc1 = Linear(input_dim = 784, output_dim = 10, act = 'sigmoid') # 隐含层节点为
10,可根据任务调整
        self.fc2 = Linear(input_dim = 10, output_dim = 10, act = 'sigmoid')
        # 定义一层全连接输出层,输出维度是 1,不使用激活函数
        self.fc3 = Linear(input_dim = 10, output_dim = 1, act = None)

        # 定义网络的前向计算
    def forward(self, inputs, label = None):
        inputs = fluid.layers.reshape(inputs, [inputs.shape[0], 784])
        outputs1 = self.fc1(inputs)
        outputs2 = self.fc2(outputs1)
        outputs_final = self.fc3(outputs2)
        return outputs_final
# 网络结构部分之后的代码,保持不变
with fluid.dygraph.guard():
    model = MNIST()
    model.train()
...

    # 保存模型参数
    fluid.save_dygraph(model.state_dict(), 'mnist')
```

2.4.3　卷积神经网络

虽然使用经典的链接神经网络可以提升一定的准确率,但对于计算机视觉问题,效果最好的模型仍然是卷积神经网络。卷积神经网络针对视觉问题的特点进行了网络结构优化,更适合处理视觉问题。

卷积神经网络由多个卷积层和池化层组成,如图 2.19 所示。卷积层负责对输入进行扫描以生成更抽象的特征表示,池化层对这些特征表示进行过滤,保留最关键的特征信息。

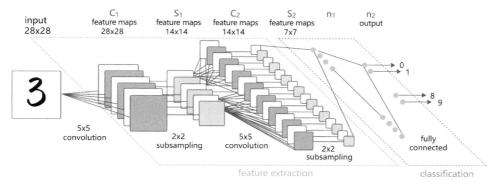

■图 2.19　在处理计算机视觉任务中大放异彩的卷积神经网络

说明:

本节只简单介绍用卷积神经网络实现手写数字识别任务,以及它带来的效果提升。读者可以将卷积神经网络先简单理解成是一种比经典的全连接神经网络更强大的模型即可,更详细的原理和实现在接下来的第 3 章"计算机视觉-卷积神经网络基础"中讲述。

两层卷积和池化的神经网络实现如下所示。

```
# 多层卷积神经网络实现
class MNIST(fluid.dygraph.Layer):
    def __init__(self):
        super(MNIST, self).__init__()

        # 定义卷积层,输出特征通道 num_filters 设置为 20,卷积核的大小 filter_size 为 5,卷积步长 stride = 1, padding = 2
        # 激活函数使用 relu
        self.conv1 = Conv2D(num_channels = 1, num_filters = 20, filter_size = 5, stride = 1, padding = 2, act = 'relu')
        # 定义池化层,池化核 pool_size = 2,池化步长为 2,选择最大池化方式
        self.pool1 = Pool2D(pool_size = 2, pool_stride = 2, pool_type = 'max')
        # 定义卷积层,输出特征通道 num_filters 设置为 20,卷积核的大小 filter_size 为 5,卷积步长 stride = 1, padding = 2
        self.conv2 = Conv2D(num_channels = 20, num_filters = 20, filter_size = 5, stride = 1, padding = 2, act = 'relu')
        # 定义池化层,池化核 pool_size = 2,池化步长为 2,选择最大池化方式
        self.pool2 = Pool2D(pool_size = 2, pool_stride = 2, pool_type = 'max')
```

```
          # 定义一层全连接层,输出维度是 1,不使用激活函数
          self.fc = Linear(input_dim = 980, output_dim = 1, act = None)

      # 定义网络前向计算过程,卷积后紧接着使用池化层,最后使用全连接层计算最终输出
      def forward(self, inputs):
          x = self.conv1(inputs)
          x = self.pool1(x)
          x = self.conv2(x)
          x = self.pool2(x)
          x = fluid.layers.reshape(x, [x.shape[0], -1])
          x = self.fc(x)
          return x
```

训练定义好的卷积神经网络,如下所示。

```
# 网络结构部分之后的代码,保持不变
with fluid.dygraph.guard():
    model = MNIST()
    model.train()
...

    # 保存模型参数
    fluid.save_dygraph(model.state_dict(), 'mnist')
```

2.5　"手写数字识别"之损失函数

2.5.1　概述

上一节我们尝试通过更复杂的模型(经典的全连接神经网络和卷积神经网络),提升手写数字识别模型训练的准确性。本节我们继续将"横纵式"教学法从横向展开,如图 2.20 所示,探讨损失函数的优化对模型训练效果的影响。

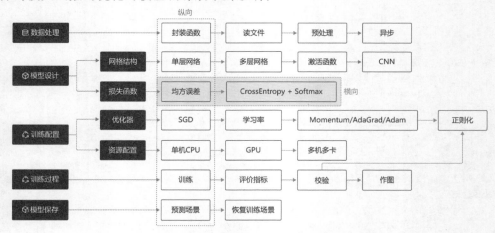

■图 2.20　"横纵式"教学法—损失函数优化

损失函数是模型优化的目标,用于在众多的参数取值中,识别最理想的取值。损失函数的计算在训练过程的代码中,每一轮模型训练的过程都相同,分如下三步:

(1)先根据输入数据正向计算预测输出。

(2)再根据预测值和真实值计算损失。

(3)最后根据损失反向传播梯度并更新参数。

2.5.2 分类任务的损失函数

在之前的方案中,我们复用了房价预测模型的损失函数-均方误差。从预测效果来看,虽然损失不断下降,模型的预测值逐渐逼近真实值,但模型的最终效果不够理想。究其根本,不同的深度学习任务需要有各自适宜的损失函数。我们以房价预测和手写数字识别两个任务为例,详细剖析其中的缘由如下:

(1)房价预测是回归任务,而手写数字识别是分类任务,使用均方误差作为分类任务的损失函数存在逻辑和效果上的缺欠。

(2)房价可以是大于0的任何浮点数,而手写数字识别的输出只可能是0~9的10个整数,相当于一种标签。

(3)在房价预测的案例中,由于房价本身是一个连续的实数值,因此以模型输出的数值和真实房价差距作为损失函数($Loss$)是符合道理的。但对于分类问题,真实结果是分类标签,而模型输出是实数值,导致以两者相减作为损失不具备物理含义。

那么,什么是分类任务的合理输出呢?分类任务本质上是"某种特征组合下的分类概率",下面以一个简单案例说明,如图2.21所示。

肿瘤大小(x)	肿瘤性质(y)
70	1(恶性)
40	0(良性)
20	0(良性)

抽样

肿瘤大小(x)	恶性肿瘤概率(%)
70	90%
40	50%
20	20%

已知: 观测数据　　　　未知: 背后的规律

■图2.21 观测数据和背后规律之间的关系

在本案例中,医生根据肿瘤大小 x 作为肿瘤性质 y 的参考判断(判断的因素有很多,肿瘤大小只是其中之一),那么我们观测到该模型判断的结果是 x 和 y 的标签(1为恶性,0为良性)。而这个数据背后的规律是不同大小的肿瘤,属于恶性肿瘤的概率。观测数据是真实规律抽样下的结果,分类模型应该拟合这个真实规律,输出属于该分类标签的概率。

1. Softmax 函数

如果模型能输出10个标签的概率,对应真实标签的概率输出尽可能接近100%,而其他标签的概率输出尽可能接近0%,且所有输出概率之和为1。这是一种更合理的假设!与此对应,真实的标签值可以转变成一个10维度的one-hot向量,在对应数字的位置上为1,其余位置为0,比如标签"6"可以转变成[0,0,0,0,0,0,1,0,0,0]。

为了实现上述思路,需要引入 Softmax 函数,它可以将原始输出转变成对应标签的概率,公式如下,其中 C 是标签类别个数。

$$softmax(x_i) = \frac{e^{x_i}}{\sum\limits_{j=0}^{N} e^{x_j}}, \quad i = 0, \cdots, C-1$$

从公式的形式可见,每个输出的范围均在 0～1,且所有输出之和等于 1,这是这种变换后可被解释成概率的基本前提。对应到代码上,我们需要在网络定义部分修改输出层:self.fc = Linear(input_dim=10, output_dim=1, act='softmax'),即是对全连接层的输出加一个 Softmax 运算。

如图 2.22 所示,是一个三个标签的分类模型(三分类)使用的 Softmax 输出层,从中可见原始输出的三个数字 3、1、-3,经过 Softmax 层后转变成加和为 1 的三个概率值 0.88、0.12、0。

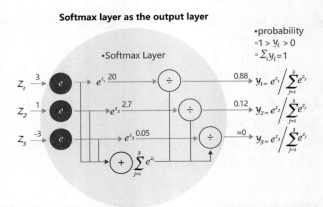

■图 2.22　网络输出层改为 Softmax 函数

上文解释了为何让分类模型的输出拟合概率的原因,但为何偏偏用 Softmax 函数完成这个职能?下面以二分类问题(只输出两个标签)进行原理的探讨。

对于二分类问题,使用两个输出接入 Softmax 作为输出层,等价于使用单一输出接入 Sigmoid 函数。如图 2.23 所示,利用两个标签的输出概率之和为 1 的条件,Softmax 输出 0.6 和 0.4 两个标签概率,从数学上等价于输出一个标签的概率 0.6。

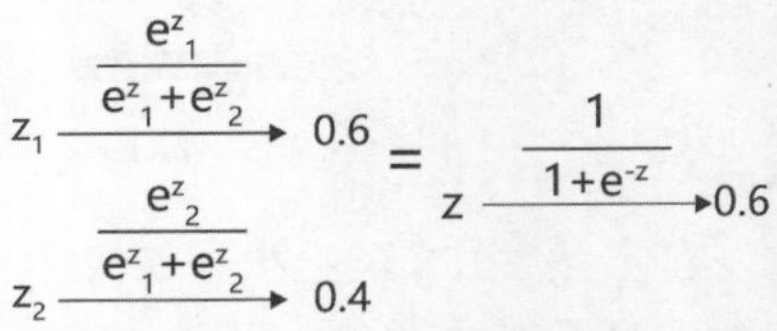

在这种情况下,只有一层的模型为 $S(\omega^T x_i)$,S 为 Sigmoid 函数。模型预测为 1 的概率为 $S(\omega^T x_i)$,模型预测为 0 的概率为 $1-S(\omega^T x_i)$。

■图 2.23　对于二分类问题,等价于单一输出接入 Sigmoid 函数

如图 2.24 所示,是肿瘤大小和肿瘤性质的数据图。从图中可发现,往往尺寸越大的肿瘤几乎全部是恶性,尺寸极小的肿瘤几乎全部是良性。只有在中间区域,肿瘤的恶性概率会从 0 逐渐到 1(绿色区域),这种数据的分布符合多数现实问题的规律。如果我们直接线性拟合,相当于红色的直线,会发现直线的纵轴 0～1 的区域会拉得很长,而我们期望拟合曲线 0-1 的区域与真实的分类边界区域重合。那么,观察一下 Sigmoid 的曲线趋势可以满足我们对各问题的一切期望,它的概率变化会集中在一个边界区域,有助于模型提升边界区域的分辨率。

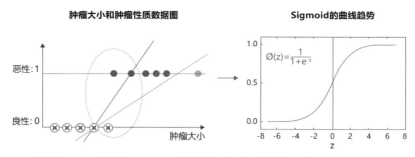

■图2.24　使用 Sigmoid 拟合输出可提高分类模型对边界的分辨率

这就类似于公共区域使用的带有恒温装置的热水器温度阀门,如图2.25所示。由于人体适应的水温在 34℃～42℃,我们更期望阀门的水温条件集中在这个区域,而不是在 0℃～100℃之间线性分布。

2. 交叉熵

在模型输出为分类标签的概率时,直接以标签和概率做比较也不够合理,人们更习惯使用交叉熵误差作为分类问题的损失衡量。

交叉熵损失函数的设计是基于最大似然思想:最大概率得到观察结果的假设是真的。如何理解呢? 举个例子来说,如图2.26所示。有两个外形相同的盒子,甲盒中有99个白球,1个蓝球;乙盒中有99个蓝球,1个白球。一次试验取出了一个蓝球,请问这个球应该是从哪个盒子中取出的?

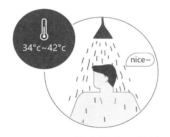

■图2.25　热水器水温控制

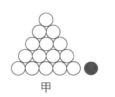
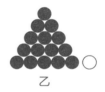

甲　　　　　乙

■图2.26　体会最大似然的思想

相信大家简单思考后均会得出更可能是从乙盒中取出的,因为从乙盒中取出一个蓝球的概率更高($P(D|h)$),所以观察到一个蓝球更可能是从乙盒中取出的($P(h|D)$)。D 是观测的数据,即蓝球白球;h 是模型,即甲盒乙盒。这就是贝叶斯公式所表达的思想:

$$P(h \mid D) \propto P(h) \cdot P(D \mid h)$$

依据贝叶斯公式,某二分类模型"生成"n 个训练样本的概率:

$$P(x_1) \cdot S(w^T x_1) \cdot P(x_2) \cdot (1 - S(w^T x_2)) \cdots P(x_n) \cdot S(w^T x_n)$$

说明:

对于二分类问题,模型为 $S(\omega^T x_i)$,S 为 Sigmoid 函数。当 $y_i = 1$,概率为 $S(\omega^T x_i)$;当 $y_i = 0$,概率为 $1 - S(\omega^T x_i)$。

经过公式推导，使得上述概率最大等价于最小化交叉熵，得到交叉熵的损失函数。交叉熵的公式如下：

$$L = -\left[\sum_{k=1}^{n} t_k \log y_k + (1-t_k)\log(1-y_k)\right]$$

其中，log 表示以 e 为底数的自然对数。y_k 代表模型输出，t_k 代表各个标签。t_k 中只有正确解的标签为 1，其余均为 0（one-hot 表示）。

因此，交叉熵只计算对应着"正确解"标签的输出的自然对数。比如，假设正确标签的索引是 2，与之对应的神经网络的输出是 0.6，则交叉熵误差是 $-\log 0.6 = 0.51$；若 2 对应的输出是 0.1，则交叉熵误差为 $-\log 0.1 = 2.30$。由此可见，交叉熵误差的值是由正确标签所对应的输出结果决定的。

自然对数的函数曲线可由如下代码实现。

```python
import matplotlib.pyplot as plt
import numpy as np
x = np.arange(0.01, 1, 0.01)
y = np.log(x)
plt.title("y = log(x)")
plt.xlabel("x")
plt.ylabel("y")
plt.plot(x, y)
plt.show()
plt.figure()
```

绘图结果如图 2.27 所示。

如自然对数的图形所示，当 x 等于 1 时，y 为 0；随着 x 向 0 靠近，y 逐渐变小。因此，正确解标签对应的输出越大，交叉熵的值越接近 0；当输出为 1 时，交叉熵误差为 0。反之，如果正确解标签对应的输出越小，则交叉熵的值越大。

交叉熵的代码实现

在手写数字识别任务中，仅改动三行代码，就可以将在现有模型的损失函数替换成交叉熵（cross_entropy）。

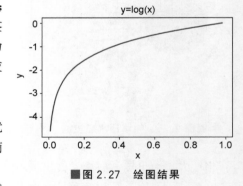

■图 2.27 绘图结果

（1）在读取数据部分，将标签的类型设置成int，体现它是一个标签而不是实数值（飞桨框架默认将标签处理成 int64）。

（2）在网络定义部分，将输出层改成"输出十个标签的概率"的模式。

（3）在训练过程部分，将损失函数从均方误差换成交叉熵。

在数据处理部分，需要修改标签变量 Label 的格式，代码如下所示。

- 从：label = np.reshape(labels[i], [1]).astype('float32')
- 到：label = np.reshape(labels[i], [1]).astype('int64')

```python
# 修改标签数据的格式，从 float32 到 int64
import os
```

```python
import random
import paddle
import paddle.fluid as fluid
from paddle.fluid.dygraph.nn import Conv2D, Pool2D, Linear
import numpy as np
from PIL import Image

import gzip
import json

# 定义数据集读取器
def load_data(mode = 'train'):
    # 数据文件
    datafile = './work/mnist.json.gz'
    print('loading mnist dataset from {} ......'.format(datafile))
    data = json.load(gzip.open(datafile))
    train_set, val_set, eval_set = data
    # 数据集相关参数,图片高度 IMG_ROWS, 图片宽度 IMG_COLS
    IMG_ROWS = 28
    IMG_COLS = 28
    if mode == 'train':
        imgs = train_set[0]
        labels = train_set[1]
    elif mode == 'valid':
        imgs = val_set[0]
        labels = val_set[1]
    elif mode == 'eval':
        imgs = eval_set[0]
        labels = eval_set[1]
    imgs_length = len(imgs)
    assert len(imgs) == len(labels), \
        "length of train_imgs({}) should be the same as train_labels({})".format(
            len(imgs), len(labels))

    index_list = list(range(imgs_length))
    # 读入数据时用到的 batchsize
    BATCHSIZE = 100
    # 定义数据生成器
    def data_generator():
        if mode == 'train':
            random.shuffle(index_list)
        imgs_list = []
        labels_list = []
        for i in index_list:
            img = np.reshape(imgs[i], [1, IMG_ROWS, IMG_COLS]).astype('float32')
            label = np.reshape(labels[i], [1]).astype('int64')
            imgs_list.append(img)
            labels_list.append(label)
            if len(imgs_list) == BATCHSIZE:
                yield np.array(imgs_list), np.array(labels_list)
                imgs_list = []
                labels_list = []
        # 如果剩余数据的数目小于 BATCHSIZE,
        # 则剩余数据一起构成一个大小为 len(imgs_list)的 mini-batch
        if len(imgs_list) > 0:
            yield np.array(imgs_list), np.array(labels_list)
    return data_generator
```

在网络定义部分,需要修改输出层结构,代码如下所示。

- 从:self. fc ＝ Linear(input_dim＝980, output_dim＝1, act＝None)
- 到:self. fc ＝ Linear(input_dim＝980, output_dim＝10, act＝'softmax')

```
# 定义模型结构
class MNIST(fluid.dygraph.Layer):
    ...
```

修改计算损失的函数,从均方误差(常用于回归问题)到交叉熵误差(常用于分类问题),代码如下所示。

- 从:loss＝fluid. layers. square_error_cost(predict, label)
- 到:loss＝fluid. layers. cross_entropy(predict, label)

```
# 仅修改计算损失的函数,从均方误差(常用于回归问题)到交叉熵误差(常用于分类问题)
with fluid.dygraph.guard():
    model = MNIST()
    model.train()
    ...
    for epoch_id in range(EPOCH_NUM):
        for batch_id, data in enumerate(train_loader()):
            ...
            # 计算损失,使用交叉熵损失函数,取一个批次样本损失的平均值
            loss = fluid.layers.cross_entropy(predict, label)
            avg_loss = fluid.layers.mean(loss)
            ...

    # 保存模型参数
    fluid.save_dygraph(model.state_dict(), 'mnist')
```

虽然上述训练过程的损失明显比使用均方误差算法要小,但因为损失函数量纲的变化,我们无法从比较两个不同的 Loss 得出谁更加优秀。怎么解决这个问题呢?我们可以回归到问题的本质,谁的分类准确率更高来判断。在后面介绍完计算准确率和作图的内容后,读者可以自行测试采用不同损失函数下,模型准确率的高低。

至此,大家阅读论文中常见的一些分类任务模型图就清晰明了,如全连接神经网络、卷积神经网络,在模型的最后阶段,都是使用 Softmax 进行处理,如图 2.28 所示。

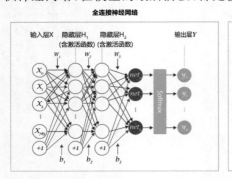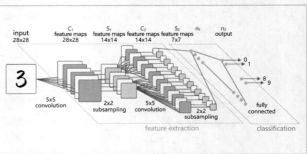

■图 2.28 常见的分类任务模型图

由于我们修改了模型的输出格式,因此使用模型做预测时的代码也需要做相应的调整。从模型输出 10 个标签的概率中选择最大的,将其标签编号输出。

```python
# 读取一张本地的样例图片,转变成模型输入的格式
def load_image(img_path):
    # 从 img_path 中读取图像,并转为灰度图
    im = Image.open(img_path).convert('L')
    im.show()
    im = im.resize((28, 28), Image.ANTIALIAS)
    im = np.array(im).reshape(1, 1, 28, 28).astype(np.float32)
    # 图像归一化
    im = 1.0 - im / 255.
    return im

# 定义预测过程
with fluid.dygraph.guard():
    model = MNIST()
    params_file_path = 'mnist'
    img_path = 'example_0.jpg'
    # 加载模型参数
    model_dict, _ = fluid.load_dygraph("mnist")
    model.load_dict(model_dict)

    model.eval()
    tensor_img = load_image(img_path)
    # 模型反馈10个分类标签的对应概率
    results = model(fluid.dygraph.to_variable(tensor_img))
    # 取概率最大的标签作为预测输出
    lab = np.argsort(results.numpy())
    print("本次预测的数字是: ", lab[0][-1])
```

2.5.3 作业

预习一下对于计算机视觉任务,有哪些常见的卷积神经网络(如 LeNet-5、AlexNet 等)?

2.6 "手写数字识别"之优化算法

2.6.1 概述

上一节我们明确了分类任务的损失函数(优化目标)的相关概念和实现方法,本节我们依旧横向展开"横纵式"教学法,如图 2.29 所示,本节主要探讨在手写数字识别任务中,使得损失达到最小的参数取值的实现方法。

前提条件

在优化算法之前,需要进行数据处理、设计神经网络结构,代码与上一节保持一致。如果读者已经掌握了这部分内容,可以直接阅读正文部分。

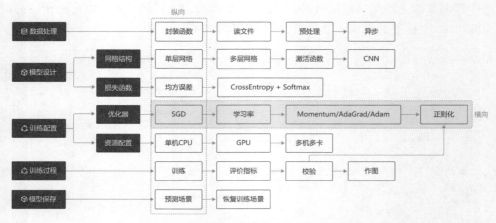

■图 2.29　"横纵式"教学法—优化算法

2.6.2　设置学习率

在深度学习神经网络模型中,通常使用标准的随机梯度下降算法更新参数,学习率代表参数更新幅度的大小,即步长。当学习率最优时,模型的有效容量最大,最终能达到的效果最好。学习率和深度学习任务类型有关,合适的学习率往往需要大量的实验和调参经验。探索学习率最优值时需要注意如下两点:

(1)学习率不是越小越好。学习率越小,损失函数的变化速度越慢,意味着我们需要花费更长的时间进行收敛,如图 2.30 左图所示。

(2)学习率不是越大越好。只根据总样本集中的一个批次计算梯度,抽样误差会导致计算出的梯度不是全局最优的方向,且存在波动。在接近最优解时,过大的学习率会导致参数在最优解附近震荡,损失难以收敛,如图 2.30 右图所示。

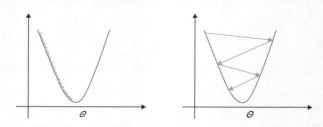

■图 2.30　不同学习率(步长过小/过大)的示意图

在训练前,我们往往不清楚一个特定问题设置成怎样的学习率是合理的,因此在训练时可以尝试调小或调大,通过观察 *Loss* 下降的情况判断合理的学习率,设置学习率的代码如下所示。

```
#仅优化算法的设置有所差别
with fluid.dygraph.guard():
    model = MNIST()
    model.train()
    #调用加载数据的函数
```

```
train_loader = load_data('train')
# 设置不同初始学习率
optimizer = fluid.optimizer.SGDOptimizer(learning_rate = 0.01, parameter_list = model.
parameters())
    # optimizer = fluid.optimizer.SGDOptimizer(learning_rate = 0.001, parameter_list =
model.parameters())
    # optimizer = fluid.optimizer.SGDOptimizer(learning_rate = 0.1, parameter_list = model.
parameters())

EPOCH_NUM = 5
for epoch_id in range(EPOCH_NUM):
    for batch_id, data in enumerate(train_loader()):
        ...
# 保存模型参数
fluid.save_dygraph(model.state_dict(), 'mnist')
```

2.6.3 学习率的主流优化算法

学习率是优化器的一个参数,调整学习率看似是一件非常麻烦的事情,需要不断地调整步长,观察训练时间和 Loss 的变化。经过研究人员的不断实验,当前已经形成了四种比较成熟的优化算法:SGD、Momentum、AdaGrad 和 Adam,效果如图 2.31 所示。

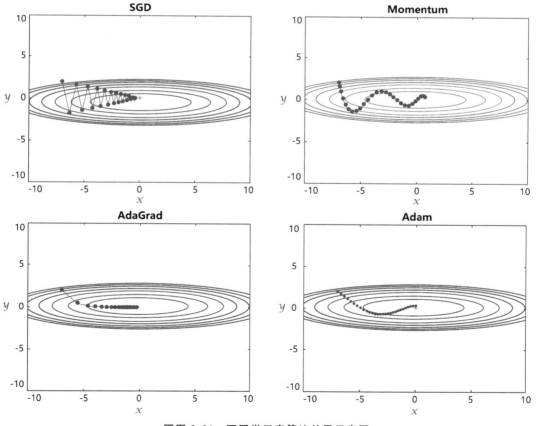

■图 2.31 不同学习率算法效果示意图

（1）SGD：随机梯度下降算法，每次训练少量数据，抽样偏差导致参数收敛过程中震荡。

（2）Momentum：引入物理"动量"的概念，累积速度，减少震荡，使参数更新的方向更稳定。

每个批次的数据含有抽样误差，导致梯度更新的方向波动较大。如果我们引入物理动量的概念，给梯度下降的过程加入一定的"惯性"累积，就可以减少更新路径上的震荡，即每次更新的梯度由"历史多次梯度的累积方向"和"当次梯度"加权相加得到。历史多次梯度的累积方向往往是从全局视角更正确的方向，这与"惯性"的物理概念很像，也是为何其起名为Momentum的原因。类似不同品牌和材质的篮球有一定的重量差别，街头篮球队中的投手（擅长中远距离投篮）喜欢稍重篮球的比例较高。一个很重要的原因是，重的篮球惯性大，更不容易受到手势的小幅变形或风吹的影响。

（3）AdaGrad：根据不同参数距离最优解的远近，动态调整学习率。学习率逐渐下降，依据各参数变化大小调整学习率。

通过调整学习率的实验可以发现：当某个参数的现值距离最优解较远时（表现为梯度的绝对值较大），我们期望参数更新的步长大一些，以便更快收敛到最优解。当某个参数的现值距离最优解较近时（表现为梯度的绝对值较小），我们期望参数的更新步长小一些，以便更精细地逼近最优解。类似于打高尔夫球，专业运动员第一杆开球时，通常会大力打一个远球，让球尽量落在洞口附近。当第二杆面对离洞口较近的球时，他会更轻柔而细致的推杆，避免将球打飞。与此类似，参数更新的步长应该随着优化过程逐渐减少，减少的程度与当前梯度的大小有关。根据这个思想编写的优化算法称为AdaGrad，Ada是Adaptive的缩写，表示"适应环境而变化"的意思。RMSProp是在AdaGrad基础上的改进，AdaGrad会累加之前所有的梯度平方，而RMSprop仅仅是计算对应的梯度平均值，因而可以解决AdaGrad学习率急剧下降的问题。

（4）Adam：由于动量和自适应学习率两个优化思路是正交的，因此可以将两个思路结合起来，这就是当前广泛应用的算法。

说明：

每种优化算法均有更多的参数设置，详情可查阅飞桨的官方API文档。理论最合理的未必在具体案例中最有效，所以模型调参是很有必要的，最优的模型配置往往是在一定"理论"和"经验"的指导下实验出来的。

我们可以尝试选择不同的优化算法训练模型，观察训练时间和损失变化的情况，代码实现如下。

```
# 仅优化算法的设置有所差别
with fluid.dygraph.guard():
    model = MNIST()
    model.train()
    # 调用加载数据的函数
    train_loader = load_data('train')

    # 四种优化算法的设置方案，可以逐一尝试效果
```

```
optimizer = fluid.optimizer.SGDOptimizer(learning_rate = 0.01, parameter_list = model.
parameters())
    # optimizer = fluid.optimizer.MomentumOptimizer(learning_rate = 0.01, momentum = 0.9,
parameter_list = model.parameters())
    # optimizer = fluid.optimizer.AdagradOptimizer(learning_rate = 0.01, parameter_list =
model.parameters())
    # optimizer = fluid.optimizer.AdamOptimizer(learning_rate = 0.01, parameter_list =
model.parameters())

EPOCH_NUM = 5
for epoch_id in range(EPOCH_NUM):
    for batch_id, data in enumerate(train_loader()):
        ...
# 保存模型参数
fluid.save_dygraph(model.state_dict(), 'mnist')
```

2.6.4 作业

在手写数字识别任务上，哪种优化算法的效果最好？多大的学习率最优？（可通过Loss的下降趋势来判断）

2.7 "手写数字识别"之资源配置

2.7.1 概述

从前几节的训练看，无论是房价预测任务还是 MNIST 手写字数字识别任务，训练好一个模型不会超过十分钟，主要原因是我们所使用的神经网络比较简单。但实际应用时，常会遇到更加复杂的机器学习或深度学习任务，需要运算速度更高的硬件（如 GPU、NPU），甚至同时使用多个机器共同训练一个任务（多卡训练和多机训练）。本节我们依旧横向展开"横纵式"教学方法，如图 2.32 所示，探讨在手写数字识别任务中，通过资源配置的优化，提升模型训练效率的方法。

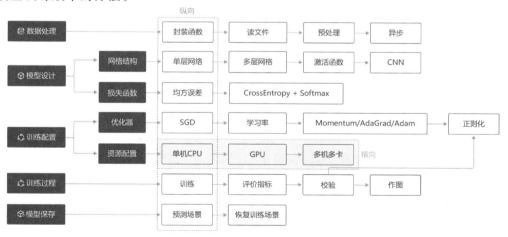

■图 2.32 "横纵式"教学法—资源配置

前提条件

在优化算法之前,需要进行数据处理、设计神经网络结构,代码与上一节保持一致,如下所示。如果读者已经掌握了这部分内容,可以直接阅读正文部分。

2.7.2　单 GPU 训练

飞桨动态图通过 fluid. dygraph. guard(place＝None)里的 place 参数,设置在 GPU 上训练还是 CPU 上训练。

```
with fluid.dygraph.guard(place = fluid.CPUPlace())   # 设置使用 CPU 资源训神经网络。
with fluid.dygraph.guard(place = fluid.CUDAPlace(0)) # 设置使用 GPU 资源训神经网络,默认使用
服务器的第一个 GPU 卡。0 是 GPU 卡的编号,比如一台服务器有的四个 GPU 卡,编号分别为 0、1、2、3。

# 仅前 3 行代码有所变化,在使用 GPU 时,可以将 use_gpu 变量设置成 True
use_gpu = False
place = fluid.CUDAPlace(0) if use_gpu else fluid.CPUPlace()

with fluid.dygraph.guard(place):
    model = MNIST()
    model.train()
...

    # 保存模型参数
    fluid.save_dygraph(model.state_dict(), 'mnist')
```

2.7.3　分布式训练

在工业实践中,很多较复杂的任务需要使用更强大的模型。强大模型加上海量的训练数据,经常导致模型训练耗时严重。比如在计算机视觉分类任务中,训练一个在 ImageNet 数据集上精度表现良好的模型,大概需要一周的时间,因为过程中我们需要不断尝试各种优化的思路和方案。如果每次训练均要耗时 1 周,这会大大降低模型迭代的速度。在机器资源充沛的情况下,建议采用分布式训练,大部分模型的训练时间可压缩到小时级别。

分布式训练有两种实现模式:模型并行和数据并行。

1. 模型并行

模型并行是将一个网络模型拆分为多份,拆分后的模型分到多个设备上(GPU)训练,每个设备的训练数据是相同的。模型并行的实现模式可以节省内存,但是应用较为受限。

模型并行的方式一般适用于如下两个场景:

(1) 模型架构过大:完整的模型无法放入单个 GPU。如 2012 年 ImageNet 大赛的冠军模型 AlexNet 是模型并行的典型案例,由于当时 GPU 内存较小,单个 GPU 不足以承担 AlexNet,因此研究者将 AlexNet 拆分为两部分放到两个 GPU 上并行训练。

(2) 网络模型的结构设计相对独立:当网络模型的设计结构可以并行化时,采用模型并行的方式。如在计算机视觉目标检测任务中,一些模型(如 YOLO9000)的边界框回归和类别预测是独立的,可以将独立的部分放到不同的设备节点上完成分布式训练。

2. 数据并行

数据并行与模型并行不同,数据并行每次读取多份数据,读取到的数据输入给多个设备(GPU)上的模型,每个设备上的模型是完全相同的,飞桨采用的就是这种方式。

说明:

当前 GPU 硬件技术快速发展,深度学习使用的主流 GPU 的内存已经足以满足大多数的网络模型需求,所以大多数情况下使用数据并行的方式。

数据并行的方式与众人拾柴火焰高的道理类似,如果把训练数据比喻为砖头,把一个设备(GPU)比喻为一个人,那单 GPU 训练就是一个人在搬砖,多 GPU 训练就是多个人同时搬砖,每次搬砖的数量倍数增加,效率呈倍数提升。值得注意的是,每个设备的模型是完全相同的,但是输入数据不同,因此每个设备的模型计算出的梯度是不同的。如果每个设备的梯度只更新当前设备的模型,就会导致下次训练时,每个模型的参数都不相同。因此我们还需要一个梯度同步机制,保证每个设备的梯度是完全相同的。

梯度同步有两种方式:PRC 通信方式和 NCCL2 通信方式(Nvidia Collective multi-GPU Communication Library)。

1) PRC 通信方式

PRC 通信方式通常用于 CPU 分布式训练,它有两个节点:参数服务器 Parameter Server 和训练节点 Trainer,结构如图 2.33 所示。

Parameter Server 收集来自每个设备的梯度更新信息,并计算出一个全局的梯度更新。Trainer 用于训练,每个 Trainer 上的程序相同,但数据不同。当 Parameter Server 收到来自 Trainer 的梯度更新请求时,统一更新模型的梯度。

2) NCCL2 通信方式(Collective)

当前飞桨的 GPU 分布式训练使用的是基于 NCCL2 的通信方式,结构如图 2.34 所示。

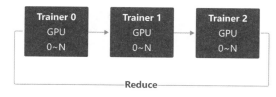

■ 图 2.33　Parameter Server 通信方式的结构　　　■ 图 2.34　NCCL2 通信方式的结构

相比 PRC 通信方式,使用 NCCL2(Collective 通信方式)进行分布式训练,不需要启动 Parameter Server 进程,每个 Trainer 进程保存一份完整的模型参数,在完成梯度计算之后通过 Trainer 之间的相互通信,Reduce 梯度数据到所有节点的所有设备,然后每个节点再各自完成参数更新。

飞桨提供了便利的数据并行训练方式,用户只需要对程序进行简单修改,即可实现在多 GPU 上并行训练。接下来将讲述如何将一个单机程序通过简单的改造,变成多机多卡程序。

在启动训练前,需要配置如下参数:

（1）从环境变量获取设备的 ID，并指定给 CUDAPlace。

```
device_id = fluid.dygraph.parallel.Env().dev_id
place = fluid.CUDAPlace(device_id)
```

（2）对定义的网络做预处理，设置为并行模式。

```
strategy = fluid.dygraph.parallel.prepare_context()              ## 新增
model = MNIST()
model = fluid.dygraph.parallel.DataParallel(model, strategy)     ## 新增
```

（3）定义多 GPU 训练的 reader，不同 ID 的 GPU 加载不同的数据集。

```
valid_loader = paddle.batch(paddle.dataset.mnist.test(), batch_size = 16, drop_last = true)
valid_loader = fluid.contrib.reader.distributed_batch_reader(valid_loader)
```

（4）收集每批次训练数据的 loss，并聚合参数的梯度。

```
avg_loss = mnist.scale_loss(avg_loss)                            ## 新增
avg_loss.backward()
mnist.apply_collective_grads()                                   ## 新增
```

完整程序如下所示。

```
def train_multi_gpu():
    ## 修改 1 - 从环境变量获取使用 GPU 的序号
    place = fluid.CUDAPlace(fluid.dygraph.parallel.Env().dev_id)
    with fluid.dygraph.guard(place):
        ## 修改 2 - 对原模型做并行化预处理
        strategy = fluid.dygraph.parallel.prepare_context()
        model = MNIST()
        model = fluid.dygraph.parallel.DataParallel(model, strategy)

        model.train()
        # 调用加载数据的函数
        train_loader = load_data('train')
        ## 修改 3 - 多 GPU 数据读取，必须确保每个进程读取的数据是不同的
        train_loader = fluid.contrib.reader.distributed_batch_reader(train_loader)
        optimizer = fluid.optimizer.SGDOptimizer(learning_rate = 0.01, parameter_list =
model.parameters())
        EPOCH_NUM = 5
        for epoch_id in range(EPOCH_NUM):
            for batch_id, data in enumerate(train_loader()):
                ...
                # 修改 4 - 多 GPU 训练需要对 Loss 做出调整，并聚合不同设备上的参数梯度
                avg_loss = model.scale_loss(avg_loss)
                avg_loss.backward()
                model.apply_collective_grads()
                # 最小化损失函数，清除本次训练的梯度
                optimizer.minimize(avg_loss)
```

```
                model.clear_gradients()
                if batch_id % 200 == 0:
                    print("epoch: {}, batch: {}, loss is: {}".format(epoch_id, batch_id,
avg_loss.numpy())))
        # 保存模型参数
    fluid.save_dygraph(model.state_dict(), 'mnist')
```

启动多 GPU 的训练，还需要在命令行中设置一些参数变量。打开终端，运行如下命令：

```
$ python - m paddle.distributed.launch -- selected_gpus = 0,1,2,3 -- log_dir ./mylog train_
multi_gpu.py
```

- paddle.distributed.launch：启动分布式运行。
- selected_gpus：设置使用的 GPU 的序号（需要多 GPU 卡的机器，通过命令 watch nvidia-smi 查看 GPU 的序号）。
- log_dir：存放训练的 log，若不设置，每个 GPU 上的训练信息都会打印到屏幕。
- train_multi_gpu.py：多 GPU 训练的程序，包含修改过的 train_multi_gpu()函数。

说明：
本案例需要在本地 GPU 上执行。

训练完成后，在指定的 ./mylog 文件夹下会产生四个日志文件，其中 worklog.0 的内容如下：

```
grep: warning: GREP_OPTIONS is deprecated; please use an alias or script
dev_id 0
I1104 06:25:04.377323 31961 nccl_context.cc:88] worker: 127.0.0.1:6171 is not ready, will
retry after 3 seconds…
I1104 06:25:07.377645 31961 nccl_context.cc:127] init nccl context nranks: 3 local rank: 0 gpu
id: 1
W1104 06:25:09.097079 31961 device_context.cc:235] Please NOTE: device: 1, CUDA Capability:
61, Driver API Version: 10.1, Runtime API Version: 9.0
W1104 06:25:09.104460 31961 device_context.cc:243] device: 1, cuDNN Version: 7.5.
start data reader (trainers_num: 3, trainer_id: 0)
epoch: 0, batch_id: 10, loss is: [0.47507238]
epoch: 0, batch_id: 20, loss is: [0.25089613]
epoch: 0, batch_id: 30, loss is: [0.13120805]
epoch: 0, batch_id: 40, loss is: [0.12122715]
epoch: 0, batch_id: 50, loss is: [0.07328521]
epoch: 0, batch_id: 60, loss is: [0.11860339]
epoch: 0, batch_id: 70, loss is: [0.08205047]
epoch: 0, batch_id: 80, loss is: [0.08192863]
epoch: 0, batch_id: 90, loss is: [0.0736289]
epoch: 0, batch_id: 100, loss is: [0.08607423]
start data reader (trainers_num: 3, trainer_id: 0)
epoch: 1, batch_id: 10, loss is: [0.07032011]
epoch: 1, batch_id: 20, loss is: [0.09687119]
```

```
epoch: 1, batch_id: 30, loss is: [0.0307216]
epoch: 1, batch_id: 40, loss is: [0.03884467]
epoch: 1, batch_id: 50, loss is: [0.02801813]
epoch: 1, batch_id: 60, loss is: [0.05751991]
epoch: 1, batch_id: 70, loss is: [0.03721186]
.....
```

2.8　"手写数字识别"之训练调试与优化

2.8.1　概述

上一节我们研究了资源部署优化的方法,通过使用单 GPU 和分布式部署,提升模型训练的效率。本节我们依旧横向展开"横纵式",如图 2.35 所示,探讨在手写数字识别任务中,为了保证模型的真实效果,在模型训练部分,对模型进行一些调试和优化的方法。

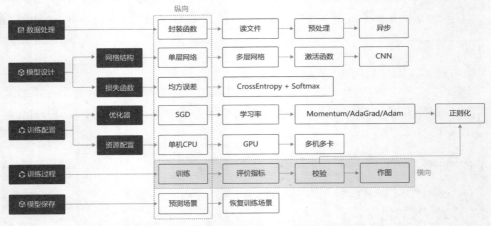

■图 2.35　"横纵式"教学法—训练过程

训练过程优化思路主要有如下五个关键环节:

(1)计算分类准确率,观测模型训练效果。

交叉熵损失函数只能作为优化目标,无法直接准确衡量模型的训练效果。准确率可以直接衡量训练效果,但由于其离散性质,不适合作为损失函数优化神经网络。

(2)检查模型训练过程,识别潜在问题。

如果模型的损失或者评估指标表现异常,通常需要打印模型每一层的输入和输出来定位问题,分析每一层的内容来获取错误的原因。

(3)加入校验或测试,更好评价模型效果。

理想的模型训练结果是在训练集和验证集上均有较高的准确率,如果训练集的准确率低于验证集,说明网络训练程度不够;如果训练集的准确率高于验证集,可能是发生了过拟合现象。通过在优化目标中加入正则化项的办法,解决过拟合的问题。

(4)加入正则化项,避免模型过拟合。

飞桨框架支持为整体参数加入正则化项,这是通常的做法。此外,飞桨框架也支持为某一层或某一部分的网络单独加入正则化项,以达到精细调整参数训练的效果。

（5）可视化分析。

用户不仅可以通过打印或使用 matplotlib 库作图,飞桨还提供了更专业的可视化分析工具 VisualDL,提供便捷的可视化分析方法。

2.8.2　计算模型的分类准确率

准确率是一个直观衡量分类模型效果的指标,由于这个指标是离散的,因此不适合作为损失来优化。通常情况下,交叉熵损失越小的模型,分类的准确率也越高。基于分类准确率,我们可以公平地比较两种损失函数的优劣,例如第 2.5 节"手写数字识别"之损失函数中均方误差和交叉熵的比较。

飞桨提供了计算分类准确率的 API,使用 fluid.layers.accuracy 可以直接计算准确率,该 API 的输入参数 input 为预测的分类结果 predict,输入参数 label 为数据真实的 label。

在下述代码中,我们在模型前向计算过程 forward 函数中计算分类准确率,并在训练时打印每个批次样本的分类准确率。

```python
# 加载相关库
...
# 定义数据集读取器
...

    # 定义数据生成器
    ...

# 定义模型结构
class MNIST(fluid.dygraph.Layer):
    def __init__(self):
        super(MNIST, self).__init__()
        ...
    # 定义网络的前向计算过程
    def forward(self, inputs, label):
        ...
        if label is not None:
            acc = fluid.layers.accuracy(input = x, label = label)
            return x, acc
        else:
            return x

# 调用加载数据的函数
train_loader = load_data('train')
# 在使用 GPU 机器时,可以将 use_gpu 变量设置成 True
use_gpu = False
place = fluid.CUDAPlace(0) if use_gpu else fluid.CPUPlace()

with fluid.dygraph.guard(place):
    model = MNIST()
    model.train()
    optimizer = fluid.optimizer.SGDOptimizer(learning_rate = 0.01, parameter_list = model.
parameters())
```

```
EPOCH_NUM = 5
for epoch_id in range(EPOCH_NUM):
    for batch_id, data in enumerate(train_loader()):
        ＃准备数据
        ...
        ＃前向计算的过程，同时拿到模型输出值和分类准确率
        predict, acc = model(image, label)
        ＃计算损失，取一个批次样本损失的平均值
        ...
        ＃每训练了 200 批次的数据，打印下当前 Loss 的情况
        if batch_id % 200 == 0:
            print("epoch: {}, batch: {}, loss is: {}, acc is {}".format(epoch_id, batch_
id, avg_loss.numpy(), acc.numpy()))

        ＃后向传播，更新参数的过程
        ...
    ＃保存模型参数
    fluid.save_dygraph(model.state_dict(), 'mnist')
```

2.8.3　检查模型训练过程，识别潜在训练问题

使用飞桨动态图编程可以方便地查看和调试训练的执行过程。在网络定义的 Forward 函数中，可以打印每一层输入输出的尺寸，以及每层网络的参数。通过查看这些信息，不仅可以更好地理解训练的执行过程，还可以发现潜在问题，或者启发继续优化的思路。

在下述程序中，使用 check_shape 变量控制是否打印"尺寸"，验证网络结构是否正确。使用 check_content 变量控制是否打印"内容值"，验证数据分布是否合理。假如在训练中发现中间层的部分输出持续为 0，说明该部分的网络结构设计存在问题，没有被充分利用。

```
＃定义模型结构
class MNIST(fluid.dygraph.Layer):
    def __init__(self):
        super(MNIST, self).__init__()

        ＃ 定义一个卷积层，使用 relu 激活函数
        self.conv1 = Conv2D(num_channels = 1, num_filters = 20, filter_size = 5, stride = 1,
padding = 2, act = 'relu')
        ＃ 定义一个池化层，池化核为 2，步长为 2，使用最大池化方式
        self.pool1 = Pool2D(pool_size = 2, pool_stride = 2, pool_type = 'max')
        ＃ 定义一个卷积层，使用 relu 激活函数
        self.conv2 = Conv2D(num_channels = 20, num_filters = 20, filter_size = 5, stride = 1,
padding = 2, act = 'relu')
        ＃ 定义一个池化层，池化核为 2，步长为 2，使用最大池化方式
        self.pool2 = Pool2D(pool_size = 2, pool_stride = 2, pool_type = 'max')
        ＃ 定义一个全连接层，输出节点数为 10
        self.fc = Linear(input_dim = 980, output_dim = 10, act = 'softmax')

    ＃加入对每一层输入和输出的尺寸和数据内容的打印，根据 check 参数决策是否打印每层的参
数和输出尺寸
    def forward(self, inputs, label = None, check_shape = False, check_content = False):
        ＃ 给不同层的输出不同命名，方便调试
```

```
outputs1 = self.conv1(inputs)
outputs2 = self.pool1(outputs1)
outputs3 = self.conv2(outputs2)
outputs4 = self.pool2(outputs3)
_outputs4 = fluid.layers.reshape(outputs4, [outputs4.shape[0], -1])
outputs5 = self.fc(_outputs4)
```

选择是否打印神经网络每层的参数尺寸和输出尺寸,验证网络结构是否设置正确。

```
if check_shape:
        # 打印每层网络设置的超参数 - 卷积核尺寸,卷积步长,卷积 padding,池化核尺寸
        print("\n########## print network layer's superparams ############")
        print("conv1 -- kernel_size:{}, padding:{}, stride:{}".format(self.conv1.
weight.shape, self.conv1._padding, self.conv1._stride))
        print("conv2 -- kernel_size:{}, padding:{}, stride:{}".format(self.conv2.
weight.shape, self.conv2._padding, self.conv2._stride))
        print("pool1 -- pool_type:{}, pool_size:{}, pool_stride:{}".format(self.
pool1._pool_type, self.pool1._pool_size, self.pool1._pool_stride))
        print("pool2 -- pool_type:{}, poo2_size:{}, pool_stride:{}".format(self.
pool2._pool_type, self.pool2._pool_size, self.pool2._pool_stride))
        print("fc -- weight_size:{}, bias_size_{}, activation:{}".format(self.fc.
weight.shape, self.fc.bias.shape, self.fc._act))

        # 打印每层的输出尺寸
        print("\n########## print shape of features of every layer ##########
#### ")
        print("inputs_shape: {}".format(inputs.shape))
        print("outputs1_shape: {}".format(outputs1.shape))
        print("outputs2_shape: {}".format(outputs2.shape))
        print("outputs3_shape: {}".format(outputs3.shape))
        print("outputs4_shape: {}".format(outputs4.shape))
        print("outputs5_shape: {}".format(outputs5.shape))
```

选择是否打印训练过程中的参数和输出内容,可用于训练过程中的调试。

```
if check_content:
        # 打印卷积层的参数 - 卷积核权重,权重参数较多,此处只打印部分参数
        print("\n########## print convolution layer's kernel ############")
        print("conv1 params -- kernel weights:", self.conv1.weight[0][0])
        print("conv2 params -- kernel weights:", self.conv2.weight[0][0])

        # 创建随机数,随机打印某一个通道的输出值
        idx1 = np.random.randint(0, outputs1.shape[1])
        idx2 = np.random.randint(0, outputs3.shape[1])
        # 打印卷积 - 池化后的结果,仅打印 batch 中第一个图像对应的特征
        print("\nThe {}th channel of conv1 layer: ".format(idx1), outputs1[0][idx1])
        print("The {}th channel of conv2 layer: ".format(idx2), outputs3[0][idx2])
        print("The output of last layer:", outputs5[0], '\n')

    # 如果 label 不是 None,则计算分类精度并返回
    if label is not None:
        acc = fluid.layers.accuracy(input = outputs5, label = label)
```

```
                    return outputs5, acc
            else:
                    return outputs5
```

进行神经网络的训练。

```
# 在使用 GPU 机器时,可以将 use_gpu 变量设置成 True
use_gpu = False
place = fluid.CUDAPlace(0) if use_gpu else fluid.CPUPlace()

with fluid.dygraph.guard(place):
    model = MNIST()
    model.train()
    optimizer = fluid.optimizer.SGDOptimizer(learning_rate = 0.01, parameter_list = model.
parameters())
    EPOCH_NUM = 1
    for epoch_id in range(EPOCH_NUM):
        for batch_id, data in enumerate(train_loader()):
                # 准备数据,变得更加简洁
                image_data, label_data = data
                image = fluid.dygraph.to_variable(image_data)
                label = fluid.dygraph.to_variable(label_data)

                # 前向计算的过程,同时拿到模型输出值和分类准确率
                if batch_id == 0 and epoch_id == 0:
                    # 打印模型参数和每层输出的尺寸
                    predict, acc = model(image, label, check_shape = True, check_content = False)
                elif batch_id == 401:
                    # 打印模型参数和每层输出的值
                    predict, acc = model(image, label, check_shape = False, check_content = True)
                else:
                    predict, acc = model(image, label)

                # 计算损失,取一个批次样本损失的平均值
                loss = fluid.layers.cross_entropy(predict, label)
                avg_loss = fluid.layers.mean(loss)

                # 每训练了 100 批次的数据,打印下当前 Loss 的情况
                if batch_id % 200 == 0:
                    print("epoch: {}, batch: {}, loss is: {}, acc is {}".format(epoch_id, batch_
id, avg_loss.numpy(), acc.numpy()))

                # 后向传播,更新参数的过程
                avg_loss.backward()
                optimizer.minimize(avg_loss)
                model.clear_gradients()

    # 保存模型参数
    fluid.save_dygraph(model.state_dict(), 'mnist')
    print("Model has been saved.")
```

2.8.4　加入校验或测试，更好评价模型效果

在训练过程中，我们会发现模型在训练样本集上的损失在不断减小。但这是否代表模型在未来的应用场景上依然有效？为了验证模型的有效性，通常将样本集合分成三份，训练集、校验集和测试集。

（1）训练集：用于训练模型的参数，即训练过程中主要完成的工作。

（2）校验集：用于对模型超参数的选择，比如网络结构的调整、正则化项权重的选择等。

（3）测试集：用于模拟模型在应用后的真实效果。因为测试集没有参与任何模型优化或参数训练的工作，所以它对模型来说是完全未知的样本。在不以校验数据优化网络结构或模型超参数时，校验数据和测试数据的效果是类似的，均更真实地反映模型效果。

如下程序读取上一步训练保存的模型参数，读取校验数据集，并测试模型在校验数据集上的效果。

```python
with fluid.dygraph.guard():
    print('start evaluation .......')
    #加载模型参数
    model = MNIST()
    model_state_dict, _ = fluid.load_dygraph('mnist')
    model.load_dict(model_state_dict)

    model.eval()
    eval_loader = load_data('eval')

    acc_set = []
    avg_loss_set = []
    for batch_id, data in enumerate(eval_loader()):
        x_data, y_data = data
        img = fluid.dygraph.to_variable(x_data)
        label = fluid.dygraph.to_variable(y_data)
        prediction, acc = model(img, label)
        loss = fluid.layers.cross_entropy(input = prediction, label = label)
        avg_loss = fluid.layers.mean(loss)
        acc_set.append(float(acc.numpy()))
        avg_loss_set.append(float(avg_loss.numpy()))

    #计算多个batch的平均损失和准确率
    acc_val_mean = np.array(acc_set).mean()
    avg_loss_val_mean = np.array(avg_loss_set).mean()

    print('loss = {}, acc = {}'.format(avg_loss_val_mean, acc_val_mean))
```

从测试的效果来看，模型在验证集上依然有93%的准确率，证明它是有预测效果的。

2.8.5　加入正则化项，避免模型过拟合

1. 过拟合现象

对于样本量有限、但需要使用强大模型的复杂任务，模型很容易出现过拟合的表现，即

在训练集上的损失小,在验证集或测试集上的损失较大,如图 2.36 所示。

反之,如果模型在训练集和测试集上均损失较大,则称为欠拟合。过拟合表示模型过于敏感,学习到了训练数据中的一些误差,而这些误差并不是真实的泛化规律(可推广到测试集上的规律)。欠拟合表示模型还不够强大,还没有很好地拟合已知的训练样本,更别提测试样本了。因为欠拟合情况容易观察和解决,只要训练 loss 不够好,就不断使用更强大的模型即可,因此实际中我们更需要处理好过拟合的问题。

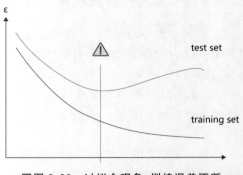

■图 2.36　过拟合现象,训练误差不断降低,但测试误差先降后增

2. 导致过拟合原因

造成过拟合的原因是模型过于敏感,而训练数据量太少或其中的噪音太多。

如图 2.37 所示,理想的回归模型是一条坡度较缓的抛物线,欠拟合的模型只拟合出一条直线,显然没有捕捉到真实的规律,但过拟合的模型拟合出存在很多拐点的抛物线,显然是过于敏感,也没有正确表达真实规律。

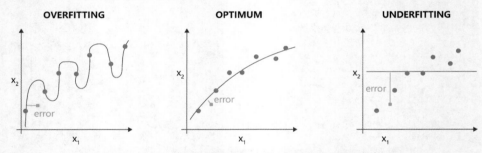

■图 2.37　回归模型的过拟合、理想和欠拟合状态的表现

如图 2.38 所示,理想的分类模型是一条半圆形的曲线,欠拟合用直线作为分类边界,显然没有捕捉到真实的边界,但过拟合的模型拟合出很扭曲的分类边界,虽然对所有的训练数据正确分类,但对一些较为个例的样本所做出的妥协,高概率不是真实的规律。

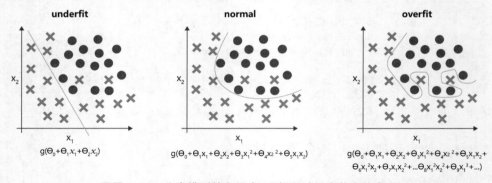

■图 2.38　分类模型的欠拟合、理想和过拟合状态的表现

3.过拟合的成因与防控

为了更好地理解过拟合的成因,可以参考侦探定位罪犯的案例逻辑,如图 2.39 所示。

■图 2.39　侦探定位罪犯与模型假设示意

对于这个案例,假设侦探也会犯错,通过分析发现可能的原因:

(1)情况 1:罪犯证据存在错误,依据错误的证据寻找罪犯肯定是缘木求鱼。

(2)情况 2:搜索范围太大的同时证据太少,导致符合条件的候选(嫌疑人)太多,无法准确定位罪犯。

那么侦探解决这个问题的方法有两种:一是缩小搜索范围(比如假设该案件只能是熟人作案),二是寻找更多的证据。

归结到深度学习中,假设模型也会犯错,通过分析发现可能的原因:

(1)情况 1:训练数据存在噪音,导致模型学到了噪音,而不是真实规律。

(2)情况 2:使用强大模型(表示空间大)的同时训练数据太少,导致在训练数据上表现良好的候选假设太多,锁定了一个"虚假正确"的假设。

对于情况 1,我们使用数据清洗和修正来解决。对于情况 2,我们或者限制模型表示能力,或者收集更多的训练数据。

而清洗训练数据中的错误,或收集更多的训练数据往往是一句"正确的废话",在任何时候我们都想获得更多更高质量的数据。在实际项目中,更快、更低成本可控制过拟合的方法,只有限制模型的表示能力。

4.正则化项

为了防止模型过拟合,在没有扩充样本量的可能下,只能降低模型的复杂度,可以通过限制参数的数量或可能取值(参数值尽量小)实现。

具体来说,就是在模型的优化目标(损失)中人为加入对参数规模的惩罚项。当参数越多或取值越大时,该惩罚项就越大。通过调整惩罚项的权重系数,可以使模型在"尽量减少训练损失"和"保持模型的泛化能力"之间取得平衡。泛化能力表示模型在没有见过的样本上依然有效。正则化项的存在,增加了模型在训练集上的损失。

飞桨支持为所有参数加上统一的正则化项,也支持为特定的参数添加正则化项。前者的实现如下代码所示,仅在优化器中设置 regularization 参数即可实现。使用参数 regularization_coeff 调节正则化项的权重,权重越大时,对模型复杂度的惩罚越高。

```
with fluid.dygraph.guard():
    model = MNIST()
    model.train()

    #各种优化算法均可以加入正则化项,避免过拟合,参数 regularization_coeff 调节正则化项
的权重
    # optimizer = fluid.optimizer.SGDOptimizer(learning_rate = 0.01, regularization =
fluid.regularizer.L2Decay(regularization_coeff = 0.1),parameter_list = model.parameters()))
    optimizer = fluid.optimizer.AdamOptimizer(learning_rate = 0.01, regularization = fluid.
regularizer.L2Decay(regularization_coeff = 0.1),parameter_list = model.parameters())

    EPOCH_NUM = 10
    for epoch_id in range(EPOCH_NUM):
        for batch_id, data in enumerate(train_loader()):
            ...
    #保存模型参数
    fluid.save_dygraph(model.state_dict(), 'mnist')
```

2.8.6　可视化分析

训练模型时,经常需要观察模型的评价指标,分析模型的优化过程,以确保训练是有效的。可选用这两种工具:Matplotlib 库和 VisualDL。

- Matplotlib 库:Matplotlib 库是 Python 中使用得最多的 2D 图形绘图库,它有一套完全仿照 MATLAB 的函数形式的绘图接口,使用轻量级的 PLT 库(Matplotlib)作图是非常简单的。
- VisualDL:如果期望使用更加专业的作图工具,可以尝试 VisualDL 飞桨可视化分析工具。VisualDL 能够有效地展示飞桨框架在运行过程中的计算图、各种指标变化趋势和数据信息。

1. 使用 Matplotlib 库绘制损失随训练下降的曲线图

将训练的批次编号作为 X 轴坐标,该批次的训练损失作为 Y 轴坐标。

(1) 训练开始前,声明两个列表变量存储对应的批次编号(iters＝[])和训练损失(losses＝[])。

(2) 随着训练的进行,将 iter 和 losses 两个列表填满。

(3) 训练结束后,将两份数据以参数形式导入 plt 的横纵坐标。

```
plt.xlabel("iter", fontsize = 14),plt.ylabel("loss", fontsize = 14)
```

(4) 最后,调用 plt.plot()函数即可完成作图。

```
#引入 matplotlib 库
import matplotlib.pyplot as plt
with fluid.dygraph.guard(place):
    model = MNIST()
    model.train()
```

```
        optimizer = fluid.optimizer.SGDOptimizer(learning_rate = 0.01, parameter_list = model.
parameters())
        EPOCH_NUM = 10
        iter = 0
        iters = []
        losses = []
        for epoch_id in range(EPOCH_NUM):
            for batch_id, data in enumerate(train_loader()):
                    #准备数据,变得更加简洁
                    ...
                    #前向计算的过程,同时拿到模型输出值和分类准确率
                    ...
                    #计算损失,取一个批次样本损失的平均值
                    loss = fluid.layers.cross_entropy(predict, label)
                    avg_loss = fluid.layers.mean(loss)
                    #每训练了100批次的数据,打印下当前Loss的情况
                    if batch_id % 100 == 0:
                        print("epoch: {}, batch: {}, loss is: {}, acc is {}".format(epoch_id, batch_
id, avg_loss.numpy(), acc.numpy()))
                        iters.append(iter)
                        losses.append(avg_loss.numpy())
                        iter = iter + 100
                    #后向传播,更新参数的过程
                    ...
        #保存模型参数
        fluid.save_dygraph(model.state_dict(), 'mnist')

#画出训练过程中Loss的变化曲线
plt.figure()
plt.title("train loss", fontsize = 24)
plt.xlabel("iter", fontsize = 14)
plt.ylabel("loss", fontsize = 14)
plt.plot(iters, losses,color = 'red',label = 'train loss')
plt.grid()
plt.show()
```

2. 使用 VisualDL 可视化分析

VisualDL 以丰富的图表呈现训练参数变化趋势、模型结构、数据样本、高维数据分布等功能,帮助用户清晰直观地理解深度学习模型训练过程及模型结构,进而实现高效的模型调优,具体代码实现如下。

(1) 引入 VisualDL 库,定义作图数据存储位置(供第 3 步使用),本案例的路径是 log。

```
from visualdl import LogWriter
log_writer = LogWriter("./log")
```

(2) 在训练过程中插入作图语句。当每 100 个 batch 训练完成后,将当前损失作为一个新增的数据点(iter 和 acc 的映射对)存储到第一步设置的文件中。使用变量 iter 记录下已经训练的批次数,作为作图的 X 轴坐标。

```
log_writer.add_scalar(tag = 'acc', step = iter, value = avg_acc.numpy())
log_writer.add_scalar(tag = 'loss', step = iter, value = avg_loss.numpy())
iter = iter + 100
```

安装 VisualDL。

```
!pip install -- upgrade -- pre visualdl
```

引入 VisualDL 库,并设定保存作图数据的文件位置。

```
from visualdl import LogWriter
log_writer = LogWriter(logdir = "./log")
with fluid.dygraph.guard(place):
    model = MNIST()
    model.train()
    optimizer = fluid.optimizer.SGDOptimizer(learning_rate = 0.01, parameter_list = model.
parameters())
    EPOCH_NUM = 10
    iter = 0
    for epoch_id in range(EPOCH_NUM):
        for batch_id, data in enumerate(train_loader()):
            # 准备数据,变得更加简洁
            ...
            # 前向计算的过程,同时拿到模型输出值和分类准确率
            predict, avg_acc = model(image, label)
            # 计算损失,取一个批次样本损失的平均值
            loss = fluid.layers.cross_entropy(predict, label)
            avg_loss = fluid.layers.mean(loss)
            # 每训练了100批次的数据,打印下当前 Loss 的情况
            if batch_id % 100 == 0:
                print("epoch: {}, batch: {}, loss is: {}, acc is {}".format(epoch_id, batch_
id, avg_loss.numpy(), avg_acc.numpy()))
                log_writer.add_scalar(tag = 'acc', step = iter, value = avg_acc.numpy())
                log_writer.add_scalar(tag = 'loss', step = iter, value = avg_loss.numpy())
                iter = iter + 100

            # 后向传播,更新参数的过程
            ...
        # 保存模型参数
    fluid.save_dygraph(model.state_dict(), 'mnist')
```

(3) 命令行启动 VisualDL。使用 visualdl --logdir[数据文件所在文件夹路径]的命令启动 VisualDL。在 VisualDL 启动后,命令行会打印出可用浏览器查阅图形结果的网址。

```
$ visualdl -- logdir ./log -- port 8080
```

(4) 打开浏览器,查看作图结果,如图 2.40 所示。

查阅的网址在第三步的启动命令后会打印出来(如 http://127.0.0.1:8080/),将该网址输入浏览器地址栏刷新页面的效果如图 2.40 所示。除了左侧对数据点的作图外,右侧还有一个控制板,可以调整诸多作图的细节。

2.8.7 作业

(1) 将普通神经网络模型的每层输出打印,观察内容。

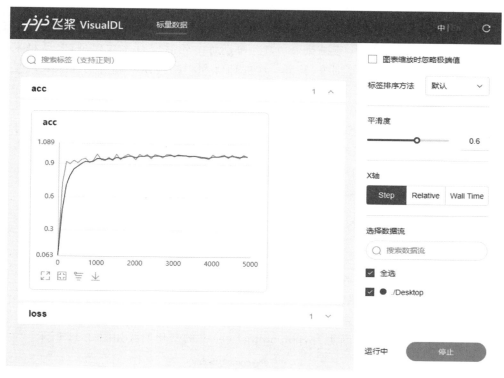

■图 2.40　VisualDL 的作图示例

（2）将分类准确率的指标用 Matplotlib 库画图表示。

（3）通过分类准确率,判断采用不同损失函数训练模型的效果优劣。

（4）作图比较：随着训练进行,模型在训练集和测试集上的 Loss 曲线。

（5）调节正则化权重,观察 4 的作图曲线的变化,并分析原因。

2.9　"手写数字识别"之恢复训练

2.9.1　概述

在极简方案中,我们已经介绍了将训练好的模型保存到磁盘文件的方法。应用程序可以随时加载模型,完成预测任务。但是在日常训练工作中我们会遇到一些突发情况,导致训练过程主动或被动中断。如果训练一个模型需要花费几天的训练时间,中断后从初始状态重新训练是不可接受的。

万幸的是,飞桨支持从上一次保存状态开始训练,只要我们随时保存训练过程中的模型状态,就不用从初始状态重新训练。

2.9.2　恢复训练

下面介绍恢复训练的实现方法,依然使用手写数字识别的案例,网络定义的部分保持不变。

　　在开始介绍使用飞桨恢复训练前,先正常训练一个模型,优化器使用 Adam,使用动态变化的学习率,学习率从 0.01 衰减到 0.001。每训练一轮后保存一次模型,之后将采用其中某一轮的模型参数进行恢复训练,验证一次性训练和中断再恢复训练的模型表现是否一致(训练 loss 的变化)。

　　注意进行恢复训练的程序不仅要保存模型参数,还要保存优化器参数。这是因为某些优化器含有一些随着训练过程变换的参数,例如 Adam,Adagrad 等优化器采用可变学习率的策略,随着训练进行会逐渐减少学习率。这些优化器的参数对于恢复训练至关重要。

　　为了演示这个特性,下面训练程序使用 adam 优化器,学习率以多项式曲线从 0.01 衰减到 0.001(polynomial decay)。

```
lr = fluid.dygraph.PolynomialDecay(0.01, total_steps, 0.001)
```

- learning_rate:初始学习率。
- decay_steps:衰减步数。
- end_learning_rate:最终学习率。
- power:多项式的幂,默认值为 1.0。
- cycle:下降后是否重新上升,polynomial decay 的变化曲线如图 2.41 所示。

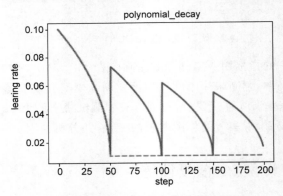

■图 2.41　多项式衰减变化曲线

```
with fluid.dygraph.guard(place):
    model = MNIST("mnist")
    model.train()
...

        # 保存模型参数和优化器的参数
        fluid.save_dygraph(model.state_dict(), './checkpoint/mnist_epoch{}'.format(epoch_id))
        fluid.save_dygraph(optimizer.state_dict(), './checkpoint/mnist_epoch{}'.format
(epoch_id))
```

　　在上述训练代码中,我们训练了五轮(Epoch)。在每轮结束时,我们均保存了模型参数和优化器相关的参数。

　　(1) 使用 model.state_dict()获取模型参数。

（2）使用 optimizer. state_dict()获取优化器和学习率相关的参数。

（3）调用 fluid. save_dygraph()将参数保存到本地。

比如第一轮训练保存的文件是 mnist_epoch0. pdparams 和 mnist_epoch0. pdopt，分别存储了模型参数和优化器参数。

当加载模型时，如果模型参数文件和优化器参数文件是相同的，我们可以使用 load_dygraph 同时加载这两个文件，如下代码所示。

```
params_dict, opt_dict = fluid.load_dygraph(params_path)
```

如果模型参数文件和优化器参数文件的名字不同，需要调用两次 load_dygraph 分别获得模型参数和优化器参数。

如何判断模型是否准确的恢复训练呢？

理想的恢复训练是模型状态回到训练中断的时刻，恢复训练之后的梯度更新走向是和恢复训练前的梯度走向完全相同的。基于此，我们可以通过恢复训练后的损失变化，判断上述方法是否能准确恢复训练。即从 epoch 0 结束时保存的模型参数和优化器状态恢复训练，校验其后训练的损失变化（epoch 1）是否和不中断时的训练完全一致。

说明：

恢复训练有如下两个要点：

（1）保存模型时同时保存模型参数和优化器参数。

（2）恢复参数时同时恢复模型参数和优化器参数。

下面的代码将展示恢复训练的过程，并验证恢复训练是否成功。其中，我们重新定义一个 train_again()训练函数，加载模型参数并从第一个 Epoch 开始训练，以便读者可以校验恢复训练后的损失变化。

```
params_path = "./checkpoint/mnist_epoch0"
# 在使用 GPU 机器时，可以将 use_gpu 变量设置成 True
use_gpu = False
place = fluid.CUDAPlace(0) if use_gpu else fluid.CPUPlace()

with fluid.dygraph.guard(place):
    # 加载模型参数到模型中
    params_dict, opt_dict = fluid.load_dygraph(params_path)
    model = MNIST("mnist")
    model.load_dict(params_dict)

    EPOCH_NUM = 5
    BATCH_SIZE = 100
    # 定义学习率，并加载优化器参数到模型中
    total_steps = (int(60000//BATCH_SIZE) + 1) * EPOCH_NUM
    lr = fluid.dygraph.PolynomialDecay(0.01, total_steps, 0.001)

    # 使用 Adam 优化器
    optimizer = fluid.optimizer.AdamOptimizer(learning_rate = lr, parameter_list = model.
parameters())
```

```
optimizer.set_dict(opt_dict)

for epoch_id in range(1, EPOCH_NUM):
    for batch_id, data in enumerate(train_loader()):
        ...
```

从恢复训练的损失变化来看,加载模型参数继续训练的损失函数值和正常训练损失函数值是完全一致的,可见使用飞桨实现恢复训练是极其简单的。

2.10 完整掌握深度学习建模小结

截止目前,诸位读者应该已经掌握了使用飞桨完成深度学习建模的方法,并且可以编写相当强大的模型。如果将每个模型部分均展开,整个模型实现有几百行代码,可以灵活实现各种建模过程中的需求,如图 2.42 所示。

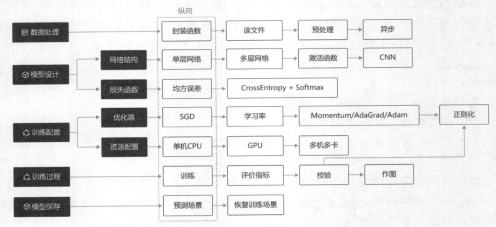

■图 2.42   "横纵式"教学法编写相当强大的模型

本章内容覆盖了使用飞桨建模各方面的基础知识,但仅以手写数字识别为案例,还难以覆盖各个领域的建模经验。从下一章开始,我们正式进入本书的第二部分:以推荐、计算机视觉和自然语言处理等多个领域的任务为例,讲述各行各业最常用的模型实现,并介绍更多使用飞桨的知识。

作业

正确运行模型的极简版代码,分析训练过程中可能出现的问题或值得优化的地方,通过以下几点优化:

(1) 样本:数据增强的方法。

(2) 假设:改进网络模型。

(3) 损失:尝试各种 Loss。

(4) 优化:尝试各种优化算法和学习率。

目标:尽可能使模型在 mnist 测试集上的分类准确率最高。

作业提交方式

请读者扫描图书封底的二维码,在 AI Studio"零基础实践深度学习"课程中的"作业"节点下提交相关作业。

第3章 计算机视觉

3.1 卷积神经网络基础

3.1.1 概述

计算机视觉作为一门让机器学会如何去"看"的学科,具体地说,就是让机器去识别摄像机拍摄的图片或视频中的物体,检测出物体所在的位置,并对目标物体进行跟踪,从而理解并描述出图片或视频里的场景和故事,以此来模拟人脑视觉系统。因此,计算机视觉也通常被叫作机器视觉,其目的是建立能够从图像或者视频中"感知"信息的人工系统。

计算机视觉技术经过几十年的发展,已经在交通(车牌识别、道路违章抓拍)、安防(人脸闸机、小区监控)、金融(刷脸支付、柜台的自动票据识别)、医疗(医疗影像诊断)、工业生产(产品缺陷自动检测)等多个领域应用,影响或正在改变人们的日常生活和工业生产方式。未来,随着技术的不断演进,必将涌现出更多的产品和应用,为我们的生活创造更大的便利和更广阔的机会,如图3.1所示。

飞桨为计算机视觉任务提供了丰富的API,并通过底层优化和加速保证了这些API的性能。同时,飞桨还提供了丰富的模型库,覆盖图像分类、检测、分割、文字识别和视频理解等多个领域。用户可以直接使用这些API组建模型,也可以在飞桨提供的模型库基础上进行二次研发。

由于篇幅所限,本章将重点介绍计算机视觉的经典模型(卷积神经网络)和图像分类任务,而在下一章介绍目标检测。本章主要涵盖如下内容:

- 卷积神经网络:卷积神经网络(Convolutional Neural Networks,CNN)是计算机视觉技术最经典的模型结构。本书主要介绍卷积神经网络的常用模块,包括:卷积、池化、激活函数、批归一化、Dropout等。
- 图像分类:介绍图像分类算法的经典模型结构,包括:LeNet、AlexNet、VGG、GoogLeNet、ResNet,并通过眼疾筛查的案例展示算法的应用。

■图3.1　计算机视觉技术在各领域的应用

计算机视觉的发展历程

　　计算机视觉的发展历程要从生物视觉讲起。对于生物视觉的起源，目前学术界尚没有形成定论。有研究者认为最早的生物视觉形成于距今约 7 亿年前的水母之中，也有研究者认为生物视觉产生于距今约 5 亿年前寒武纪。经过几亿年的演化，目前人类的视觉系统已经具备非常高的复杂度和强大的功能，人脑中神经元数目达到了 1000 亿个，这些神经元通过网络互相连接，这样庞大的视觉神经网络使得我们可以很轻松地观察周围的世界，如图 3.2 所示。

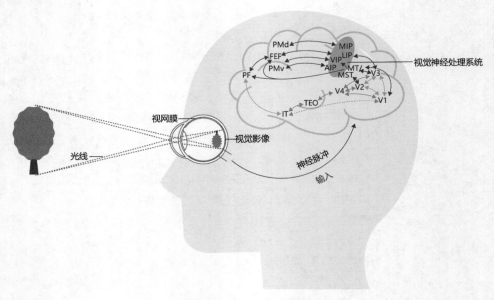

■图3.2　人类视觉感知

对人类来说,识别猫和狗是件非常容易的事。但对计算机来说,即使是一个精通编程的高手,也很难轻松写出具有通用性的程序(比如:假设程序认为体型大的是狗,体型小的是猫,但由于拍摄角度不同,可能一张图片上猫占据的像素比狗还多)。那么,如何让计算机也能像人一样看懂周围的世界呢?研究者尝试着从不同的角度去解决这个问题,由此也发展出一系列的子任务,如图3.3所示。

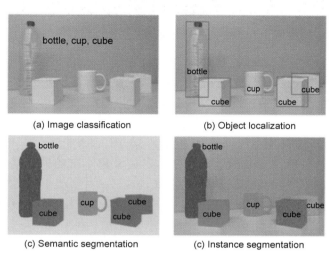

■图3.3　计算机视觉子任务示意图

(1) Image Classification:图像分类,用于识别图像中物体的类别(如:bottle、cup、cube)。

(2) Object Localization:目标检测,用于检测图像中每个物体的类别,并准确标出它们的位置。

(3) Semantic Segmentation:图像语义分割,用于标出图像中每个像素点所属的类别,属于同一类别的像素点用一个颜色标识。

(4) Instance Segmentation:实例分割,值得注意的是,(b)中的目标检测任务只需要标注出物体位置,而(d)中的实例分割任务不仅要标注出物体位置,还需要标注出物体的外形轮廓。

在早期的图像分类任务中,通常是先人工提取图像特征,再用机器学习算法对这些特征进行分类,分类的结果强依赖于特征提取方法,往往只有经验丰富的研究者才能完成,如图3.4所示。

在这种背景下,基于神经网络的特征提取方法应运而生。Yann LeCun是最早将卷积神经网络应用到图像识别领域的,其主要逻辑是使用卷积神经网络提取图像特征,并对图像所属类别进行预测,通过训练数据不断调整网络参数,最终形成一套能自动提取图像特征并对这些特征进行分类的网络,如图3.5所示。

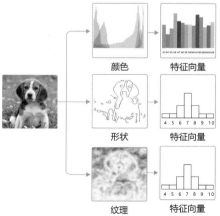

■图3.4　早期的图像分类任务

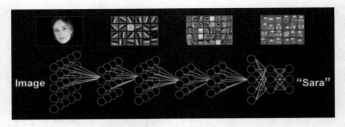

■图 3.5　早期的卷积神经网络处理图像任务示意

这一方法在手写数字识别任务上取得了极大的成功,但在接下来的时间里,却没有得到很好的发展。其主要原因一方面是数据集不完善,只能处理简单任务,在大尺寸的数据集上效果比较差;另一方面是硬件瓶颈,网络模型复杂时,计算速度会特别慢。

目前,随着互联网技术的不断进步,数据量呈现大规模的增长,越来越丰富的数据集不断涌现。另外,得益于硬件能力的提升,计算机的算力也越来越强大。不断有研究者将新的模型和算法应用到计算机视觉领域。由此催生了越来越丰富的模型结构和更加准确的精度,同时计算机视觉所处理的问题也越来越丰富,包括分类、检测、分割、场景描述、图像生成和风格变换等,甚至还不仅仅局限于 2 维图片,包括视频处理技术和 3D 视觉等。

3.1.2　卷积神经网络

卷积神经网络是目前计算机视觉中使用最普遍的模型结构。回顾一下,在上一章"一个案例带你吃透深度学习"中,我们介绍了手写数字识别任务,应用的是全连接层的特征提取,即将一张图片上的所有像素点展开成一个 1 维向量输入网络,存在如下两个问题:

(1)输入数据的空间信息被丢失。空间上相邻的像素点往往具有相似的 RGB 值,RGB 的各个通道之间的数据通常密切相关,但是转化成 1 维向量时,这些信息被丢失。同时,图像数据的形状信息中,可能隐藏着某种本质的模式,但是转变成 1 维向量输入全连接神经网络时,这些模式也会被忽略。

(2)模型参数过多,容易发生过拟合。在手写数字识别案例中,每个像素点都要跟所有输出的神经元相连接。当图片尺寸变大时,输入神经元的个数会按图片尺寸的平方增大,导致模型参数过多,容易发生过拟合。

为了解决上述问题,我们引入卷积神经网络进行特征提取,既能提取到相邻像素点之间的特征模式,又能保证参数的个数不随图片尺寸变化。图 3.6 是一个典型的卷积神经网络结构,多层卷积和池化层组合作用在输入图片上,在网络的最后通常会加入一系列全连接层,ReLU 激活函数一般加在卷积或者全连接层的输出上,网络中通常还会加入 Dropout 来防止过拟合。

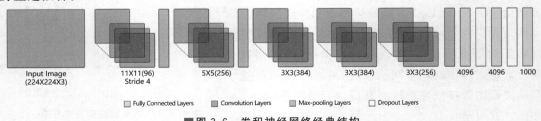

■图 3.6　卷积神经网络经典结构

说明：

在卷积神经网络中,计算范围是在像素点的空间邻域内进行的,卷积核参数的数目也远小于全连接层。卷积核本身与输入图片大小无关,它代表了对空间领域内某种特征模式的提取。比如,有些卷积核提取物体边缘特征,有些卷积核提取物体拐角处的特征,图像上不同区域共享同一个卷积核。当输入图片大小不一样时,仍然可以使用同一个卷积核进行操作。

卷积(Convolution)

这一小节将为读者介绍卷积算法的原理和实现方案,并通过具体的案例展示如何使用卷积对图片进行操作,主要涵盖如下内容：

（1）卷积计算。

（2）填充(Padding)。

（3）步幅(Stride)。

（4）感受野(Receptive Field)。

（5）多输入通道、多输出通道和批量操作。

（6）飞桨卷积 API 介绍。

（7）卷积算子应用举例。

1）卷积计算

卷积是数学分析中的一种积分变换的方法,在图像处理中采用的是卷积的离散形式。这里需要说明的是,在卷积神经网络中,卷积层的实现方式实际上是数学中定义的互相关(Cross-correlation)运算,与数学分析中的卷积定义有所不同,具体的计算过程如图 3.7 所示。

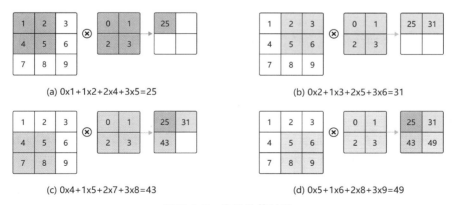

(a) 0x1+1x2+2x4+3x5=25   (b) 0x2+1x3+2x5+3x6=31

(c) 0x4+1x5+2x7+3x8=43   (d) 0x5+1x6+2x8+3x9=49

■图 3.7　卷积计算过程

说明：

卷积核(kernel)也被叫作滤波器(filter),假设卷积核的高和宽分别为 k_h 和 k_w,则将称为 $k_h \times k_w$ 卷积,比如 3×5 卷积,就是指卷积核的高为 3,宽为 5。

- 如图 3.7(a)所示：左边的图大小是 3×3，表示输入数据是一个维度为 3×3 的二维数组；中间的图大小是 2×2，表示一个维度为 2×2 的二维数组，我们将这个二维数组称为卷积核。先将卷积核的左上角与输入数据的左上角（即：输入数据的 $(0,0)$ 位置）对齐，把卷积核的每个元素跟其位置对应的输入数据中的元素相乘，再把所有乘积相加，得到卷积输出的第一个结果

$$0\times1+1\times2+2\times4+3\times5=25 \tag{a}$$

- 如图 3.5(b)所示：将卷积核向右滑动，让卷积核左上角与输入数据中的 $(0,1)$ 位置对齐，同样将卷积核的每个元素跟其位置对应的输入数据中的元素相乘，再把这 4 个乘积相加，得到卷积输出的第二个结果，

$$0\times2+1\times3+2\times5+3\times6=31 \tag{b}$$

- 如图 3.7(c)所示：将卷积核向下滑动，让卷积核左上角与输入数据中的 $(1,0)$ 位置对齐，可以计算得到卷积输出的第三个结果，

$$0\times4+1\times5+2\times7+3\times8=43 \tag{c}$$

- 如图 3.7(d)所示：将卷积核向右滑动，让卷积核左上角与输入数据中的 $(1,1)$ 位置对齐，可以计算得到卷积输出的第四个结果，

$$0\times5+1\times6+2\times8+3\times9=49 \tag{d}$$

卷积核的计算过程可以用下面的数学公式表示，其中 a 代表输入图片，b 代表输出特征图，w 是卷积核参数，它们都是二维数组，$\sum_{u,v}$ 表示对卷积核参数进行遍历并求和。

$$b[i,j]=\sum_{u,v}a[i+u,j+v]\cdot w[u,v]$$

举例说明，假如图 3.7 中卷积核大小是 2×2，则 u 可以取 0 和 1，v 也可以取 0 和 1，也就是说：

$$b[i,j]=a[i+0,j+0]\cdot w[0,0]+a[i+0,j+1]\cdot w[0,1]+a[i+1,j+0]\cdot$$
$$w[1,0]+a[i+1,j+1]\cdot w[1,1]$$

读者可以自行验证，当 $[i,j]$ 取不同值时，根据此公式计算的结果与图 3.7 中的例子是否一致。

【思考】 当卷积核大小为 3×3 时，b 和 a 之间的对应关系应该是怎样的？

说明：

在卷积神经网络中，一个卷积算子除了上面描述的卷积过程之外，还包括加上偏置项的操作。例如假设偏置为 1，则上面卷积计算的结果为：

$$0\times1+1\times2+2\times4+3\times5+1=26$$
$$0\times2+1\times3+2\times5+3\times6+1=32$$
$$0\times4+1\times5+2\times7+3\times8+1=44$$
$$0\times5+1\times6+2\times8+3\times9+1=50$$

2）填充

在上面的例子中，输入图片尺寸为 3×3，输出图片尺寸为 2×2，经过一次卷积之后，图片尺寸变小。卷积输出特征图的尺寸计算方法如下：

$$H_{out}=H-k_h+1$$
$$W_{out}=W-k_w+1$$

如果输入尺寸为 4，卷积核大小为 3 时，输出尺寸为 4−3+1=2。读者可以自行检查当输入图片和卷积核为其他尺寸时，上述计算式是否成立。当卷积核尺寸大于 1 时，输出特征图的尺寸会小于输入图片尺寸。如果经过多次卷积，输出图片尺寸会不断减小。为了避免卷积之后图片尺寸变小，通常会在图片的外围进行填充(padding)，如图 3.8 所示。

0	0	0	0	0	0
0	13	14	15	16	0
0	9	10	11	12	0
0	5	6	7	8	0
0	1	2	3	4	0
0	0	0	0	0	0

(a)padding=1

0	0	0	0	0	0	0	0
0	0	0	0	0	0	0	0
0	0	13	14	15	16	0	0
0	0	9	10	11	12	0	0
0	0	5	6	7	8	0	0
0	0	1	2	3	4	0	0
0	0	0	0	0	0	0	0
0	0	0	0	0	0	0	0

(b)padding=2

图 3.8 图形填充

- 如图 3.8(a)所示：填充的大小为 1，填充值为 0。填充之后，输入图片尺寸从 4×4 变成了 6×6，使用 3×3 的卷积核，输出图片尺寸为 4×4。
- 如图 3.8(b)所示：填充的大小为 2，填充值为 0。填充之后，输入图片尺寸从 4×4 变成了 8×8，使用 3×3 的卷积核，输出图片尺寸为 6×6。

如果在图片高度方向，在第一行之前填充 p_{h1} 行，在最后一行之后填充 p_{h2} 行；在图片的宽度方向，在第 1 列之前填充 p_{w1} 列，在最后 1 列之后填充 p_{w2} 列；则填充之后的图片尺寸为$(H+p_{h1}+p_{h2})\times(W+p_{w1}+p_{w2})$。经过大小为 $k_h\times k_w$ 的卷积核操作之后，输出图片的尺寸为：

$$H_{out}=H+p_{h1}+p_{h2}-k_h+1$$
$$W_{out}=W+p_{w1}+p_{w2}-k_w+1$$

在卷积计算过程中，通常会在高度或者宽度的两侧采取等量填充，即 $p_{h1}=p_{h2}=p_h$，$p_{w1}=p_{w2}=p_w$，上面计算公式也就变为：

$$H_{out}=H+2p_h-k_h+1$$
$$W_{out}=W+2p_w-k_w+1$$

卷积核大小通常使用 1,3,5,7 这样的奇数，如果使用的填充大小为 $p_h=(k_h-1)/2$，$p_w=(k_w-1)/2$，则卷积之后图像尺寸不变。例如当卷积核大小为 3 时，padding 大小为 1，卷积之后图像尺寸不变；同理，如果卷积核大小为 5，使用 padding 的大小为 2，也能保持图像尺寸不变。

3）步幅

如图 3.8 所示，中卷积核每次滑动一个像素点，这是步幅为 1 的特殊情况。如图 3.9 所示，是步幅为 2 的卷积过程，卷积核在图片上移动时，每次移动大小为 2 个像素点。

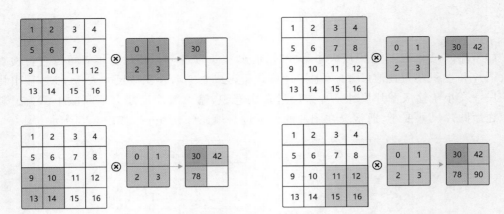

■图 3.9　步幅为 2 的卷积过程

当宽和高方向的步幅分别为 s_h 和 s_w 时，输出特征图尺寸的计算公式是：

$$H_{out} = \frac{H + 2p_h - k_h}{s_h} + 1$$

$$W_{out} = \frac{W + 2p_w - k_w}{s_w} + 1$$

假设输入图片尺寸是 $H \times W = 100 \times 100$，卷积核大小 $k_h \times k_w = 3 \times 3$，填充 $p_h = p_w = 1$，步幅为 $s_h = s_w = 2$，则输出特征图的尺寸为：

$$H_{out} = \frac{100 + 2 - 3}{2} + 1 = 50$$

$$W_{out} = \frac{100 + 2 - 3}{2} + 1 = 50$$

4）感受野

输出特征图上每个点的数值，是由输入图片上大小为 $k_h \times k_w$ 的区域的元素与卷积核每个元素相乘再相加得到的，所以输入图像上 $k_h \times k_w$ 区域内每个元素数值的改变，都会影响输出点的像素值。我们将这个区域叫作输出特征图上对应点的感受野。感受野内每个元素数值的变动，都会影响输出点的数值变化。比如 3×3 卷积对应的感受野大小就是 3×3，如图 3.10 所示。

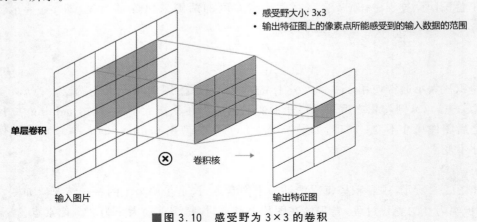

• 感受野大小：3x3
• 输出特征图上的像素点所能感受到的输入数据的范围

单层卷积

输入图片　⊗　卷积核　→　输出特征图

■图 3.10　感受野为 3×3 的卷积

而当通过两层 3×3 的卷积之后,感受野的大小将会增加到 5×5,如图 3.11 所示。

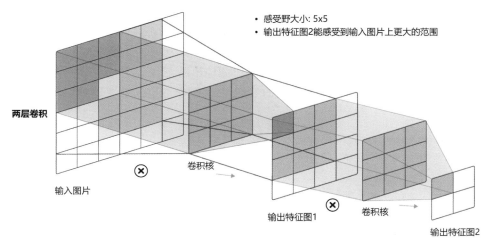

■图 3.11 感受野为 5×5 的卷积

因此,当增加卷积网络深度的同时,感受野将会增大,输出特征图中的一个像素点将会包含更多的图像语义信息。

5) 多输入通道、多输出通道和批量操作

前面介绍的卷积计算过程比较简单,实际应用时,处理的问题要复杂得多。例如:对于彩色图片有 RGB 三个通道,需要处理多输入通道的场景。输出特征图往往也会具有多个通道,而且在神经网络的计算中常常是把一个批次的样本放在一起计算,所以卷积算子需要具有批量处理多输入和多输出通道数据的功能,下面将分别介绍这几种场景的操作方式。

(1) 多输入通道场景。上面的例子中,卷积层的数据是一个 2 维数组,但实际上一张图片往往含有 RGB 三个通道,要计算卷积的输出结果,卷积核的形式也会发生变化。假设输入图片的通道数为 C_{in},输入数据的形状是 $C_{in}\times H_{in}\times W_{in}$,计算过程如图 3.12 所示。

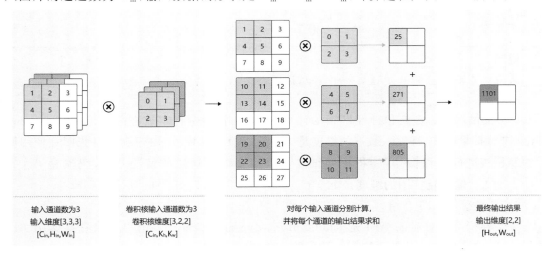

■图 3.12 多输入通道计算过程

对每个通道分别设计一个 2 维数组作为卷积核,卷积核数组的形状是 $C_{in} \times k_h \times k_w$。

对任一通道 $c_{in} \in [0, C_{in})$,分别用大小为 $k_h \times k_w$ 的卷积核在大小为 $H_{in} \times W_{in}$ 的二维数组上做卷积。

将这 C_{in} 个通道的计算结果相加,得到的是一个形状为 $H_{out} \times W_{out}$ 的二维数组。

(2)多输出通道场景。一般来说,卷积操作的输出特征图也会具有多个通道 C_{out},这时我们需要设计 C_{out} 个维度为 $C_{in} \times k_h \times k_w$ 的卷积核,卷积核数组的维度是 $C_{out} \times C_{in} \times k_h \times k_w$,如图 3.13 所示。

• 输出通道的数目通常也被称作卷积核的个数,这里有两个卷积核。

• 红绿蓝代表第一个卷积核的三个输入通道;浅红浅绿浅蓝代表第二个卷积核的三个输入通道。

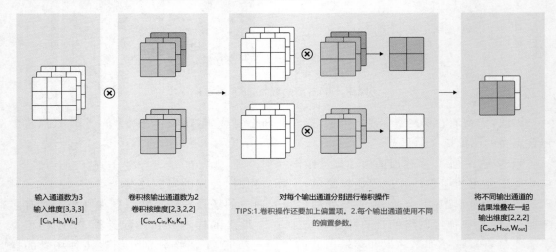

输入通道数为3
输入维度[3,3,3]
$[C_{in}, H_{in}, W_{in}]$

卷积核输出通道数为2
卷积核维度[2,3,2,2]
$[C_{out}, C_{in}, K_h, K_w]$

对每个输出通道分别进行卷积操作
TIPS:1.卷积操作还要加上偏置项。2.每个输出通道使用不同的偏置参数。

将不同输出通道的结果堆叠在一起
输出维度[2,2,2]
$[C_{out}, H_{out}, W_{out}]$

■图 3.13　多输出通道计算过程

对任一输出通道 $c_{out} \in [0, C_{out})$,分别使用上面描述的形状为 $C_{in} \times k_h \times k_w$ 的卷积核对输入图片做卷积。

将这 C_{out} 个形状为 $H_{out} \times W_{out}$ 的二维数组拼接在一起,形成维度为 $C_{out} \times H_{out} \times W_{out}$ 的三维数组。

说明:

通常将卷积核的输出通道数叫作卷积核的个数。

---

(3)批量操作。在卷积神经网络的计算中,通常将多个样本放在一起形成一个 mini-batch 进行批量操作,即输入数据的维度是 $N \times C_{in} \times H_{in} \times W_{in}$。由于会对每张图片使用同样的卷积核进行卷积操作,卷积核的维度与上面多输出通道的情况一样,仍然是 $C_{out} \times C_{in} \times k_h \times k_w$,输出特征图的维度是 $N \times C_{out} \times H_{out} \times W_{out}$,如图 3.14 所示。

6)飞桨卷积 API 介绍

飞桨卷积算子对应的 API 是 paddle. fluid. dygraph. Conv2D,用户可以直接调用 API 进行计算,也可以在此基础上修改。常用的参数如下:

• num_channels(int)——输入图像的通道数。

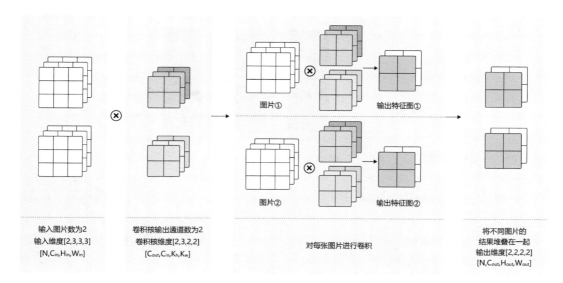

■图3.14 批量操作

- num_fliters(int)——卷积核的个数,和输出特征图通道数相同,相当于上文中的 CoutC_{out}Cout。
- filter_size(int|tuple)——卷积核大小,可以是整数,比如3,表示卷积核的高和宽均为3;或者是两个整数的list,例如[3,2],表示卷积核的高为3,宽为2。
- stride(int|tuple)——步幅,可以是整数,默认值为1,表示垂直和水平滑动步幅均为1;或者是两个整数的list,例如[3,2],表示垂直滑动步幅为3,水平滑动步幅为2。
- padding(int|tuple)——填充大小,可以是整数,比如1,表示竖直和水平边界填充大小均为1;或者是两个整数的list,例如[2,1],表示竖直边界填充大小为2,水平边界填充大小为1。
- act(str)——应用于输出上的激活函数,如Tanh、Softmax、Sigmoid、Relu等,默认值为None。

输入数据维度$[N, C_{in}, H_{in}, W_{in}]$,输出数据维度$[N, num\_filters, H_{out}, W_{out}]$,权重参数 w 的维度$[num\_filters, C_{in}, filter\_size\_h, filter\_size\_w]$,偏置参数 b 的维度是$[num\_filters]$。

7) 卷积算子应用举例

下面介绍卷积算子在图片中应用的三个案例,并观察其计算结果。

案例1——简单的黑白边界检测 下面是使用Conv2D算子完成一个图像边界检测的任务。图像左边为光亮部分,右边为黑暗部分,需要检测出光亮跟黑暗的分界处。可以设置宽度方向的卷积核为[1,0,-1],此卷积核会将宽度方向间隔为1的两个像素点的数值相减。当卷积核在图片上滑动的时候,如果它所覆盖的像素点位于亮度相同的区域,则左右间隔为1的两个像素点数值的差为0。只有当卷积核覆盖的像素点有的处于光亮区域,有的处在黑暗区域时,左右间隔为1的两个点像素值的差才不为0。将此卷积核作用到图片上,输出特征图上只有对应黑白分界线的地方像素值才不为0。具体代码如下所示,结果如图3.15所示。

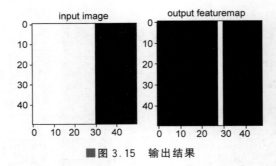

■图 3.15 输出结果

```python
import matplotlib.pyplot as plt
import numpy as np
import paddle
import paddle.fluid as fluid
from paddle.fluid.dygraph.nn import Conv2D
from paddle.fluid.initializer import NumpyArrayInitializer
% matplotlib inline

with fluid.dygraph.guard():
    # 创建初始化权重参数 w
    w = np.array([1, 0, -1], dtype = 'float32')
    # 将权重参数调整成维度为[cout, cin, kh, kw]的四维张量
    w = w.reshape([1, 1, 1, 3])
    # 创建卷积算子,设置输出通道数,卷积核大小和初始化权重参数
    # filter_size = [1, 3]表示 kh = 1, kw = 3
    # 创建卷积算子的时候,通过参数属性 param_attr,指定参数初始化方式
    # 这里的初始化方式时,从 numpy.ndarray 初始化卷积参数
    conv = Conv2D(num_channels = 1, num_filters = 1, filter_size = [1, 3],
            param_attr = fluid.ParamAttr(
                initializer = NumpyArrayInitializer(value = w)))

    # 创建输入图片,图片左边的像素点取值为1,右边的像素点取值为 0
    img = np.ones([50,50], dtype = 'float32')
    img[:, 30:] = 0.
    # 将图片形状调整为[N, C, H, W]的形式
    x = img.reshape([1,1,50,50])
    # 将 numpy.ndarray 转化成 paddle 中的 tensor
    x = fluid.dygraph.to_variable(x)
    # 使用卷积算子作用在输入图片上
    y = conv(x)
    # 将输出 tensor 转化为 numpy.ndarray
    out = y.numpy()

f = plt.subplot(121)
f.set_title('input image', fontsize = 15)
plt.imshow(img, cmap = 'gray')


f = plt.subplot(122)
f.set_title('output featuremap', fontsize = 15)
# 卷积算子 Conv2D 输出数据形状为[N, C, H, W]形式
# 此处 N, C = 1,输出数据形状为[1, 1, H, W],是 4 维数组
```

```
# 但是画图函数 plt.imshow 画灰度图时,只接受 2 维数组
# 通过 numpy.squeeze 函数将大小为 1 的维度消除
plt.imshow(out.squeeze(), cmap = 'gray')
plt.show()


# 查看卷积层的参数
with fluid.dygraph.guard():
    # 通过 conv.parameters() 查看卷积层的参数,返回值是 list,包含两个元素
    print(conv.parameters())
    # 查看卷积层的权重参数名字和数值
    print(conv.parameters()[0].name, conv.parameters()[0].numpy())
    # 参看卷积层的偏置参数名字和数值
print(conv.parameters()[1].name, conv.parameters()[1].numpy())
[name conv2d_0.w_0, dtype: VarType.FP32 shape: [1, 1, 1, 3]          lod: {}
    dim: 1, 1, 1, 3
    layout: NCHW
    dtype: float
    data: [1 0 -1]
, name conv2d_0.b_0, dtype: VarType.FP32 shape: [1]          lod: {}
    dim: 1
    layout: NCHW
    dtype: float
    data: [0]
]
conv2d_0.w_0 [[[[ 1.  0.  -1.]]]]
conv2d_0.b_0 [0.]
```

案例 2——图像中物体边缘检测 上面展示的是一个人为构造出来的简单图片使用卷积检测明暗分界处的例子,对于真实的图片,也可以使用合适的卷积核对它进行操作,用来检测物体的外形轮廓,观察输出特征图跟原图之间的对应关系,如下代码所示:

```
import matplotlib.pyplot as plt
from PIL import Image
import numpy as np
import paddle
import paddle.fluid as fluid
from paddle.fluid.dygraph.nn import Conv2D
from paddle.fluid.initializer import NumpyArrayInitializer


img = Image.open('./work/images/section1/000000098520.jpg')
with fluid.dygraph.guard():
    # 设置卷积核参数
    w = np.array([[-1, -1, -1], [-1,8, -1], [-1, -1, -1]], dtype = 'float32')/8
    w = w.reshape([1, 1, 3, 3])
    # 由于输入通道数是 3,将卷积核的形状从[1,1,3,3]调整为[1,3,3,3]
    w = np.repeat(w, 3, axis = 1)
    # 创建卷积算子,输出通道数为 1,卷积核大小为 3×3,
    # 并使用上面设置好的数值作为卷积核权重的初始化参数
    conv = Conv2D(num_channels = 3, num_filters = 1, filter_size = [3, 3],
            param_attr = fluid.ParamAttr(
                initializer = NumpyArrayInitializer(value = w)))
```

```
# 将读入的图片转化为 float32 类型的 numpy.ndarray
x = np.array(img).astype('float32')
# 图片读入成 ndarry 时,形状是[H, W, 3],
# 将通道这一维度调整到最前面
x = np.transpose(x, (2,0,1))
# 将数据形状调整为[N, C, H, W]格式
x = x.reshape(1, 3, img.height, img.width)
x = fluid.dygraph.to_variable(x)
y = conv(x)
out = y.numpy()

plt.figure(figsize = (20, 10))
f = plt.subplot(121)
f.set_title('input image', fontsize = 15)
plt.imshow(img)
f = plt.subplot(122)
f.set_title('output feature map', fontsize = 15)
plt.imshow(out.squeeze(), cmap = 'gray')
plt.show()
```

输出结果如图 3.16 所示。

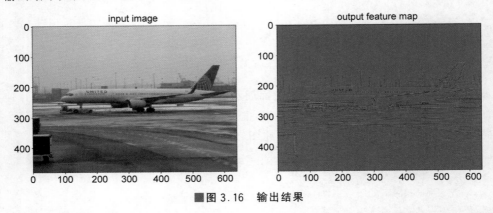

■图 3.16   输出结果

案例 3——图像均值模糊   另外一种比较常见的卷积核是用当前像素跟它邻域内的像素取平均,这样可以使图像上噪声比较大的点变得更平滑,如下代码所示:

```
import matplotlib.pyplot as plt
from PIL import Image
import numpy as np
import paddle
import paddle.fluid as fluid
from paddle.fluid.dygraph.nn import Conv2D
from paddle.fluid.initializer import NumpyArrayInitializer

# 读入图片并转成 numpy.ndarray
# img = Image.open('./images/section1/000000001584.jpg')
img = Image.open('./work/images/section1/000000355610.jpg').convert('L')
img = np.array(img)
```

```
# 换成灰度图
with fluid.dygraph.guard():
    # 创建初始化参数
    w = np.ones([1, 1, 5, 5], dtype = 'float32')/25
    conv = Conv2D(num_channels = 1, num_filters = 1, filter_size = [5, 5],
            param_attr = fluid.ParamAttr(
                initializer = NumpyArrayInitializer(value = w)))
    x = img.astype('float32')
    x = x.reshape(1,1,img.shape[0], img.shape[1])
    x = fluid.dygraph.to_variable(x)
    y = conv(x)
    out = y.numpy()
plt.figure(figsize = (20, 12))
f = plt.subplot(121)
f.set_title('input image')
plt.imshow(img, cmap = 'gray')
f = plt.subplot(122)
f.set_title('output feature map')
out = out.squeeze()
plt.imshow(out, cmap = 'gray')
plt.show()
```

输出结果如图 3.17 所示。

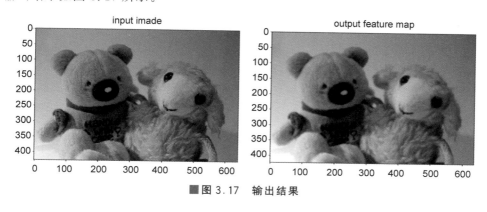

■图 3.17 输出结果

3.1.3 作业

计算下面卷积中一共有多少次乘法和加法操作。

输入数据形状是 $[10,3,224,224]$，卷积核 $k_h=k_w=3$，输出通道数为 64，步幅 stride$=1$，填充 $p_h=p_w=1$。则完成这样一个卷积，一共需要做多少次乘法和加法操作？

提示：

先看输出一个像素点需要做多少次乘法和加法操作，然后再计算总共需要的操作次数。

作业提交方式

请读者扫描图书封底的二维码，在 AI Studio"零基础实践深度学习"课程中的"作业"节点下提交相关作业。

3.2　卷积的四种操作

3.2.1　概述

上一节我们介绍了卷积的基本操作与计算,这一节我们讲解卷积之后一般需要进行的 4 种操作——池化、激活函数、批归一化和丢弃法。

3.2.2　池化

池化是使用某一位置的相邻输出的总体统计特征代替网络在该位置的输出,其好处是当输入数据做出少量平移时,经过池化函数后的大多数输出还能保持不变。比如:当识别一张图像是否是人脸时,我们需要知道人脸左边有一只眼睛,右边也有一只眼睛,而不需要知道眼睛的精确位置,这时候通过池化某一片区域的像素点来得到总体统计特征会显得很有用。由于池化之后特征图会变得更小,如果后面连接的是全连接层,能有效地减少神经元的个数,节省存储空间并提高计算效率。如图 3.18 所示,将一个 2×2 的区域池化成一个像素点。通常有两种方法,平均池化和最大池化。

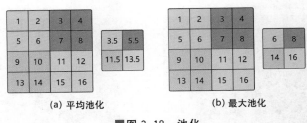

(a) 平均池化　　　　　　　　(b) 最大池化

■图 3.18　池化

- 如图 3.15(a):平均池化。这里使用大小为 2×2 的池化窗口,每次移动的步长也为 2,对池化窗口覆盖区域内的像素数值取平均,得到相应的输出特征图的像素值。
- 如图 3.15(b):最大池化。对池化窗口覆盖区域内的像素取最大值,得到输出特征图的像素值。当池化窗口在图片上滑动时,会得到整张输出特征图。池化窗口的大小称为池化大小,用 $k_h \times k_w$ 表示。在卷积神经网络中用的比较多的是窗口大小为 2×2,步长也为 2 的池化。

与卷积核类似,池化窗口在图片上滑动时,每次移动的步长称为步幅,当宽和高方向的移动大小不一样时,分别用 s_w 和 s_h 表示。也可以对需要进行池化的图片进行填充,填充方式与卷积类似,假设在第一行之前填充 p_{h1} 行,在最后一行后面填充 p_{h2} 行。在第一列之前填充 p_{w1} 列,在最后一列之后填充 p_{w2} 列,则池化层的输出特征图大小为:

$$H_{out} = \frac{H + p_{h1} + p_{h2} - k_h}{s_h} + 1$$

$$W_{out} = \frac{W + p_{w1} + p_{w2} - k_w}{s_w} + 1$$

在卷积神经网络中,通常使用 2×2 大小的池化窗口,步幅也使用 2,填充为 0,则输出特征图的尺寸为:

$$H_{out} = \frac{H}{2}$$

$$W_{out} = \frac{W}{2}$$

通过这种方式的池化,输出特征图的高和宽都减半,但通道数不会改变。

3.2.3 ReLU 激活函数

前面介绍的网络结构中,普遍使用 Sigmoid 函数做激活函数。在神经网络发展的早期,Sigmoid 函数用得比较多,而目前用得较多的激活函数是 ReLU。这是因为 Sigmoid 函数在反向传播过程中,容易造成梯度的衰减。让我们仔细观察 Sigmoid 函数的形式,就能发现这一问题。

Sigmoid 激活函数定义如下:

$$y = \frac{1}{1 + e^{-x}}$$

ReLU 激活函数的定义如下:

$$y = \begin{cases} 0, & (x < 0) \\ x, & (x \geqslant 0) \end{cases}$$

下面的程序画出了 Sigmoid 和 ReLU 函数的曲线图(见图 3.19):

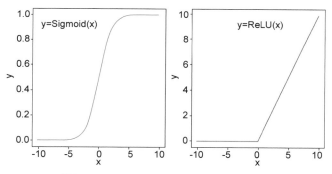

■图 3.19 Sigmoid 和 ReLU 函数曲线图

```python
# ReLU 和 Sigmoid 激活函数示意图
import numpy as np
import matplotlib.pyplot as plt
import matplotlib.patches as patches
plt.figure(figsize = (10, 5))

# 创建数据 x
x = np.arange(-10, 10, 0.1)

# 计算 Sigmoid 函数
s = 1.0 / (1 + np.exp(0. - x))
```

```
# 计算 ReLU 函数
y = np.clip(x, a_min = 0., a_max = None)

##################################
# 以下部分为画图代码
f = plt.subplot(121)
plt.plot(x, s, color = 'r')
currentAxis = plt.gca()
plt.text(-9.0, 0.9, r'$ y = Sigmoid(x) $ ', fontsize = 13)
currentAxis.xaxis.set_label_text('x', fontsize = 15)
currentAxis.yaxis.set_label_text('y', fontsize = 15)
f = plt.subplot(122)
plt.plot(x, y, color = 'g')
plt.text(-3.0, 9, r'$ y = ReLU(x) $ ', fontsize = 13)
currentAxis = plt.gca()
currentAxis.xaxis.set_label_text('x', fontsize = 15)
currentAxis.yaxis.set_label_text('y', fontsize = 15)

plt.show()
```

梯度消失现象

在神经网络里面，将经过反向传播之后，梯度值衰减到接近于零的现象称作梯度消失现象。

从上面的函数曲线可以看出，当 x 为较大的正数的时候，Sigmoid 函数数值非常接近于 1，函数曲线变得很平滑，在这些区域 Sigmoid 函数的导数接近于零。当 x 为较小的负数的时候，Sigmoid 函数值非常接近于 0，函数曲线也很平滑，在这些区域 Sigmoid 函数的导数也接近于 0。只有当 x 的取值在 0 附近时，Sigmoid 函数的导数才比较大。可以对 Sigmoid 函数求导数，结果如下所示：

$$\frac{\mathrm{d}y}{\mathrm{d}x} = -\frac{1}{(1 + \mathrm{e}^{-x})^2} \cdot \frac{\mathrm{d}(\mathrm{e}^{-x})}{\mathrm{d}x} = \frac{1}{2 + \mathrm{e}^x + \mathrm{e}^{-x}}$$

从上面的式子可以看出，Sigmoid 函数的导数 $\frac{\mathrm{d}y}{\mathrm{d}x}$ 最大值为 $\frac{1}{4}$。前向传播时，$y = $ Sigmoid(x)；而在反向传播过程中，x 的梯度等于 y 的梯度乘以 Sigmoid 函数的导数，如下所示：

$$\frac{\partial L}{\partial x} = \frac{\partial L}{\partial y} \cdot \frac{\partial y}{\partial x}$$

使得 x 的梯度数值最大也不会超过 y 的梯度的 $\frac{1}{4}$。

由于最开始是将神经网络的参数随机初始化的，x 很有可能取值在数值很大或者很小的区域，这些地方都可能造成 Sigmoid 函数的导数接近于 0，导致 x 的梯度接近于 0；即使 x 取值在接近于 0 的地方，按上面的分析，经过 Sigmoid 函数反向传播之后，x 的梯度不超过 y 的梯度的 $\frac{1}{4}$，如果有多层网络使用了 Sigmoid 激活函数，则比较靠后的那些层梯度将衰减到非常小的值。

ReLU 函数则不同，虽然在 $x < 0$ 的地方，ReLU 函数的导数为 0。但是在 $x > 0$ 的地方，ReLU 函数的导数为 1，能够将 y 的梯度完整地传递给 x，而不会引起梯度消失。

3.2.4　批归一化

批归一化方法（Batch Normalization，BatchNorm）是由 Ioffe 和 Szegedy 于 2015 年提出的，已被广泛应用在深度学习中，其目的是对神经网络中间层的输出进行标准化处理，使得中间层的输出更加稳定。

通常我们会对神经网络的数据进行标准化处理，处理后的样本数据集满足均值为 0，方差为 1 的统计分布，这是因为当输入数据的分布比较固定时，有利于算法的稳定和收敛。对于深度神经网络来说，由于参数是不断更新的，即使输入数据已经做过标准化处理，但是对于比较靠后的那些层，其接收到的输入仍然是剧烈变化的，通常会导致数值不稳定，模型很难收敛。BatchNorm 能够使神经网络中间层的输出变得更加稳定，并有如下三个优点：

（1）使学习快速进行（能够使用较大的学习率）。

（2）降低模型对初始值的敏感性。

（3）从一定程度上抑制过拟合。

BatchNorm 主要思路是在训练时按 mini-batch 为单位，对神经元的数值进行归一化，使数据的分布满足均值为 0，方差为 1。具体计算过程如下：

1. 计算 mini-batch 内样本的均值

$$\mu_{\mathrm{B}} \leftarrow \frac{1}{m} \sum_{i=1}^{m} x^{(i)}$$

其中 $x^{(i)}$ 表示 mini-batch 中的第 i 个样本。

例如输入 mini-batch 包含 3 个样本，每个样本有 2 个特征，分别是：

$$x^{(1)} = (1,2), \quad x^{(2)} = (3,6), \quad x^{(3)} = (5,10)$$

对每个特征分别计算 mini-batch 内样本的均值：

$$\mu_{\mathrm{B0}} = \frac{1+3+5}{3} = 3, \quad \mu_{\mathrm{B1}} = \frac{2+6+10}{3} = 6$$

则样本均值是：

$$\mu_{\mathrm{B}} = (\mu_{\mathrm{B0}}, \mu_{\mathrm{B1}}) = (3,6)$$

2. 计算 mini-batch 内样本的方差

$$\sigma_{\mathrm{B}}^{2} \leftarrow \frac{1}{m} \sum_{i=1}^{m} (x^{(i)} - \mu_{\mathrm{B}})^2$$

上面的计算公式先计算一个批次内样本的均值 μ_{B} 和方差 σ_{B}^{2}，然后再对输入数据做归一化，将其调整成均值为 0，方差为 1 的分布。

对于上述给定的输入数据 $x^{(1)}, x^{(2)}, x^{(3)}$，可以计算出每个特征对应的方差：

$$\sigma_{\mathrm{B0}}^{2} = \frac{1}{3} \cdot ((1-3)^2 + (3-3)^2 + (5-3)^2) = \frac{8}{3}$$

$$\sigma_{\mathrm{B1}}^{2} = \frac{1}{3} \cdot ((2-6)^2 + (6-6)^2 + (10-6)^2) = \frac{32}{3}$$

则样本方差是：

$$\sigma_{\mathrm{B}}^2 = (\sigma_{B0}^2, \sigma_{B1}^2) = \left(\frac{8}{3}, \frac{32}{3}\right)$$

3. 计算标准化之后的输出

$$\hat{x}^{(i)} \leftarrow \frac{x^{(i)} - \mu_{\mathrm{B}}}{\sqrt{(\sigma_{\mathrm{B}}^2 + \epsilon)}}$$

其中 ϵ 是一个微小值(例如 $1e-7$),其主要作用是为了防止分母为 0。

对于上述给定的输入数据 $x^{(1)}, x^{(2)}, x^{(3)}$,可以计算出标准化之后的输出:

$$\hat{x}^{(1)} = \left(\frac{1-3}{\sqrt{\frac{8}{3}}}, \quad \frac{2-6}{\sqrt{\frac{32}{3}}}\right) = \left(-\sqrt{\frac{3}{2}}, \quad -\sqrt{\frac{3}{2}}\right)$$

$$\hat{x}^{(2)} = \left(\frac{3-3}{\sqrt{\frac{8}{3}}}, \quad \frac{6-6}{\sqrt{\frac{32}{3}}}\right) = (0, 0)$$

$$\hat{x}^{(1)} = \left(\frac{5-3}{\sqrt{\frac{8}{3}}}, \quad \frac{10-6}{\sqrt{\frac{32}{3}}}\right) = \left(\sqrt{\frac{3}{2}}, \quad \sqrt{\frac{3}{2}}\right)$$

读者可以自行验证由 $\hat{x}^{(1)}, \hat{x}^{(2)}, \hat{x}^{(3)}$ 构成的 mini-batch,是否满足均值为 0,方差为 1 的分布。

如果强行限制输出层的分布是标准化的,可能会导致某些特征模式的丢失,所以在标准化之后,BatchNorm 会紧接着对数据做缩放和平移。

$$y_i \leftarrow \gamma \hat{x}_i + \beta$$

其中 γ 和 β 是可学习的参数,可以赋初始值 $\gamma=1, \beta=0$,在训练过程中不断学习调整。

上面列出的是 BatchNorm 方法的计算逻辑,下面针对两种类型的输入数据格式分别进行举例。飞桨支持输入数据的维度大小为 2、3、4、5 四种情况,这里给出的是维度大小为 2 和 4 的示例。

(1)示例一:当输入数据形状是 $[N, K]$ 时,一般对应全连接层的输出,示例代码如下所示。

这种情况下会分别对 K 的每一个分量计算 N 个样本的均值和方差,数据和参数对应如下:

- 输入 x, $[N, K]$
- 输出 y, $[N, K]$
- 均值 μ_{B}, $[K,]$
- 方差 σ_{B}^2, $[K,]$
- 缩放参数 γ, $[K,]$
- 平移参数 β, $[K,]$

```
# 输入数据形状是 [N, K]时的示例
import numpy as np
import paddle
```

```
import paddle.fluid as fluid
from paddle.fluid.dygraph.nn import BatchNorm
# 创建数据
data = np.array([[1,2,3], [4,5,6], [7,8,9]]).astype('float32')
# 使用 BatchNorm 计算归一化的输出
with fluid.dygraph.guard():
    # 输入数据维度[N, K],num_channels 等于 K
    bn = BatchNorm(num_channels = 3)
    x = fluid.dygraph.to_variable(data)
    y = bn(x)
    print('output of BatchNorm Layer: \n {}'.format(y.numpy()))

# 使用 NumPy 计算均值、方差和归一化的输出
# 这里对第 0 个特征进行验证
a = np.array([1,4,7])
a_mean = a.mean()
a_std = a.std()
b = (a - a_mean) / a_std
print('std {}, mean {}, \n output {}'.format(a_mean, a_std, b))

# 建议读者对第 1 和第 2 个特征进行验证,观察 numpy 计算结果与 paddle 计算结果是否一致
```

（2）示例二：当输入数据形状是 $[N,C,H,W]$ 时，一般对应卷积层的输出，示例代码如下所示。

这种情况下会沿着 C 这一维度进行展开，分别对每一个通道计算 N 个样本中总共 $N \times H \times W$ 个像素点的均值和方差，数据和参数对应如下：

- 输入 x，$[N, C, H, W]$
- 输出 y，$[N, C, H, W]$
- 均值 μ_{B}，$[C,]$
- 方差 σ_{B}^2，$[C,]$
- 缩放参数 γ，$[C,]$
- 平移参数 β，$[C,]$

小窍门：

可能有读者会问："BatchNorm 里面不是还要对标准化之后的结果做仿射变换吗,怎么使用 NumPy 计算的结果与 BatchNorm 算子一致？"这是因为 BatchNorm 算子里面自动设置初始值 $\gamma=1, \beta=0$，这时候仿射变换相当于是恒等变换。在训练过程中这两个参数会不断地学习,这时仿射变换就会起作用。

```
# 输入数据形状是[N, C, H, W]时的 batchnorm 示例
import numpy as np
import paddle
import paddle.fluid as fluid
from paddle.fluid.dygraph.nn import BatchNorm

# 设置随机数种子,这样可以保证每次运行结果一致
```

```
np.random.seed(100)
# 创建数据
data = np.random.rand(2,3,3,3).astype('float32')
# 使用 BatchNorm 计算归一化的输出
with fluid.dygraph.guard():
    # 输入数据维度[N, C, H, W],num_channels 等于 C
    bn = BatchNorm(num_channels = 3)
    x = fluid.dygraph.to_variable(data)
    y = bn(x)
    print('input of BatchNorm Layer: \n {}'.format(x.numpy()))
    print('output of BatchNorm Layer: \n {}'.format(y.numpy()))

# 取出 data 中第 0 通道的数据,
# 使用 numpy 计算均值、方差及归一化的输出
a = data[:, 0, :, :]
a_mean = a.mean()
a_std = a.std()
b = (a - a_mean) / a_std
print('channel 0 of input data: \n {}'.format(a))
print('std {}, mean {}, \n output: \n {}'.format(a_mean, a_std, b))

# 提示:这里通过 numpy 计算出来的输出
# 与 BatchNorm 算子的结果略有差别,
# 因为在 BatchNorm 算子为了保证数值的稳定性,
# 在分母里面加上了一个比较小的浮点数 epsilon = 1e - 05
```

4. 预测时使用 BatchNorm

上面介绍了在训练过程中使用 BatchNorm 对一批样本进行归一化的方法,但如果使用同样的方法对需要预测的一批样本进行归一化,则预测结果会出现不确定性。

例如样本 A、样本 B 作为一批样本计算均值和方差,与样本 A、样本 C 和样本 D 作为一批样本计算均值和方差,得到的结果一般来说是不同的。那么样本 A 的预测结果就会变得不确定,这对预测过程来说是不合理的。解决方法是在训练过程中将大量样本的均值和方差保存下来,预测时直接使用保存好的值而不再重新计算。实际上,在 BatchNorm 的具体实现中,训练时会计算均值和方差的移动平均值。在飞桨中,默认是采用如下方式计算:

$$saved\_\mu_B \leftarrow saved\_\mu_B \times 0.9 + \mu_B \times (1 - 0.9)$$

$$saved\_\sigma_B^2 \leftarrow saved\_\sigma_B^2 \times 0.9 + \sigma_B^2 \times (1 - 0.9)$$

在训练过程的最开始将 $saved\_\mu_B$ 和 $saved\_\sigma_B^2$ 设置为 0,每次输入一批新的样本,计算出 μ_B 和 σ_B^2,然后通过上面的公式更新 $saved\_\mu_B$ 和 $saved\_\sigma_B^2$,在训练的过程中不断更新它们的值,并作为 BatchNorm 层的参数保存下来。预测的时候将会加载参数 $saved\_\mu_B$ 和 $saved\_\sigma_B^2$,用它们来代替 μ_B 和 σ_B^2。

3.2.5 丢弃法

丢弃法(Dropout)是深度学习中一种常用的抑制过拟合的方法,其做法是在神经网络学习过程中,随机删除一部分神经元。训练时,随机选出一部分神经元,将其输出设置为 0,这些神经元将不对外传递信号。

图 3.20 是 Dropout 示意图,左边是完整的神经网络,右边是应用了 Dropout 之后的网络结构。应用 Dropout 之后,会将标了×的神经元从网络中删除,让它们不向后面的层传递信号。在学习过程中,丢弃哪些神经元是随机决定,因此模型不会过度依赖某些神经元,且在一定程度上能抑制过拟合。

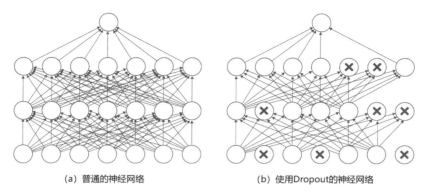

(a) 普通的神经网络   (b) 使用Dropout的神经网络

■图 3.20 Dropout 示意图

在预测场景时,会向前传递所有神经元的信号,可能会引出一个新的问题:训练时由于部分神经元被随机丢弃了,输出数据的总大小会变小。比如:计算其 L1 范数会比不使用 Dropout 时变小,但是预测时却没有丢弃神经元,这将导致训练和预测时数据的分布不一样。为了解决这个问题,飞桨支持如下两种方法:

1) downgrade_in_infer

训练时以比例 r 随机丢弃一部分神经元,不向后传递它们的信号;预测时向后传递所有神经元的信号,但是将每个神经元上的数值乘以(1−r)。

2) upscale_in_train

训练时以比例 r 随机丢弃一部分神经元,不向后传递它们的信号,但是将那些被保留的神经元上的数值除以(1−r);预测时向后传递所有神经元的信号,不做任何处理。

在飞桨 dropout API 中,paddle.fluid.layers.dropout 通过 dropout_implementation 参数来指定用哪种方式对神经元进行操作,dropout_implementation 参数的可选值是 'downgrade_in_infer'或'upscale_in_train',默认值是'downgrade_in_infer'。

说明:

不同框架中 dropout 的默认处理方式可能不一样,读者可以查看其 API 以确认用的是哪种方式。

飞桨 dropout API 包含的主要参数如下:

- x,数据类型是 Tensor,需要采用丢弃法进行操作的对象。
- dropout_prob,对 x 中元素进行丢弃的概率,即输入单元设置为 0 的概率,该参数对元素的丢弃概率是对于每一个元素而言而不是对所有的元素而言。举例来说,假设矩阵内有 12 个数字,则经过概率为 0.5 的 dropout 未必一定有 6 个零。
- is_test,是否运行在测试阶段,由于 dropout 在训练和测试阶段表现不一样,通过此参数控制其表现,默认值为 False。

- dropout_implementation,丢弃法的实现方式,有'downgrade_in_infer'和'upscale_in_train'两种,具体情况请见上面的说明,默认是'downgrade_in_infer'。

下面这段程序展示了经过 dropout 之后输出数据的形式。

```
# dropout 操作
import numpy as np
import paddle
import paddle.fluid as fluid


# 设置随机数种子,这样可以保证每次运行结果一致
np.random.seed(100)
# 创建数据[N, C, H, W],一般对应卷积层的输出
data1 = np.random.rand(2,3,3,3).astype('float32')
# 创建数据[N, K],一般对应全连接层的输出
data2 = np.arange(1,13).reshape([-1, 3]).astype('float32')
# 使用 dropout 作用在输入数据上
with fluid.dygraph.guard():
    x1 = fluid.dygraph.to_variable(data1)
    out1_1 = fluid.dygraph.dropout(x1, dropout_prob = 0.5, is_test = False)
    out1_2 = fluid.dygraph.dropout(x1, dropout_prob = 0.5, is_test = True)

    x2 = fluid.dygraph.to_variable(data2)
    out2_1 = fluid.dygraph.dropout(x2, dropout_prob = 0.5, \
                    dropout_implementation = 'upscale_in_train')
    out2_2 = fluid.dygraph.dropout(x2, dropout_prob = 0.5, \
                    dropout_implementation = 'upscale_in_train', is_test = True)
    print('x1 {}, \n out1_1 \n {}, \n out1_2 \n {}'.format(data1, out1_1.numpy(),  out1_2.
numpy()))
    print('x2 {}, \n out2_1 \n {}, \n out2_2 \n {}'.format(data2, out2_1.numpy(),  out2_2.
numpy()))
```

3.2.6 作业

计算下面网络层的输出数据和参数的形状。网络结构定义如以下代码所示,输入数据形状是[10,3,224,224],请分别计算每一层的输出数据形状,以及各层包含的参数形状。

```
# 定义 SimpleNet 网络结构
import paddle
import paddle.fluid as fluid
from paddle.fluid.dygraph.nn import Conv2D, Pool2D, Linear
class SimpleNet(fluid.dygraph.Layer):
    def __init__(self, num_classes = 1):
        #super(SimpleNet, self).__init__(name_scope)
        self.conv1 = Conv2D(num_channels = 3, num_filters = 6, filter_size = 5, stride = 1,
padding = 2, act = 'relu')
        self.pool1 = Pool2D(pool_size = 2, pool_stride = 2, pool_type = 'max')
        self.conv2 = Conv2D(num_channels = 6, num_filters = 16, filter_size = 5, stride = 1,
padding = 2, act = 'relu')
        self.pool2 = Pool2D(pool_size = 2, pool_stride = 2, pool_type = 'max')
        self.fc1 = Linear(input_dim = 50176, output_dim = 64, act = 'sigmoid')
        self.fc2 = Linear(input_dim = 64, output_dim = num_classes)
```

```
def forward(self, x):
    x = self.conv1(x)
    x = self.pool1(x)
    x = self.conv2(x)
    x = self.pool2(x)
    x = fluid.layers.reshape(x, [x.shape[0], -1])
    x = self.fc1(x)
    x = self.fc2(x)
    return x
```

提示,第一层卷积 conv1,各项参数如下:

$$C_{in} = 3, \quad C_{out} = 6, \quad k_h = k_w = 5, \quad p_h = p_w = 2, \quad stride = 1$$

则卷积核权重参数 w 的形状是:$[C_{out}, C_{in}, k_h, K_w] = [6, 3, 5, 5]$,个数为

$$6 \times 3 \times 5 \times 5 = 450$$

偏置参数 b 的形状是:$[C_{out}]$,偏置参数的个数是 6。

输出特征图的大小是:

$$H_{out} = 224 + 2 \times 2 - 5 + 1 = 224, \quad W_{out} = 224 + 2 \times 2 - 5 + 1 = 224$$

输出特征图的形状是

$$[N, C_{out}, H_{out}, W_{out}] = [10, 6, 224, 224]$$

请将表格 3.1 补充完整:

表 3.1 特征图数据

名 称	w 形状	w 参数个数	b 形状	b 参数个数	输 出 形 状
conv1	$[6,3,5,5]$	450	$[6]$	6	$[10, 6, 224, 224]$
pool1	无	无	无	无	$[10, 6, 112, 112]$
conv2					
pool2					
fc1					
fc2					

3.3 图像分类

3.3.1 概述

图像分类是根据图像的语义信息对不同类别图像进行区分,是计算机视觉的核心,是物体检测、图像分割、物体跟踪、行为分析、人脸识别等其他高层次视觉任务的基础。图像分类在许多领域都有着广泛的应用,例如:安防领域的人脸识别和智能视频分析、交通领域的交通场景识别、互联网领域基于内容的图像检索和相册自动归类、医学领域的图像识别等。

上一节介绍了卷积神经网络常用的一些基本模块,本节将基于眼疾分类数据集 iChallenge-PM,对图像分类领域的经典卷积神经网络进行剖析,介绍如何应用这些基础模块构建卷积神经网络,解决图像分类问题。涵盖如下卷积神经网络:

（1）LeNet：Yan LeCun 等人于 1998 年第一次将卷积神经网络应用到图像分类任务上，在手写数字识别任务上取得了巨大成功。

（2）AlexNet：Alex Krizhevsky 等人在 2012 年提出了 AlexNet，并应用在大尺寸图片数据集 ImageNet 上，获得了 2012 年 ImageNet 比赛（ImageNet Large Scale Visual Recognition Challenge，ILSVRC）冠军。

（3）VGG：Simonyan 和 Zisserman 于 2014 年提出了 VGG 网络结构，是当前最流行的卷积神经网络之一，由于其结构简单、应用性极强而深受研究者欢迎。

（4）GoogLeNet：Christian Szegedy 等人在 2014 提出了 GoogLeNet，并取得了 2014 年 ImageNet 比赛冠军。

（5）ResNet：Kaiming He 等人在 2015 年提出了 ResNet，通过引入残差模块加深网络层数，在 ImagNet 数据集上的识别错误率降低到 3.6%，超越了人眼识别水平。ResNet 的设计思想深刻影响了后来的深度神经网络的设计。

3.3.2　LeNet

LeNet 是最早的卷积神经网络之一。1998 年，Yan LeCun 第一次将 LeNet 卷积神经网络应用到图像分类上，在手写数字识别任务中取得了巨大成功。LeNet 通过连续使用卷积和池化层的组合提取图像特征，其架构如图 3.21 所示，这里展示的是作者论文中的 LeNet-5 模型：

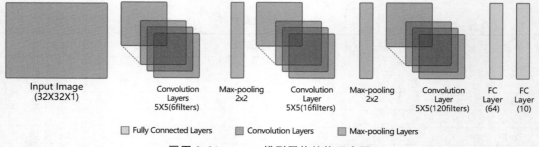

■图 3.21　LeNet 模型网络结构示意图

（1）第一模块：包含 5×5 的 6 通道卷积和 2×2 的池化。卷积提取图像中包含的特征模式（激活函数使用 Sigmoid），图像尺寸从 32 减小到 28。经过池化层可以降低输出特征图对空间位置的敏感性，图像尺寸减到 14。

（2）第二模块：和第一模块尺寸相同，通道数由 6 增加为 16。卷积操作使图像尺寸减小到 10，经过池化后变成 5。

（3）第三模块：包含 5×5 的 120 通道卷积。卷积之后的图像尺寸减小到 1，但是通道数增加为 120。将经过第 3 次卷积提取到的特征图输入到全连接层。第一个全连接层的输出神经元的个数是 64，第二个全连接层的输出神经元个数是分类标签的类别数，对于手写数字识别其大小是 10。然后使用 Softmax 激活函数即可计算出每个类别的预测概率。

提示：

卷积层的输出特征图如何当作全连接层的输入使用呢？

卷积层的输出数据格式是 $[N,C,H,W]$，在输入全连接层的时候，会自动将数据拉平，也就是对每个样本，自动将其转化为长度为 K 的向量。

其中 $K = C \times H \times W$，一个 mini-batch 的数据维度变成了 $N \times K$ 的二维向量。

---

1. LeNet 在手写数字识别上的应用

LeNet 网络的实现代码如下：

```python
# 导入需要的包
import paddle
import paddle.fluid as fluid
import numpy as np
from paddle.fluid.dygraph.nn import Conv2D, Pool2D, Linear

# 定义 LeNet 网络结构
class LeNet(fluid.dygraph.Layer):
    def __init__(self, num_classes=1):
        super(LeNet, self).__init__()

        # 创建卷积和池化层块，每个卷积层使用 Sigmoid 激活函数，后面跟着一个 2×2 的池化
        self.conv1 = Conv2D(num_channels=1, num_filters=6, filter_size=5, act='sigmoid')
        self.pool1 = Pool2D(pool_size=2, pool_stride=2, pool_type='max')
        self.conv2 = Conv2D(num_channels=6, num_filters=16, filter_size=5, act='sigmoid')
        self.pool2 = Pool2D(pool_size=2, pool_stride=2, pool_type='max')
        # 创建第 3 个卷积层
        self.conv3 = Conv2D(num_channels=16, num_filters=120, filter_size=4, act='sigmoid')
        # 创建全连接层，第一个全连接层的输出神经元个数为 64，第二个全连接层输出神经元个数为分类标签的类别数
        self.fc1 = Linear(input_dim=120, output_dim=64, act='sigmoid')
        self.fc2 = Linear(input_dim=64, output_dim=num_classes)
    # 网络的前向计算过程
    def forward(self, x):
        x = self.conv1(x)
        x = self.pool1(x)
        x = self.conv2(x)
        x = self.pool2(x)
        x = self.conv3(x)
        x = fluid.layers.reshape(x, [x.shape[0], -1])
        x = self.fc1(x)
        x = self.fc2(x)
        return x
```

使用随机数作为输入，查看经过 LeNet-5 的每一层作用之后输出数据的形状。

```python
# 输入数据形状是 [N, 1, H, W]
# 这里用 np.random 创建一个随机数组作为输入数据
x = np.random.randn(*[3,1,28,28])
x = x.astype('float32')
with fluid.dygraph.guard():
    # 创建 LeNet 类的实例，指定模型名称和分类的类别数目
    m = LeNet(num_classes=10)
```

```
      # 通过调用 LeNet 从基类继承的 sublayers()函数,
      # 查看 LeNet 中所包含的子层
      print(m.sublayers())
      x = fluid.dygraph.to_variable(x)
      for item in m.sublayers():
          # item 是 LeNet 类中的一个子层
          # 查看经过子层之后的输出数据形状
          try:
              x = item(x)
          except:
              x = fluid.layers.reshape(x, [x.shape[0], -1])
              x = item(x)
          if len(item.parameters()) == 2:
              # 查看卷积和全连接层的数据和参数的形状,
              # 其中 item.parameters()[0]是权重参数 w, item.parameters()[1]是偏置参数 b
              print(item.full_name(), x.shape, item.parameters()[0].shape, item.parameters()
[1].shape)
          else:
              # 池化层没有参数
              print(item.full_name(), x.shape)
```

在 LeNet 上完成手写数字的识别。

```
import os
import random
import paddle
import paddle.fluid as fluid
import numpy as np

# 定义训练过程
def train(model):
    print('start training ... ')
    model.train()
    epoch_num = 5
    opt = fluid.optimizer.Momentum(learning_rate = 0.001, momentum = 0.9, parameter_list =
model.parameters())
    # 使用 Paddle 自带的数据读取器
    train_loader = paddle.batch(paddle.dataset.mnist.train(), batch_size = 10)
    valid_loader = paddle.batch(paddle.dataset.mnist.test(), batch_size = 10)
    for epoch in range(epoch_num):
        for batch_id, data in enumerate(train_loader()):
            # 调整输入数据形状和类型
            x_data = np.array([item[0] for item in data], dtype = 'float32').reshape(-1, 1,
28, 28)
            y_data = np.array([item[1] for item in data], dtype = 'int64').reshape(-1, 1)
            # 将 numpy.ndarray 转化成 Tensor
            img = fluid.dygraph.to_variable(x_data)
            label = fluid.dygraph.to_variable(y_data)
            # 计算模型输出
            logits = model(img)
            # 计算损失函数
            loss = fluid.layers.softmax_with_cross_entropy(logits, label)
```

```
            avg_loss = fluid.layers.mean(loss)
            if batch_id % 1000 == 0:
                print("epoch: {}, batch_id: {}, loss is: {}".format(epoch, batch_id, avg_
loss.numpy()))
            avg_loss.backward()
            opt.minimize(avg_loss)
            model.clear_gradients()

    model.eval()
    accuracies = []
    losses = []
    for batch_id, data in enumerate(valid_loader()):
        # 调整输入数据形状和类型
        x_data = np.array([item[0] for item in data], dtype = 'float32').reshape(-1, 1,
28, 28)
        y_data = np.array([item[1] for item in data], dtype = 'int64').reshape(-1, 1)
        # 将 numpy.ndarray 转化成 Tensor
        img = fluid.dygraph.to_variable(x_data)
        label = fluid.dygraph.to_variable(y_data)
        # 计算模型输出
        logits = model(img)
        pred = fluid.layers.softmax(logits)
        # 计算损失函数
        loss = fluid.layers.softmax_with_cross_entropy(logits, label)
        acc = fluid.layers.accuracy(pred, label)
        accuracies.append(acc.numpy())
        losses.append(loss.numpy())
    print("[validation] accuracy/loss: {}/{}".format(np.mean(accuracies), np.mean
(losses)))
    model.train()

    # 保存模型参数
    fluid.save_dygraph(model.state_dict(), 'mnist')

if __name__ == '__main__':
    # 创建模型
    with fluid.dygraph.guard():
        model = LeNet(num_classes = 10)
        # 启动训练过程
        train(model)
```

通过运行结果可以看出,LeNet 在手写数字识别 MNIST 验证数据集上的准确率高达 92% 以上。那么对于其他数据集效果如何呢? 我们通过眼疾识别数据集 iChallenge-PM 验证一下。

2. LeNet 在眼疾识别上的应用

眼疾识别数据集 iChallenge-PM 是百度大脑和中山大学中山眼科中心联合举办的 iChallenge 比赛中,提供的关于病理性近视(Pathologic Myopia,PM)的医疗类数据集,包含 1200 个受试者的眼底视网膜图片,训练、验证和测试数据集各 400 张。下面我们详细介绍 LeNet 在 iChallenge-PM 上的训练过程。

说明：

如今近视已经成为困扰人们健康的一项全球性负担，在近视人群中，有超过 35% 的人患有重度近视。近视将会导致眼睛的光轴被拉长，有可能引起视网膜或者络网膜的病变。随着近视度数的不断加深，高度近视有可能引发病理性病变，这将会导致以下几种症状：视网膜或者络网膜发生退化、视盘区域萎缩、漆裂样纹损害、Fuchs 斑等。因此，及早发现近视患者眼睛的病变并采取治疗，显得非常重要。

1）数据集准备

说明：

请读者在本书的配套教程"零基础实践深度学习课程—图像分类"章节中获取 iChallenge-PM 数据集。

./data/data19065 目录包括如下三个文件，代码解压缩后存放在 ./work/palm 目录下。

- training.zip：包含训练中的图片和标签。
- validation.zip：包含验证集的图片。
- valid_gt.zip：包含验证集的标签。

```
# 初次运行时删除注释，以便解压文件
# 如果已经解压，则不需要运行此段代码，否则文件已经存在解压会报错

# !unzip - o - q - d /home/aistudio/work/palm /home/aistudio/data/data19065/training.zip
# %cd /home/aistudio/work/palm/PALM - Training400/
# !unzip - o - q PALM - Training400.zip
# !unzip - o - q - d /home/aistudio/work/palm /home/aistudio/data/data19065/validation.zip
# !unzip - o - q - d /home/aistudio/work/palm /home/aistudio/data/data19065/valid_gt.zip
```

注意：

valid_gt.zip 文件解压缩之后，需要将 ./work/palm/PALM-Validation-GT/ 目录下的 PM_Label_and_Fovea_Location.xlsx 文件转存成 csv 格式，在 AI Studio 本节代码示例中已经将文件转成 labels.csv 格式，无需读者操作。

2）查看数据集图片

iChallenge-PM 中既有病理性近视患者的眼底图片，也有非病理性近视患者的图片，命名规则如下：

（1）病理性近视（PM）：文件名以 P 开头。

（2）非病理性近视（non-PM）：

- 高度近视（high myopia）：文件名以 H 开头。
- 正常眼睛（normal）：文件名以 N 开头。

我们将病理性患者的图片作为正样本，标签为 1；非病理性患者的图片作为负样本，标签为 0。从数据集中选取两张图片，通过 LeNet 提取特征，构建分类器，对正负样本进行分

类,并将图片显示出来(见图 3.22)。代码如下所示:

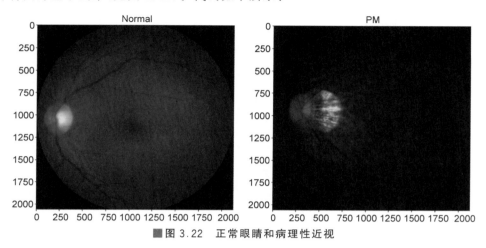

■图 3.22 正常眼睛和病理性近视

```
import os
import numpy as np
import matplotlib.pyplot as plt
% matplotlib inline
from PIL import Image

DATADIR = '/home/aistudio/work/palm/PALM-Training400/PALM-Training400'
# 文件名以 N 开头的是正常眼底图片,以 P 开头的是病变眼底图片
file1 = 'N0012.jpg'
file2 = 'P0095.jpg'

# 读取图片
img1 = Image.open(os.path.join(DATADIR, file1))
img1 = np.array(img1)
img2 = Image.open(os.path.join(DATADIR, file2))
img2 = np.array(img2)

# 画出读取的图片
plt.figure(figsize=(16, 8))
f = plt.subplot(121)
f.set_title('Normal', fontsize=20)
plt.imshow(img1)
f = plt.subplot(122)
f.set_title('PM', fontsize=20)
plt.imshow(img2)
plt.show()

# 查看图片形状
img1.shape, img2.shape
```

((2056, 2124, 3), (2056, 2124, 3))

3) 定义数据读取器

使用 OpenCV 从磁盘读入图片,将每张图缩放到 224×224 大小,并且将像素值调整到 [−1,1]上,代码如下所示:

```
import cv2
import random
import numpy as np

# 对读入的图像数据进行预处理
def transform_img(img):
    # 将图片尺寸缩放到 224×224
    img = cv2.resize(img, (224, 224))
    # 读入的图像数据格式是[H, W, C]
    # 使用转置操作将其变成[C, H, W]
    img = np.transpose(img, (2,0,1))
    img = img.astype('float32')
    # 将数据范围调整到[-1.0, 1.0]之间
    img = img / 255.
    img = img * 2.0 - 1.0
    return img
```

读取训练数据。

```
# 定义训练集数据读取器
def data_loader(datadir, batch_size = 10, mode = 'train'):
    # 将 datadir 目录下的文件列出来,每条文件都要读入
    filenames = os.listdir(datadir)
    def reader():
        if mode == 'train':
            # 训练时随机打乱数据顺序
            random.shuffle(filenames)
        batch_imgs = []
        batch_labels = []
        for name in filenames:
            filepath = os.path.join(datadir, name)
            img = cv2.imread(filepath)
            img = transform_img(img)
            if name[0] == 'H' or name[0] == 'N':
                # H开头的文件名表示高度近视,N开头的文件名表示正常视力
                # 高度近视和正常视力的样本,都不是病理性的,属于负样本,标签为0
                label = 0
            elif name[0] == 'P':
                # P开头的是病理性近视,属于正样本,标签为1
                label = 1
            else:
                raise('Not excepted file name')
            # 每读取一个样本的数据,就将其放入数据列表中
            batch_imgs.append(img)
            batch_labels.append(label)
            if len(batch_imgs) == batch_size:
                # 当数据列表的长度等于 batch_size 的时候,
                # 把这些数据当作一个 mini-batch,并作为数据生成器的一个输出
                imgs_array = np.array(batch_imgs).astype('float32')
                labels_array = np.array(batch_labels).astype('float32').reshape(-1, 1)
                yield imgs_array, labels_array
                batch_imgs = []
```

```
                    batch_labels = []

        if len(batch_imgs) > 0:
            # 剩余样本数目不足一个 batch_size 的数据,一起打包成一个 mini-batch
            imgs_array = np.array(batch_imgs).astype('float32')
            labels_array = np.array(batch_labels).astype('float32').reshape(-1, 1)
            yield imgs_array, labels_array

    return reader
```

读取验证集数据。

```
# 定义验证集数据读取器
def valid_data_loader(datadir, csvfile, batch_size=10, mode='valid'):
    # 训练集读取时通过文件名来确定样本标签,验证集则通过 csvfile 来读取每个图片对应的
标签
    # 请查看解压后的验证集标签数据,观察 csvfile 文件里面所包含的内容
    # csvfile 文件所包含的内容格式如下,每一行代表一个样本,
    # 其中第一列是图片 id,第二列是文件名,第三列是图片标签,
    # 第四列和第五列是 Fovea 的坐标,与分类任务无关
    # ID, imgName, Label, Fovea_X, Fovea_Y
    # 1, V0001.jpg, 0, 1157.74, 1019.87
    # 2, V0002.jpg, 1, 1285.82, 1080.47
    # 打开包含验证集标签的 csvfile,并读入其中的内容
    filelists = open(csvfile).readlines()
    def reader():
        batch_imgs = []
        batch_labels = []
        for line in filelists[1:]:
            line = line.strip().split(',')
            name = line[1]
            label = int(line[2])
            # 根据图片文件名加载图片,并对图像数据作预处理
            filepath = os.path.join(datadir, name)
            img = cv2.imread(filepath)
            img = transform_img(img)
            # 每读取一个样本的数据,就将其放入数据列表中
            batch_imgs.append(img)
            batch_labels.append(label)
            if len(batch_imgs) == batch_size:
                # 当数据列表的长度等于 batch_size 的时候,
                # 把这些数据当作一个 mini-batch,并作为数据生成器的一个输出
                imgs_array = np.array(batch_imgs).astype('float32')
                labels_array = np.array(batch_labels).astype('float32').reshape(-1, 1)
                yield imgs_array, labels_array
                batch_imgs = []
                batch_labels = []

        if len(batch_imgs) > 0:
            # 剩余样本数目不足一个 batch_size 的数据,一起打包成一个 mini-batch
            imgs_array = np.array(batch_imgs).astype('float32')
            labels_array = np.array(batch_labels).astype('float32').reshape(-1, 1)
```

```
            yield imgs_array, labels_array

    return reader
```

查看数据形状。

```
DATADIR = '/home/aistudio/work/palm/PALM - Training400/PALM - Training400'
train_loader = data_loader(DATADIR,
                           batch_size = 10, mode = 'train')
data_reader = train_loader()
data = next(data_reader)
data[0].shape, data[1].shape
```

```
((10, 3, 224, 224), (10, 1))
```

4）启动训练

加载相关类库。

```
# LeNet 识别眼疾图片
import os
import random
import paddle
import paddle.fluid as fluid
import numpy as np

DATADIR = '/home/aistudio/work/palm/PALM - Training400/PALM - Training400'
DATADIR2 = '/home/aistudio/work/palm/PALM - Validation400'
CSVFILE = '/home/aistudio/work/palm/PALM - Validation - GT/labels.csv'
```

定义训练过程。

```
def train(model):
    with fluid.dygraph.guard():
        print('start training ... ')
        model.train()
        epoch_num = 5
        # 定义优化器
        opt = fluid.optimizer.Momentum(learning_rate = 0.001, momentum = 0.9, parameter_
list = model.parameters())
        # 定义数据读取器,训练数据读取器和验证数据读取器
        train_loader = data_loader(DATADIR, batch_size = 10, mode = 'train')
        valid_loader = valid_data_loader(DATADIR2, CSVFILE)
        for epoch in range(epoch_num):
            for batch_id, data in enumerate(train_loader()):
                x_data, y_data = data
                img = fluid.dygraph.to_variable(x_data)
                label = fluid.dygraph.to_variable(y_data)
                # 运行模型前向计算,得到预测值
                logits = model(img)
                # 进行 loss 计算
                loss = fluid.layers.sigmoid_cross_entropy_with_logits(logits, label)
```

```
                avg_loss = fluid.layers.mean(loss)

                if batch_id % 10 == 0:
                    print("epoch: {}, batch_id: {}, loss is: {}".format(epoch, batch_id,
avg_loss.numpy())))
                # 反向传播,更新权重,清除梯度
                avg_loss.backward()
                opt.minimize(avg_loss)
                model.clear_gradients()

            model.eval()
            accuracies = []
            losses = []
            for batch_id, data in enumerate(valid_loader()):
                x_data, y_data = data
                img = fluid.dygraph.to_variable(x_data)
                label = fluid.dygraph.to_variable(y_data)
                # 运行模型前向计算,得到预测值
                logits = model(img)
                # 二分类,sigmoid 计算后的结果以 0.5 为阈值分两个类别
                # 计算 sigmoid 后的预测概率,进行 loss 计算
                pred = fluid.layers.sigmoid(logits)
                loss = fluid.layers.sigmoid_cross_entropy_with_logits(logits, label)
                # 计算预测概率小于 0.5 的类别
                pred2 = pred * (-1.0) + 1.0
                # 得到两个类别的预测概率,并沿第一个维度级联
                pred = fluid.layers.concat([pred2, pred], axis=1)
                acc = fluid.layers.accuracy(pred, fluid.layers.cast(label, dtype='int64'))
                accuracies.append(acc.numpy())
                losses.append(loss.numpy())
            print("[validation] accuracy/loss: {}/{}".format(np.mean(accuracies), np.mean
(losses)))
            model.train()

        # save params of model
        fluid.save_dygraph(model.state_dict(), 'mnist')
        # save optimizer state
        fluid.save_dygraph(opt.state_dict(), 'mnist')
```

定义评估过程。

```
def evaluation(model, params_file_path):
    with fluid.dygraph.guard():
        print('start evaluation .......')
        #加载模型参数
        model_state_dict, _ = fluid.load_dygraph(params_file_path)
        model.load_dict(model_state_dict)

        model.eval()
        eval_loader = data_loader(DATADIR,
                        batch_size=10 , mode='eval')
```

```
        acc_set = []
        avg_loss_set = []
        for batch_id, data in enumerate(eval_loader()):
            x_data, y_data = data
            img = fluid.dygraph.to_variable(x_data)
            label = fluid.dygraph.to_variable(y_data)
            y_data = y_data.astype(np.int64)
            label_64 = fluid.dygraph.to_variable(y_data)
            # 计算预测和精度
            prediction, acc = model(img, label)
            # 计算损失函数值
            loss = fluid.layers.cross_entropy(input=prediction, label=label)
            avg_loss = fluid.layers.mean(loss)
            acc_set.append(float(acc.numpy()))
            avg_loss_set.append(float(avg_loss.numpy()))
        # 求平均精度
        acc_val_mean = np.array(acc_set).mean()
        avg_loss_val_mean = np.array(avg_loss_set).mean()

        print('loss={}, acc={}'.format(avg_loss_val_mean, acc_val_mean))
```

网络训练。

```
import paddle
import paddle.fluid as fluid
import numpy as np
from paddle.fluid.dygraph.nn import Conv2D, Pool2D, Linear

# 定义 LeNet 网络结构
class LeNet(fluid.dygraph.Layer):
    def __init__(self, num_classes=1):
        super(LeNet, self).__init__()

        # 创建卷积和池化层块,每个卷积层使用 Sigmoid 激活函数,后面跟着一个 2×2 的池化
        self.conv1 = Conv2D(num_channels=3, num_filters=6, filter_size=5, act='sigmoid')
        self.pool1 = Pool2D(pool_size=2, pool_stride=2, pool_type='max')
        self.conv2 = Conv2D(num_channels=6, num_filters=16, filter_size=5, act='sigmoid')
        self.pool2 = Pool2D(pool_size=2, pool_stride=2, pool_type='max')
        # 创建第 3 个卷积层
        self.conv3 = Conv2D(num_channels=16, num_filters=120, filter_size=4, act='sigmoid')
        # 创建全连接层,第一个全连接层的输出神经元个数为 64,第二个全连接层的输出神经元个数为分类标签的类别数
        self.fc1 = Linear(input_dim=300000, output_dim=64, act='sigmoid')
        self.fc2 = Linear(input_dim=64, output_dim=num_classes)
    # 网络的前向计算过程
    def forward(self, x):
        x = self.conv1(x)
        x = self.pool1(x)
        x = self.conv2(x)
        x = self.pool2(x)
```

```
        x = self.conv3(x)
        x = fluid.layers.reshape(x, [x.shape[0], -1])
        x = self.fc1(x)
        x = self.fc2(x)
        return x

if __name__ == '__main__':
    # 创建模型
    with fluid.dygraph.guard():
        model = LeNet(num_classes = 1)

    train(model)
```

通过运行结果可以看出,在眼疾筛查数据集 iChallenge-PM 上,LeNet 的 loss 很难下降,模型没有收敛。这是因为 MNIST 数据集的图片尺寸比较小(28×28),但是眼疾筛查数据集图片尺寸比较大(原始图片尺寸约为 2000×2000,经过缩放之后变成 224×224,LeNet 模型很难进行有效分类。这说明在图片尺寸比较大时,LeNet 在图像分类任务上存在局限性。

3.3.3 AlexNet

通过上面的实际训练可以看到,虽然 LeNet 在手写数字识别数据集上取得了很好的结果,但在更大的数据集上表现却并不好。自从 1998 年 LeNet 问世以来,接下来十几年的时间里,神经网络并没有在计算机视觉领域取得很好的结果,反而一度被其他算法超越,原因主要有两方面,一是神经网络的计算比较复杂,对当时计算机的算力来说,训练神经网络是件非常耗时的事情;另一方面,当时还没有专门针对神经网络做算法和训练技巧的优化,神经网络的收敛是件非常困难的事情。

随着技术的进步和发展,计算机的算力越来越强大,尤其是在 GPU 并行计算能力的推动下,复杂神经网络的计算也变得更加容易实施。另一方面,互联网上涌现出越来越多的数据,极大地丰富了数据库。同时也有越来越多的研究人员开始专门针对神经网络做算法和模型的优化,Alex Krizhevsky 等人提出的 AlexNet 以很大优势获得了 2012 年 ImageNet 比赛的冠军。这一成果极大地激发了产业界对神经网络的兴趣,开创了使用深度神经网络解决图像问题的途径,随后也在这一领域涌现出越来越多的优秀成果。

AlexNet 与 LeNet 相比,具有更深的网络结构,包含 5 层卷积和 3 层全连接,同时使用了如下三种方法改进模型的训练过程:

(1)数据增强:深度学习中常用的一种处理方式,通过对训练随机加一些变化,比如平移、缩放、裁剪、旋转、翻转或者增减亮度等,产生一系列跟原始图片相似但又不完全相同的样本,从而扩大训练数据集。通过这种方式,可以随机改变训练样本,避免模型过度依赖于某些属性,能从一定程度上抑制过拟合。

(2)使用 Dropout 抑制过拟合。

(3)使用 ReLU 激活函数减少梯度消失现象。

AlexNet 的具体结构如图 3.23 所示。

AlexNet 在眼疾筛查数据集 iChallenge-PM 上具体实现的代码如下所示:

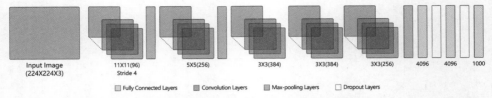

Input Image (224X224X3)　11X11(96) Stride 4　5X5(256)　3X3(384)　3X3(384)　3X3(256)　4096　4096　1000

▢ Fully Connected Layers ▢ Convolution Layers ▢ Max-pooling Layers ▢ Dropout Layers

■图 3.23　AlexNet 模型网络结构示意图

```python
import paddle
import paddle.fluid as fluid
import numpy as np
from paddle.fluid.dygraph.nn import Conv2D, Pool2D, Linear

# 定义 AlexNet 网络结构
class AlexNet(fluid.dygraph.Layer):
    def __init__(self, num_classes = 1):
        super(AlexNet, self).__init__()

        # AlexNet 与 LeNet 一样也会同时使用卷积和池化层提取图像特征
        # 与 LeNet 不同的是激活函数换成了 relu
        self.conv1 = Conv2D(num_channels = 3, num_filters = 96, filter_size = 11, stride = 4,
padding = 5, act = 'relu')
        self.pool1 = Pool2D(pool_size = 2, pool_stride = 2, pool_type = 'max')
        self.conv2 = Conv2D(num_channels = 96, num_filters = 256, filter_size = 5, stride =
1, padding = 2, act = 'relu')
        self.pool2 = Pool2D(pool_size = 2, pool_stride = 2, pool_type = 'max')
        self.conv3 = Conv2D(num_channels = 256, num_filters = 384, filter_size = 3, stride =
1, padding = 1, act = 'relu')
        self.conv4 = Conv2D(num_channels = 384, num_filters = 384, filter_size = 3, stride =
1, padding = 1, act = 'relu')
        self.conv5 = Conv2D(num_channels = 384, num_filters = 256, filter_size = 3, stride =
1, padding = 1, act = 'relu')
        self.pool5 = Pool2D(pool_size = 2, pool_stride = 2, pool_type = 'max')

        self.fc1 = Linear(input_dim = 12544, output_dim = 4096, act = 'relu')
        self.drop_ratio1 = 0.5
        self.fc2 = Linear(input_dim = 4096, output_dim = 4096, act = 'relu')
        self.drop_ratio2 = 0.5
        self.fc3 = Linear(input_dim = 4096, output_dim = num_classes)

    def forward(self, x):
        x = self.conv1(x)
        x = self.pool1(x)
        x = self.conv2(x)
        x = self.pool2(x)
        x = self.conv3(x)
        x = self.conv4(x)
        x = self.conv5(x)
        x = self.pool5(x)
        x = fluid.layers.reshape(x, [x.shape[0], -1])
        x = self.fc1(x)
        # 在全连接之后使用 dropout 抑制过拟合
```

```
x = fluid.layers.dropout(x, self.drop_ratio1)
x = self.fc2(x)
# 在全连接之后使用 dropout 抑制过拟合
x = fluid.layers.dropout(x, self.drop_ratio2)
x = self.fc3(x)
return x
```

启动模型训练。

```
with fluid.dygraph.guard():
    model = AlexNet()

train(model)
```

通过运行结果可以发现,在眼疾筛查数据集 iChallenge-PM 上使用 AlexNet,loss 能有效下降,经过 5 个 Epoch 的训练,在验证集上的准确率可以达到 94% 左右。

3.3.4 VGG

VGG 是当前最流行的 CNN 模型之一,2014 年由 Simonyan 和 Zisserman 提出,其命名来源于论文作者所在的实验室 Visual Geometry Group。AlexNet 模型通过构造多层网络,取得了较好的效果,但是并没有给出深度神经网络设计的方向。VGG 通过使用一系列大小为 3×3 的小尺寸卷积核和池化层构造深度卷积神经网络,并取得了较好的效果。VGG 模型因为结构简单、应用性极强而广受研究者欢迎,尤其是它的网络结构设计方法,为构建深度神经网络提供了方向。

如图 3.24 所示,是 VGG-16 的网络结构示意图,有 13 层卷积和 3 层全连接层。VGG 网络的设计严格使用 3×3 的卷积层和池化层来提取特征,并在网络的最后面使用三层全连接层,将最后一层全连接层的输出作为分类的预测。在 VGG 中每层卷积将使用 ReLU 作为激活函数,在全连接层之后添加 dropout 来抑制过拟合。使用小的卷积核能够有效地减少参数的个数,使得训练和测试变得更加有效。比如使用两层 3×3 卷积层,可以得到感受野为 5 的特征图,而比使用 5×5 的卷积层需要更少的参数。由于卷积核比较小,可以堆叠更多的卷积层,加深网络的深度,这对于图像分类任务来说是有利的。VGG 模型的成功证明了增加网络的深度,可以更好地学习图像中的特征模式。

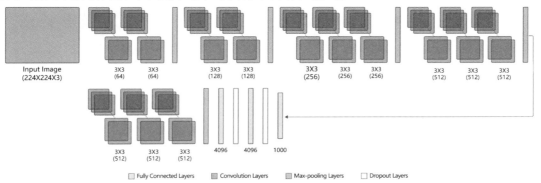

■图 3.24 VGG 模型网络结构示意图

VGG 在眼疾识别数据集 iChallenge-PM 上的具体实现如下代码所示:

```python
import numpy as np
import paddle
import paddle.fluid as fluid
from paddle.fluid.dygraph.nn import Conv2D, Pool2D, BatchNorm, Linear
from paddle.fluid.dygraph.base import to_variable

# 定义 vgg 块,包含多层卷积和 1 层 2×2 的最大池化层
class vgg_block(fluid.dygraph.Layer):
    def __init__(self, num_convs, in_channels, out_channels):
        """
        num_convs, 卷积层的数目
        num_channels, 卷积层的输出通道数,在同一个 Inception 块内,卷积层输出通道数是一样的
        """
        super(vgg_block, self).__init__()
        self.conv_list = []
        for i in range(num_convs):
            conv_layer = self.add_sublayer('conv_' + str(i), Conv2D(num_channels = in_
channels, num_filters = out_channels, filter_size = 3, padding = 1, act = 'relu'))
            self.conv_list.append(conv_layer)
            in_channels = out_channels
        self.pool = Pool2D(pool_stride = 2, pool_size = 2, pool_type = 'max')
    def forward(self, x):
        for item in self.conv_list:
            x = item(x)
        return self.pool(x)

class VGG(fluid.dygraph.Layer):
    def __init__(self, conv_arch = ((2, 64),
                                    (2, 128), (3, 256), (3, 512), (3, 512))):
        super(VGG, self).__init__()
        self.vgg_blocks = []
        iter_id = 0
        # 添加 vgg_block
        # 这里一共 5 个 vgg_block,每个 block 里面的卷积层数目和输出通道数由 conv_arch 指定
        in_channels = [3, 64, 128, 256, 512, 512]
        for (num_convs, num_channels) in conv_arch:
            block = self.add_sublayer('block_' + str(iter_id),
                    vgg_block(num_convs, in_channels = in_channels[iter_id],
                              out_channels = num_channels))
            self.vgg_blocks.append(block)
            iter_id += 1
        self.fc1 = Linear(input_dim = 512 * 7 * 7, output_dim = 4096,
                          act = 'relu')
        self.drop1_ratio = 0.5
        self.fc2 = Linear(input_dim = 4096, output_dim = 4096,
                          act = 'relu')
        self.drop2_ratio = 0.5
        self.fc3 = Linear(input_dim = 4096, output_dim = 1)

    def forward(self, x):
        for item in self.vgg_blocks:
            x = item(x)
        x = fluid.layers.reshape(x, [x.shape[0], -1])
        x = fluid.layers.dropout(self.fc1(x), self.drop1_ratio)
        x = fluid.layers.dropout(self.fc2(x), self.drop2_ratio)
```

```
        x = self.fc3(x)
        return x

with fluid.dygraph.guard():
    model = VGG()

train(model)
```

通过运行结果可以发现,在眼疾筛查数据集 iChallenge-PM 上使用 VGG,loss 能有效的下降,经过 5 个 epoch 的训练,在验证集上的准确率可以达到 94% 左右。

3.3.5 GoogLeNet

GoogLeNet 是 2014 年 ImageNet 比赛的冠军,它的主要特点是网络不仅有深度,还在横向上具有"宽度"。由于图像信息在空间尺寸上的巨大差异,如何选择合适的卷积核大小来提取特征就显得比较困难了。空间分布范围更广的图像信息适合用较大的卷积核来提取其特征,而空间分布范围较小的图像信息则适合用较小的卷积核来提取其特征。为了解决这个问题,GoogLeNet 提出了一种被称为 Inception 模块的方案,如图 3.25 所示。

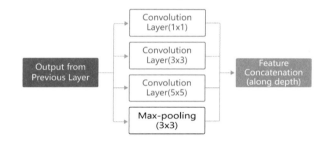

(a)Basic Inception Module Concept

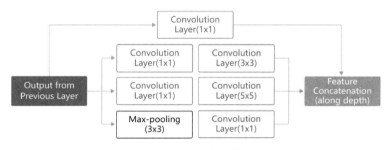

(b)Inception Module with Dimension Reductions

■图 3.25　Inception 模块结构示意图

说明:

- Google 的研究人员为了向 LeNet 致敬,特地将模型命名为 GoogLeNet。
- Inception 一词来源于电影《盗梦空间》(Inception)。

图 3.25(a)是 Inception 模块的设计思想,使用 3 个不同大小的卷积核对输入图片进行卷积操作,并附加最大池化,将这 4 个操作的输出沿着通道这一维度进行拼接,构成的输出

特征图将会包含经过不同大小的卷积核提取出来的特征。Inception 模块采用多通路 (multi-path)的设计形式,每个支路使用不同大小的卷积核,最终输出特征图的通道数是每个支路输出通道数的总和,这将会导致输出通道数变得很大,尤其是使用多个 Inception 模块串联操作的时候,模型参数量会变得非常巨大。为了减小参数量,Inception 模块使用了图 3.25(b)中的设计方式,在每个 3×3 和 5×5 的卷积层之前,增加 1×1 的卷积层来控制输出通道数;在最大池化层后面增加 1×1 卷积层减小输出通道数。基于这一设计思想,形成了图 3.25(b)中所示的结构。下面这段程序是 Inception 块的具体实现方式,可以对照图 3.25(b)和代码一起阅读。

提示:

可能有读者会问,经过 3×3 的最大池化之后图像尺寸不会减小吗,为什么还能跟另外 3 个卷积输出的特征图进行拼接? 这是因为池化操作可以指定窗口大小 $k_h = k_w = 3$,pool_stride=1 和 pool_padding=1,输出特征图尺寸可以保持不变。

Inception 模块的具体实现如以下代码所示:

```python
class Inception(fluid.dygraph.Layer):
    def __init__(self, c1, c2, c3, c4, **kwargs):
        '''
        Inception 模块的实现代码,
        c1,图 3.25(b)中第一条支路 1×1 卷积的输出通道数,数据类型是整数
        c2,图 3.25(b)中第二条支路卷积的输出通道数,数据类型是 tuple 或 list,
            其中 c2[0]是 1×1 卷积的输出通道数,c2[1]是 3×3
        c3,图 3.25(b)中第三条支路卷积的输出通道数,数据类型是 tuple 或 list,
            其中 c3[0]是 1×1 卷积的输出通道数,c3[1]是 3×3
        c4,图 3.25(b)中第一条支路 1×1 卷积的输出通道数,数据类型是整数
        '''
        super(Inception, self).__init__()
        # 依次创建 Inception 块每条支路上使用到的操作
        self.p1_1 = Conv2D(num_filters = c1,
                           filter_size = 1, act = 'relu')
        self.p2_1 = Conv2D(num_filters = c2[0],
                           filter_size = 1, act = 'relu')
        self.p2_2 = Conv2D(num_filters = c2[1],
                           filter_size = 3, padding = 1, act = 'relu')
        self.p3_1 = Conv2D(num_filters = c3[0],
                           filter_size = 1, act = 'relu')
        self.p3_2 = Conv2D(num_filters = c3[1],
                           filter_size = 5, padding = 2, act = 'relu')
        self.p4_1 = Pool2D(pool_size = 3,
                           pool_stride = 1,   pool_padding = 1,
                           pool_type = 'max')
        self.p4_2 = Conv2D(num_filters = c4,
                           filter_size = 1, act = 'relu')

    def forward(self, x):
        # 支路 1 只包含一个 1×1 卷积
        p1 = self.p1_1(x)
        # 支路 2 包含 1×1 卷积 + 3×3 卷积
        p2 = self.p2_2(self.p2_1(x))
```

```
        # 支路 3 包含 1×1 卷积 + 5x5 卷积
        p3 = self.p3_2(self.p3_1(x))
        # 支路 4 包含 最大池化和 1×1 卷积
        p4 = self.p4_2(self.p4_1(x))
        # 将每个支路的输出特征图拼接在一起作为最终的输出结果
        return fluid.layers.concat([p1, p2, p3, p4], axis = 1)
```

GoogLeNet 的架构如图 3.21 所示,在主体卷积部分中使用 5 个模块(block),每个模块之间使用步幅为 2 的 3×3 最大池化层来减小输出高宽。

(1) 第一模块使用一个 64 通道的 7×7 卷积层。

(2) 第二模块使用 2 个卷积层:首先是 64 通道的 1×1 卷积层,然后是将通道增大 3 倍的 3×3 卷积层。

(3) 第三模块串联 2 个完整的 Inception 块。

(4) 第四模块串联了 5 个 Inception 块。

(5) 第五模块串联了 2 个 Inception 块。

(6) 第六模块的前面紧跟输出层,使用全局平均池化层来将每个通道的高和宽变成 1,最后接上一个输出个数为标签类别数的全连接层。

说明:

本书在原作者的论文中添加了图 3.26 所示的 Softmax1 和 Softmax2 两个辅助分类器,如图 3.26 所示,训练时将三个分类器的损失函数进行加权求和,以缓解梯度消失现象。这里的程序作了简化,没有加入辅助分类器。

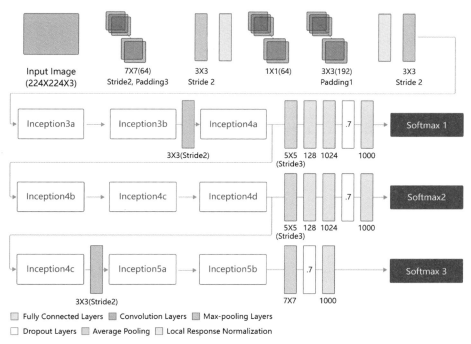

■ 图 3.26 GoogLeNet 模型网络结构示意图

GoogLeNet 的具体实现如下代码所示：

```python
import numpy as np
import paddle
import paddle.fluid as fluid
from paddle.fluid.layer_helper import LayerHelper
from paddle.fluid.dygraph.nn import Conv2D, Pool2D, BatchNorm, Linear
from paddle.fluid.dygraph.base import to_variable


class GoogLeNet(fluid.dygraph.Layer):
    def __init__(self):
        super(GoogLeNet, self).__init__()
        # GoogLeNet 包含五个模块，每个模块后面紧跟一个池化层
        # 第一个模块包含 1 个卷积层
        self.conv1 = Conv2D(num_channels = 3, num_filters = 64, filter_size = 7,
                            padding = 3, act = 'relu')
        # 3×3 最大池化
        self.pool1 = Pool2D(pool_size = 3, pool_stride = 2,
                            pool_padding = 1, pool_type = 'max')
        # 第二个模块包含 2 个卷积层
        self.conv2_1 = Conv2D(num_channels = 64, num_filters = 64,
                              filter_size = 1, act = 'relu')
        self.conv2_2 = Conv2D(num_channels = 64, num_filters = 192,
                              filter_size = 3, padding = 1, act = 'relu')
        # 3×3 最大池化
        self.pool2 = Pool2D(pool_size = 3, pool_stride = 2,
                            pool_padding = 1, pool_type = 'max')
        # 第三个模块包含 2 个 Inception 块
        self.block3_1 = Inception(192, 64, (96, 128), (16, 32), 32)
        self.block3_2 = Inception(256, 128, (128, 192), (32, 96), 64)
        # 3×3 最大池化
        self.pool3 = Pool2D(pool_size = 3, pool_stride = 2,
                            pool_padding = 1, pool_type = 'max')
        # 第四个模块包含 5 个 Inception 块
        self.block4_1 = Inception(480, 192, (96, 208), (16, 48), 64)
        self.block4_2 = Inception(512, 160, (112, 224), (24, 64), 64)
        self.block4_3 = Inception(512, 128, (128, 256), (24, 64), 64)
        self.block4_4 = Inception(512, 112, (144, 288), (32, 64), 64)
        self.block4_5 = Inception(528, 256, (160, 320), (32, 128), 128)
        # 3×3 最大池化
        self.pool4 = Pool2D(pool_size = 3, pool_stride = 2,
                            pool_padding = 1, pool_type = 'max')
        # 第五个模块包含 2 个 Inception 块
        self.block5_1 = Inception(832, 256, (160, 320), (32, 128), 128)
        self.block5_2 = Inception(832, 384, (192, 384), (48, 128), 128)
        # 全局池化，尺寸用的是 global_pooling，pool_stride 不起作用
        self.pool5 = Pool2D(pool_stride = 1,
                            global_pooling = True, pool_type = 'avg')
        self.fc = Linear(input_dim = 1024, output_dim = 1, act = None)

    def forward(self, x):
        x = self.pool1(self.conv1(x))
        x = self.pool2(self.conv2_2(self.conv2_1(x)))
```

```
        x = self.pool3(self.block3_2(self.block3_1(x)))
        x = self.block4_3(self.block4_2(self.block4_1(x)))
        x = self.pool4(self.block4_5(self.block4_4(x)))
        x = self.pool5(self.block5_2(self.block5_1(x)))
        x = fluid.layers.reshape(x, [x.shape[0], -1])
        x = self.fc(x)
        return x


with fluid.dygraph.guard():
    model = GoogLeNet()

train(model)
```

通过运行结果可以发现,使用 GoogLeNet 在眼疾筛查数据集 iChallenge-PM 上,*Loss*能有效下降,经过 5 个 epoch 的训练,在验证集上的准确率可以达到 95% 左右。

3.3.6 ResNet

ResNet 是 2015 年 ImageNet 比赛的冠军,将识别错误率降低到了 3.6%,这个结果甚至超出了正常人眼识别的精度。

通过前面几个经典模型学习,我们可以发现随着深度学习的不断发展,模型的层数越来越多,网络结构也越来越复杂。那么是否加深网络结构,就一定会得到更好的效果呢? 从理论上来说,假设新增加的层都是恒等映射,只要原有的层学出跟原模型一样的参数,那么深模型结构就能达到原模型结构的效果。换句话说,原模型的解只是新模型的解的子空间,在新模型解的空间里应该能找到比原模型解对应的子空间更好的结果。但是实践表明,增加网络的层数之后,训练误差往往不降反升。

Kaiming He 等人提出了残差网络 ResNet 来解决上述问题,其基本思想如图 3.27 所示。

(1) 图 3.22(a):表示增加网络的时候,将 x 映射成 $y=F(x)$ 输出。

(2) 图 3.22(b):对图 3.27(a)作了改进,输出 $y=F(x)+x$。这时不是直接学习输出特征 y 的表示,而是学习 $y-x$。

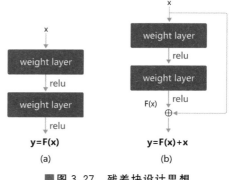

■ 图 3.27 残差块设计思想

- 如果想学习出原模型的表示,只需将 $F(x)$ 的参数全部设置为 0,则 $y=x$ 是恒等映射。

- $F(x)=y-x$ 也称作残差项,如果 $x \rightarrow y$ 的映射接近恒等映射,图 3.27(b)中通过学习残差项也比图 3.27(a)学习完整映射形式更加容易。

图 3.27(b)的结构是残差网络的基础,这种结构也叫作残差块(residual block)。输入 x 通过跨层连接,能更快地向前传播数据,或者向后传播梯度。残差块的具体设计方案如图 3.28 所示,这种设计方案也称作瓶颈结构(BottleNeck)。

如图 3.29 所示,表示出了 ResNet-50 的结构,一共包含 49 层卷积和 1 层全连接,所以被称为 ResNet-50。

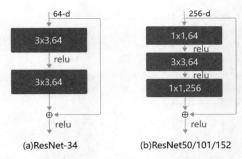

■图 3.28 残差块结构示意图

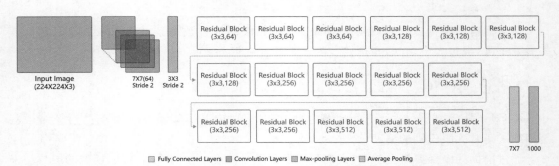

■图 3.29 ResNet-50 模型网络结构示意图

ResNet-50 的具体实现如下代码所示。

1. 定义卷积批归一化

```python
import numpy as np
import paddle
import paddle.fluid as fluid
from paddle.fluid.layer_helper import LayerHelper
from paddle.fluid.dygraph.nn import Conv2D, Pool2D, BatchNorm, Linear
from paddle.fluid.dygraph.base import to_variable


# ResNet 中使用了 BatchNorm 层,在卷积层的后面加上 BatchNorm 以提升数值稳定性
class ConvBNLayer(fluid.dygraph.Layer):
    def __init__(self,
                 num_channels,
                 num_filters,
                 filter_size,
                 stride = 1,
                 groups = 1,
                 act = None):
        """

        num_channels, 卷积层的输入通道数
        num_filters, 卷积层的输出通道数
        stride, 卷积层的步幅
        groups, 分组卷积的组数,默认 groups = 1 不使用分组卷积
        act, 激活函数类型,默认 act = None 不使用激活函数
        """

        super(ConvBNLayer, self).__init__()
```

```
        # 创建卷积层
        self._conv = Conv2D(
            num_channels = num_channels,
            num_filters = num_filters,
            filter_size = filter_size,
            stride = stride,
            padding = (filter_size - 1) // 2,
            groups = groups,
            act = None,
            bias_attr = False)

        # 创建 BatchNorm 层
        self._batch_norm = BatchNorm(num_filters, act = act)

    def forward(self, inputs):
        y = self._conv(inputs)
        y = self._batch_norm(y)
        return y
```

2. 定义残差块

```
# 每个残差块会对输入图片做三次卷积,然后跟输入图片进行短接
# 如果残差块中第三次卷积输出特征图的形状与输入不一致,则对输入图片做 1 × 1 卷积,将其输出
形状调整成一致
class BottleneckBlock(fluid.dygraph.Layer):
    def __init__(self,
                 num_channels,
                 num_filters,
                 stride,
                 shortcut = True):
        super(BottleneckBlock, self).__init__()
        # 创建第一个卷积层 1 × 1
        self.conv0 = ConvBNLayer(
            num_channels = num_channels,
            num_filters = num_filters,
            filter_size = 1,
            act = 'relu')
        # 创建第二个卷积层 3 × 3
        self.conv1 = ConvBNLayer(
            num_channels = num_filters,
            num_filters = num_filters,
            filter_size = 3,
            stride = stride,
            act = 'relu')
        # 创建第三个卷积 1 × 1,但输出通道数乘以 4
        self.conv2 = ConvBNLayer(
            num_channels = num_filters,
            num_filters = num_filters * 4,
            filter_size = 1,
            act = None)

        # 如果 conv2 的输出跟此残差块的输入数据形状一致,则 shortcut = True
```

```
         # 否则 shortcut = False,添加 1 个 1×1 的卷积作用在输入数据上,使其形状变成跟
conv2 一致
        if not shortcut:
            self.short = ConvBNLayer(
                num_channels = num_channels,
                num_filters = num_filters * 4,
                filter_size = 1,
                stride = stride)

        self.shortcut = shortcut

        self._num_channels_out = num_filters * 4

    def forward(self, inputs):
        y = self.conv0(inputs)
        conv1 = self.conv1(y)
        conv2 = self.conv2(conv1)

        # 如果 shortcut = True,直接将 inputs 跟 conv2 的输出相加
        # 否则需要对 inputs 进行一次卷积,将形状调整成跟 conv2 输出一致
        if self.shortcut:
            short = inputs
        else:
            short = self.short(inputs)

        y = fluid.layers.elementwise_add(x = short, y = conv2)
        layer_helper = LayerHelper(self.full_name(), act = 'relu')
        return layer_helper.append_activation(y)
```

3. 定义 ResNet 网络

```
class ResNet(fluid.dygraph.Layer):
    def __init__(self, layers = 50, class_dim = 1):
        """

        layers, 网络层数,可以是 50, 101 或者 152
        class_dim, 分类标签的类别数
        """
        super(ResNet, self).__init__()
        self.layers = layers
        supported_layers = [50, 101, 152]
        assert layers in supported_layers, \
            "supported layers are {} but input layer is {}".format(supported_layers, layers)

        if layers == 50:
            #ResNet50 包含多个模块,其中第 2 到第 5 个模块分别包含 3、4、6、3 个残差块
            depth = [3, 4, 6, 3]
        elif layers == 101:
            #ResNet101 包含多个模块,其中第 2 到第 5 个模块分别包含 3、4、23、3 个残差块
            depth = [3, 4, 23, 3]
        elif layers == 152:
            #ResNet152 包含多个模块,其中第 2 到第 5 个模块分别包含 3、8、36、3 个残差块
```

```
        depth = [3, 8, 36, 3]

    # 残差块中使用到的卷积的输出通道数
    num_filters = [64, 128, 256, 512]

    # ResNet 的第一个模块,包含 1 个 7×7 卷积,后面跟着 1 个最大池化层
    self.conv = ConvBNLayer(
        num_channels = 3,
        num_filters = 64,
        filter_size = 7,
        stride = 2,
        act = 'relu')
    self.pool2d_max = Pool2D(
        pool_size = 3,
        pool_stride = 2,
        pool_padding = 1,
        pool_type = 'max')

    # ResNet 的第二到第五个模块 c2、c3、c4、c5
    self.bottleneck_block_list = []
    num_channels = 64
    for block in range(len(depth)):
        shortcut = False
        for i in range(depth[block]):
            bottleneck_block = self.add_sublayer(
                'bb_% d_% d' % (block, i),
                BottleneckBlock(
                    num_channels = num_channels,
                    num_filters = num_filters[block],
                    stride = 2 if i == 0 and block != 0 else 1, # c3、c4、c5 将会在第一个
残差块使用 stride = 2; 其余所有残差块 stride = 1
                    shortcut = shortcut))
            num_channels = bottleneck_block. _num_channels_out
            self.bottleneck_block_list.append(bottleneck_block)
            shortcut = True

    # 在 c5 的输出特征图上使用全局池化
    self.pool2d_avg = Pool2D(pool_size = 7, pool_type = 'avg', global_pooling = True)

    # stdv 用来作为全连接层随机初始化参数的方差
    import math
    stdv = 1.0 / math.sqrt(2048 * 1.0)

    # 创建全连接层,输出大小为类别数目
    self.out = Linear(input_dim = 2048, output_dim = class_dim,
                    param_attr = fluid.param_attr.ParamAttr(
                        initializer = fluid.initializer.Uniform( – stdv, stdv)))

def forward(self, inputs):
    y = self.conv(inputs)
    y = self.pool2d_max(y)
    for bottleneck_block in self.bottleneck_block_list:
        y = bottleneck_block(y)
```

```
    y = self.pool2d_avg(y)
    y = fluid.layers.reshape(y, [y.shape[0], -1])
    y = self.out(y)
    return y
```

```
with fluid.dygraph.guard():
    model = ResNet()

train(model)
```

通过运行结果可以发现,使用 ResNet 在眼疾筛查数据集 iChallenge-PM 上,*Loss* 能有效下降,经过 5 个 Epoch 的训练,在验证集上的准确率可以达到 95％左右。

3.3.7　小结

在这一节里,给读者介绍了几种经典的图像分类模型,分别是 LeNet、AlexNet、VGG、GoogLeNet 和 ResNet,并将它们应用到眼疾筛查数据集上。除了 LeNet 不适合大尺寸的图像分类问题之外,其他几个模型在此数据集上损失函数都能显著下降,在验证集上的预测精度在 90％左右。如果读者有兴趣的话,可以进一步调整学习率和训练轮数等超参数,观察是否能够得到更高的精度。

3.3.8　作业

如果将 LeNet 中间层的激活函数 Sigmoid 换成 ReLU,在眼底筛查数据集上将会得到什么样的结果? Loss 是否能收敛,ReLU 和 Sigmoid 之间的区别是引起结果不同的原因吗?

作业提交方式

请读者扫描图书封底的二维码,在 AI Studio"零基础实践深度学习"课程中的"作业"节点下提交相关作业。

第4章　目标检测YOLOv3

4.1　目标检测基础概念

4.1.1　概述

对计算机而言,能够"看到"的是图像被编码之后的数字,但它很难理解高层语义概念,比如图像或者视频帧中出现的目标是人还是物体,更无法定位目标出现在图像中哪个区域。目标检测的主要目的是让计算机可以自动识别图片或者视频帧中所有目标的类别,并在该目标周围绘制边界框,标示出每个目标的位置,如图4.1所示。

(a) 分类:动物或者斑马　　　(b) 检测:准确检测出每匹斑马在图上出现的位置

■图4.1　图像分类和目标检测示意图

- 图 4.1(a)是图像分类任务,只需识别出这是一张斑马的图片。
- 图 4.1(b)是目标检测任务,不仅要识别出这是一张斑马的图片,还要标出图中斑马的位置。

4.1.2　目标检测发展历程

在上一章中我们学习了图像分类处理基本流程,先使用卷积神经网络提取图像特征,然后再用这些特征预测分类概率,根据训练样本标签建立起分类损失函数,开启端到端的训练,如图4.2所示。

但对于目标检测问题,按照图4.2的流程则行不通。因为在图像分

■图4.2　图像分类流程示意图

类任务中,对整张图提取特征的过程中没能体现出不同目标之间的区别,最终也就没法分别标示出每个物体所在的位置。

为了解决这个问题,结合图片分类任务取得的成功经验,我们可以将目标检测任务进行拆分。假设我们现在有某种方式可以在输入图片上生成一系列可能包含物体的区域,这些区域称为候选区域,在一张图上可以生成很多个候选区域。然后对每个候选区域,可以把它单独当成一幅图像来看待,使用图像分类模型对它进行分类,看它属于哪个类别或者背景(即不包含任何物体的类别)。

上一章我们学过如何解决图像分类任务,使用卷积神经网络对一幅图像进行分类不再是一件困难的事情。那么,现在问题的关键就是如何产生候选区域?比如我们可以使用穷举法来产生候选区域,如图4.3所示。

(a)　　　　　　　　　　(b)

■图4.3　候选区域

A为图像上的某个像素点,B为A右下方另外一个像素点,A、B两点可以确定一个矩形框,记作AB。

- 如图4.3(a)所示:A在图片左上角位置,B遍历除A之外的所有位置,生成矩形框 $A_1 B_1, \cdots, A_1 B_n, \cdots$
- 如图4.3(b)所示:A在图片中间某个位置,B遍历A右下方所有位置,生成矩形框 $A_k B_1, \cdots, A_k B_n, \cdots$

当A遍历图像上所有像素点,B则遍历它右下方所有的像素点,最终生成的矩形框集合{$A_i B_j$}将会包含图像上所有可以选择的区域。

只要我们对每个候选区域的分类足够的准确,则一定能找到跟实际物体足够接近的区域来。穷举法也许能得到正确的预测结果,但其计算量也是非常巨大的,其所生成的总的候选区域数目约为 $\frac{W^2 H^2}{4}$,假设 $H=W=100$,总数将会达到 2.5×10^7 个,如此多的候选区域使得这种方法几乎没有什么实用性。但是通过这种方式,我们可以看出,假设分类任务完成得足够完美,从理论上来讲检测任务也是可以解决的,亟待解决的问题是如何设计出合适的方法来产生候选区域。

科学家们开始思考,是否可以应用传统图像算法先产生候选区域,然后再用卷积神经网络对这些区域进行分类?

- 2013年,Ross Girshick等于首次将CNN的方法应用在目标检测任务上,他们使用传统图像算法selective search产生候选区域,取得了极大的成功,这就是对目标检测领域影响深远的区域卷积神经网络(R-CNN)模型。

- 2015年,Ross Girshick对此方法进行了改进,提出了Fast R-CNN模型。通过将不同区域的物体共用卷积层的计算,大大缩减了计算量,提高了处理速度,而且还引入了调整目标物体位置的回归方法,进一步提高了位置预测的准确性。

- 2015年,Shaoqing Ren等人提出了Faster R-CNN模型,提出了RPN的方法来产生物体的候选区域,这一方法里面不再需要使用传统的图像处理算法来产生候选区域,进一步提升了处理速度。

- 2017年,Kaiming He等人提出了Mask R-CNN模型,只需要在Faster R-CNN模型上添加比较少的计算量,就可以同时实现目标检测和物体实例分割两个任务。

以上都是基于R-CNN系列的著名模型,对目标检测方向的发展有着较大的影响力。此外,还有一些其他模型,比如SSD、YOLO(1,2,3)、R-FCN等也都是目标检测领域流行的模型结构。

R-CNN的系列算法分成两个阶段,先在图像上产生候选区域,再对候选区域进行分类并预测目标物体位置,它们通常被叫作两阶段检测算法。SSD和YOLO算法则只使用一个网络同时产生候选区域并预测出物体的类别和位置,所以它们通常被叫作单阶段检测算法。由于篇幅所限,本章将重点介绍YOLOv3算法,并用其完成林业病虫害检测任务,主要涵盖如下内容:

(1)图像检测基础概念:介绍与目标检测相关的基本概念,包括边界框、锚框和交并比等。

(2)目标检测数据处理:介绍数据集结构及数据预处理方法。

(3)目标检测YOLOv3:介绍算法原理,以及如何应用林业病虫害数据集进行模型训练和测试。

4.1.3　目标检测基础概念

在介绍目标检测算法之前,先介绍一些跟检测相关的基本概念,包括边界框、锚框和交并比等。

1. 边界框

检测任务需要同时预测物体的类别和位置,因此需要引入一些跟位置相关的概念。通常使用边界框(Bounding box,bbox)来表示物体的位置,边界框是正好能包含物体的矩形框,如图4.4所示,图中3个人分别对应3个边界框。

通常有两种格式来表示边界框的位置:

(1)$xyxy$,即x_1,y_1,x_2,y_2,其中(x_1,y_1)是矩形框左上角的坐标,(x_2,y_2)是矩形框右

下角的坐标。图 4.4 中 3 个红色矩形框用 $xyxy$ 格式表示如下：

左：$(40.93,141.1,226.99,515.73)$。

中：$(214.29,325.03,399.82,631.37)$。

右：$(247.2,131.62,480.0,639.32)$。

（2）$xywh$，即 (x,y,w,h)，其中 (x,y) 是矩形框中心点的坐标，w 是矩形框的宽度，h 是矩形框的高度。

在检测任务中，训练数据集的标签里会给出目标物体真实边界框所对应的 x_1,y_1,x_2,y_2，这样的边界框也被称为真实框（ground truth box），如图 4.4 所示，图中画出了 3 个人像所对应的真实框。模型会对目标物体可能出现的位置进行预测，由模型预测出的边界框则称为预测框（prediction box）。

■图 4.4　边界框

注意：

（1）在阅读代码时，请注意使用的是哪一种格式的表示方式。

（2）图片坐标的原点在左上角，x 轴向右为正方向，y 轴向下为正方向。

要完成一项检测任务，我们通常希望模型能够根据输入的图片，输出一些预测的边界框，以及边界框中所包含的物体的类别或者说属于某个类别的概率，例如这种格式：(L,P,x_1,y_1,x_2,y_2)，其中 L 是类别标签，P 是物体属于该类别的概率。一张输入图片可能会产生多个预测框，接下来让我们一起学习如何完成这样一项任务。

2. 锚框

锚框（Anchor box）与物体边界框不同，是由人们假想出来的一种框。先设定好锚框的大小和形状，再以图像上某一个点为中心画出矩形框。在图 4.5 中，以像素点 $[300,500]$ 为中心可以使用下面的程序生成 3 个框，如图 4.5 中蓝色框所示，其中锚框 A1 跟人像区域非常接近。

```
# 画图展示如何绘制边界框和锚框
import numpy as np
import matplotlib.pyplot as plt
import matplotlib.patches as patches
from matplotlib.image import imread
import math
```

定义画矩形框的程序。

```
def draw_rectangle(currentAxis, bbox, edgecolor = 'k', facecolor = 'y', fill = False,
linestyle = '-'):
    # currentAxis,坐标轴,通过 plt.gca()获取
```

```
# bbox,边界框,包含四个数值的list,[x1, y1, x2, y2]
# edgecolor,边框线条颜色
# facecolor,填充颜色
# fill, 是否填充
# linestype,边框线型
# patches.Rectangle 需要传入左上角坐标、矩形区域的宽度、高度等参数
rect = patches.Rectangle((bbox[0], bbox[1]), bbox[2] - bbox[0] + 1, bbox[3] - bbox[1] + 1,
linewidth = 1, edgecolor = edgecolor, facecolor = facecolor, fill = fill, linestyle = linestyle)
    currentAxis.add_patch(rect)
```

绘制图上的三个矩形框。

```
plt.figure(figsize = (10, 10))
filename = '/home/aistudio/work/images/section3/000000086956.jpg'
im = imread(filename)
plt.imshow(im)

# 使用 xyxy 格式表示物体真实框
bbox1 = [214.29, 325.03, 399.82, 631.37]
bbox2 = [40.93, 141.1, 226.99, 515.73]
bbox3 = [247.2, 131.62, 480.0, 639.32]

currentAxis = plt.gca()

draw_rectangle(currentAxis, bbox1, edgecolor = 'r')
draw_rectangle(currentAxis, bbox2, edgecolor = 'r')
draw_rectangle(currentAxis, bbox3, edgecolor = 'r')
```

绘制锚框。

```
def draw_anchor_box(center, length, scales, ratios, img_height, img_width):
    """
    以 center 为中心,产生一系列锚框
    其中 length 指定了一个基准的长度
    scales 是包含多种尺寸比例的 list
    ratios 是包含多种长宽比的 list
    img_height 和 img_width 是图片的尺寸,生成的锚框范围不能超出图片尺寸之外
    """
    bboxes = []
    for scale in scales:
        for ratio in ratios:
            h = length * scale * math.sqrt(ratio)
            w = length * scale/math.sqrt(ratio)
            x1 = max(center[0] - w/2., 0.)
            y1 = max(center[1] - h/2., 0.)
            x2 = min(center[0] + w/2. - 1.0, img_width - 1.0)
            y2 = min(center[1] + h/2. - 1.0, img_height - 1.0)
            print(center[0], center[1], w, h)
            bboxes.append([x1, y1, x2, y2])

    for bbox in bboxes:
```

```
            draw_rectangle(currentAxis, bbox, edgecolor = 'b')

img_height = im.shape[0]
img_width = im.shape[1]
draw_anchor_box([300., 500.], 100., [2.0], [0.5, 1.0, 2.0], img_height, img_width)
```

为锚框添加箭头与说明。

```
plt.text(285, 285, 'G1', color = 'red', fontsize = 20)
plt.arrow(300, 288, 30, 40, color = 'red', width = 0.001, length_includes_head = True, \
        head_width = 5, head_length = 10, shape = 'full')

plt.text(190, 320, 'A1', color = 'blue', fontsize = 20)
plt.arrow(200, 320, 30, 40, color = 'blue', width = 0.001, length_includes_head = True, \
        head_width = 5, head_length = 10, shape = 'full')

plt.text(160, 370, 'A2', color = 'blue', fontsize = 20)
plt.arrow(170, 370, 30, 40, color = 'blue', width = 0.001, length_includes_head = True, \
        head_width = 5, head_length = 10, shape = 'full')

plt.text(115, 420, 'A3', color = 'blue', fontsize = 20)
plt.arrow(127, 420, 30, 40, color = 'blue', width = 0.001, length_includes_head = True, \
        head_width = 5, head_length = 10, shape = 'full')

#绘制锚框([200., 200.], 100., [2.0], [0.5, 1.0, 2.0])
plt.show()
```

输出结果见图 4.5。

在目标检测模型中,通常会以某种规则在图片上生成一系列锚框,将这些锚框当成可能的候选区域。模型对这些候选区域是否包含物体进行预测,如果包含目标物体,则还需要进一步预测出物体所属的类别。还有更为重要的一点是,由于锚框位置是固定的,它不大可能

刚好跟物体边界框重合,所以需要在锚框的基础上进行微调以形成能准确描述物体位置的预测框,模型需要预测出微调的幅度。在训练过程中,模型通过学习不断地调整参数,最终能学会如何判别出锚框所代表的候选区域是否包含物体,如果包含物体的话,物体属于哪个类别,以及物体边界框相对于锚框位置需要调整的幅度。

不同的模型往往有着不同的生成锚框的方式,在后面的内容中,会详细介绍 YOLOv3 算法里面产生锚框的规则,理解了它的设计方案,也很容易类推到其他模型上。

3. 交并比

上面我们画出了以点(300,500)为中心,生成的三个锚框,我们可以看到锚框 A1 与真实框 G1 的重

■图 4.5　输出结果

合度比较好。那么如何衡量这三个锚框跟真实框之间的关系呢,在检测任务中是使用交并比(Intersection of Union,IoU)作为衡量指标。这一概念来源于数学中的集合,用来描述两个集合 A 和 B 之间的关系,它等于两个集合的交集里面所包含的元素个数,除以它们的并集里面所包含的元素个数,具体计算公式如下:

$$\mathrm{IoU} = \frac{A \bigcap B}{A \bigcup B}$$

我们将用这个概念来描述两个框之间的重合度。两个框可以看成是两个像素的集合,它们的交并比等于两个框重合部分的面积除以它们合并起来的面积。图 4.6"交集"中青色区域是两个框的重合面积,"并集"中蓝色区域是两个框的相并面积。用这两个面积相除即可得到它们之间的交并比,如图 4.6 所示。

假设两个矩形框 **A** 和 **B** 的位置分别为:

$$\boldsymbol{A}: \left[x_{a1}, y_{a1}, x_{a2}, y_{a2}\right]$$
$$\boldsymbol{B}: \left[x_{b1}, y_{b1}, x_{b2}, y_{b2}\right]$$

假如位置关系如图 4.7 所示:

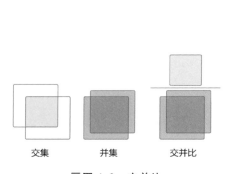

交集　　　　并集　　　　交并比

■图 4.6　交并比

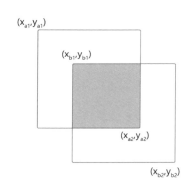

■图 4.7　计算交并比

如果二者有相交部分,则相交部分左上角坐标为:

$$x_1 = \max(x_{a1}, x_{b1}), \quad y_1 = \max(y_{a1}, y_{b1})$$

相交部分右下角坐标为:

$$x_2 = \min(x_{a2}, x_{b2}), \quad y_2 = \min(y_{a2}, y_{b2})$$

计算先交部分面积:

$$\mathrm{intersection} = \max(x_2 - x_1 + 1.0, 0) \cdot \max(y_2 - y_1 + 1.0, 0)$$

矩形框 A 和 B 的面积分别是:

$$S_A = (x_{a2} - x_{a1} + 1.0) \cdot (y_{a2} - y_{a1} + 1.0)$$
$$S_B = (x_{b2} - x_{b1} + 1.0) \cdot (y_{b2} - y_{b1} + 1.0)$$

计算相并部分面积:

$$\mathrm{union} = S_A + S_B - \mathrm{intersection}$$

计算交并比:

$$\mathrm{IoU} = \frac{\mathrm{intersection}}{\mathrm{union}}$$

思考：

两个矩形框之间的相对位置关系，除了上面的示意图之外，还有哪些可能，上面的公式能否覆盖所有的情形？

计算 IoU，矩形框的坐标形式为 (x_1, y_1, x_2, y_2)，这个函数会被保存在 box_utils.py 文件中。

交并比计算程序如下：

```python
def box_iou_xyxy(box1, box2):
    # 获取 box1 左上角和右下角的坐标
    x1min, y1min, x1max, y1max = box1[0], box1[1], box1[2], box1[3]
    # 计算 box1 的面积
    s1 = (y1max - y1min + 1.) * (x1max - x1min + 1.)
    # 获取 box2 左上角和右下角的坐标
    x2min, y2min, x2max, y2max = box2[0], box2[1], box2[2], box2[3]
    # 计算 box2 的面积
    s2 = (y2max - y2min + 1.) * (x2max - x2min + 1.)

    # 计算相交矩形框的坐标
    xmin = np.maximum(x1min, x2min)
    ymin = np.maximum(y1min, y2min)
    xmax = np.minimum(x1max, x2max)
    ymax = np.minimum(y1max, y2max)
    # 计算相交矩形行的高度、宽度、面积
    inter_h = np.maximum(ymax - ymin + 1., 0.)
    inter_w = np.maximum(xmax - xmin + 1., 0.)
    intersection = inter_h * inter_w
    # 计算相并面积
    union = s1 + s2 - intersection
    # 计算交并比
    iou = intersection / union
    return iou

bbox1 = [100., 100., 200., 200.]
bbox2 = [120., 120., 220., 220.]
iou = box_iou_xyxy(bbox1, bbox2)
print('IoU is {}'.format(iou))
```

计算 IoU，矩形框的坐标形式为 (x, y, w, h)。

```python
def box_iou_xywh(box1, box2):
    x1min, y1min = box1[0] - box1[2]/2.0, box1[1] - box1[3]/2.0
    x1max, y1max = box1[0] + box1[2]/2.0, box1[1] + box1[3]/2.0
    s1 = box1[2] * box1[3]

    x2min, y2min = box2[0] - box2[2]/2.0, box2[1] - box2[3]/2.0
    x2max, y2max = box2[0] + box2[2]/2.0, box2[1] + box2[3]/2.0
    s2 = box2[2] * box2[3]
```

```
xmin = np.maximum(x1min, x2min)
ymin = np.maximum(y1min, y2min)
xmax = np.minimum(x1max, x2max)
ymax = np.minimum(y1max, y2max)
inter_h = np.maximum(ymax - ymin, 0.)
inter_w = np.maximum(xmax - xmin, 0.)
intersection = inter_h * inter_w

union = s1 + s2 - intersection
iou = intersection / union
return iou
```

为了直观展示交并比的大小跟重合程度之间的关系,图4.8示意了不同交并比下两个框之间的相对位置关系,从 IoU=0.95 到 IoU=0。

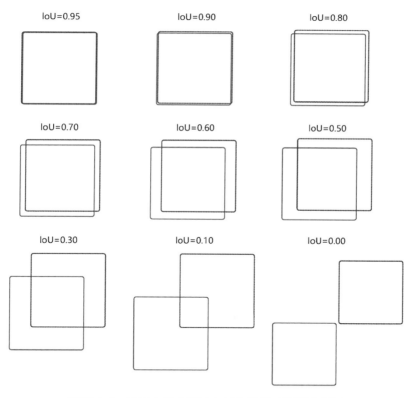

■图4.8 不同交并比下两个框之间相对位置示意图

问题:

(1) 什么情况下两个矩形框的 IoU 等于 1?

(2) 什么情况下两个矩形框的 IoU 等于 0?

4.2　目标检测数据处理

本书使用百度与林业大学合作开发的林业病虫害防治项目中用到昆虫数据集为例,介绍计算机视觉任务中常用的数据预处理方法。

1. 读取 AI 识虫数据集标注信息

AI 识虫数据集结构如下:

- 提供了 2183 张图片,其中训练集 1693 张,验证集 245 张,测试集 245 张。
- 包含 7 种昆虫,分别是 Boerner、Leconte、Linnaeus、acuminatus、armandi、coleoptera 和 linnaeus。
- 包含了图片和标注,请读者先将数据解压,并存放在 insects 目录下。

```
# 解压数据脚本,将文件解压到 work 目录下
!unzip - d /home/aistudio/work /home/aistudio/data/data19638/insects.zip
```

将数据解压之后,可以看到 insects 目录下的结构如下所示。

```
insects
    |--- train
    |        |--- annotations
    |        |        |--- xmls
    |        |                 |--- 100.xml
    |        |                 |--- 101.xml
    |        |                 |--- ...
    |        |
    |        |--- images
    |                 |--- 100.jpeg
    |                 |--- 101.jpeg
    |                 |--- ...
    |
    |--- val
    |        |--- annotations
    |        |        |--- xmls
    |        |                 |--- 1221.xml
    |        |                 |--- 1277.xml
    |        |                 |--- ...
    |        |
    |        |--- images
    |                 |--- 1221.jpeg
    |                 |--- 1277.jpeg
    |                 |--- ...
    |
    |--- test
             |--- images
                      |--- 1833.jpeg
                      |--- 1838.jpeg
                      |--- ...
```

insects 包含 train、val 和 test 三个文件夹。train/annotations/xmls 目录下存放着图片的标注。每个 xml 文件是对一张图片的说明,包括图片尺寸、包含的昆虫名称、在图片上出现的位置等信息。数据集结构如下所示。

```xml
<annotation>
        <folder>刘霏霏</folder>
        <filename>100.jpeg</filename>
        <path>/home/fion/桌面/刘霏霏/100.jpeg</path>
        <source>
                <database>Unknown</database>
        </source>
        <size>
                <width>1336</width>
                <height>1336</height>
                <depth>3</depth>
        </size>
        <segmented>0</segmented>
        <object>
                <name>Boerner</name>
                <pose>Unspecified</pose>
                <truncated>0</truncated>
                <difficult>0</difficult>
                <bndbox>
                        <xmin>500</xmin>
                        <ymin>893</ymin>
                        <xmax>656</xmax>
                        <ymax>966</ymax>
                </bndbox>
        </object>
        <object>
                <name>Leconte</name>
                <pose>Unspecified</pose>
                <truncated>0</truncated>
                <difficult>0</difficult>
                <bndbox>
                        <xmin>622</xmin>
                        <ymin>490</ymin>
                        <xmax>756</xmax>
                        <ymax>610</ymax>
                </bndbox>
        </object>
        <object>
                <name>armandi</name>
                <pose>Unspecified</pose>
                <truncated>0</truncated>
                <difficult>0</difficult>
                <bndbox>
                        <xmin>432</xmin>
                        <ymin>663</ymin>
                        <xmax>517</xmax>
                        <ymax>729</ymax>
                </bndbox>
```

```
        </object>
        <object>
                <name> coleoptera</name>
                <pose> Unspecified</pose>
                <truncated> 0</truncated>
                <difficult> 0</difficult>
                <bndbox>
                        <xmin> 624</xmin>
                        <ymin> 685</ymin>
                        <xmax> 697</xmax>
                        <ymax> 771</ymax>
                </bndbox>
        </object>
        <object>
                <name> linnaeus</name>
                <pose> Unspecified</pose>
                <truncated> 0</truncated>
                <difficult> 0</difficult>
                <bndbox>
                        <xmin> 783</xmin>
                        <ymin> 700</ymin>
                        <xmax> 856</xmax>
                        <ymax> 802</ymax>
                </bndbox>
        </object>
</annotation>
```

上面列出的 xml 文件中的主要参数说明如下：

- size：图片尺寸。
- object：图片中包含的物体，一张图片可能包含多个物体。
  - name：昆虫名称；
  - bndbox：物体真实框；
  - difficult：识别是否困难。

下面我们将从数据集中读取 xml 文件，将每张图片的标注信息读取出来。在读取具体的标注文件之前，我们先完成一件事情，就是将昆虫的类别名字（字符串）转化成数字表示的类别。因为神经网络里面计算时需要的输入类型是数值型的，所以需要将字符串表示的类别转化成具体的数字。

昆虫类别名称的列表是：['Boerner', 'Leconte', 'Linnaeus', 'acuminatus', 'armandi', 'coleoptera', 'linnaeus']，这里我们约定此列表中：'Boerner'对应类别 0，'Leconte'对应类别 1，…，'linnaeus'对应类别 6。使用下面的程序可以得到表示名称字符串和数字类别之间映射关系的字典。

```
INSECT_NAMES = ['Boerner', 'Leconte', 'Linnaeus',
                'acuminatus', 'armandi', 'coleoptera', 'linnaeus']


def get_insect_names():
    """
```

```
    return a dict, as following,
        {'Boerner': 0,
         'Leconte': 1,
         'Linnaeus': 2,
         'acuminatus': 3,
         'armandi': 4,
         'coleoptera': 5,
         'linnaeus': 6
        }
    It can map the insect name into an integer label.
    """
    insect_category2id = {}
    for i, item in enumerate(INSECT_NAMES):
        insect_category2id[item] = i

    return insect_category2id
```

```
cname2cid = get_insect_names()
cname2cid
```

```
{'Boerner': 0,
 'Leconte': 1,
 'Linnaeus': 2,
 'acuminatus': 3,
 'armandi': 4,
 'coleoptera': 5,
 'linnaeus': 6}
```

调用 get_insect_names 函数返回一个 dict，其键-值对描述了昆虫名称-数字类别之间的映射关系。下面的程序可以从 annotations/xml 目录中读取所有文件标注信息。

```
import os
import numpy as np
import xml.etree.ElementTree as ET

def get_annotations(cname2cid, datadir):
    filenames = os.listdir(os.path.join(datadir, 'annotations', 'xmls'))
    records = []
    ct = 0
    for fname in filenames:
        fid = fname.split('.')[0]
        fpath = os.path.join(datadir, 'annotations', 'xmls', fname)
        img_file = os.path.join(datadir, 'images', fid + '.jpeg')
        tree = ET.parse(fpath)

        if tree.find('id') is None:
            im_id = np.array([ct])
        else:
            im_id = np.array([int(tree.find('id').text)])

        objs = tree.findall('object')
        im_w = float(tree.find('size').find('width').text)
```

```
        im_h = float(tree.find('size').find('height').text)
        gt_bbox = np.zeros((len(objs), 4), dtype = np.float32)
        gt_class = np.zeros((len(objs), ), dtype = np.int32)
        is_crowd = np.zeros((len(objs), ), dtype = np.int32)
        difficult = np.zeros((len(objs), ), dtype = np.int32)
        for i, obj in enumerate(objs):
            cname = obj.find('name').text
            gt_class[i] = cname2cid[cname]
            _difficult = int(obj.find('difficult').text)
            x1 = float(obj.find('bndbox').find('xmin').text)
            y1 = float(obj.find('bndbox').find('ymin').text)
            x2 = float(obj.find('bndbox').find('xmax').text)
            y2 = float(obj.find('bndbox').find('ymax').text)
            x1 = max(0, x1)
            y1 = max(0, y1)
            x2 = min(im_w - 1, x2)
            y2 = min(im_h - 1, y2)
            # 这里使用 xywh 格式来表示目标物体真实框
            gt_bbox[i] = [(x1 + x2)/2.0 , (y1 + y2)/2.0, x2 - x1 + 1., y2 - y1 + 1.]
            is_crowd[i] = 0
            difficult[i] = _difficult

        voc_rec = {
            'im_file': img_file,
            'im_id': im_id,
            'h': im_h,
            'w': im_w,
            'is_crowd': is_crowd,
            'gt_class': gt_class,
            'gt_bbox': gt_bbox,
            'gt_poly': [],
            'difficult': difficult
            }
        if len(objs) != 0:
            records.append(voc_rec)
        ct += 1
    return records
```

读取数据。

```
TRAINDIR = '/home/aistudio/work/insects/train'
TESTDIR = '/home/aistudio/work/insects/test'
VALIDDIR = '/home/aistudio/work/insects/val'
cname2cid = get_insect_names()
records = get_annotations(cname2cid, TRAINDIR)
```

```
len(records)
```

```
1693
```

```
records[0]
```

```
{'im_file': '/home/aistudio/work/insects/train/images/1877.jpeg',
'im_id': array([0]),
```

```
'h': 1244.0,
'w': 1244.0,
'is_crowd': array([0, 0, 0, 0, 0, 0, 0, 0], dtype = int32),
'gt_class': array([1, 1, 0, 2, 3, 4, 5, 5], dtype = int32),
'gt_bbox': array([[934.5, 594. , 196. , 171. ],
        [593.5, 500.5, 150. , 110. ],
        [748.5, 814. ,  76. , 147. ],
        [471.5, 633. ,  90. ,  83. ],
        [545. , 831.5,  89. ,  60. ],
        [764. , 500.5,  85. , 106. ],
        [623.5, 688. ,  76. ,  59. ],
        [614.5, 859.5,  42. ,  56. ]], dtype = float32),
'gt_poly': [],
'difficult': array([0, 0, 0, 0, 0, 0, 0, 0], dtype = int32)}
```

通过上面的程序,将所有训练数据集的标注数据全部读取出来了,存放在 records 列表下面,其中每一个元素是一张图片的标注数据,包含了图片存放地址、图片 id、图片高度和宽度,图片中所包含的目标物体的种类和位置。

2. 数据读取和预处理

数据预处理是训练神经网络时非常重要的步骤。合适的预处理方法,可以帮助模型更好地收敛并防止过拟合。首先我们需要从磁盘读入数据,然后需要对这些数据进行预处理,为了保证网络运行的速度通常还要对数据预处理进行加速。

1) 数据读取

前面已经将图片的所有描述信息保存在 records 中了,其中的每一个元素包含了一张图片的描述,下面的程序展示了如何根据 records 里面的描述读取图片及标注。

```
import cv2
def get_bbox(gt_bbox, gt_class):
    # 对于一般的检测任务来说,一张图片上往往会有多个目标物体
    # 设置参数 MAX_NUM = 50,即一张图片最多取 50 个真实框;如果真实
    # 框的数目少于 50 个,则将不足部分的 gt_bbox, gt_class 和 gt_score 的各项数值全设置为 0
    MAX_NUM = 50
    gt_bbox2 = np.zeros((MAX_NUM, 4))
    gt_class2 = np.zeros((MAX_NUM,))
    for i in range(len(gt_bbox)):
        gt_bbox2[i, :] = gt_bbox[i, :]
        gt_class2[i] = gt_class[i]
        if i >= MAX_NUM:
            break
    return gt_bbox2, gt_class2

def get_img_data_from_file(record):
    """
    record is a dict as following,
      record = {
            'im_file': img_file,
            'im_id': im_id,
            'h': im_h,
            'w': im_w,
```

```
            'is_crowd': is_crowd,
            'gt_class': gt_class,
            'gt_bbox': gt_bbox,
            'gt_poly': [],
            'difficult': difficult
            }
    """
    im_file = record['im_file']
    h = record['h']
    w = record['w']
    is_crowd = record['is_crowd']
    gt_class = record['gt_class']
    gt_bbox = record['gt_bbox']
    difficult = record['difficult']

    img = cv2.imread(im_file)
    img = cv2.cvtColor(img, cv2.COLOR_BGR2RGB)

    # check if h and w in record equals that read from img
    assert img.shape[0] == int(h), \
            "image height of {} inconsistent in record({}) and img file({})".format(
                im_file, h, img.shape[0])

    assert img.shape[1] == int(w), \
            "image width of {} inconsistent in record({}) and img file({})".format(
                im_file, w, img.shape[1])

    gt_boxes, gt_labels = get_bbox(gt_bbox, gt_class)

    # gt_bbox 用相对值
    gt_boxes[:, 0] = gt_boxes[:, 0] / float(w)
    gt_boxes[:, 1] = gt_boxes[:, 1] / float(h)
    gt_boxes[:, 2] = gt_boxes[:, 2] / float(w)
    gt_boxes[:, 3] = gt_boxes[:, 3] / float(h)

    return img, gt_boxes, gt_labels, (h, w)
```

```
record = records[0]
img, gt_boxes, gt_labels, scales = get_img_data_from_file(record)
```

```
img.shape
```

```
(1244, 1244, 3)
```

```
gt_boxes.shape
```

```
(50, 4)
```

```
gt_labels
```

```
array([1., 1., 0., 2., 3., 4., 5., 5., 0., 0., 0., 0., 0., 0., 0., 0., 0.,
       0., 0., 0., 0., 0., 0., 0., 0., 0., 0., 0., 0., 0., 0., 0., 0., 0.,
       0., 0., 0., 0., 0., 0., 0., 0., 0., 0., 0., 0., 0., 0., 0., 0.])
```

```
scales
```

```
(1244.0，1244.0)
```

get_img_data_from_file()函数可以返回图片数据的数据，它们是图像数据 img、真实框坐标 gt_boxes、真实框包含的物体类别 gt_labels、图像尺寸 scales。

2）数据预处理

在计算机视觉中，通常会对图像做一些随机的变化，产生相似但又不完全相同的样本。主要作用是扩大训练数据集，抑制过拟合，提升模型的泛化能力，常用的方法见下面的程序。

（1）随机改变亮暗、对比度和颜色等。

```python
import numpy as np
import cv2
from PIL import Image, ImageEnhance
import random

# 随机改变亮暗、对比度和颜色等
def random_distort(img):
    # 随机改变亮度
    def random_brightness(img, lower = 0.5, upper = 1.5):
        e = np.random.uniform(lower, upper)
        return ImageEnhance.Brightness(img).enhance(e)
    # 随机改变对比度
    def random_contrast(img, lower = 0.5, upper = 1.5):
        e = np.random.uniform(lower, upper)
        return ImageEnhance.Contrast(img).enhance(e)
    # 随机改变颜色
    def random_color(img, lower = 0.5, upper = 1.5):
        e = np.random.uniform(lower, upper)
        return ImageEnhance.Color(img).enhance(e)

    ops = [random_brightness, random_contrast, random_color]
    np.random.shuffle(ops)

    img = Image.fromarray(img)
    img = ops[0](img)
    img = ops[1](img)
    img = ops[2](img)
    img = np.asarray(img)

    return img
```

（2）随机填充。

```python
def random_expand(img,
                  gtboxes,
                  max_ratio = 4.,
                  fill = None,
                  keep_ratio = True,
                  thresh = 0.5):
```

```
        if random.random() > thresh:
            return img, gtboxes

        if max_ratio < 1.0:
            return img, gtboxes

        h, w, c = img.shape
        ratio_x = random.uniform(1, max_ratio)
        if keep_ratio:
            ratio_y = ratio_x
        else:
            ratio_y = random.uniform(1, max_ratio)
        oh = int(h * ratio_y)
        ow = int(w * ratio_x)
        off_x = random.randint(0, ow - w)
        off_y = random.randint(0, oh - h)

        out_img = np.zeros((oh, ow, c))
        if fill and len(fill) == c:
            for i in range(c):
                out_img[:, :, i] = fill[i] * 255.0

        out_img[off_y:off_y + h, off_x:off_x + w, :] = img
        gtboxes[:, 0] = ((gtboxes[:, 0] * w) + off_x) / float(ow)
        gtboxes[:, 1] = ((gtboxes[:, 1] * h) + off_y) / float(oh)
        gtboxes[:, 2] = gtboxes[:, 2] / ratio_x
        gtboxes[:, 3] = gtboxes[:, 3] / ratio_y

        return out_img.astype('uint8'), gtboxes
```

（3）随机裁剪。

随机裁剪之前需要先定义两个函数，multi_box_iou_xywh 和 box_crop 这两个函数将被保存在 box_utils.py 文件中。

```
import numpy as np

def multi_box_iou_xywh(box1, box2):
    assert box1.shape[-1] == 4, "Box1 shape[-1] should be 4."
    assert box2.shape[-1] == 4, "Box2 shape[-1] should be 4."

    b1_x1, b1_x2 = box1[:, 0] - box1[:, 2] / 2, box1[:, 0] + box1[:, 2] / 2
    b1_y1, b1_y2 = box1[:, 1] - box1[:, 3] / 2, box1[:, 1] + box1[:, 3] / 2
    b2_x1, b2_x2 = box2[:, 0] - box2[:, 2] / 2, box2[:, 0] + box2[:, 2] / 2
    b2_y1, b2_y2 = box2[:, 1] - box2[:, 3] / 2, box2[:, 1] + box2[:, 3] / 2

    inter_x1 = np.maximum(b1_x1, b2_x1)
    inter_x2 = np.minimum(b1_x2, b2_x2)
    inter_y1 = np.maximum(b1_y1, b2_y1)
    inter_y2 = np.minimum(b1_y2, b2_y2)
    inter_w = inter_x2 - inter_x1
    inter_h = inter_y2 - inter_y1
```

```python
        inter_w = np.clip(inter_w, a_min = 0., a_max = None)
        inter_h = np.clip(inter_h, a_min = 0., a_max = None)

        inter_area = inter_w * inter_h
        b1_area = (b1_x2 - b1_x1) * (b1_y2 - b1_y1)
        b2_area = (b2_x2 - b2_x1) * (b2_y2 - b2_y1)
        return inter_area / (b1_area + b2_area - inter_area)

def box_crop(boxes, labels, crop, img_shape):
    x, y, w, h = map(float, crop)
    im_w, im_h = map(float, img_shape)

    boxes = boxes.copy()
    boxes[:, 0], boxes[:, 2] = (boxes[:, 0] - boxes[:, 2] / 2) * im_w, (
        boxes[:, 0] + boxes[:, 2] / 2) * im_w
    boxes[:, 1], boxes[:, 3] = (boxes[:, 1] - boxes[:, 3] / 2) * im_h, (
        boxes[:, 1] + boxes[:, 3] / 2) * im_h

    crop_box = np.array([x, y, x + w, y + h])
    centers = (boxes[:, :2] + boxes[:, 2:]) / 2.0
    mask = np.logical_and(crop_box[:2] < = centers, centers < = crop_box[2:]).all(
        axis = 1)

    boxes[:, :2] = np.maximum(boxes[:, :2], crop_box[:2])
    boxes[:, 2:] = np.minimum(boxes[:, 2:], crop_box[2:])
    boxes[:, :2] -= crop_box[:2]
    boxes[:, 2:] -= crop_box[:2]

    mask = np.logical_and(mask, (boxes[:, :2] < boxes[:, 2:]).all(axis = 1))
    boxes = boxes * np.expand_dims(mask.astype('float32'), axis = 1)
    labels = labels * mask.astype('float32')
    boxes[:, 0], boxes[:, 2] = (boxes[:, 0] + boxes[:, 2]) / 2 / w, (
        boxes[:, 2] - boxes[:, 0]) / w
    boxes[:, 1], boxes[:, 3] = (boxes[:, 1] + boxes[:, 3]) / 2 / h, (
        boxes[:, 3] - boxes[:, 1]) / h

    return boxes, labels, mask.sum()
```

进行随机裁剪。

```python
def random_crop(img,
                boxes,
                labels,
                scales = [0.3, 1.0],
                max_ratio = 2.0,
                constraints = None,
                max_trial = 50):
    if len(boxes) == 0:
        return img, boxes

    if not constraints:
        constraints = [(0.1, 1.0), (0.3, 1.0), (0.5, 1.0), (0.7, 1.0),
```

```
                        (0.9, 1.0), (0.0, 1.0)]

    img = Image.fromarray(img)
    w, h = img.size
    crops = [(0, 0, w, h)]
    for min_iou, max_iou in constraints:
        for _ in range(max_trial):
            scale = random.uniform(scales[0], scales[1])
            aspect_ratio = random.uniform(max(1 / max_ratio, scale * scale), \
                                    min(max_ratio, 1 / scale / scale))
            crop_h = int(h * scale / np.sqrt(aspect_ratio))
            crop_w = int(w * scale * np.sqrt(aspect_ratio))
            crop_x = random.randrange(w - crop_w)
            crop_y = random.randrange(h - crop_h)
            crop_box = np.array([[(crop_x + crop_w / 2.0) / w,
                               (crop_y + crop_h / 2.0) / h,
                               crop_w / float(w), crop_h / float(h)]])

            iou = multi_box_iou_xywh(crop_box, boxes)
            if min_iou <= iou.min() and max_iou >= iou.max():
                crops.append((crop_x, crop_y, crop_w, crop_h))
                break

    while crops:
        crop = crops.pop(np.random.randint(0, len(crops)))
        crop_boxes, crop_labels, box_num = box_crop(boxes, labels, crop, (w, h))
        if box_num <1:
            continue
        img = img.crop((crop[0], crop[1], crop[0] + crop[2],
                     crop[1] + crop[3])).resize(img.size, Image.LANCZOS)
        img = np.asarray(img)
        return img, crop_boxes, crop_labels
    img = np.asarray(img)
    return img, boxes, labels
```

（4）随机缩放。

```
def random_interp(img, size, interp = None):
    interp_method = [
        cv2.INTER_NEAREST,
        cv2.INTER_LINEAR,
        cv2.INTER_AREA,
        cv2.INTER_CUBIC,
        cv2.INTER_LANCZOS4,
    ]
    if not interp or interp not in interp_method:
        interp = interp_method[random.randint(0, len(interp_method) - 1)]
    h, w, _ = img.shape
    im_scale_x = size / float(w)
    im_scale_y = size / float(h)
    img = cv2.resize(
        img, None, None, fx = im_scale_x, fy = im_scale_y, interpolation = interp)
    return img
```

（5）随机翻转。

```
def random_flip(img, gtboxes, thresh = 0.5):
    if random.random() > thresh:
        img = img[:, :: -1, :]
        gtboxes[:, 0] = 1.0 - gtboxes[:, 0]
    return img, gtboxes
```

（6）随机打乱真实框排列顺序。

```
def shuffle_gtbox(gtbox, gtlabel):
    gt = np.concatenate(
        [gtbox, gtlabel[:, np.newaxis]], axis = 1)
    idx = np.arange(gt.shape[0])
    np.random.shuffle(idx)
    gt = gt[idx, :]
    return gt[:, :4], gt[:, 4]
```

（7）图像增广方法。

```
def image_augment(img, gtboxes, gtlabels, size, means = None):
    # 随机改变亮暗、对比度和颜色等
    img = random_distort(img)
    # 随机填充
    img, gtboxes = random_expand(img, gtboxes, fill = means)
    # 随机裁剪
    img, gtboxes, gtlabels, = random_crop(img, gtboxes, gtlabels)
    # 随机缩放
    img = random_interp(img, size)
    # 随机翻转
    img, gtboxes = random_flip(img, gtboxes)
    # 随机打乱真实框排列顺序
    gtboxes, gtlabels = shuffle_gtbox(gtboxes, gtlabels)

return img.astype('float32'), gtboxes.astype('float32'), gtlabels.astype('int32')
```

```
img, gt_boxes, gt_labels, scales = get_img_data_from_file(record)
size = 512
img, gt_boxes, gt_labels = image_augment(img, gt_boxes, gt_labels, size)
```

```
img.shape
```

```
(512, 512, 3)
```

```
gt_boxes.shape
```

```
(50, 4)
```

```
gt_labels.shape
```

```
(50,)
```

这里得到的 img 数据数值需要调整，需要除以 255.0，并且减去均值和方差，再将维度从[H,W,C]调整为[C,H,W]。

```
img, gt_boxes, gt_labels, scales = get_img_data_from_file(record)
size = 512
img, gt_boxes, gt_labels = image_augment(img, gt_boxes, gt_labels, size)
mean = [0.485, 0.456, 0.406]
std = [0.229, 0.224, 0.225]
mean = np.array(mean).reshape((1, 1, -1))
std = np.array(std).reshape((1, 1, -1))
img = (img / 255.0 - mean) / std
img = img.astype('float32').transpose((2, 0, 1))
```

将上面的过程整理成一个函数 get_img_data。

```
def get_img_data(record, size=640):
    img, gt_boxes, gt_labels, scales = get_img_data_from_file(record)
    img, gt_boxes, gt_labels = image_augment(img, gt_boxes, gt_labels, size)
    mean = [0.485, 0.456, 0.406]
    std = [0.229, 0.224, 0.225]
    mean = np.array(mean).reshape((1, 1, -1))
    std = np.array(std).reshape((1, 1, -1))
    img = (img / 255.0 - mean) / std
    img = img.astype('float32').transpose((2, 0, 1))
    return img, gt_boxes, gt_labels, scales
```

```
TRAINDIR = '/home/aistudio/work/insects/train'
TESTDIR = '/home/aistudio/work/insects/test'
VALIDDIR = '/home/aistudio/work/insects/val'
cname2cid = get_insect_names()
records = get_annotations(cname2cid, TRAINDIR)
```

```
record = records[0]
img, gt_boxes, gt_labels, scales = get_img_data(record, size=480)
```

```
img.shape
```

```
(3, 480, 480)
```

```
gt_boxes.shape
```

```
(50, 4)
```

```
gt_labels
```

```
array([0, 0, 0, 0, 0, 0, 0, 0, 0, 0, 0, 0, 0, 0, 0, 0, 0, 0, 0, 0, 0,
       0, 0, 0, 0, 0, 0, 0, 0, 0, 0, 0, 0, 0, 0, 0, 0, 0, 1, 0, 0, 0,
       0, 4, 0, 0, 0, 0], dtype=int32)
```

```
scales
```

```
(1244.0, 1244.0)
```

3) 批量数据读取与加速

上面的程序展示了如何读取一张图片的数据并加速,下面的代码实现了批量数据读取。

```python
# 获取一个批次内样本随机缩放的尺寸
def get_img_size(mode):
    if (mode == 'train') or (mode == 'valid'):
        inds = np.array([0,1,2,3,4,5,6,7,8,9])
        ii = np.random.choice(inds)
        img_size = 320 + ii * 32
    else:
        img_size = 608
    return img_size

# 将list形式的batch数据转化成多个array构成的tuple
def make_array(batch_data):
    img_array = np.array([item[0] for item in batch_data], dtype = 'float32')
    gt_box_array = np.array([item[1] for item in batch_data], dtype = 'float32')
    gt_labels_array = np.array([item[2] for item in batch_data], dtype = 'int32')
    img_scale = np.array([item[3] for item in batch_data], dtype = 'int32')
    return img_array, gt_box_array, gt_labels_array, img_scale

# 批量读取数据,同一批次内图像的尺寸大小必须是一样的,
# 不同批次之间的大小是随机的,
# 由上面定义的get_img_size函数产生
def data_loader(datadir, batch_size = 10, mode = 'train'):
    cname2cid = get_insect_names()
    records = get_annotations(cname2cid, datadir)

    def reader():
        if mode == 'train':
            np.random.shuffle(records)
        batch_data = []
        img_size = get_img_size(mode)
        for record in records:
            # print(record)
            img, gt_bbox, gt_labels, im_shape = get_img_data(record,
                                                             size = img_size)
            batch_data.append((img, gt_bbox, gt_labels, im_shape))
            if len(batch_data) == batch_size:
                yield make_array(batch_data)
                batch_data = []
                img_size = get_img_size(mode)
        if len(batch_data) > 0:
            yield make_array(batch_data)

    return reader
```

```python
d = data_loader('/home/aistudio/work/insects/train', batch_size = 2, mode = 'train')
```

```python
img, gt_boxes, gt_labels, im_shape = next(d())
```

```
img.shape, gt_boxes.shape, gt_labels.shape, im_shape.shape
```

```
((2, 3, 352, 352), (2, 50, 4), (2, 50), (2, 2))
```

由于数据预处理耗时较长,可能会成为网络训练速度的瓶颈,所以需要对预处理部分进行优化。通过使用 Paddle 提供的 API(paddle.reader.xmap_readers)可以开启多线程读取数据,具体实现代码如下。

```python
import functools
import paddle

# 使用 paddle.reader.xmap_readers 实现多线程读取数据
def multithread_loader(datadir, batch_size = 10, mode = 'train'):
    cname2cid = get_insect_names()
    records = get_annotations(cname2cid, datadir)
    def reader():
        if mode == 'train':
            np.random.shuffle(records)
        img_size = get_img_size(mode)
        batch_data = []
        for record in records:
            batch_data.append((record, img_size))
            if len(batch_data) == batch_size:
                yield batch_data
                batch_data = []
                img_size = get_img_size(mode)
        if len(batch_data) > 0:
            yield batch_data

    def get_data(samples):
        batch_data = []
        for sample in samples:
            record = sample[0]
            img_size = sample[1]
            img, gt_bbox, gt_labels, im_shape = get_img_data(record, size = img_size)
            batch_data.append((img, gt_bbox, gt_labels, im_shape))
        return make_array(batch_data)

    mapper = functools.partial(get_data, )

    return paddle.reader.xmap_readers(mapper, reader, 8, 10)
```

```python
d = multithread_loader('/home/aistudio/work/insects/train', batch_size = 2, mode = 'train')
```

```python
img, gt_boxes, gt_labels, im_shape = next(d())
```

```python
img.shape, gt_boxes.shape, gt_labels.shape, im_shape.shape
```

```
((2, 3, 320, 320), (2, 50, 4), (2, 50), (2, 2))
```

至此,我们完成了如何查看数据集中的数据、提取数据标注信息、从文件读取图像和标注数据、数据增强、批量读取和加速等过程,通过 multithread_loader 可以返回 img、gt_boxes、gt_labels、im_shape 等数据,接下来就可以将它们输入到神经网络并应用在具体算法上。

在开始具体的算法讲解之前,先补充读取测试数据的代码,测试数据没有标注信息,也不需要做图像增广,代码如下所示。

```python
# 将list形式的batch数据转化成多个array构成的tuple
def make_test_array(batch_data):
    img_name_array = np.array([item[0] for item in batch_data])
    img_data_array = np.array([item[1] for item in batch_data], dtype = 'float32')
    img_scale_array = np.array([item[2] for item in batch_data], dtype = 'int32')
    return img_name_array, img_data_array, img_scale_array

# 测试数据读取
def test_data_loader(datadir, batch_size = 10, test_image_size = 608, mode = 'test'):
    """
    加载测试用的图片,测试数据没有groundtruth标签
    """
    image_names = os.listdir(datadir)
    def reader():
        batch_data = []
        img_size = test_image_size
        for image_name in image_names:
            file_path = os.path.join(datadir, image_name)
            img = cv2.imread(file_path)
            img = cv2.cvtColor(img, cv2.COLOR_BGR2RGB)
            H = img.shape[0]
            W = img.shape[1]
            img = cv2.resize(img, (img_size, img_size))

            mean = [0.485, 0.456, 0.406]
            std = [0.229, 0.224, 0.225]
            mean = np.array(mean).reshape((1, 1, -1))
            std = np.array(std).reshape((1, 1, -1))
            out_img = (img / 255.0 - mean) / std
            out_img = out_img.astype('float32').transpose((2, 0, 1))
            img = out_img # np.transpose(out_img, (2,0,1))
            im_shape = [H, W]

            batch_data.append((image_name.split('.')[0], img, im_shape))
            if len(batch_data) == batch_size:
                yield make_test_array(batch_data)
                batch_data = []
        if len(batch_data) > 0:
            yield make_test_array(batch_data)

    return reader
```

4.3   目标检测 YOLOv3

4.3.1   YOLOv3 模型设计思想

之前介绍的 R-CNN 系列算法需要先产生候选区域,再对 RoI 做分类和位置坐标的预测,这类算法被称为两阶段目标检测算法。近几年,很多研究人员相继提出一系列单阶段的检测算法,只需要一个网络即可同时产生 RoI 并预测出物体的类别和位置坐标。

与 R-CNN 系列算法不同,YOLOv3 使用单个网络结构,在产生候选区域的同时即可预测出物体类别和位置,不需要分成两阶段来完成检测任务。另外,YOLOv3 算法产生的预测框数目比 Faster R-CNN 少很多。Faster R-CNN 中每个真实框可能对应多个标签为正的候选区域,而 YOLOv3 里面每个真实框只对应一个正的候选区域。这些特性使得 YOLOv3 算法具有更快的速度,能达到实时响应的水平。

Joseph Redmon 等在 2015 年提出 YOLO(You Only Look Once,YOLO)算法,通常也被称为 YOLO-V1;2016 年,他们对算法进行改进,又提出 YOLO-V2 版本;2018 年升级为 YOLOv3 版本。

YOLOv3 算法的基本思想可以分成两部分:

(1) 按一定规则在图片上产生一系列的候选区域,然后根据这些候选区域与图片上物体真实框之间的位置关系对候选区域进行标注。跟真实框足够接近的那些候选区域会被标注为正样本,同时将真实框的位置作为正样本的位置目标。偏离真实框较大的那些候选区域则会被标注为负样本,负样本不需要预测位置或者类别。

(2) 使用卷积神经网络提取图片特征并对候选区域的位置和类别进行预测。这样每个预测框就可以看成是一个样本,根据真实框相对它的位置和类别进行了标注而获得标签值,通过网络模型预测其位置和类别,将网络预测值和标签值进行比较,就可以建立起损失函数。

YOLOv3 算法训练过程的流程图如图 4.9 所示。

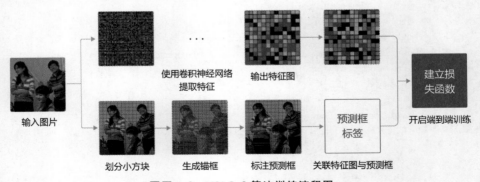

■图 4.9   YOLOv3 算法训练流程图

- 图 4.9 左边是输入图片,上半部分所示的过程是使用卷积神经网络对图片提取特征,随着网络不断向前传播,特征图的尺寸越来越小,每个像素点会代表更加抽象的特征模式,直到输出特征图,其尺寸减小为原图的 1/32。

- 图 4.9 下半部分描述了生成候选区域的过程,首先将原图划分成多个小方块,每个小方块的大小是 32×32,然后以每个小方块为中心分别生成一系列锚框,整张图片都会被锚框覆盖到,在每个锚框的基础上产生一个与之对应的预测框,根据锚框和预测框与图片上物体真实框之间的位置关系,对这些预测框进行标注。
- 将上方支路中输出的特征图与下方支路中产生的预测框标签建立关联,创建损失函数,开启端到端的训练过程。

4.3.2 产生候选区域

如何产生候选区域,是检测模型的核心设计方案。目前大多数基于卷积神经网络的模型所采用的方式大体如下:

（1）按一定的规则在图片上生成一系列位置固定的锚框,将这些锚框看作是可能的候选区域。

（2）对锚框是否包含目标物体进行预测,如果包含目标物体,还需要预测所包含物体的类别,以及预测框相对于锚框位置需要调整的幅度。

1. 生成锚框

将原始图片划分成 $m \times n$ 个区域,如图 4.10 所示,原始图片高度 $H=640$,宽度 $W=480$,如果我们选择小块区域的尺寸为 32×32,则 m 和 n 分别为:

$$m = \frac{640}{32} = 20, \quad n = \frac{480}{32} = 15$$

如图 4.10 所示,将原始图像分成了 20 行 15 列小方块区域。

YOLOv3 算法会在每个区域的中心生成一系列锚框。为了展示方便,我们先在图中第 10 行第 4 列的小方块位置附近画出生成的锚框,如图 4.11 所示。

■图 4.10　将图片划分成多个 32×32 的小方块　　■图 4.11　在第 10 行第 4 列的小方块区域生成 3 个锚框

注意：

这里为了跟程序中的编号对应，最上面的行号是第 0 行，最左边的列号是第 0 列。

如图 4.12 所示，展示在每个区域附近都生成 3 个锚框，很多锚框堆叠在一起可能不太容易看清楚，但过程跟上面类似，只是需要以每个区域的中心点为中心，分别生成 3 个锚框。

2. 生成预测框

在前面已经指出，锚框的位置都是固定好的，不可能刚好跟物体边界框重合，需要在锚框的基础上进行位置的微调以生成预测框。预测框相对于锚框会有不同的中心位置和大小，采用什么方式能产生出在锚框上面微调得到的预测框呢，我们先来考虑如何生成其中心位置坐标。

■图 4.12　在每个小方块区域
生成 3 个锚框

比如上面图中在第 10 行第 4 列的小方块区域中心生成的一个锚框，如绿色虚线框所示。以小方格的宽度为单位长度，此小方块区域左上角的位置坐标是：

$$c_x = 4, \quad c_y = 10$$

此锚框的区域中心坐标是：

$$\text{center}\_x = c_x + 0.5 = 4.5$$
$$\text{center}\_y = c_y + 0.5 = 10.5$$

可以通过下面的方式生成预测框的中心坐标：

$$b_x = c_x + \sigma(t_x)$$
$$b_y = c_y + \sigma(t_y)$$

其中 t_x 和 t_y 为实数，$\sigma(x)$ 是之前学过的 Sigmoid 函数，其定义如下：

$$\sigma(x) = \frac{1}{1 + \exp(-x)}$$

由于 Sigmoid 的函数值总是在 0～1，所以由上式计算出来的预测框中心点总是落在第 10 行第 4 列的小区域内部。

当 $t_x = t_y = 0$ 时，$b_x = c_x + 0.5$，$b_y = c_y + 0.5$，预测框中心与锚框中心重合，都是小区域的中心。

锚框的大小是预先设定好的，在模型中可以当作是超参数，图 4.13 中画出的锚框尺寸是：

$$p_h = 350$$
$$p_w = 250$$

通过下面的公式生成预测框的大小：

$$b_h = p_h e^{t_h}$$
$$b_w = p_w e^{t_w}$$

如果 $t_x = t_y = 0$，$t_h = t_w = 0$，则预测框跟锚框重合。

如果给 t_x, t_y, t_w, t_h 随机赋值如下：

$$t_x = 0.2, \quad t_y = 0.3, \quad t_w = 0.1, \quad t_h = -0.12$$

则可以得到预测框的坐标是(154.98,357.44,276.29,310.42),如图 4.13 中蓝色框所示。

- 说明样式：这里坐标采用(x,y,w,h)的格式。

这里我们会问：当 t_x,t_y,t_w,t_h 取值为多少的时候，预测框能够跟真实框重合？为了回答问题，只需要将上面预测框坐标中的 b_x,b_y,b_w,b_h 设置为真实框的位置，即可求解出 t 的数值。令：

$$\sigma(t_x^*) + c_x = gt_x$$
$$\sigma(t_y^*) + c_y = gt_y$$
$$p_w e^{t_w^*} = gt_w$$
$$p_h e^{t_h^*} = gt_h$$

可以求解出：

$$(t_x^*, t_y^*, t_w^*, t_h^*)$$

■图 4.13　生成预测框

如果 t 是网络预测的输出值，将 t^* 作为目标值，以它们之间的差距作为损失函数，则可以建立起一个回归问题，通过学习网络参数，使得 t 足够接近 t^*，从而能够求解出预测框的位置坐标跟大小。

预测框可以看作是在锚框基础上的一个微调，每个锚框会有一个跟它对应的预测框，我们需要确定上面计算式中的 t_x,t_y,t_w,t_h，从而计算出与锚框对应的预测框的位置和形状。

4.3.3　对候选区域进行标注

每个区域可以产生 3 种不同形状的锚框，每个锚框都是一个可能的候选区域，对这些候选区域我们希望知道以下几件事情：

（1）锚框是否包含了物体，这可以看成是一个二分类问题，包含了物体和没有包含物体，我们使用标签 objectness 来表示。当锚框包含了物体时，objectness＝1，表示预测框属于正类；当锚框不包含物体时，设置 objectness＝0，表示锚框属于负类。

（2）如果锚框包含了物体，那么它对应的预测框的中心位置和大小应该是多少，或者说上面计算式中的 t_x,t_y,t_w,t_h 应该是多少。

（3）如果锚框包含了物体，那么具体类别是什么，这里使用变量 label 来表示其所属类别的标签。

现在对于任意一个锚框，我们需要对它进行标注，也就是需要确定其对应的 objectness，t_x,t_y,t_w,t_h 和 label，下面将分别讲述如何确定这三个标签的值。

1. 标注锚框是否包含物体

如图 4.14 所示，这里一共有 3 个目标，以最左边的人像为例，其真实框是(40.93,141.1,186.06,374.63)。

真实框的中心点坐标是：

$$\text{center\_}x = 40.93 + 186.06/2 = 133.96$$
$$\text{center\_}y = 141.1 + 374.63/2 = 328.42$$

真实框　　　　真实框中心点　　　　中心点所在区域有3个锚框

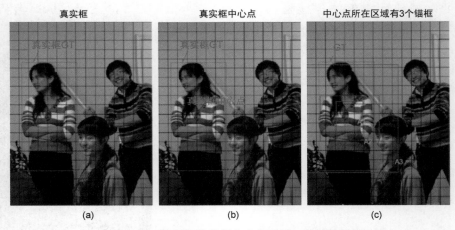

(a)　　　　　　　(b)　　　　　　　(c)

■图 4.14　选出与真实框中心位于同一区域的锚框

$$i = 133.96/32 = 4.18625$$
$$j = 328.42/32 = 10.263125$$

它落在了第 10 行第 4 列的小方块内,如图 4.14(b)所示。此小方块区域可以生成 3 个不同形状的锚框,其在图上的编号和大小分别是 $A_1(116,90)$,$A_2(156,198)$,$A_3(373,326)$。

用这 3 个不同形状的锚框跟真实框计算 IoU,选出 IoU 最大的锚框。这里为了简化计算,只考虑锚框的形状,不考虑其跟真实框中心之间的偏移,具体计算结果如图 4.15 所示。

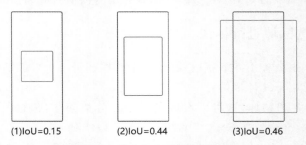

(1)IoU=0.15　　　　(2)IoU=0.44　　　　(3)IoU=0.46

■图 4.15　选出与真实框与锚框的 IoU

其中跟真实框 IoU 最大的是锚框 A_3,形状是(373,326),将它所对应的预测框的 objectness 标签设置为 1,其所包括的物体类别就是真实框里面的物体所属类别。

依次可以找出其他几个真实框对应的 IoU 最大的锚框,然后将它们的预测框的 objectness 标签也都设置为 1。这里一共有 $20 \times 15 \times 3 = 900$ 个锚框,只有 3 个预测框会被标注为正。

由于每个真实框只对应一个 objectness 标签为正的预测框,如果有些预测框跟真实框之间的 IoU 很大,但并不是最大的那个,那么直接将其 objectness 标签设置为 0 当作负样本,可能并不妥当。为了避免这种情况,YOLOv3 算法设置了一个 IoU 阈值 iou_threshold,当预测框的 objectness 不为 1,但是其与某个真实框的 IoU 大于 iou_threshold 时,就将其 objectness 标签设置为 -1,不参与损失函数的计算。

所有其他的预测框,其 objectness 标签均设置为 0,表示负类。

对于 objectness=1 的预测框,需要进一步确定其位置和包含物体的具体分类标签,但是对于 objectness＝0 或者−1 的预测框,则不用管它们的位置和类别。

2. 标注预测框的位置坐标标签

当锚框 objectness＝1 时,需要确定预测框位置相对于它微调的幅度,也就是锚框的位置标签。

在前面我们已经问过这样一个问题:当 t_x,t_y,t_w,t_h 取值为多少的时候,预测框能够跟真实框重合?其做法是将预测框坐标中的 b_x,b_y,b_w,b_h 设置为真实框的坐标,即可求解出 t 的数值。令:

$$\sigma(t_x^*)+c_x=gt_x$$
$$\sigma(t_y^*)+c_y=gt_y$$
$$p_w e^{t_w^*}=gt_w$$
$$p_h e^{t_h^*}=gt_h$$

对于 t_x^* 和 t_y^*,由于 Sigmoid 的反函数不好计算,我们直接使用 $\sigma(t_x^*)$ 和 $\sigma(t_y^*)$ 作为回归的目标。

$$d_x^*=\sigma(t_x^*)=gt_x-c_x$$
$$d_y^*=\sigma(t_y^*)=gt_y-c_y$$
$$t_w^*=\log\left(\frac{gt_w}{p_w}\right)$$
$$t_h^*=\log\left(\frac{gt_h}{p_h}\right)$$

如果 (t_x,t_y,t_w,t_h) 是网络预测的输出值,将 $(d_x^*,d_y^*,t_w^*,t_h^*)$ 作为 $(\sigma(t_x),\sigma(t_y),t_w,t_h)$ 的目标值,以它们之间的差距作为损失函数,则可以建立起一个回归问题,通过学习网络参数,使得 t 足够接近 t^*,从而能够求解出预测框的位置。

3. 标注锚框包含物体类别的标签

对于 objectness＝1 的锚框,需要确定其具体类别。正如上面所说,objectness 标注为 1 的锚框,会有一个真实框跟它对应,该锚框所属物体类别,即是其所对应的真实框包含的物体类别。这里使用 one-hot 向量来表示类别标签 label。比如一共有 10 个分类,而真实框里面包含的物体类别是第 2 类,则 label 为 $(0,1,0,0,0,0,0,0,0,0)$。

对上述步骤进行总结,标注的流程如图 4.16 所示。

通过这种方式,我们在每个小方块区域都生成了一系列的锚框作为候选区域,并且根据图片上真实物体的位置,标注出了每个候选区域对应的 objectness 标签、位置需要调整的幅度以及包含的物体所属的类别。位置需要调整的幅度由 4 个变量描述 (t_x,t_y,t_w,t_h),objectness 标签需要用一个变量描述 obj,描述所属类别的变量长度等于类别数 C。

对于每个锚框,模型需要预测输出 $(t_x,t_y,t_w,t_h,P_{obj},P_1,P_2,\cdots,P_C)$,其中 P_{obj} 是锚框是否包含物体的概率,$P_1,P_2,\cdots,P_C$ 则是锚框包含的物体属于每个类别的概率。接下来让我们一起学习如何通过卷积神经网络输出这样的预测值。

4. 标注锚框的具体程序

上面描述了如何对预锚框进行标注,但读者可能仍然对里面的细节不太了解,下面将通

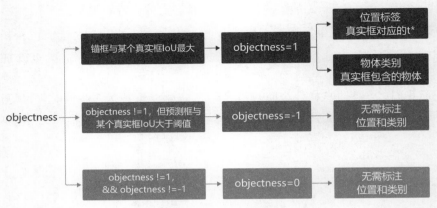

■图 4.16　标注流程示意图

过具体的程序完成这一步骤。

其中：

- img 是输入的图像数据，形状是[N，C，H，W]。
- gt_boxes，真实框，维度是[N，50，4]，其中 50 是真实框数目的上限，当图片中真实框不足 50 个时，不足部分的坐标全为 0，真实框坐标格式是 xywh，这里使用相对值。
- gt_labels，真实框所属类别，维度是[N，50]。
- iou_threshold，当预测框与真实框的 iou 大于 iou_threshold 时不将其看作是负样本。
- anchors，锚框可选的尺寸。
- anchor_masks，通过与 anchors 一起确定本层级的特征图应该选用多大尺寸的锚框。
- num_classes，类别数目。
- downsample，特征图相对于输入网络的图片尺寸变化的比例。

```python
# 标注预测框的 objectness
def get_objectness_label(img, gt_boxes, gt_labels, iou_threshold = 0.7,
                         anchors = [116, 90, 156, 198, 373, 326],
                         num_classes = 7, downsample = 32):
    img_shape = img.shape
    batchsize = img_shape[0]
    num_anchors = len(anchors) // 2
    input_h = img_shape[2]
    input_w = img_shape[3]
    # 将输入图片划分成 num_rows x num_cols 个小方块区域，每个小方块的边长是 downsample
    # 计算一共有多少行小方块
    num_rows = input_h // downsample
    # 计算一共有多少列小方块
    num_cols = input_w // downsample

    label_objectness = np.zeros([batchsize, num_anchors, num_rows, num_cols])
```

```python
    label_classification = np.zeros([batchsize, num_anchors, num_classes, num_
cols])
    label_location = np.zeros([batchsize, num_anchors, 4, num_rows, num_cols])

    scale_location = np.ones([batchsize, num_anchors, num_rows, num_cols])

    # 对 batchsize 进行循环,依次处理每张图片
    for n in range(batchsize):
        # 对图片上的真实框进行循环,依次找出跟真实框形状最匹配的锚框
        for n_gt in range(len(gt_boxes[n])):
            gt = gt_boxes[n][n_gt]
            gt_cls = gt_labels[n][n_gt]
            gt_center_x = gt[0]
            gt_center_y = gt[1]
            gt_width = gt[2]
            gt_height = gt[3]
            if (gt_height < 1e - 3) or (gt_height < 1e - 3):
                continue
            i = int(gt_center_y * num_rows)
            j = int(gt_center_x * num_cols)
            ious = []
            for ka in range(num_anchors):
                bbox1 = [0., 0., float(gt_width), float(gt_height)]
                anchor_w = anchors[ka * 2]
                anchor_h = anchors[ka * 2 + 1]
                bbox2 = [0., 0., anchor_w/float(input_w), anchor_h/float(input_h)]
                # 计算 iou
                iou = box_iou_xywh(bbox1, bbox2)
                ious.append(iou)
            ious = np.array(ious)
            inds = np.argsort(ious)
            k = inds[ - 1]
            label_objectness[n, k, i, j] = 1
            c = gt_cls
            label_classification[n, k, c, i, j] = 1.

            # for those prediction bbox with objectness = 1, set label of location
            dx_label = gt_center_x * num_cols - j
            dy_label = gt_center_y * num_rows - i
            dw_label = np.log(gt_width * input_w / anchors[k * 2])
            dh_label = np.log(gt_height * input_h / anchors[k * 2 + 1])
            label_location[n, k, 0, i, j] = dx_label
            label_location[n, k, 1, i, j] = dy_label
            label_location[n, k, 2, i, j] = dw_label
            label_location[n, k, 3, i, j] = dh_label
            # scale_location 用来调节不同尺寸的锚框对损失函数的贡献,作为加权系数和位置
损失函数相乘
            scale_location[n, k, i, j] = 2.0 - gt_width * gt_height

    # 目前根据每张图片上所有出现过的 gt box,都标注出了 objectness 为正的预测框,剩下的预
测框则默认 objectness 为 0
    # 对于 objectness 为 1 的预测框,标出了它们所包含的物体类别,以及位置回归的目标
    return label_objectness.astype('float32'), label_location.astype('float32'), label_
classification.astype('float32'), \
            scale_location.astype('float32')
```

读取数据。

```
reader = multithread_loader('/home/aistudio/work/insects/train', batch_size = 2, mode =
'train')
img, gt_boxes, gt_labels, im_shape = next(reader())
# 计算出锚框对应的标签
label_objectness, label_location, label_classification, scale_location = get_objectness_
label(img,
                                    gt_boxes, gt_labels,
                                    iou_threshold = 0.7,
                                    anchors = [116, 90, 156, 198, 373, 326],
                                    num_classes = 7,
                    downsample = 32)
```

```
img.shape, gt_boxes.shape, gt_labels.shape, im_shape.shape
```

```
((2, 3, 320, 320), (2, 50, 4), (2, 50), (2, 2))
```

```
label_objectness.shape, label_location.shape, label_classification.shape, scale_
location.shape
```

```
((2, 3, 10, 10), (2, 3, 4, 10, 10), (2, 3, 7, 10, 10), (2, 3, 10, 10))
```

上面的程序实现了对锚框进行标注,对于每个真实框,选出了与它形状最匹配的锚框,将其 objectness 标注为 1,并且将 $(d_x^*, d_y^*, t_w^*, t_h^*)$ 作为正样本位置的标签,真实框包含的物体类别作为锚框的类别。而其余的锚框,objectness 将被标注为 0,无须标注出位置和类别的标签。

注意:

这里还遗留一个小问题,前面我们说了对于与真实框 IoU 较大的那些锚框,需要将其 objectness 标注为 −1,不参与损失函数的计算。我们先将这个问题放一放,等到后面建立损失函数的时候再补上。

4.3.4　图形特征提取

在图像分类中介绍了通过卷积神经网络提取图像特征。通过连续使用多层卷积和池化等操作,能得到语义含义更加丰富的特征图。在检测问题中,也使用卷积神经网络逐层提取图像特征,通过最终的输出特征图来表征物体位置和类别等信息。

YOLOv3 算法使用的骨干网络是 Darknet53。Darknet53 网络的具体结构如图 4.17 所示,在 ImageNet 图像分类任务上取得了很好的成绩。在检测任务中,将图中 C0 后面的平均池化、全连接层和 Softmax 去掉,保留从输入到 C0 部分的网络结构,作为检测模型的基础网络结构,也称为骨干网络。YOLOv3 模型会在骨干网络的基础上,再添加检测相关的网络模块。

下面的程序是 Darknet53 骨干网络的实现代码,其中和图片不一样的地方在于——图片是 256×256 的输入,而我们展示的例子是 640×640 的输入。这里将上图中 C0、C1、C2

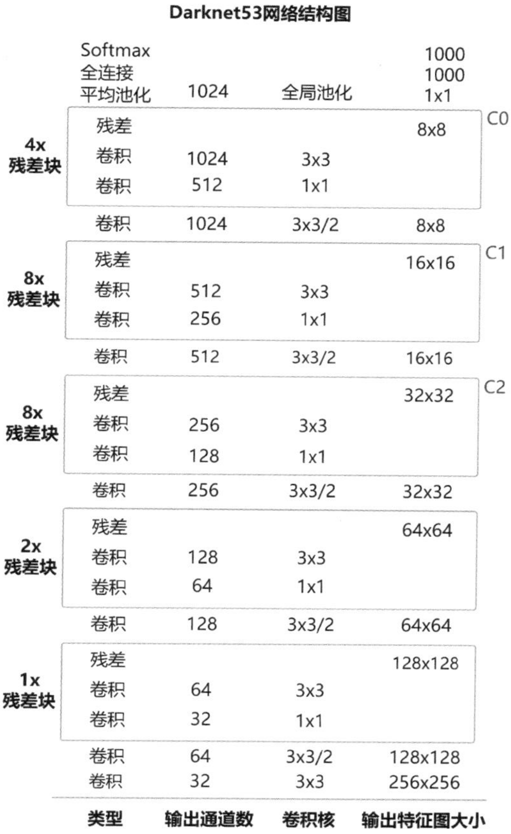

Darknet53网络结构图

类型	输出通道数	卷积核	输出特征图大小	
Softmax			1000	
全连接			1000	
平均池化	1024	全局池化	1x1	
残差			8x8	C0
卷积	1024	3x3		
卷积	512	1x1		
卷积	1024	3x3/2	8x8	
残差			16x16	C1
卷积	512	3x3		
卷积	256	1x1		
卷积	512	3x3/2	16x16	
残差			32x32	C2
卷积	256	3x3		
卷积	128	1x1		
卷积	256	3x3/2	32x32	
残差			64x64	
卷积	128	3x3		
卷积	64	1x1		
卷积	128	3x3/2	64x64	
残差			128x128	
卷积	64	3x3		
卷积	32	1x1		
卷积	64	3x3/2	128x128	
卷积	32	3x3	256x256	

左侧标注：4x 残差块、8x 残差块、8x 残差块、2x 残差块、1x 残差块

底部表头：类型　输出通道数　卷积核　输出特征图大小

■图 4.17　Darknet53 网络结构

所表示的输出数据取出,并查看它们的形状分别是,$C0[1,1024,20,20]$,$C1[1,512,40,40]$,$C2[1,256,80,80]$。

特征图的步幅

在提取特征的过程中通常会使用步幅大于 1 的卷积或者池化,导致后面的特征图尺寸越来越小,特征图的步幅等于输入图片尺寸除以特征图尺寸。例如 $C0$ 的尺寸是 20×20,原图尺寸是 640×640,则 $C0$ 的步幅是 $\frac{640}{20}=32$。同理,$C1$ 的步幅是 16,$C2$ 的步幅是 8。

```
import paddle.fluid as fluid
from paddle.fluid.param_attr import ParamAttr
from paddle.fluid.regularizer import L2Decay

from paddle.fluid.dygraph.nn import Conv2D, BatchNorm
from paddle.fluid.dygraph.base import to_variable
```

YOLOv3 骨干网络结构 Darknet53 的实现代码如下所示。卷积和批归一化,BN 层之后激活函数默认用 leaky_relu。

```python
class ConvBNLayer(fluid.dygraph.Layer):
    def __init__(self, ch_in, ch_out, filter_size = 3, stride = 1, groups = 1,
                 padding = 0, act = "leaky", is_test = True):
        super(ConvBNLayer, self).__init__()
        self.conv = Conv2D(
            num_channels = ch_in,
            num_filters = ch_out,
            filter_size = filter_size,
            stride = stride,
            padding = padding,
            groups = groups,
            param_attr = ParamAttr(
                initializer = fluid.initializer.Normal(0., 0.02)),
            bias_attr = False,
            act = None)
        self.batch_norm = BatchNorm(
            num_channels = ch_out,
            is_test = is_test,
            param_attr = ParamAttr(
                initializer = fluid.initializer.Normal(0., 0.02),
                regularizer = L2Decay(0.)),
            bias_attr = ParamAttr(
                initializer = fluid.initializer.Constant(0.0),
                regularizer = L2Decay(0.)))
        self.act = act

    def forward(self, inputs):
        out = self.conv(inputs)
        out = self.batch_norm(out)
        if self.act == 'leaky':
            out = fluid.layers.leaky_relu(x = out, alpha = 0.1)
        return out
```

下采样，图片尺寸减半，使用 stirde＝2 的卷积。

```python
class DownSample(fluid.dygraph.Layer):
    def __init__(self,
                 ch_in,
                 ch_out,
                 filter_size = 3,
                 stride = 2,
                 padding = 1,
                 is_test = True):

        super(DownSample, self).__init__()

        self.conv_bn_layer = ConvBNLayer(
            ch_in = ch_in,
            ch_out = ch_out,
            filter_size = filter_size,
            stride = stride,
            padding = padding,
```

```
                is_test = is_test)
            self.ch_out = ch_out
        def forward(self, inputs):
            out = self.conv_bn_layer(inputs)
            return out
```

基本残差块的定义,输入 x 经过两层卷积,然后接第二层卷积的输出和输入 x 相加。

```
class BasicBlock(fluid.dygraph.Layer):
    def __init__(self, ch_in, ch_out, is_test = True):
        super(BasicBlock, self).__init__()

        self.conv1 = ConvBNLayer(
            ch_in = ch_in,
            ch_out = ch_out,
            filter_size = 1,
            stride = 1,
            padding = 0,
            is_test = is_test
            )
        self.conv2 = ConvBNLayer(
            ch_in = ch_out,
            ch_out = ch_out * 2,
            filter_size = 3,
            stride = 1,
            padding = 1,
            is_test = is_test
            )
    def forward(self, inputs):
        conv1 = self.conv1(inputs)
        conv2 = self.conv2(conv1)
        out = fluid.layers.elementwise_add(x = inputs, y = conv2, act = None)
        return out
```

添加多层残差块,组成 Darknet53 网络的一个层级。

```
class LayerWarp(fluid.dygraph.Layer):
    def __init__(self, ch_in, ch_out, count, is_test = True):
        super(LayerWarp, self).__init__()

        self.basicblock0 = BasicBlock(ch_in,
            ch_out,
            is_test = is_test)
        self.res_out_list = []
        for i in range(1, count):
            res_out = self.add_sublayer("basic_block_%d" % (i),  #使用 add_sublayer 添加子层
                BasicBlock(ch_out * 2,
                    ch_out,
                    is_test = is_test))
            self.res_out_list.append(res_out)
```

```
    def forward(self,inputs):
        y = self.basicblock0(inputs)
        for basic_block_i in self.res_out_list:
            y = basic_block_i(y)
        return y
```

Darknet53 最终实现。

```
DarkNet_cfg = {53: ([1, 2, 8, 8, 4])}

class DarkNet53_conv_body(fluid.dygraph.Layer):
    def __init__(self,

                 is_test = True):
        super(DarkNet53_conv_body, self).__init__()
        self.stages = DarkNet_cfg[53]
        self.stages = self.stages[0:5]

        # 第一层卷积
        self.conv0 = ConvBNLayer(
            ch_in = 3,
            ch_out = 32,
            filter_size = 3,
            stride = 1,
            padding = 1,
            is_test = is_test)

        # 下采样,使用 stride = 2 的卷积来实现
        self.downsample0 = DownSample(
            ch_in = 32,
            ch_out = 32 * 2,
            is_test = is_test)

        # 添加各个层级的实现
        self.darknet53_conv_block_list = []
        self.downsample_list = []
        for i, stage in enumerate(self.stages):
            conv_block = self.add_sublayer(
                "stage_%d" % (i),
                LayerWarp(32 * (2 ** (i + 1)),
                32 * (2 ** i),
                stage,
                is_test = is_test))
            self.darknet53_conv_block_list.append(conv_block)
        # 两个层级之间使用 DownSample 将尺寸减半
        for i in range(len(self.stages) - 1):
            downsample = self.add_sublayer(
                "stage_%d_downsample" % i,
                DownSample(ch_in = 32 * (2 ** (i + 1)),
                    ch_out = 32 * (2 ** (i + 2)),
                    is_test = is_test))
            self.downsample_list.append(downsample)
```

```
def forward(self, inputs):
    out = self.conv0(inputs)
    # print("conv1:", out.numpy())
    out = self.downsample0(out)
    # print("dy:", out.numpy())
    blocks = []
    for i, conv_block_i in enumerate(self.darknet53_conv_block_list): #依次将各个层级
作用在输入上面
        out = conv_block_i(out)
        blocks.append(out)
        if i < len(self.stages) - 1:
            out = self.downsample_list[i](out)
    return blocks[-1:-4:-1] # 将C0, C1, C2 作为返回值
```

查看 Darknet53 网络输出特征图。

```
import numpy as np
with fluid.dygraph.guard():
    backbone = DarkNet53_conv_body(is_test = False)
    x = np.random.randn(1, 3, 640, 640).astype('float32')
    x = to_variable(x)
    C0, C1, C2 = backbone(x)
    print(C0.shape, C1.shape, C2.shape)
```

[1, 1024, 20, 20] [1, 512, 40, 40] [1, 256, 80, 80]

上面这段示例代码,指定输入数据的形状是$(1,3,640,640)$,则 3 个层级的输出特征图的形状分别是 $C0(1,1024,20,20)$,$C1(1,1024,40,40)$ 和 $C2(1,1024,80,80)$。

4.3.5 计算预测框位置和类别

YOLOv3 中对每个预测框计算逻辑如下:

(1) 预测框是否包含物体。也可理解为 objectness=1 的概率是多少,可以用网络输出一个实数 x,可以用 Sigmoid(x)表示 objectness 为正的概率 P_{obj}。

(2) 预测物体位置和形状。物体位置和形状(t_x, t_y, t_w, t_h)可以用网络输出 4 个实数来表示:(t_x, t_y, t_w, t_h)。

(3) 预测物体类别。预测图像中物体的具体类别是什么,或者说其属于每个类别的概率分别是多少。总的类别数为 C,需要预测物体属于每个类别的概率 $P_1, P_2, \cdots, P_C$,可以用网络输出 C 个实数 $x_1, x_2, \cdots, x_C$,对每个实数分别求 Sigmoid 函数,让 $P_i = \text{Sigmoid}(x_i)$,则可以表示出物体属于每个类别的概率。对于一个预测框,网络需要输出$(5+C)$个实数来表征它是否包含物体、位置和形状尺寸以及属于每个类别的概率。

由于我们在每个小方块区域都生成了 K 个预测框,则所有预测框一共需要网络输出的预测值数目是:

$$[K(5+C)] \times m \times n$$

还有更重要的一点是网络输出必须要能区分出小方块区域的位置来,不能直接将特征图连接一个输出大小为$[K(5+C)] \times m \times n$ 的全连接层。

1. 建立输出特征图与预测框之间的关联

现在观察特征图,经过多次卷积核池化之后,其步幅 stride＝32,640×480 大小的输入图片变成了 20×15 的特征图;而小方块区域的数目正好是 20×15,也就是说可以让特征图上每个像素点分别跟原图上一个小方块区域对应。这也是为什么我们最开始将小方块区域的尺寸设置为 32 的原因,这样可以巧妙地将小方块区域跟特征图上的像素点对应起来,解决了空间位置的对应关系,如图 4.18 所示。

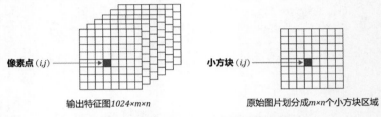

■图 4.18　特征图 $C0$ 与小方块区域形状对比

下面需要将像素点 (i,j) 与第 i 行第 j 列的小方块区域所需要的预测值关联起来,每个小方块区域产生 K 个预测框,每个预测框需要 $(5＋C)$ 个实数预测值,则每个像素点相对应的要有 $K(5＋C)$ 个实数。为了解决这一问题,对特征图进行多次卷积,并将最终的输出通道数设置为 $K(5＋C)$,即可将生成的特征图与每个预测框所需要的预测值巧妙地对应起来。

骨干网络的输出特征图是 $C0$,下面的程序是对 $C0$ 进行多次卷积以得到跟预测框相关的特征图 $P0$。

```python
# 从骨干网络输出特征图 C0 得到跟预测相关的特征图 P0
class YoloDetectionBlock(fluid.dygraph.Layer):
    # define YOLO - V3 detection head
    # 使用多层卷积和 BN 提取特征
    def __init__(self, ch_in, ch_out, is_test = True):
        super(YoloDetectionBlock, self).__init__()

        assert ch_out % 2 == 0, \
            "channel {} cannot be divided by 2".format(ch_out)

        self.conv0 = ConvBNLayer(
            ch_in = ch_in, ch_out = ch_out,
            filter_size = 1, stride = 1,
            padding = 0, is_test = is_test
            )
        self.conv1 = ConvBNLayer(
            ch_in = ch_out, ch_out = ch_out * 2,
            filter_size = 3, stride = 1,
            padding = 1, is_test = is_test
            )
        self.conv2 = ConvBNLayer(
            ch_in = ch_out * 2, ch_out = ch_out,
            filter_size = 1, stride = 1,
            padding = 0, is_test = is_test
```

```
                    )
            self.conv3 = ConvBNLayer(
                ch_in = ch_out, ch_out = ch_out * 2,
                filter_size = 3, stride = 1,
                padding = 1, is_test = is_test
                )
            self.route = ConvBNLayer(
                ch_in = ch_out * 2, ch_out = ch_out,
                filter_size = 1, stride = 1,
                padding = 0, is_test = is_test
                )
            self.tip = ConvBNLayer(
                ch_in = ch_out, ch_out = ch_out * 2,
                filter_size = 3, stride = 1,
                padding = 1, is_test = is_test
                )
    def forward(self, inputs):
        out = self.conv0(inputs)
        out = self.conv1(out)
        out = self.conv2(out)
        out = self.conv3(out)
        route = self.route(out)
        tip = self.tip(route)
        return route, tip
```

```
NUM_ANCHORS = 3
NUM_CLASSES = 7
num_filters = NUM_ANCHORS * (NUM_CLASSES + 5)
with fluid.dygraph.guard():
    backbone = DarkNet53_conv_body(is_test = False)
    detection = YoloDetectionBlock(ch_in = 1024, ch_out = 512, is_test = False)
    conv2d_pred = Conv2D(num_channels = 1024, num_filters = num_filters,  filter_size = 1)

    x = np.random.randn(1, 3, 640, 640).astype('float32')
    x = to_variable(x)
    C0, C1, C2 = backbone(x)
    route, tip = detection(C0)
    P0 = conv2d_pred(tip)

    print(P0.shape)
```

[1，36，20，20]

如上面的代码所示,可以由特征图 $C0$ 生成特征图 $P0$,$P0$ 的形状是[1，36，20，20]。每个小方块区域生成的锚框或者预测框的数量是3,物体类别数目是7,每个区域需要的预测值个数是 $3\times(5+7)=36$,正好等于 $P0$ 的输出通道数。

将 $P0[t,0:12,i,j]$ 与输入的第 t 张图片上小方块区域 (i,j) 第1个预测框所需要的12个预测值对应,$P0[t,12:24,i,j]$ 与输入的第 t 张图片上小方块区域 (i,j) 第2个预测框所需要的12个预测值对应,$P0[t,24:36,i,j]$ 与输入的第 t 张图片上小方块区域 (i,j) 第3个预测框所需要的12个预测值对应。

$P0[t,0:4,i,j]$ 与输入的第 t 张图片上小方块区域 (i,j) 第1个预测框的位置对应,

$P0[t,4,i,j]$ 与输入的第 t 张图片上小方块区域 (i,j) 第 1 个预测框的 objectness 对应，$P0[t,5:12,i,j]$ 与输入的第 t 张图片上小方块区域 (i,j) 第 1 个预测框的类别对应。

如图 4.19 所示，通过这种方式可以巧妙地将网络输出特征图，与每个小方块区域生成的预测框对应起来了。

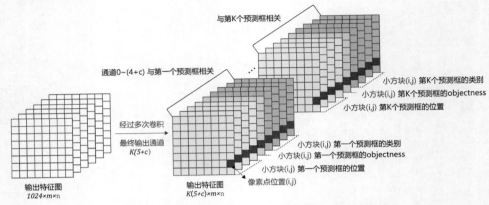

■图 4.19　特征图 P0 与候选区域的关联

2. 计算预测框是否包含物体的概率

根据前面的分析，$P0[t,4,i,j]$ 与输入的第 t 张图片上小方块区域 (i,j) 第 1 个预测框的 objectness 对应，$P0[t,4+12,i,j]$ 与第 2 个预测框的 objectness 对应，依此类推，则可以使用下面的程序将 objectness 相关的预测取出，并使用 fluid. layers. sigmoid 计算输出概率。

```python
NUM_ANCHORS = 3
NUM_CLASSES = 7
num_filters = NUM_ANCHORS * (NUM_CLASSES + 5)
with fluid.dygraph.guard():
    backbone = DarkNet53_conv_body(is_test = False)
    detection = YoloDetectionBlock(ch_in = 1024, ch_out = 512, is_test = False)
    conv2d_pred = Conv2D(num_channels = 1024, num_filters = num_filters,  filter_size = 1)

    x = np.random.randn(1, 3, 640, 640).astype('float32')
    x = to_variable(x)
    C0, C1, C2 = backbone(x)
    route, tip = detection(C0)
    P0 = conv2d_pred(tip)

    reshaped_p0 = fluid.layers.reshape(P0, [ - 1, NUM_ANCHORS, NUM_CLASSES + 5, P0.shape[2], P0.shape[3]])
    pred_objectness = reshaped_p0[:, :, 4, :, :]
    pred_objectness_probability = fluid.layers.sigmoid(pred_objectness)
    print(pred_objectness.shape, pred_objectness_probability.shape)
```

[1, 3, 20, 20] [1, 3, 20, 20]

上面的输出程序显示，预测框是否包含物体的概率 pred_objectness_probability，其数据形状是 [1，3，20，20]，与我们上面提到的预测框个数一致，数据大小在 0～1，表示预测框为正样本的概率。

3. 计算预测框位置坐标

$P0[t,0:4,i,j]$与输入的第 t 张图片上小方块区域(i,j)第 1 个预测框的位置对应，$P0[t,12:16,i,j]$与第 2 个预测框的位置对应，$\cdots$，使用下面的程序可以从 $P0$ 中取出跟预测框位置相关的预测值。

```
NUM_ANCHORS = 3
NUM_CLASSES = 7
num_filters = NUM_ANCHORS * (NUM_CLASSES + 5)
with fluid.dygraph.guard():
    backbone = DarkNet53_conv_body(is_test = False)
    detection = YoloDetectionBlock(ch_in = 1024, ch_out = 512, is_test = False)
    conv2d_pred = Conv2D(num_channels = 1024, num_filters = num_filters,  filter_size = 1)

    x = np.random.randn(1, 3, 640, 640).astype('float32')
    x = to_variable(x)
    C0, C1, C2 = backbone(x)
    route, tip = detection(C0)
    P0 = conv2d_pred(tip)


    reshaped_p0 = fluid.layers.reshape(P0, [ - 1, NUM_ANCHORS, NUM_CLASSES + 5, P0.shape[2], P0.shape[3]])
    pred_objectness = reshaped_p0[:, :, 4, :, :]
    pred_objectness_probability = fluid.layers.sigmoid(pred_objectness)

    pred_location = reshaped_p0[:, :, 0:4, :, :]
    print(pred_location.shape)
```

[1, 3, 4, 20, 20]

网络输出值是(t_x,t_y,t_w,t_h)，还需要将其转化为(x_1,y_1,x_2,y_2)这种形式的坐标表示。Paddle 里面有专门的 API fluid.layers.yolo_box 直接计算出结果，但为了给读者更清楚地展示算法的实现过程，我们使用 NumPy 来实现这一过程。

```
# 定义 Sigmoid 函数
def sigmoid(x):
    return 1./(1.0 + np.exp( - x))

# 将网络特征图输出的[tx, ty, th, tw]转化成预测框的坐标[x1, y1, x2, y2]
def get_yolo_box_xyxy(pred, anchors, num_classes, downsample):
    """
    pred 是网络输出特征图转化成的 numpy.ndarray
    anchors 是一个 list. 表示锚框的大小，
                例如 anchors = [116, 90, 156, 198, 373, 326],表示有三个锚框,
                第一个锚框大小[w, h]是[116, 90],第二个锚框大小是[156, 198],第三个锚框大小是[373, 326]
    """
    batchsize = pred.shape[0]
    num_rows = pred.shape[ - 2]
```

```
    num_cols = pred.shape[-1]

    input_h = num_rows * downsample
    input_w = num_cols * downsample

    num_anchors = len(anchors) // 2

    # pred 的形状是[N, C, H, W],其中 C = NUM_ANCHORS * (5 + NUM_CLASSES)
    # 对 pred 进行 reshape
    pred = pred.reshape([-1, num_anchors, 5+num_classes, num_rows, num_cols])
    pred_location = pred[:, :, 0:4, :, :]
    pred_location = np.transpose(pred_location, (0,3,4,1,2))
    anchors_this = []
    for ind in range(num_anchors):
        anchors_this.append([anchors[ind*2], anchors[ind*2+1]])
    anchors_this = np.array(anchors_this).astype('float32')

    # 最终输出数据保存在 pred_box 中,其形状是[N, H, W, NUM_ANCHORS, 4],
    # 其中最后一个维度 4 代表位置的 4 个坐标
    pred_box = np.zeros(pred_location.shape)
    for n in range(batchsize):
        for i in range(num_rows):
            for j in range(num_cols):
                for k in range(num_anchors):
                    pred_box[n, i, j, k, 0] = j
                    pred_box[n, i, j, k, 1] = i
                    pred_box[n, i, j, k, 2] = anchors_this[k][0]
                    pred_box[n, i, j, k, 3] = anchors_this[k][1]

    # 这里使用相对坐标,pred_box 的输出元素数值在 0.~1.0
    pred_box[:, :, :, :, 0] = (sigmoid(pred_location[:, :, :, :, 0]) + pred_box[:, :, :, :,
0]) / num_cols
    pred_box[:, :, :, :, 1] = (sigmoid(pred_location[:, :, :, :, 1]) + pred_box[:, :, :, :,
1]) / num_rows
    pred_box[:, :, :, :, 2] = np.exp(pred_location[:, :, :, :, 2]) * pred_box[:, :, :, :, 2]
/ input_w
    pred_box[:, :, :, :, 3] = np.exp(pred_location[:, :, :, :, 3]) * pred_box[:, :, :, :, 3]
/ input_h

    # 将坐标从 xywh 转化成 xyxy
    pred_box[:, :, :, :, 0] = pred_box[:, :, :, :, 0] - pred_box[:, :, :, :, 2] / 2.
    pred_box[:, :, :, :, 1] = pred_box[:, :, :, :, 1] - pred_box[:, :, :, :, 3] / 2.
    pred_box[:, :, :, :, 2] = pred_box[:, :, :, :, 0] + pred_box[:, :, :, :, 2]
    pred_box[:, :, :, :, 3] = pred_box[:, :, :, :, 1] + pred_box[:, :, :, :, 3]

    pred_box = np.clip(pred_box, 0., 1.0)

    return pred_box
```

通过调用上面定义的 get_yolo_box_xyxy 函数,可以从 P0 计算出预测框坐标来,具体
程序如下:

```
NUM_ANCHORS = 3
NUM_CLASSES = 7
num_filters = NUM_ANCHORS * (NUM_CLASSES + 5)
with fluid.dygraph.guard():
    backbone = DarkNet53_conv_body(is_test = False)
    detection = YoloDetectionBlock(ch_in = 1024, ch_out = 512, is_test = False)
    conv2d_pred = Conv2D(num_channels = 1024, num_filters = num_filters,  filter_size = 1)

    x = np.random.randn(1, 3, 640, 640).astype('float32')
    x = to_variable(x)
    C0, C1, C2 = backbone(x)
    route, tip = detection(C0)
    P0 = conv2d_pred(tip)

    reshaped_p0 = fluid.layers.reshape(P0, [ - 1, NUM_ANCHORS, NUM_CLASSES + 5, P0.shape
[2], P0.shape[3]])
    pred_objectness = reshaped_p0[:, :, 4, :, :]
    pred_objectness_probability = fluid.layers.sigmoid(pred_objectness)

    pred_location = reshaped_p0[:, :, 0:4, :, :]

    # anchors 包含了预先设定好的锚框尺寸
    anchors = [116, 90, 156, 198, 373, 326]
    # downsample 是特征图 P0 的步幅
    pred_boxes = get_yolo_box_xyxy(P0.numpy(), anchors, num_classes = 7, downsample = 32) #
由输出特征图 P0 计算预测框位置坐标
    print(pred_boxes.shape)
```

(1, 20, 20, 3, 4)

上面程序计算出来的 pred_boxes 的形状是 $[N, H, W, \text{num\_anchors}, 4]$，坐标格式是 (x_1, y_1, x_2, y_2)，数值在 $0 \sim 1$，表示相对坐标。

4. 计算物体属于每个类别概率

$P0[t, 5:12, i, j]$ 与输入的第 t 张图片上小方块区域 (i, j) 第 1 个预测框包含物体的类别对应，$P0[t, 17:24, i, j]$ 与第 2 个预测框的类别对应，…，使用下面的程序可以从 $P0$ 中取出那些跟预测框类别相关的预测值。

```
NUM_ANCHORS = 3
NUM_CLASSES = 7
num_filters = NUM_ANCHORS * (NUM_CLASSES + 5)
with fluid.dygraph.guard():
    backbone = DarkNet53_conv_body(is_test = False)
    detection = YoloDetectionBlock(ch_in = 1024, ch_out = 512, is_test = False)
    conv2d_pred = Conv2D(num_channels = 1024, num_filters = num_filters,  filter_size = 1)

    x = np.random.randn(1, 3, 640, 640).astype('float32')
    x = to_variable(x)
    C0, C1, C2 = backbone(x)
    route, tip = detection(C0)
    P0 = conv2d_pred(tip)
```

```
reshaped_p0 = fluid.layers.reshape(P0, [-1, NUM_ANCHORS, NUM_CLASSES + 5, P0.shape
[2], P0.shape[3]])
    # 取出与 objectness 相关的预测值
    pred_objectness = reshaped_p0[:, :, 4, :, :]
    pred_objectness_probability = fluid.layers.sigmoid(pred_objectness)
    # 取出与位置相关的预测值
    pred_location = reshaped_p0[:, :, 0:4, :, :]
    # 取出与类别相关的预测值
    pred_classification = reshaped_p0[:, :, 5:5+NUM_CLASSES, :, :]
    pred_classification_probability = fluid.layers.sigmoid(pred_classification)
    print(pred_classification.shape)
```

$[1, 3, 7, 20, 20]$

上面的程序通过 $P0$ 计算出了预测框包含的物体所属类别的概率，pred_classification_probability 的形状是 $[1,3,7,20,20]$，数值在 $0\sim1$。

4.3.6　定义损失函数

上面从概念上将输出特征图上的像素点与预测框关联起来了，那么要对神经网络进行求解，还必须从数学上将网络输出和预测框关联起来，也就是要建立起损失函数跟网络输出之间的关系。下面讨论如何建立起 YOLOv3 的损失函数。

对于每个预测框，YOLOv3 模型会建立三种类型的损失函数：

（1）表征是否包含目标物体的损失函数，通过 pred_objectness 和 label_objectness 计算。

```
loss_obj = fluid.layers.sigmoid_cross_entropy_with_logits(pred_objectness, label_
objectness)
```

（2）表征物体位置的损失函数，通过 pred_location 和 label_location 计算。

```
pred_location_x = pred_location[:, :, 0, :, :]
pred_location_y = pred_location[:, :, 1, :, :]
pred_location_w = pred_location[:, :, 2, :, :]
pred_location_h = pred_location[:, :, 3, :, :]
loss_location_x = fluid.layers.sigmoid_cross_entropy_with_logits(pred_location_x, label_
location_x)
loss_location_y = fluid.layers.sigmoid_cross_entropy_with_logits(pred_location_y, label_
location_y)
loss_location_w = fluid.layers.abs(pred_location_w - label_location_w)
loss_location_h = fluid.layers.abs(pred_location_h - label_location_h)
loss_location = loss_location_x + loss_location_y + loss_location_w + loss_location_h
```

（3）表征物体类别的损失函数，通过 pred_classification 和 label_classification 计算。

```
loss_obj = fluid.layers.sigmoid_cross_entropy_with_logits(pred_classification, label_
classification)
```

在前面几个小节中我们已经知道怎么计算这些预测值和标签了，但是遗留了一个小问题,就是没有标注出哪些锚框的 objectness 为 -1。为了完成这一步,我们需要计算出所有预测框跟真实框之间的 IoU,然后把那些 IoU 大于阈值的真实框挑选出来。实现代码如下:

```python
# 挑选出跟真实框 IoU 大于阈值的预测框
def get_iou_above_thresh_inds(pred_box, gt_boxes, iou_threshold):
    batchsize = pred_box.shape[0]
    num_rows = pred_box.shape[1]
    num_cols = pred_box.shape[2]
    num_anchors = pred_box.shape[3]
    ret_inds = np.zeros([batchsize, num_rows, num_cols, num_anchors])
    for i in range(batchsize):
        pred_box_i = pred_box[i]
        gt_boxes_i = gt_boxes[i]
        for k in range(len(gt_boxes_i)): # gt in gt_boxes_i:
            gt = gt_boxes_i[k]
            gtx_min = gt[0] - gt[2] / 2.
            gty_min = gt[1] - gt[3] / 2.
            gtx_max = gt[0] + gt[2] / 2.
            gty_max = gt[1] + gt[3] / 2.
            if (gtx_max - gtx_min < 1e-3) or (gty_max - gty_min < 1e-3):
                continue
            x1 = np.maximum(pred_box_i[:, :, :, 0], gtx_min)
            y1 = np.maximum(pred_box_i[:, :, :, 1], gty_min)
            x2 = np.minimum(pred_box_i[:, :, :, 2], gtx_max)
            y2 = np.minimum(pred_box_i[:, :, :, 3], gty_max)
            intersection = np.maximum(x2 - x1, 0.) * np.maximum(y2 - y1, 0.)
            s1 = (gty_max - gty_min) * (gtx_max - gtx_min)
            s2 = (pred_box_i[:, :, :, 2] - pred_box_i[:, :, :, 0]) * (pred_box_i[:, :, :, 3] - pred_box_i[:, :, :, 1])
            union = s2 + s1 - intersection
            iou = intersection / union
            above_inds = np.where(iou > iou_threshold)
            ret_inds[i][above_inds] = 1
    ret_inds = np.transpose(ret_inds, (0,3,1,2))
    return ret_inds.astype('bool')
```

上面的函数可以得到哪些锚框的 objectness 需要被标注为 -1,通过下面的程序,对 label_objectness 进行处理,将 IoU 大于阈值但又不是正样本的那些锚框标注为 -1。

```python
def label_objectness_ignore(label_objectness, iou_above_thresh_indices):
    # 注意: 这里不能简单地使用 label_objectness[iou_above_thresh_indices] = -1,
    # 这样可能会造成 label_objectness 为 1 的那些点被设置为 -1 了
    # 只有将那些被标注为 0,且与真实框 IoU 超过阈值的预测框才被标注为 -1
    negative_indices = (label_objectness < 0.5)
    ignore_indices = negative_indices * iou_above_thresh_indices
    label_objectness[ignore_indices] = -1
    return label_objectness
```

下面通过调用这两个函数,实现如何将部分预测框的 label_objectness 设置为 -1。

```python
# 读取数据
reader = multithread_loader('/home/aistudio/work/insects/train', batch_size = 2, mode = 'train')
```

```
img, gt_boxes, gt_labels, im_shape = next(reader())
# 计算出锚框对应的标签
label_objectness, label_location, label_classification, scale_location = get_objectness_
label(img,

gt_boxes, gt_labels,

iou_threshold = 0.7,

anchors = [116, 90, 156, 198, 373, 326],

num_classes = 7, downsample = 32)
NUM_ANCHORS = 3
NUM_CLASSES = 7
num_filters = NUM_ANCHORS * (NUM_CLASSES + 5)
with fluid.dygraph.guard():
    backbone = DarkNet53_conv_body(is_test = False)
    detection = YoloDetectionBlock(ch_in = 1024, ch_out = 512, is_test = False)
    conv2d_pred = Conv2D(num_channels = 1024, num_filters = num_filters,  filter_size = 1)


    x = to_variable(img)
    C0, C1, C2 = backbone(x)
    route, tip = detection(C0)
    P0 = conv2d_pred(tip)

    # anchors 包含了预先设定好的锚框尺寸
    anchors = [116, 90, 156, 198, 373, 326]
    # downsample 是特征图 P0 的步幅
    pred_boxes = get_yolo_box_xyxy(P0.numpy(), anchors, num_classes = 7, downsample = 32)
    iou_above_thresh_indices = get_iou_above_thresh_inds(pred_boxes, gt_boxes, iou_
threshold = 0.7)
    label_objectness = label_objectness_ignore(label_objectness, iou_above_thresh_indices)
    print(label_objectness.shape)
```

(2，3，12，12)

使用这种方式，就可以将那些没有被标注为正样本，但又与真实框 IoU 比较大的样本 objectness 标签设置为−1 了，不计算其对任何一种损失函数的贡献。

计算总的损失函数的代码如下：

```
def get_loss(output, label_objectness, label_location, label_classification, scales, num_
anchors = 3, num_classes = 7):
    # 将 output 从[N, C, H, W]变形为[N, NUM_ANCHORS, NUM_CLASSES + 5, H, W]
    reshaped_output = fluid.layers.reshape(output, [ − 1, num_anchors, num_classes + 5,
output.shape[2], output.shape[3]])

    # 从 output 中取出跟 objectness 相关的预测值
    pred_objectness = reshaped_output[:, :, 4, :, :]
    loss_objectness = fluid.layers.sigmoid_cross_entropy_with_logits(pred_objectness,
label_objectness, ignore_index = − 1)
    ## 对第 1,2,3 维求和
```

```
    # loss_objectness = fluid.layers.reduce_sum(loss_objectness, dim = [1,2,3], keep_dim =
False)

    # pos_samples 只有在正样本的地方取值为 1,其他地方取值全为 0
    pos_objectness = label_objectness > 0
    pos_samples = fluid.layers.cast(pos_objectness, 'float32')
    pos_samples.stop_gradient = True

    # 从 output 中取出所有跟位置相关的预测值
    tx = reshaped_output[:, :, 0, :, :]
    ty = reshaped_output[:, :, 1, :, :]
    tw = reshaped_output[:, :, 2, :, :]
    th = reshaped_output[:, :, 3, :, :]

    # 从 label_location 中取出各个位置坐标的标签
    dx_label = label_location[:, :, 0, :, :]
    dy_label = label_location[:, :, 1, :, :]
    tw_label = label_location[:, :, 2, :, :]
    th_label = label_location[:, :, 3, :, :]
    # 构建损失函数
    loss_location_x = fluid.layers.sigmoid_cross_entropy_with_logits(tx, dx_label)
    loss_location_y = fluid.layers.sigmoid_cross_entropy_with_logits(ty, dy_label)
    loss_location_w = fluid.layers.abs(tw − tw_label)
    loss_location_h = fluid.layers.abs(th − th_label)

    # 计算总的位置损失函数
    loss_location = loss_location_x + loss_location_y + loss_location_h + loss_location_w

    # 乘以 scales
    loss_location = loss_location * scales
    # 只计算正样本的位置损失函数
    loss_location = loss_location * pos_samples

    # 从 ooutput 取出所有跟物体类别相关的像素点
    pred_classification = reshaped_output[:, :, 5:5 + num_classes, :, :]
    # 计算分类相关的损失函数
    loss_classification = fluid.layers.sigmoid_cross_entropy_with_logits(pred_
classification, label_classification)
    # 将第 2 维求和
    loss_classification = fluid.layers.reduce_sum(loss_classification, dim = 2, keep_dim =
False)
    # 只计算 objectness 为正的样本的分类损失函数
    loss_classification = loss_classification * pos_samples
    total_loss = loss_objectness + loss_location + loss_classification
    # 对所有预测框的 loss 进行求和
    total_loss = fluid.layers.reduce_sum(total_loss, dim = [1,2,3], keep_dim = False)
    # 对所有样本求平均
    total_loss = fluid.layers.reduce_mean(total_loss)

    return total_loss
```

计算 total_loss。

```
# 读取数据
reader = multithread_loader('/home/aistudio/work/insects/train', batch_size = 2, mode = '
train')
img, gt_boxes, gt_labels, im_shape = next(reader())
# 计算出锚框对应的标签
label_objectness, label_location, label_classification, scale_location = get_objectness_
label(img,

        gt_boxes, gt_labels,

        iou_threshold = 0.7,

        anchors = [116, 90, 156, 198, 373, 326],

        num_classes = 7, downsample = 32)
NUM_ANCHORS = 3
NUM_CLASSES = 7
num_filters = NUM_ANCHORS * (NUM_CLASSES + 5)
with fluid.dygraph.guard():
    backbone = DarkNet53_conv_body(is_test = False)
    detection = YoloDetectionBlock(ch_in = 1024, ch_out = 512, is_test = False)
    conv2d_pred = Conv2D(num_channels = 1024, num_filters = num_filters,  filter_size = 1)

    x = to_variable(img)
    C0, C1, C2 = backbone(x)
    route, tip = detection(C0)
    P0 = conv2d_pred(tip)
    # anchors 包含了预先设定好的锚框尺寸
    anchors = [116, 90, 156, 198, 373, 326]
    # downsample 是特征图 P0 的步幅
    pred_boxes = get_yolo_box_xyxy(P0.numpy(), anchors, num_classes = 7, downsample = 32)
    iou_above_thresh_indices = get_iou_above_thresh_inds(pred_boxes, gt_boxes, iou_
threshold = 0.7)
    label_objectness = label_objectness_ignore(label_objectness, iou_above_thresh_indices)

    label_objectness = to_variable(label_objectness)
    label_location = to_variable(label_location)
    label_classification = to_variable(label_classification)
    scales = to_variable(scale_location)
    label_objectness.stop_gradient = True
    label_location.stop_gradient = True
    label_classification.stop_gradient = True
    scales.stop_gradient = True

    total_loss = get_loss(P0, label_objectness, label_location, label_classification,
scales,
                          num_anchors = NUM_ANCHORS, num_classes = NUM_CLASSES)
    total_loss_data = total_loss.numpy()
    print(total_loss_data)
```

上面的程序计算出了总的损失函数，看到这里，读者已经了解到了 YOLOv3 算法的大部分内容,包括如何生成锚框、给锚框打上标签、通过卷积神经网络提取特征、将输出特征图跟预测框相关联、建立损失函数。

4.3.7　多尺度检测

目前我们计算损失函数是在特征图 P0 的基础上进行的,它的步幅 stride＝32。特征图的尺寸比较小,像素点数目比较少,每个像素点的感受野很大,具有非常丰富的高层级语义信息,可能比较容易检测到较大的目标。为了能够检测到尺寸较小的那些目标,需要在尺寸较大的特征图上面建立预测输出。如果我们在 C2 或者 C1 这种层级的特征图上直接产生预测输出,可能面临新的问题,它们没有经过充分的特征提取,像素点包含的语义信息不够丰富,有可能难以提取到有效的特征模式。在目标检测中,解决这一问题的方式是,将高层级的特征图尺寸放大之后跟低层级的特征图进行融合,得到的新特征图既能包含丰富的语义信息,又具有较多的像素点,能够描述更加精细的结构。具体的网络实现方式如图 4.20 所示。

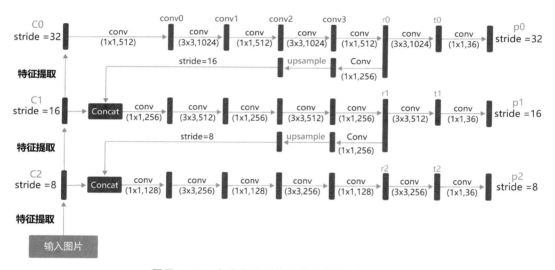

■图 4.20　生成多层级的输出特征图 P0、P1、P2

YOLOv3 在每个区域的中心位置产生 3 个锚框,在 3 个层级的特征图上产生锚框的大小分别为 P2 [(10×13),(16×30),(33×23)],P1 [(30×61),(62×45),(59×119)],P0[(116×90),(156×198),(373×326)]。越往后的特征图上用到的锚框尺寸也越大,能捕捉到大尺寸目标的信息;越往前的特征图上锚框尺寸越小,能捕捉到小尺寸目标的信息。

因为有多尺度的检测,所以需要对上面的代码进行较大的修改,而且实现过程也略显烦琐,所以推荐大家直接使用飞桨提供的 API(fluid.layers.yolov3_loss),关键参数说明如下:

fluid.layers.yolov3_loss(x,gt_box,gt_label,anchors,anchor_mask,class_num,ignore_thresh,downsample_ratio,gt_score＝None,use_label_smooth＝True,name＝None))

- x:输出特征图。
- gt_box:真实框。
- gt_label:真实框标签。

- ignore_thresh：预测框与真实框 IoU 阈值超过 ignore_thresh 时，不作为负样本，YOLOv3 模型里设置为 0.7。
- downsample_ratio：特征图 P0 的下采样比例，使用 Darknet53 骨干网络时为 32。
- gt_score：真实框的置信度，在使用了 mixup 技巧时用到。
- use_label_smooth：一种训练技巧，如不使用，设置为 False。
- name：该层的名字，比如'yolov3_loss'，默认值为 None，一般无须设置。

对于使用了多层级特征图产生预测框的方法，其具体实现代码如下：

定义上采样模块。

```python
class Upsample(fluid.dygraph.Layer):
    def __init__(self, scale=2):
        super(Upsample, self).__init__()
        self.scale = scale

    def forward(self, inputs):
        # 获取动态上采样输出的形状
        shape_nchw = fluid.layers.shape(inputs)
        shape_hw = fluid.layers.slice(shape_nchw, axes=[0], starts=[2], ends=[4])
        shape_hw.stop_gradient = True
        in_shape = fluid.layers.cast(shape_hw, dtype='int32')
        out_shape = in_shape * self.scale
        out_shape.stop_gradient = True

        # 用实际形状 resize
        out = fluid.layers.resize_nearest(
            input=inputs, scale=self.scale, actual_shape=out_shape)
        return out
```

定义 YOLOv3 网络。

```python
class YOLOv3(fluid.dygraph.Layer):
    def __init__(self, num_classes=7, is_train=True):
        super(YOLOv3, self).__init__()

        self.is_train = is_train
        self.num_classes = num_classes
        # 提取图像特征的骨干代码
        self.block = DarkNet53_conv_body(is_test=not self.is_train)
        self.block_outputs = []
        self.yolo_blocks = []
        self.route_blocks_2 = []
        # 生成 3 个层级的特征图 P0, P1, P2
        for i in range(3):
            # 添加从 ci 生成 ri 和 ti 的模块
            yolo_block = self.add_sublayer(
                "yolo_detecton_block_%d" % (i),
                YoloDetectionBlock(
                                    ch_in=512//(2**i)*2 if i==0 else 512//(2**i)*2 +
512//(2**i),
                                    ch_out = 512//(2**i),
                                    is_test = not self.is_train))
```

```
                self.yolo_blocks.append(yolo_block)

                num_filters = 3 * (self.num_classes + 5)

                # 添加从 ti 生成 pi 的模块,这是一个 Conv2D 操作,输出通道数为 3 * (num_classes + 5)
                block_out = self.add_sublayer(
                    "block_out_%d" % (i),
                    Conv2D(num_channels = 512//(2 ** i) * 2,
                            num_filters = num_filters, filter_size = 1,
                            stride = 1, padding = 0, act = None,
                            param_attr = ParamAttr(
                                initializer = fluid.initializer.Normal(0., 0.02)),
                            bias_attr = ParamAttr(
                                initializer = fluid.initializer.Constant(0.0),
                                regularizer = L2Decay(0.))))
                self.block_outputs.append(block_out)
                if i < 2:
                    # 对 ri 进行卷积
                    route = self.add_sublayer("route2_%d" % i,
                                            ConvBNLayer(ch_in = 512//(2 ** i),
                                                    ch_out = 256//(2 ** i),
                                                    filter_size = 1, stride = 1,
                                                    padding = 0, is_test = (not self.is_
train)))
                    self.route_blocks_2.append(route)
                # 将 ri 放大以便跟 c_{i + 1}保持同样的尺寸
                self.upsample = Upsample()

    def forward(self, inputs):
        outputs = []
        blocks = self.block(inputs)
        for i, block in enumerate(blocks):
            if i > 0:
                # 将 r_{i - 1}经过卷积和上采样之后得到特征图,与这一级的 ci 进行拼接
                block = fluid.layers.concat(input = [route, block], axis = 1)
            # 从 ci 生成 ti 和 ri
            route, tip = self.yolo_blocks[i](block)
            # 从 ti 生成 pi
            block_out = self.block_outputs[i](tip)
            # 将 pi 放入列表
            outputs.append(block_out)

            if i < 2:
                # 对 ri 进行卷积调整通道数
                route = self.route_blocks_2[i](route)
                # 对 ri 进行放大,使其尺寸和 c_{i + 1}保持一致
                route = self.upsample(route)
        return outputs

    def get_loss(self, outputs, gtbox, gtlabel, gtscore = None,
                    anchors = [10, 13, 16, 30, 33, 23, 30, 61, 62, 45, 59, 119, 116, 90, 156,
198, 373, 326],
                    anchor_masks = [[6, 7, 8], [3, 4, 5], [0, 1, 2]],
                    ignore_thresh = 0.7,
                    use_label_smooth = False):
        self.losses = []
```

```
    downsample = 32
    for i, out in enumerate(outputs):      # 对三个层级分别求损失函数
        anchor_mask_i = anchor_masks[i]
        loss = fluid.layers.yolov3_loss(
            x = out,                        # out 是 P0, P1, P2 中的一个
            gt_box = gtbox,                 # 真实框坐标
            gt_label = gtlabel,             # 真实框类别
            gt_score = gtscore,             # 真实框得分,使用 mixup 训练技巧时需要,不使用该
技巧时直接设置为1,形状与 gtlabel 相同
            anchors = anchors,              # 锚框尺寸,包含[w0, h0, w1, h1, …, w8, h8]共 9 个
锚框的尺寸
            anchor_mask = anchor_mask_i,    # 筛选锚框的 mask,例如 anchor_mask_i =
[3, 4, 5],将 anchors 中第 3、4、5 个锚框挑选出来给该层级使用
            class_num = self.num_classes,   # 分类类别数
            ignore_thresh = ignore_thresh,  # 当预测框与真实框 IoU > ignore _
thresh,标注 objectness = −1
            downsample_ratio = downsample,  # 特征图相对于原图缩小的倍数,例如 P0
是 32,P1 是 16,P2 是 8
            use_label_smooth = False)       # 使用 label_smooth 训练技巧时会用到,
这里没用此技巧,直接设置为 False
        self.losses.append(fluid.layers.reduce_mean(loss))  # reduce_mean 对每张图片和
        downsample = downsample // 2        # 下一级特征图的缩放倍数会减半
    return sum(self.losses)                 # 对每个层级求和
```

4.3.8 网络训练

训练过程的流程如图 4.21 所示,输入图片经过特征提取得到三个层级的输出特征图 P0(stride=32)、P1(stride=16)和 P2(stride=8),分别使用不同大小的小方块区域去生成对应的锚框和预测框,并对这些锚框进行标注。

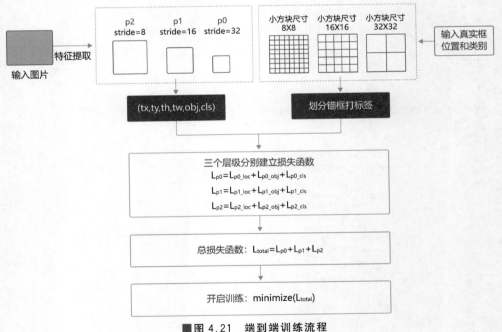

■图 4.21　端到端训练流程

- P0 层级特征图,对应着使用 32×32 大小的小方块,在每个区域中心生成大小分别为 $[116,90]$,$[156,198]$,$[373,326]$ 三种锚框。
- P1 层级特征图,对应着使用 16×16 大小的小方块,在每个区域中心生成大小分别为 $[30,61]$,$[62,45]$,$[59,119]$ 三种锚框。
- P2 层级特征图,对应着使用 8×8 大小的小方块,在每个区域中心生成大小分别为 $[10,13]$,$[16,30]$,$[33,23]$ 三种锚框。

将三个层级的特征图与对应锚框之间的标签关联起来,并建立损失函数,总的损失函数等于三个层级的损失函数相加。通过极小化损失函数,可以开启端到端的训练过程。

训练过程的具体实现代码如下:

```python
import time
import os
import paddle
import paddle.fluid as fluid

ANCHORS = [10, 13, 16, 30, 33, 23, 30, 61, 62, 45, 59, 119, 116, 90, 156, 198, 373, 326]
ANCHOR_MASKS = [[6, 7, 8], [3, 4, 5], [0, 1, 2]]
IGNORE_THRESH = .7
NUM_CLASSES = 7

def get_lr(base_lr = 0.0001, lr_decay = 0.1):
    bd = [10000, 20000]
    lr = [base_lr, base_lr * lr_decay, base_lr * lr_decay * lr_decay]
    learning_rate = fluid.layers.piecewise_decay(boundaries = bd, values = lr)
    return learning_rate

if __name__ == '__main__':

    TRAINDIR = '/home/aistudio/work/insects/train'
    TESTDIR = '/home/aistudio/work/insects/test'
    VALIDDIR = '/home/aistudio/work/insects/val'

    with fluid.dygraph.guard():
        model = YOLOv3(num_classes = NUM_CLASSES, is_train = True)   # 创建模型
        learning_rate = get_lr()
        opt = fluid.optimizer.Momentum(
                    learning_rate = learning_rate,
                    momentum = 0.9,
                    regularization = fluid.regularizer.L2Decay(0.0005),
                    parameter_list = model.parameters())          # 创建优化器
        train_loader = multithread_loader(TRAINDIR, batch_size = 10, mode = 'train')
# 创建训练数据读取器
        valid_loader = multithread_loader(VALIDDIR, batch_size = 10, mode = 'valid')
# 创建验证数据读取器
        MAX_EPOCH = 200
        for epoch in range(MAX_EPOCH):
            for i, data in enumerate(train_loader()):
                img, gt_boxes, gt_labels, img_scale = data
                gt_scores = np.ones(gt_labels.shape).astype('float32')
                gt_scores = to_variable(gt_scores)
```

```
                            img = to_variable(img)
                            gt_boxes = to_variable(gt_boxes)
                            gt_labels = to_variable(gt_labels)
                            outputs = model(img)    # 前向传播,输出[P0, P1, P2]
                            loss = model.get_loss(outputs, gt_boxes, gt_labels, gtscore = gt_scores,
                                            anchors = ANCHORS,
                                            anchor_masks = ANCHOR_MASKS,
                                            ignore_thresh = IGNORE_THRESH,
                                            use_label_smooth = False)        # 计算损失函数

                            loss.backward()                      # 反向传播计算梯度
                            opt.minimize(loss)                   # 更新参数
                            model.clear_gradients()
                            if i % 1 == 0:
                                    timestring = time.strftime("%Y-%m-%d %H:%M:%S", time.
localtime(time.time()))
                                    print('{}[TRAIN]epoch {}, iter {}, output loss: {}'.format(timestring,
epoch, i, loss.numpy()))
                            # save params of model
                            if (epoch % 5 == 0) or (epoch == MAX_EPOCH - 1):
                                    fluid.save_dygraph(model.state_dict(), 'yolo_epoch{}'.format(epoch))

                            # 每个epoch结束之后在验证集上进行测试
                            model.eval()
                            for i, data in enumerate(valid_loader()):
                                    img, gt_boxes, gt_labels, img_scale = data
                                    gt_scores = np.ones(gt_labels.shape).astype('float32')
                                    gt_scores = to_variable(gt_scores)
                                    img = to_variable(img)
                                    gt_boxes = to_variable(gt_boxes)
                                    gt_labels = to_variable(gt_labels)
                                    outputs = model(img)
                                    loss = model.get_loss(outputs, gt_boxes, gt_labels, gtscore = gt_scores,
                                                    anchors = ANCHORS,
                                                    anchor_masks = ANCHOR_MASKS,
                                                    ignore_thresh = IGNORE_THRESH,
                                                    use_label_smooth = False)
                                    if i % 1 == 0:
                                            timestring = time.strftime("%Y-%m-%d %H:%M:%S", time.
localtime(time.time()))
                                            print('{}[VALID]epoch {}, iter {}, output loss: {}'.format(timestring,
epoch, i, loss.numpy()))
                            model.train()
```

4.3.9　模型预测

模型预测过程流程如图4.22所示。

预测过程可以分为两步:

(1) 通过网络输出计算出预测框位置和所属类别的得分。

(2) 使用非极大值抑制来消除重叠较大的预测框。

对于第1步,前面我们已经讲过如何通过网络输出值计算 pred_objectness_probability,

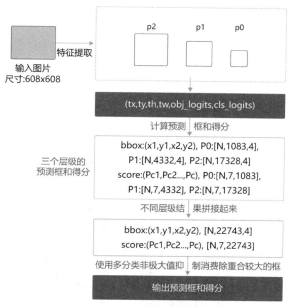

■图 4.22　端到端训练流程

pred_boxes 以及 pred_classification_probability，这里推荐大家直接使用 fluid. layers. yolo_box，其使用方法是：

fluid. layers. yolo_box(x，img_size，anchors，class_num，conf_thresh，downsample_ratio，name＝None)

- x，网络输出特征图，例如上面提到的 $P0$ 或者 $P1$、$P2$。
- img_size，输入图片尺寸。
- anchors，使用到的 anchor 的尺寸，如[10，13，16，30，33，23，30，61，62，45，59，119，116，90，156，198，373，326]。
- anchor_mask：每个层级上使用的 anchor 的掩码，[[6，7，8]，[3，4，5]，[0，1，2]]。
- class_num，物体类别数目。
- conf_thresh，置信度阈值，得分低于该阈值的预测框位置数值不用计算直接设置为 0.0。
- downsample_ratio，特征图的下采样比例，例如 $P0$ 是 32，$P1$ 是 16，$P2$ 是 8。
- name＝None，名字，例如 'yolo_box'。
- 返回值包括两项，boxes 和 scores，其中 boxes 是所有预测框的坐标值，scores 是所有预测框的得分。

预测框得分的定义是所属类别的概率乘以其预测框是否包含目标物体的 objectness 概率，即

$$score = P_{obj} \cdot P_{classification}$$

在上面定义的类 YOLOv3 下面添加函数 get_pred，通过调用 fluid. layers. yolo_box 获得 $P0$、$P1$、$P2$ 三个层级的特征图对应的预测框和得分，并将它们拼接在一块，即可得到所有的预测框及其属于各个类别的得分。

第 1 步的计算结果会在每个小方块区域都会产生多个预测框,输出预测框中会有很多重合度比较大,需要消除重叠较大的冗余预测框。

下面示例代码中的预测框是使用模型对图片预测之后输出的,这里一共选出了 11 个预测框,在图上画出的预测框如图 4.23 所示。在每个人像周围,都出现了多个预测框,需要消除冗余的预测框以得到最终的预测结果。

■图 4.23　预测框

定义 YOLOv3 模型,相比前文只增加了 get_pred 函数。

```python
class YOLOv3(fluid.dygraph.Layer):
    def __init__(self, num_classes = 7, is_train = True):
        super(YOLOv3, self).__init__()
        ...

    def get_pred(self,
                outputs,
                im_shape = None,
                anchors = [10, 13, 16, 30, 33, 23, 30, 61, 62, 45, 59, 119, 116, 90, 156,
198, 373, 326],
                anchor_masks = [[6, 7, 8], [3, 4, 5], [0, 1, 2]],
                valid_thresh = 0.01):
        downsample = 32
        total_boxes = []
        total_scores = []
        for i, out in enumerate(outputs):
            anchor_mask = anchor_masks[i]
            anchors_this_level = []
            for m in anchor_mask:
                anchors_this_level.append(anchors[2 * m])
                anchors_this_level.append(anchors[2 * m + 1])

            boxes, scores = fluid.layers.yolo_box(
```

```
                        x = out,
                        img_size = im_shape,
                        anchors = anchors_this_level,
                        class_num = self.num_classes,
                        conf_thresh = valid_thresh,
                        downsample_ratio = downsample,
                        name = "yolo_box" + str(i))
                total_boxes.append(boxes)
                total_scores.append(
                            fluid.layers.transpose(
                            scores, perm = [0, 2, 1]))
                downsample = downsample // 2

        yolo_boxes = fluid.layers.concat(total_boxes, axis = 1)
        yolo_scores = fluid.layers.concat(total_scores, axis = 2)
        return yolo_boxes, yolo_scores
```

画图展示目标边界框。

```
import numpy as np
import matplotlib.pyplot as plt
import matplotlib.patches as patches
from matplotlib.image import imread
import math

# 定义画矩形框的程序
def draw_rectangle(currentAxis, bbox, edgecolor = 'k', facecolor = 'y', fill = False,
linestyle = '-'):
    # currentAxis, 坐标轴, 通过 plt.gca() 获取
    # bbox, 边界框, 包含四个数值的 list, [x1, y1, x2, y2]
    # edgecolor, 边框线条颜色
    # facecolor, 填充颜色
    # fill, 是否填充
    # linestype, 边框线型
    # patches.Rectangle 需要传入左上角坐标、矩形区域的宽度、高度等参数
    rect = patches.Rectangle((bbox[0], bbox[1]), bbox[2] - bbox[0] + 1, bbox[3] - bbox[1] + 1,
linewidth = 1,
                                        edgecolor = edgecolor, facecolor = facecolor, fill = fill,
linestyle = linestyle)
    currentAxis.add_patch(rect)


plt.figure(figsize = (10, 10))

filename = '/home/aistudio/work/images/section3/000000086956.jpg'
im = imread(filename)
plt.imshow(im)

currentAxis = plt.gca()

# 预测框位置
boxes = np.array([[4.21716537e + 01, 1.28230896e + 02, 2.26547668e + 02, 6.00434631e + 02],
```

```
        [3.18562988e + 02, 1.23168472e + 02, 4.79000000e + 02, 6.05688416e + 02],
        [2.62704697e + 01, 1.39430557e + 02, 2.20587097e + 02, 6.38959656e + 02],
        [4.24965363e + 01, 1.42706665e + 02, 2.25955185e + 02, 6.35671204e + 02],
        [2.37462646e + 02, 1.35731537e + 02, 4.79000000e + 02, 6.31451294e + 02],
        [3.19390472e + 02, 1.29295090e + 02, 4.79000000e + 02, 6.33003845e + 02],
        [3.28933838e + 02, 1.22736115e + 02, 4.79000000e + 02, 6.39000000e + 02],
        [4.44292603e + 01, 1.70438187e + 02, 2.26841858e + 02, 6.39000000e + 02],
        [2.17988785e + 02, 3.02472412e + 02, 4.06062927e + 02, 6.29106628e + 02],
        [2.00241089e + 02, 3.23755096e + 02, 3.96929321e + 02, 6.36386108e + 02],
        [2.14310303e + 02, 3.23443665e + 02, 4.06732849e + 02, 6.35775269e + 02]])

# 预测框得分
scores = np.array([0.5247661 , 0.51759845, 0.86075854, 0.9910175 , 0.39170712,
        0.9297706 , 0.5115228 , 0.270992  , 0.19087596, 0.64201415, 0.879036])

# 画出所有预测框
for box in boxes:
    draw_rectangle(currentAxis, box)
```

输出结果见图 4.23。

这里使用非极大值抑制(non-maximum suppression, nms)来消除冗余框,其基本思想是,如果有多个预测框都对应同一个物体,则只选出得分最高的那个预测框,剩下的预测框被丢弃掉。那么如何判断两个预测框对应的是同一个物体呢,标准该怎么设置?如果两个预测框的类别一样,而且它们的位置重合度比较大,则可以认为它们是在预测同一个目标。非极大值抑制的做法是,选出某个类别得分最高的预测框,然后看哪些预测框跟它的 IoU 大于阈值,就把这些预测框给丢弃掉。这里 IoU 的阈值是超参数,需要提前设置,YOLOv3 模型里面设置的是 0.5。

比如在上面的程序中,boxes 里面一共对应 11 个预测框,scores 给出了它们预测"人"这一类别的得分。

(1) 创建选中列表,keep_list=[]。

(2) 对得分进行排序,remain_list=[3,5,10,2,9,0,1,6,4,7,8]。

(3) 选出 boxes[3],此时 keep_list 为空,不需要计算 IoU,直接将其放入 keep_list,keep_list=[3],remain_list=[5,10,2,9,0,1,6,4,7,8]。

(4) 选出 boxes[5],此时 keep_list 中已经存在 boxes[3],计算出 IoU(boxes[3],boxes[5])=0.0,显然小于阈值,则 keep_list=[3,5],remain_list=[10,2,9,0,1,6,4,7,8]。

(5) 选出 boxes[10],此时 keep_list=[3,5],计算 IoU(boxes[3],boxes[10])=0.0268,IoU(boxes[5],boxes[10])=0.0268=0.24,都小于阈值,则 keep_list=[3,5,10],remain_list=[2,9,0,1,6,4,7,8]。

(6) 选出 boxes[2],此时 keep_list=[3,5,10],计算 IoU(boxes[3],boxes[2])=0.88,超过了阈值,直接将 boxes[2]丢弃,keep_list=[3,5,10],remain_list=[9,0,1,6,4,7,8]。

(7) 选出 boxes[9],此时 keep_list=[3,5,10],计算 IoU(boxes[3],boxes[9])=0.0577,IoU(boxes[5],boxes[9])=0.205,IoU(boxes[10],boxes[9])=0.88,超过了阈值,将 boxes[9]丢弃掉。keep_list=[3,5,10],remain_list=[0,1,6,4,7,8]。

(8) 重复上述步骤(7)直到 remain_list 为空。

最终得到 keep_list＝[3,5,10]，也就是预测框 3、5、10 被最终挑选出来了，如图 4.24 所示。

```
left_ind = np.where((boxes[:, 0]<60) * (boxes[:, 0]>20))
left_boxes = boxes[left_ind]
left_scores = scores[left_ind]

colors = ['r', 'g', 'b', 'k']

# 画出最终保留的预测框
inds = [3, 5, 10]
for i in range(3):
    box = boxes[inds[i]]
    draw_rectangle(currentAxis, box, edgecolor = colors[i])
```

输出结果见图 4.24。

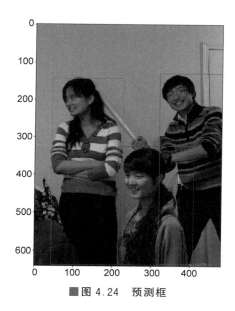

■图 4.24　预测框

　　非极大值抑制的具体实现代码如下面 nms 函数的定义，需要说明的是数据集中含有多个类别的物体，所以这里需要做多分类非极大值抑制，其实现原理与非极大值抑制相同，区别在于需要对每个类别都做非极大值抑制，实现代码如下面的 multiclass_nms 所示。
　　非极大值抑制。

```
def nms(bboxes, scores, score_thresh, nms_thresh, pre_nms_topk, i = 0, c = 0):
    inds = np.argsort(scores)
    inds = inds[::-1]
    keep_inds = []
    while(len(inds) >0):
        cur_ind = inds[0]
        cur_score = scores[cur_ind]
        # if score of the box is less than score_thresh, just drop it
        if cur_score <score_thresh:
            break
```

```
            keep = True
            for ind in keep_inds:
                current_box = bboxes[cur_ind]
                remain_box = bboxes[ind]
                iou = box_iou_xyxy(current_box, remain_box)
                if iou > nms_thresh:
                    keep = False
                    break
            if i == 0 and c == 4 and cur_ind == 951:
                print('suppressed, ', keep, i, c, cur_ind, ind, iou)
            if keep:
                keep_inds.append(cur_ind)
            inds = inds[1:]

    return np.array(keep_inds)
```

多分类非极大值抑制。

```
def multiclass_nms(bboxes, scores, score_thresh = 0.01, nms_thresh = 0.45, pre_nms_topk =
1000, pos_nms_topk = 100):
    """
    This is for multiclass_nms
    """
    batch_size = bboxes.shape[0]
    class_num = scores.shape[1]
    rets = []
    for i in range(batch_size):
        bboxes_i = bboxes[i]
        scores_i = scores[i]
        ret = []
        for c in range(class_num):
            scores_i_c = scores_i[c]
            keep_inds = nms(bboxes_i, scores_i_c, score_thresh, nms_thresh, pre_nms_topk, i = i,
c = c)
            if len(keep_inds) < 1:
                continue
            keep_bboxes = bboxes_i[keep_inds]
            keep_scores = scores_i_c[keep_inds]
            keep_results = np.zeros([keep_scores.shape[0], 6])
            keep_results[:, 0] = c
            keep_results[:, 1] = keep_scores[:]
            keep_results[:, 2:6] = keep_bboxes[:, :]
            ret.append(keep_results)
        if len(ret) < 1:
            rets.append(ret)
            continue
        ret_i = np.concatenate(ret, axis = 0)
        scores_i = ret_i[:, 1]
        if len(scores_i) > pos_nms_topk:
            inds = np.argsort(scores_i)[:: - 1]
            inds = inds[:pos_nms_topk]
            ret_i = ret_i[inds]
```

```
        rets.append(ret_i)

    return rets
```

下面是完整的测试程序,在测试数据集上的输出结果将会被保存在 pred_results.json 文件中。

```
import json
import os
ANCHORS = [10, 13, 16, 30, 33, 23, 30, 61, 62, 45, 59, 119, 116, 90, 156, 198, 373, 326]
ANCHOR_MASKS = [[6, 7, 8], [3, 4, 5], [0, 1, 2]]
VALID_THRESH = 0.01
NMS_TOPK = 400
NMS_POSK = 100
NMS_THRESH = 0.45

NUM_CLASSES = 7
if __name__ == '__main__':
    TRAINDIR = '/home/aistudio/work/insects/train/images'
    TESTDIR = '/home/aistudio/work/insects/test/images'
    VALIDDIR = '/home/aistudio/work/insects/val'
    with fluid.dygraph.guard():
        model = YOLOv3(num_classes = NUM_CLASSES, is_train = False)
        params_file_path = '/home/aistudio/work/yolo_epoch50'
        model_state_dict, _ = fluid.load_dygraph(params_file_path)
        model.load_dict(model_state_dict)
        model.eval()

        total_results = []
        test_loader = test_data_loader(TESTDIR, batch_size = 1, mode = 'test')
        for i, data in enumerate(test_loader()):
            img_name, img_data, img_scale_data = data
            img = to_variable(img_data)
            img_scale = to_variable(img_scale_data)

            outputs = model.forward(img)
            bboxes, scores = model.get_pred(outputs,
                                im_shape = img_scale,
                                anchors = ANCHORS,
                                anchor_masks = ANCHOR_MASKS,
                                valid_thresh = VALID_THRESH)

            bboxes_data = bboxes.numpy()
            scores_data = scores.numpy()
            result = multiclass_nms(bboxes_data, scores_data,
                        score_thresh = VALID_THRESH,
                        nms_thresh = NMS_THRESH,
                        pre_nms_topk = NMS_TOPK,
                        pos_nms_topk = NMS_POSK)
            for j in range(len(result)):
                result_j = result[j]
                img_name_j = img_name[j]
```

```
                    total_results.append([img_name_j, result_j.tolist()])
                print('processed {} pictures'.format(len(total_results)))

            print('')
            json.dump(total_results, open('pred_results.json', 'w'))
```

JSON 文件中保存着测试结果,是包含所有图片预测结果的 list,其构成如下:

```
[[img_name, [[label, score, x1, y1, x2, y2], …, [label, score, x1, y1, x2, y2]]],
 [img_name, [[label, score, x1, y1, x2, y2], …, [label, score, x1, y1, x2, y2]]],
   …
 [img_name, [[label, score, x1, y1, x2, y2], …, [label, score, x1, y1, x2, y2]]]]
```

list 中的每一个元素是一张图片的预测结果,list 的总长度等于图片的数目,每张图片
预测结果的格式是:

```
[img_name, [[label, score, x1, y1, x2, y2], …, [label, score, x1, y1, x2, y2]]]
```

其中第一个元素是图片名称 image_name,第二个元素是包含该图片所有预测框的
list,预测框列表:

```
[[label, score, x1, y1, x2, y2], …, [label, score, x1, y1, x2, y2]]
```

预测框列表中每个元素[label,score,x1,y1,x2,y2]描述了一个预测框,label 是预测框
所属类别标签,score 是预测框的得分;x1,y1,x2,y2 对应预测框左上角坐标(x1,y1),右下
角坐标(x2,y2)。每张图片可能有很多个预测框,则将其全部放在预测框列表中。

4.3.10　模型效果及可视化展示

上面的程序展示了如何读取测试数据集的读片,并将最终结果保存在 JSON 格式的文
件中。为了更直观地给读者展示模型效果,下面的程序添加了如何读取单张图片,并画出其
产生的预测框。

(1) 创建数据读取器以读取单张图片的数据。

```python
# 读取单张测试图片
def single_image_data_loader(filename, test_image_size=608, mode='test'):
    """
    加载测试用的图片,测试数据没有 groundtruth 标签
    """
    batch_size = 1
    def reader():
        batch_data = []
        img_size = test_image_size
        file_path = os.path.join(filename)
        img = cv2.imread(file_path)
        img = cv2.cvtColor(img, cv2.COLOR_BGR2RGB)
```

```
        H = img.shape[0]
        W = img.shape[1]
        img = cv2.resize(img, (img_size, img_size))

        mean = [0.485, 0.456, 0.406]
        std = [0.229, 0.224, 0.225]
        mean = np.array(mean).reshape((1, 1, -1))
        std = np.array(std).reshape((1, 1, -1))
        out_img = (img / 255.0 - mean) / std
        out_img = out_img.astype('float32').transpose((2, 0, 1))
        img = out_img # np.transpose(out_img, (2,0,1))
        im_shape = [H, W]

        batch_data.append((image_name.split('.')[0], img, im_shape))
        if len(batch_data) == batch_size:
            yield make_test_array(batch_data)
            batch_data = []

    return reader
```

（2）定义绘制预测框的画图函数，代码如下。

```
# 定义画图函数
INSECT_NAMES = ['Boerner', 'Leconte', 'Linnaeus',
                'acuminatus', 'armandi', 'coleoptera', 'linnaeus']

# 定义画矩形框的函数
def draw_rectangle(currentAxis, bbox, edgecolor = 'k', facecolor = 'y', fill = False,
linestyle = '-'):
    # currentAxis,坐标轴,通过 plt.gca()获取
    # bbox,边界框,包含四个数值的 list,[x1, y1, x2, y2]
    # edgecolor,边框线条颜色
    # facecolor,填充颜色
    # fill, 是否填充
    # linestype,边框线型
    # patches.Rectangle 需要传入左上角坐标、矩形区域的宽度、高度等参数
    rect = patches.Rectangle((bbox[0], bbox[1]), bbox[2] - bbox[0] + 1, bbox[3] - bbox[1] + 1,
linewidth = 1,
            edgecolor = edgecolor, facecolor = facecolor, fill = fill, linestyle = linestyle)
    currentAxis.add_patch(rect)

# 定义绘制预测结果的函数
def draw_results(result, filename, draw_thresh = 0.5):
    plt.figure(figsize = (10, 10))
    im = imread(filename)
    plt.imshow(im)
    currentAxis = plt.gca()
    colors = ['r', 'g', 'b', 'k', 'y', 'c', 'purple']
    for item in result:
        box = item[2:6]
        label = int(item[0])
        name = INSECT_NAMES[label]
```

```
                if item[1] > draw_thresh:
                    draw_rectangle(currentAxis, box, edgecolor = colors[label])
                    plt.text(box[0], box[1], name, fontsize = 12, color = colors[label])
```

（3）使用上面定义的 single_image_data_loader 函数读取指定的图片，输入网络并计算出预测框和得分，然后使用多分类非极大值抑制消除冗余的框。将最终结果画图展示出来。

```
import json
import paddle
import paddle.fluid as fluid

ANCHORS = [10, 13, 16, 30, 33, 23, 30, 61, 62, 45, 59, 119, 116, 90, 156, 198, 373, 326]
ANCHOR_MASKS = [[6, 7, 8], [3, 4, 5], [0, 1, 2]]
VALID_THRESH = 0.01
NMS_TOPK = 400
NMS_POSK = 100
NMS_THRESH = 0.45

NUM_CLASSES = 7
if __name__ == '__main__':
    image_name = '/home/aistudio/work/insects/test/images/2599.jpeg'
    params_file_path = '/home/aistudio/work/yolo_epoch50'
    with fluid.dygraph.guard():
        model = YOLOv3(num_classes = NUM_CLASSES, is_train = False)
        model_state_dict, _ = fluid.load_dygraph(params_file_path)
        model.load_dict(model_state_dict)
        model.eval()

        total_results = []
        test_loader = single_image_data_loader(image_name, mode = 'test')
        for i, data in enumerate(test_loader()):
            img_name, img_data, img_scale_data = data
            img = to_variable(img_data)
            img_scale = to_variable(img_scale_data)

            outputs = model.forward(img)
            bboxes, scores = model.get_pred(outputs,
                                    im_shape = img_scale,
                                    anchors = ANCHORS,
                                    anchor_masks = ANCHOR_MASKS,
                                    valid_thresh = VALID_THRESH)

            bboxes_data = bboxes.numpy()
            scores_data = scores.numpy()
            results = multiclass_nms(bboxes_data, scores_data,
                            score_thresh = VALID_THRESH,
                            nms_thresh = NMS_THRESH,
                            pre_nms_topk = NMS_TOPK,
                            pos_nms_topk = NMS_POSK)

    result = results[0]
    draw_results(result, image_name, draw_thresh = 0.5)
```

最终结果如图 4.25 所示。

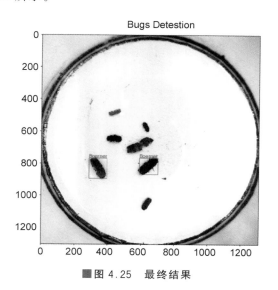

■图 4.25　最终结果

通过上面的程序,清晰地给读者展示了如何使用训练好的权重,对图片进行预测并将结果可视化。

4.4　AI 识虫比赛

4.4.1　AI 识虫比赛

目标检测是计算机视觉中的一个重要的应用方向,与之相关的应用也越来越多。

百度飞桨与北京林业大学合作开发的 AI 识虫项目,是将 AI 与农业相结合的产业应用。本次比赛选用林业病虫数据集,使用目标检测算法对图片中的虫子类别和位置进行预测。

在之前的内容中,我们介绍了基于 YOLOv3 的目标检测任务,但只包含最基本的功能。因此我们可以在该网络的基础上进行修改,使得我们检测的效果更好,精度更高。

本次比赛的项目代码、实战分享和相关讲解可以在本书配套的课程中找到,感兴趣的同学可以自行学习,链接如下:ttps://aistudio.baidu.com/aistudio/course/introduce/888。

4.4.2　实现参考

下面介绍完成 AI 识虫任务的几个关键环节及代码实现。

(1)查看环境并准备数据。

(2)启动训练。

(3)启动评估。

(4)预测单张图片并可视化预测结果。

1. 查看环境并准备数据

```
# 查看当前挂载的数据集目录,该目录下的变更重启环境后会自动还原
!ls /home/aistudio/data
```

```
# 查看工作区文件,该目录下的变更将会持久保存,请及时清理不必要的文件,避免加载过慢
!ls /home/aistudio/work
```

```
# 将数据解压缩到 /home/aistudio/work 目录下面
# 初次运行时需要将注释取消
# !unzip -d /home/aistudio/work /home/aistudio/data/data19638/insects.zip
```

```
# 进入工作目录  /home/aistudio/work
%cd /home/aistudio/work
```

2. 启动训练

通过运行 train.py 文件启动训练,训练好的模型参数会保存在/home/aistudio/work 目录下。

```
!python train.py
```

3. 启动评估

通过运行 eval.py 启动评估,需要制定待评估的图片文件存放路径和需要使用到的模型参数。评估结果会被保存在 pred_results.json 文件中。

- 为了演示计算过程,下面使用的是验证集下的图片./insects/val/images,在提交比赛结果的时候,请使用测试集图片./insects/test/images。
- 这里提供的 yolo_epoch50 是未充分训练好的权重参数,请在学习时换成自己训练好的权重参数。

```
# 在验证集 val 上评估训练模型,image_dir 指向验证集路径,weight_file 指向要使用的权重路径.
!python eval.py -- image_dir = ./insects/val/images -- weight_file = ./yolo_epoch50
```

```
# 在测试集 test 上评估训练模型,image_dir 指向测试集集路径,weight_file 指向要使用的权重路径.
# 参加比赛时需要在测试集上运行这段代码,并把生成的 pred_results.json 提交上去
!python eval.py -- image_dir = ./insects/test/images -- weight_file = ./yolo_epoch50
```

4. 计算精度指标

通过运行 calculate_mAP.py 计算最终精度指标 mAP。

- 训练完之后,可以在 val 数据集上计算 mAP 查看结果,所以下面用到的是 val 标注数据./insects/val/annotations/xmls。
- 提交比赛成绩的话需要在测试集上计算 mAP,本地没有测试集的标注,只能提交

JSON 文件到比赛服务器上查看成绩。

```
!python calculate_mAP.py -- anno_dir = ./insects/val/annotations/xmls -- pred_result = ./
pred_results.json
```

5. 预测单张图片并可视化预测结果

```
# 预测结果保存在/home/aistudio/work/output_pic.png 图像中,运行下面的代码进行可视化
!python predict.py -- image_name = ./insects/test/images/3157.jpeg -- weight_file = ./yolo_
epoch50
```

```python
# 可视化检测结果
from PIL import Image
import matplotlib.pyplot as plt


img = Image.open("/home/aistudio/work/output_pic.png")


plt.figure("Object Detection", figsize = (15, 15))      # 图像窗口名称
plt.imshow(img)
plt.axis('off')                                          # 关掉坐标轴
plt.title('Bugs Detestion')                              # 图像题目
plt.show()
```

绘图结果如图 4.26 所示。

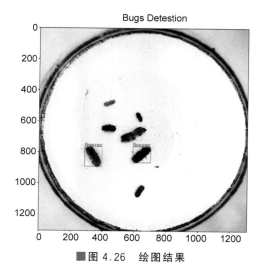

■图 4.26 绘图结果

4.4.3 更多思路参考

上面给出的是一份基础版本的代码,大家可以在此基础上进行代码调试,并获取更高精度的模型,更多思路参考如下:

(1) 使用其他模型如 fast R-CNN 等(难度系数 5)。

（2）使用数据增多，可以对原图进行翻转、裁剪等操作（难度系数 3）。

（3）修改 anchor 参数的设置，本书中的 anchor 参数设置直接使用原作者在 COCO 数据集上的设置，针对此模型是否要调整（难度系数 3）。

（4）调整优化器、学习率策略、正则化系数等是否能提升模型精度（难度系数 1）。

作业提交方式

请读者扫描图书封底的二维码，在 AI Studio"零基础实践深度学习"课程中的"作业"节点下提交相关作业。

第5章 自然语言处理

5.1 自然语言处理

5.1.1 概述

自然语言处理(Natural Language Processing,简称 NLP)被誉为人工智能皇冠上的明珠,是计算机科学和人工智能领域的一个重要方向。它主要研究人与计算机之间,使用自然语言进行有效通信的各种理论和方法。简单来说,计算机以用户的自然语言形式作为输入,在其内部通过定义的算法进行加工、计算等系列操作后(用以模拟人类对自然语言的理解),再返回用户所期望的结果,如图 5.1 所示。

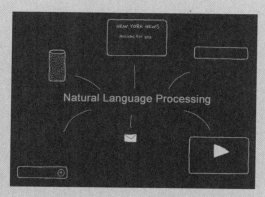

■图 5.1　自然语言处理示意图

自然语言处理是一门融语言学、计算机科学和数学于一体的科学。它不仅限于研究语言学,还是研究能高效实现自然语言理解和自然语言生成的计算机系统,特别是其中的软件系统,因此它是计算机科学的一部分。

随着计算机和互联网技术的发展,自然语言处理技术在各领域广泛应用,如图 5.2 所示。在过去的几个世纪,工业革命用机械解放了人类的双手,在当今的人工智能革命中,计算机将代替人工,处理大规模的自然

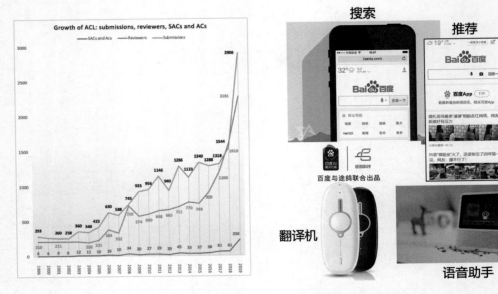

■图 5.2 自然语言处理技术在各领域的应用

语言信息。我们平时常用的搜索引擎、新闻推荐、智能音箱等产品，都是以自然语言处理技术为核心的互联网和人工智能产品。

此外，自然语言处理技术的研究也在日新月异变化，每年投向计算语言学年会（Association for Computational Linguistics，ACL，自然语言处理领域的顶级会议）的论文数成倍增长，自然语言处理的应用效果被不断刷新，有趣的任务和算法更是层出不穷。

本节将简要介绍自然语言处理的发展历程、主要挑战，以及如何使用飞桨快速完成各项常见的自然语言处理任务。

致命密码：一场关于语言的较量

事实上，人们并非只在近代才开始研究和处理自然语言，在漫长的历史长河中，对自然语言妥当处理往往决定了战争的胜利或是政权的更迭。

16 世纪的英国大陆，英格兰和苏格兰刚刚完成统一，统治者为英格兰女王伊丽莎白一世，苏格兰女王玛丽因被视为威胁而遭到囚禁。玛丽女王和其他苏格兰贵族谋反，这些贵族们通过信件同被囚禁的玛丽女王联络，商量如何营救玛丽女王并推翻伊丽莎白女王的统治。为了能更安全地跟同伙沟通，玛丽使用了一种传统的文字加密形式——凯撒密码对他们之间的信件进行加密，如图 5.3 所示。

这种密码通过把原文中的每个字母替换成另外一个字符的形式，达到加密手段。然而他们的阴谋活动早在英格兰贵族监控之下，英格兰国务大臣弗朗西斯·沃尔辛厄姆爵士通过统计英文字母的出现频率和玛丽女王密函中的字母频率，找到了破解密码的规律。最终，玛丽和其他贵族在举兵谋反前夕被捕。这是近代西方第一次破译密码，开启了近现代密码学的先河。

英格兰女王　　　　　　　　苏格兰女王
伊丽莎白一世　　　　　　　玛丽

■图5.3　凯撒密码

5.1.2　自然语言处理的发展历程

自然语言处理有着悠久的发展史,可粗略地分为兴起、符号主义、连接主义和深度学习四个阶段,如图5.4所示。

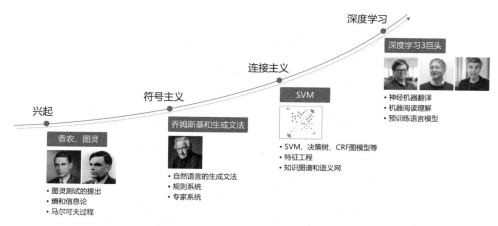

■图5.4　自然语言处理的发展历程

1. 兴起时期

大多数人认为,自然语言处理的研究兴起于1950年前后。在二战中,破解纳粹德国的恩尼格玛密码成为盟军对抗纳粹的重要战场,如图5.5所示。经过二战的洗礼,曾经参与过密码破译的香农和图灵等科学家开始思考自然语言处理和计算之间的关系。

1948年香农把马尔可夫过程模型(Markov Progress)应用于建模自然语言,并提出把热力学中"熵"(Entropy)的概念扩展到自然语言建模领域。香农相信,自然语言跟其他物理世界的信号一样,是具有统计学规律的,通过统计分析可以帮助我们更好地理解自然语言。

1950 年，艾伦·图灵提出著名的图灵测试，标志着人工智能领域的开端。二战后，受到美苏冷战的影响，美国政府开始重视机器自动翻译的研究工作，以便于随时监视苏联最新的科技进展。1954 年美国乔治城大学在一项实验中，成功将约 60 句俄文自动翻译成英文，被视为机器翻译可行的开端。自此开始的十年间，政府与企业相继投入大量的资金，用于机器翻译的研究。

1956 年，乔姆斯基（Chomsky）提出了"生成式文法"这一大胆猜想，他假设在客观世界存在一套完备的自然语言生成规律，每一句话都遵守这套规律而生成。总结出这个客观规律，人们就掌握了自然语言的奥秘。

■图 5.5　恩尼格玛密码机

从此，自然语言的研究就被分为了以语言学为基础的符号主义学派，以及以概率统计为基础的连接主义学派。

2. 符号主义时期

在自然语言处理发展的初期阶段，大量的自然语言研究工作都聚焦从语言学角度，分析自然语言的词法、句法等结构信息，并通过总结这些结构之间的规则，达到处理和使用自然语言的目的。这一时期的代表人物就是乔姆斯基和他提出的"生成式文法"。1966 年，完全基于规则的对话机器人 ELIZA 在 MIT 人工智能实验室诞生了，如图 5.6 所示。

```
Welcome to
            EEEEEE  LL     IIII  ZZZZZZZ  AAAAA
            EE      LL      II        ZZ  AA  AA
            EEEEE   LL      II       ZZZ  AAAAAAA
            EE      LL      II      ZZ    AA  AA
            EEEEEE  LLLLLL  IIII  ZZZZZZZ  AA  AA

Eliza is a mock Rogerian psychotherapist.
The original program was described by Joseph Weizenbaum in 1966.
This implementation by Norbert Landsteiner 2005.

ELIZA: Is something troubling you ?
YOU:   Men are all alike.
ELIZA: What is the connection, do you suppose ?
YOU:   They're always bugging us about something or other.
ELIZA: Can you think of a specific example ?
YOU:   Well, my boyfriend made me come here.
ELIZA: Is it important to you that your boyfriend made you come here ?
YOU:   He says I'm depressed much of the time.
ELIZA: I am sorry to hear that you are depressed.
YOU:   It's true. I am unhappy.
ELIZA: Can you explain what made you unhappy ?
YOU:
```

■图 5.6　基于规则的聊天机器人 ELIZA

然而同年，自动语言处理顾问委员会（Automatic Language Processing Advisory Committee，ALPAC）的一项报告中提出，十年来的机器翻译研究进度缓慢、未达预期。该项报告发布后，机器翻译和自然语言的研究资金大为减缩，自然语言处理和人工智能的研究进入寒冰期。

3. 连接主义时期

1980 年，由于计算机技术的发展和算力的提升，个人计算机可以处理更加复杂的计算任务，自然语言处理研究得以复苏，研究人员开始使用统计机器学习方法处理自然语言任务。

起初研究人员尝试使用浅层神经网络,结合少量标注数据的方式训练模型,虽然取得了一定的效果,但是仍然无法让大部分人满意。后来研究者开始使用人工提取自然语言特征的方式,结合简单的统计机器学习算法解决自然语言问题。其实现方式是基于研究者在不同领域总结的经验,将自然语言抽象成一组特征,使用这组特征结合少量标注样本,训练各种统计机器学习模型(如支持向量机、决策树、随机森林、概率图模型等),完成不同的自然语言任务。

由于这种方式基于大量领域专家经验积累(如解决一个情感分析任务,那么一个很重要的特征就是是否有命中情感词表),以及传统机器学习简单、鲁棒性强的特点,这个时期神经网络技术被大部分人所遗忘。

4. 深度学习时期

从 2006 年深度神经网络反向传播算法的提出开始,伴随着互联网的爆炸式发展和计算机(特别是 GPU)算力的进一步提高,人们不再依赖语言学知识和有限的标注数据,自然语言处理领域迈入了深度学习时代。

基于互联海量数据,并结合深度神经网络的强大拟合能力,人们可以非常轻松地应对各种自然语言处理问题。越来越多的自然语言处理技术趋于成熟并显现出巨大的商业价值,自然语言处理和人工智能领域的发展进入了鼎盛时期。

自然语言处理的发展经历了多个历史阶段的演进,不同学派之间相互补充促进,共同推动了自然语言处理技术的快速发展。

5.1.3 自然语言处理技术面临的挑战

如何让机器像人一样,能够准确理解和使用自然语言?这是当前自然语言处理领域面临的最大挑战。为了解决这一问题,我们需要从语言学和计算两个角度思考。

1. 语言学角度

自然语言数量多、形态各异,理解自然语言对人来说本身也是一件复杂的事情,如同义词、情感倾向、歧义性、长文本处理、语言惯性表达等。通过如下几个例子,我们一同感受一下。

1)同义词问题

请问下列词语是否为同义词?(题目来源:四川话和东北话 6 级模拟考试)

瓜兮兮 和 铁憨憨

嘎嘎 和 肉(you)

磕碜 和 难看

吭呲瘪肚 和 速度慢

2)情感倾向问题

请问如何正确理解下面两个场景?

场景一:女朋友生气了,男朋友电话道歉。

女生:就算你买包我也不会原谅你!

男生:宝贝,放心,我不买,你别生气了?

问:女生会不会生气。

场景二：两个同宿舍的室友，甲和乙对话

甲：钥匙好像没了，你把锁别别。

乙：到底没没没？

甲：我也不道没没没。

乙：要没没你让我别，别别了，别秃鲁了咋整。

问：到底别不别？

3）歧义性问题

请问如何理解下面三句话？

一行行行行行，一行不行行行不行

来到杨过曾经生活过的地方，小龙女说："我也想过过过儿过过的生活"

来到儿子等校车的地方，邓超对孙俪说："我也想等等等等等过的那辆车"

相信大多数人都需要花点脑筋去理解上面的句子，在不同的上下文中，相同的单词可以具有不同的含义，这种问题我们称之为歧义性问题。

4）对话/篇章等长文本处理问题

在处理长文本（如一篇新闻报道，一段多人对话，甚至于一篇长篇小说）时，需要经常处理各种省略、指代、话题转折和切换等语言学现象，如图5.7所示，这些都给机器理解自然语言带来了挑战。

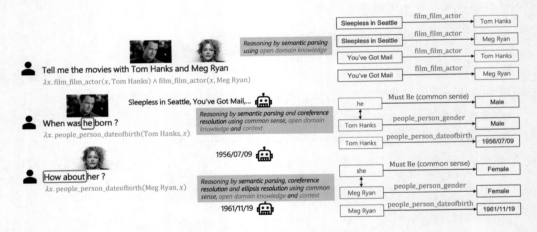

■图5.7　多轮对话中的指代和省略

5）探索自然语言理解的本质问题

研表究明，汉字的顺序并不定一能影阅响读，比如当你看完这句话后，才发这现里的字全是都乱的。

上面这句话从语法角度来说完全是错的，但是对大部分人来说完全不影响理解，甚至很多人都不会意识到这句话的语法是错的。

2. 计算角度

自然语言技术的发展除了受语言学的制约外，在计算角度也天然存在局限。顾名思义，计算机是计算的机器,现有的计算机都以浮点数为输入和输出,擅长执行加减乘除类计算。自然语言本身并不是浮点数,计算机为了能存储和显示自然语言,需要把自然语言中的字符转换为一个固定长度(或者变长)的二进制编码,如图5.8所示。

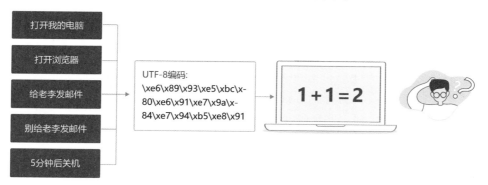

■图5.8 计算机计算自然语言流程

由于这个编码本身不是数字,对这个编码的计算往往不具备数学和物理含义。例如:把"法国"和"首都"放在一起,大多数人首先联想到的内容是"巴黎"。但是如果我们使用"法国"和"首都"的 UTF-8 编码去做加减乘除等运算,是无法轻易获取到"巴黎"的 UTF-8 编码,甚至无法获得一个有效的 UTF-8 编码。因此,如何让计算机可以有效地计算自然语言,是计算机科学家和工程师面临的巨大挑战。

此外,目前也有研究人员正在关注自然语言处理方法中的社会问题:包括自然语言处理模型中的偏见和歧视、大规模计算对环境和气候带来的影响、传统工作被取代后,人的失业和再就业问题等。

5.1.4 自然语言处理的常见任务

自然语言处理是非常复杂的领域,是人工智能中最为困难的问题之一,常见的任务如图5.9所示。

■图5.9 自然语言处理常见任务

（1）词和短语级任务：包括切词、词性标注、命名实体识别（如"苹果很好吃"和"苹果很伟大"中的"苹果"哪个是苹果公司？）、同义词计算（如"好吃"的同义词是什么？）等以词为研究对象的任务。

（2）句子和段落级任务：包括文本倾向性分析（如客户说："你们公司的产品真好用！"是在夸赞还是在讽刺？）、文本相似度计算（如"我坐高铁去广州"和"我坐火车去广州"是一个意思吗？）等以句子为研究对象的任务。

（3）对话和篇章级任务：包括机器阅读理解（如使用医药说明书回答患者的咨询问题）、对话系统（如打造一个 24 小时在线的 AI 话务员）等复杂的自然语言处理系统等。

（4）自然语言生成：如机器翻译（如"我爱飞桨"的英文是什么？）、机器写作（以 AI 为题目写一首诗）等自然语言生成任务。

5.1.5　使用深度学习解决自然语言处理任务的套路

使用深度学习解决自然语言处理任务一般需要经历如下几个步骤，如图 5.10 所示。

前提是学习基本知识。在学习相关的知识后才能对任务有一定的了解，例如了解模型的网络结构、数据集的构成等，为后续解决任务打好基础。

（1）处理数据。确认网络能够接收的数据形式，然后对数据进行处理。

（2）实现网络。搭建网络的过程。

（3）模型训练。训练模型调整参数的过程。

（4）评估 & 上线。对训练出的模型效果进行评估，确认模型性能。

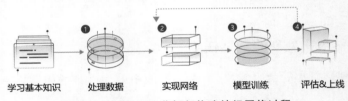

学习基本知识　　处理数据　　实现网络　　模型训练　　评估&上线

■图 5.10　使用飞桨框架构建神经网络过程

5.1.6　使用飞桨探索自然语言处理

接下来，让我们一起探索几个经典的自然语言处理任务，包括：

- 计算词语之间的关系（如同义词）：word2vec。
- 理解一个自然语言句子：文本分类和相似度计算。

一般来说，使用飞桨完成自然语言处理任务时，都可以遵守一个相似的套路，如图 5.11 所示。

5.1.7　作业

（1）生活中有哪些地方使用了自然语言处理？

（2）你希望如何应用自然语言处理？

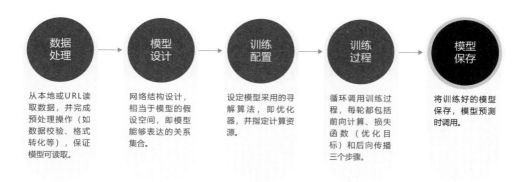

■图 5.11 使用飞桨框架构建神经网络过程

作业提交方式

请读者扫描图书封底的二维码,在 AI Studio"零基础实践深度学习"课程中的"作业"节点下提交相关作业。

5.2 词向量 Word Embedding

5.2.1 概述

在自然语言处理任务中,词向量(Word Embedding)是表示自然语言里单词的一种方法,即把每个词都表示为一个 N 维空间内的点,即一个高维空间内的向量。通过这种方法,可实现将自然语言计算转换为向量计算。

如图 5.12 所示的词向量计算任务中,先把每个词(如 queen、king 等)转换成一个高维空间的向量,这些向量在一定意义上可以代表这个词的语义信息。再通过计算这些向量之间的距离,就可以计算出词语之间的关联关系,从而达到让计算机像计算数值一样去计算自然语言的目的。

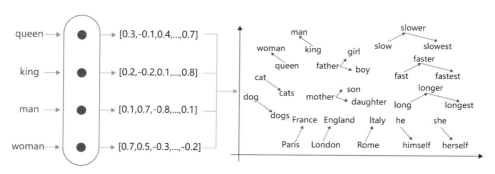

■图 5.12 词向量计算示意图

因此,大部分词向量模型都需要回答两个问题:

(1) 如何将词转换为向量?

自然语言单词是离散信号,比如"香蕉""橘子""水果"在我们看来就是 3 个离散的词。

我们应该如何将每个离散的单词转换为一个向量？

（2）如何让向量具有语义信息？

比如，我们知道在很多情况下，"香蕉"和"橘子"更加相似，而"香蕉"和"句子"就没有那么相似，同时，"香蕉"和"食物"、"水果"的相似程度，可能介于"橘子"和"句子之间"。

那么，我们该如何让词向量具备这样的语义信息？

5.2.2   如何将词转换为向量

自然语言单词是离散信号，比如"我""爱""人工智能"。如何将每个离散的单词转换为一个向量？通常情况下，我们可以维护一个如图 5.13 所示的查询表。表中每一行都存储了一个特定词语的向量值，每一列的第一个元素都代表着这个词本身，以便于我们进行词和向量的映射（如"我"对应的向量值为 $[0.3,0.5,0.7,0.9,-0.2,0.03]$ ）。给定任何一个或者一组单词，我们都可以通过查询这个表格，实现将单词转换为向量的目的，这个查询和替换过程称之为 Embedding Lookup。

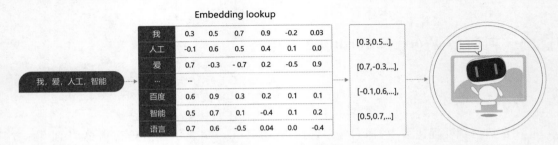

■图 5.13   词向量查询表

上述过程也可以使用一个字典数据结构实现。事实上，如果不考虑计算效率，使用字典实现上述功能是个不错的选择。然而在进行神经网络计算的过程中，需要大量的算力，常常要借助特定硬件（如 GPU）满足训练速度的需求。GPU 上所支持的计算都是以张量（Tensor）为单位展开的，因此在实际场景中，我们需要把 Embedding Lookup 的过程转换为张量计算，如图 5.14 所示。

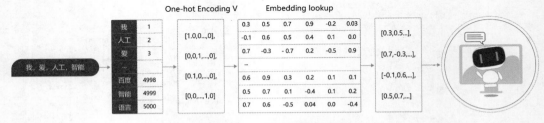

■图 5.14   张量计算示意图

假设对于句子"我，爱，人工，智能"，把 Embedding Lookup 的过程转换为张量计算的流程如下：

（1）通过查询字典，先将句子中的单词转换成一个 ID（通常是一个大于等于 0 的整数），这个单词到 ID 的映射关系可以根据需求自定义（如图 5.14 中，我=>1，人工=>2，爱=>3，…）。

（2）得到 ID 后,再将每个 ID 转换成一个固定长度的向量。假设字典的词表中有 5000 个词,那么,对于单词"我",就可以用一个 5000 维的向量来表示。由于"我"的 ID 是 1, 因此这个向量的第一个元素是 1,其他元素都是 0($[1,0,0,\cdots,0]$);同样对于单词"人工", 第二个元素是 1,其他元素都是 0。用这种方式就实现了用一个向量表示一个单词。由于每个单词的向量表示都只有一个元素为 1,而其他元素为 0,因此我们称上述过程为 One-Hot Encoding。

（3）经过 One-Hot Encoding 后,句子"我,爱,人工,智能"就被转换成了一个形状为 4×5000 的张量,记为 V。在这个张量里共有 4 行、5000 列,从上到下,每一行分别代表了 "我""爱""人工""智能"四个单词的 One-Hot Encoding。最后,我们把这个张量 V 和另外一个稠密张量 W 相乘,其中 W 张量的形状为 5000×128(5000 表示词表大小,128 表示每个词的向量大小)。经过张量乘法,我们就得到了一个 4×128 的张量,从而完成了把单词表示成向量的目的。

5.2.3 如何让向量具有语义信息

得到每个单词的向量表示后,我们需要思考下一个问题:比如在多数情况下,"香蕉"和 "橘子"更加相似,而"香蕉"和"句子"就没有那么相似;同时,"香蕉"和"食物""水果"的相似程度可能介于"橘子"和"句子"之间。那么我们该如何让存储的词向量具备这样的语义信息呢?

我们先学习自然语言处理领域的一个小技巧。在自然语言处理研究中,科研人员通常有一个共识:使用一个单词的上下文来了解这个单词的语义,比如:

（1）"苹果手机质量不错,就是价格有点贵。"

（2）"这个苹果很好吃,非常脆。"

（3）"菠萝质量也还行,但是不如苹果支持的 APP 多。"

在上面的句子中,我们通过上下文可以推断出第一个"苹果"指的是苹果手机,第二个 "苹果"指的是水果苹果,而第三个"菠萝"指的应该也是一个手机。事实上,在自然语言处理领域,使用上下文描述一个词语或者元素的语义是一个常见且有效的做法。我们可以使用同样的方式训练词向量,让这些词向量具备表示语义信息的能力。

2013 年,Mikolov 提出的经典 word2vec 算法就是通过上下文来学习语义信息。 word2vec 包含两个经典模型,CBOW(Continuous Bag-of-Words)和 Skip-gram,如图 5.15 所示。

（1）CBOW:通过上下文的词向量推理中心词。

（2）Skip-gram:根据中心词推理上下文。

假设有一个句子 Pineapples are spikey and yellow,两个模型的推理方式如下:

（1）在 CBOW 中,先在句子中选定一个中心词,并把其他词作为这个中心词的上下文。如图 5.15 CBOW 所示,把 spiked 作为中心词,把 Pineapples are and yellow 作为中心词的上下文。在学习过程中,使用上下文的词向量推理中心词,这样中心词的语义就被传递到上下文的词向量中,如 spikey=>pineapple,从而达到学习语义信息的目的。

（2）在 Skip-gram 中,同样先选定一个中心词,并把其他词作为这个中心词的上下文。如图 5.15 Skip-gram 所示,把 spikey 作为中心词,把 Pineapples are and yellow 作为中心词的上下文。不同的是,在学习过程中,使用中心词的词向量去推理上下文,这样上下文定义

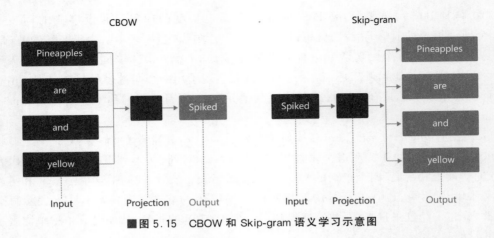

■图 5.15　CBOW 和 Skip-gram 语义学习示意图

的语义被传入中心词的表示中,如"pineapple→spiked",从而达到学习语义信息的目的。

说明:

一般来说,CBOW 比 Skip-gram 训练速度快,训练过程更加稳定,原因是 CBOW 使用上下文 average 的方式进行训练,每个训练 step 会见到更多样本。而在生僻字(出现频率低的字)处理上,skip-gram 比 CBOW 效果更好,原因是 skip-gram 不会刻意回避生僻字。

CBOW 和 Skip-gram 的算法实现

我们以这句话:Pineapples are spikey and yellow 为例分别介绍 CBOW 和 Skip-gram 的算法实现。

如图 5.16 所示,CBOW 是一个具有 3 层结构的神经网络,分别是:

(1) 输入层:一个形状为 $C×V$ 的 one-hot 张量,其中 C 代表上线文中词的个数,通常是一个偶数,我们假设为 4;V 表示词表大小,我们假设为 5000,该张量的每一行都是一个上下文词的 one-hot 向量表示,比如 Pineapples,are,and,yellow。

(2) 隐藏层:一个形状为 $V×N$ 的参数张量 W1,一般称为 word embedding,N 表示每个词的词向量长度,我们假设为 128。输入张量和 word embedding W1 进行矩阵乘法,就会得到一个形状为 $C×N$ 的张量。综合考虑上下文中所有词的信息去推理中心词,因此将上下文中 C 个词相加得一个 $1×N$ 的向量,是整个上下文的一个隐含表示。

(3) 输出层:创建另一个形状为 $N×V$ 的参数张量,将隐藏层得到的 $1×N$ 的向量乘以该 $N×V$ 的参数张量,得到了一个形状为 $1×V$ 的向量。最终,$1×V$ 的向量代表了使用上下文去推理中心词,每个候选词的打分,再经过 Softmax 函数的归一化,即得到了对中心词的推理概率:

$$\mathrm{softmax}(O_i) = \frac{\exp(O_i)}{\sum_j \exp(O_j)}$$

如图 5.17 所示,Skip-gram 是一个具有 3 层结构的神经网络,分别是:

(1) Input Layer(输入层):接收一个 one-hot 张量 $V \in R^{1 \times vocab\_size}$ 作为网络的输入,里面存储着当前句子中心词的 one-hot 表示。

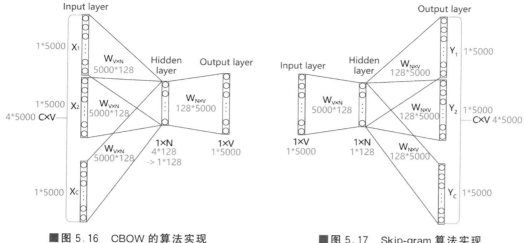

■图 5.16　CBOW 的算法实现　　　　■图 5.17　Skip-gram 算法实现

（2）Hidden Layer（隐藏层）：将张量 V 乘以一个 word embedding 张量 $W_1 \in R^{\text{vocab\_size} \times \text{embed\_size}}$，并把结果作为隐藏层的输出，得到一个形状为 $R^{1 \times \text{embed\_size}}$ 的张量，里面存储着当前句子中心词的词向量。

（3）Output Layer（输出层）：将隐藏层的结果乘以另一个 word embedding 张量 $W_2 \in R^{\text{embed\_size} \times \text{vocab\_size}}$，得到一个形状为 $R^{1 \times \text{vocab\_size}}$ 的张量。这个张量经过 Softmax 变换后，就得到了使用当前中心词对上下文的预测结果。根据这个 Softmax 的结果，我们就可以去训练词向量模型。

在实际操作中，使用一个滑动窗口（一般情况下，长度是奇数），从左到右开始扫描当前句子。每个扫描出来的片段被当成一个小句子，每个小句子中间的词被认为是中心词，其余的词被认为是这个中心词的上下文。

1）Skip-gram 的理想实现

使用神经网络实现 Skip-gram 中，模型接收的输入应该有两个不同的张量：

（1）代表中心词的张量：假设我们称之为 center_words V，一般来说，这个张量是一个形状为[batch_size，vocab_size]的 one-hot 张量，表示在一个 mini-batch 中，每个中心词的 ID，对应位置为 1，其余为 0。

（2）代表目标词的张量：目标词是指需要推理出来的上下文词，假设我们称之为 target_words T，一般来说，这个张量是一个形状为[batch_size，1]的整型张量，这个张量中的每个元素是一个[0，vocab_size-1]的值，代表目标词的 ID。

在理想情况下，我们可以使用一个简单的方式实现 Skip-gram。即把需要推理的每个目标词都当成一个标签，把 Skip-gram 当成一个大规模分类任务进行网络构建，过程如下：

（1）声明一个形状为[vocab_size，embedding_size]的张量，作为需要学习的词向量，记为 W_0。对于给定的输入 V，使用向量乘法，将 V 乘以 W_0，这样就得到了一个形状为[batch_size，embedding_size]的张量，记为 $H = V \times W_0$。这个张量 H 就可以看成是经过词向量查表后的结果。

（2）声明另外一个需要学习的参数 W_1，这个参数的形状为[embedding_size，vocab_

size]。将上一步得到的 H 去乘以 W_1，得到一个新的张量 $O = H \times W_1$，此时的 O 是一个形状为[batch_size, vocab_size]的张量，表示当前这个 mini-batch 中的每个中心词预测出的目标词的概率。

（3）使用 Softmax 函数对 mini-batch 中每个中心词的预测结果做归一化，即可完成网络构建。

2）Skip-gram 的实际实现

然而在实际情况中，vocab_size 通常很大（几十万甚至几百万），导致 W_0 和 W_1 也会非常大。对于 W_0 而言，所参与的矩阵运算并不是通过一个矩阵乘法实现，而是通过指定 ID，对参数 W_0 进行访存的方式获取。然而对 W_1 而言，仍要处理一个非常大的矩阵运算（计算过程非常缓慢，需要消耗大量的内存/显存）。为了缓解这个问题，通常采取负采样（negative_sampling）的方式来近似模拟多分类任务。此时新定义的 W_0 和 W_1 均为形状为[vocab_size, embedding_size]的张量。

假设有一个中心词 c 和一个上下文词正样本 t_p。在 Skip-gram 的理想实现里，需要最大化使用 c 推理 t_p 的概率。在使用 Softmax 学习时，需要最大化 t_p 的推理概率，同时最小化其他词表中词的推理概率。之所以计算缓慢，是因为需要对词表中的所有词都计算一遍。然而我们还可以使用另一种方法，就是随机从词表中选择几个代表词，通过最小化这几个代表词的概率，去近似最小化整体的预测概率。比如，先指定一个中心词（如"人工"）和一个目标词正样本（如"智能"），再随机在词表中采样几个目标词负样本（如"日本""喝茶"等）。有了这些内容，我们的 Skip-gram 模型就变成了一个二分类任务。对于目标词正样本，我们需要最大化它的预测概率；对于目标词负样本，我们需要最小化它的预测概率。通过这种方式，我们就可以完成计算加速。上述做法，我们称之为负采样。

在实现的过程中，通常会让模型接收 3 个张量输入：

（1）代表中心词的张量：假设我们称之为 center_words V，一般来说，这个张量是一个形状为[batch_size, vocab_size]的 one-hot 张量，表示在一个 mini-batch 中每个中心词具体的 ID。

（2）代表目标词的张量：假设我们称之为 target_words T，一般来说，这个张量同样是一个形状为[batch_size, vocab_size]的 one-hot 张量，表示在一个 mini-batch 中每个目标词具体的 ID。

（3）代表目标词标签的张量：假设我们称之为 labels L，一般来说，这个张量是一个形状为[batch_size, 1]的张量，每个元素不是 0 就是 1（0：负样本，1：正样本）。

模型训练过程如下：

（1）用 V 去查询 W_0，用 T 去查询 W_1，分别得到两个形状为[batch_size, embedding_size]的张量，记为 H_1 和 H_2。

（2）点乘这两个张量，最终得到一个形状为 [batch_size] 的张量 $O = \left[O_i = \sum_j H_0[i,j] \cdot H_1[i,j] \right]_{i=1}^{batch\_size}$。

（3）使用 Sigmoid 函数作用在 O 上，将上述点乘的结果归一化为一个 0-1 的概率值，作为预测概率，根据标签信息 L 训练这个模型即可。

在结束模型训练之后，一般使用 W_0 作为最终要使用的词向量，可以用 W_0 提供的向量表示。通过向量点乘的方式，计算两个不同词之间的相似度。

5.3　使用飞桨实现 Skip-gram

5.3.1　概述

在飞桨中,不同深度学习模型的训练过程基本一致,流程如下:

(1) 数据处理:选择需要使用的数据,并做好必要的预处理工作。

(2) 网络定义:使用飞桨定义好网络结构,包括输入层,中间层,输出层,损失函数和优化算法。

(3) 网络训练:将准备好的数据送入神经网络进行学习,并观察学习的过程是否正常,如损失函数值是否在降低,也可以打印一些中间步骤的结果出来等。

(4) 网络评估:使用测试集合测试训练好的神经网络,看看训练效果如何。

在数据处理前,需要先加载飞桨平台(如果用户在本地使用,请确保已经安装飞桨)。

```
import io
import os
import sys
import requests
from collections import OrderedDict
import math
import random
import numpy as np
import paddle
import paddle.fluid as fluid

from paddle.fluid.dygraph.nn import Embedding
```

5.3.2　数据处理

首先,找到一个合适的语料用于训练 word2vec 模型。我们选择 text8 数据集,这个数据集里包含了大量从维基百科收集到的英文语料,我们可以通过如下代码下载数据集,下载后的文件被保存在当前目录的 text8.txt 文件内。

```
# 下载语料用来训练 word2vec
def download():
    # 可以从百度云服务器下载一些开源数据集(dataset.bj.bcebos.com)
    corpus_url = "https://dataset.bj.bcebos.com/word2vec/text8.txt"
    # 使用 Python 的 requests 包下载数据集到本地
    web_request = requests.get(corpus_url)
    corpus = web_request.content
    # 把下载后的文件存储在当前目录的 text8.txt 文件内
    with open("./text8.txt", "wb") as f:
        f.write(corpus)
    f.close()

download()
```

接下来，把下载的语料读取到程序里，并打印前 500 个字符看看语料的样子，代码如下：

```python
# 读取 text8 数据
def load_text8():
    with open("./text8.txt", "r") as f:
        corpus = f.read().strip("\n")
    f.close()
    return corpus

corpus = load_text8()
# 打印前 500 个字符，简要看一下这个语料的样子
print(corpus[:500])
```

一般来说，在自然语言处理中，需要先对语料进行切词。对于英文来说，可以比较简单地直接使用空格进行切词，代码如下：

```python
# 对语料进行预处理（分词）
def data_preprocess(corpus):
    # 由于英文单词出现在句首的时候经常要大写，所以我们把所有英文字符都转换为小写，
    # 以便对语料进行归一化处理(Apple vs apple 等)
    corpus = corpus.strip().lower()
    corpus = corpus.split(" ")
    return corpus

corpus = data_preprocess(corpus)
print(corpus[:50])
```

在经过切词后，需要对语料进行统计，为每个词构造 ID。一般来说，可以根据每个词在语料中出现的频次构造 ID，频次越高，ID 越小，便于对词典进行管理。代码如下：

```python
# 构造词典，统计每个词的频率，并根据频率将每个词转换为一个整数 id
def build_dict(corpus):
    # 首先统计每个不同词的频率（出现的次数），使用一个词典记录
    word_freq_dict = dict()
    for word in corpus:
        if word not in word_freq_dict:
            word_freq_dict[word] = 0
        word_freq_dict[word] += 1

    # 将这个词典中的词，按照出现次数排序，出现次数越高，排序越靠前
    # 一般来说，出现频率高的高频词往往是：I,the,you 这种代词，而出现频率低的词，往往是一些
# 名词，如：nlp
    word_freq_dict = sorted(word_freq_dict.items(), key = lambda x:x[1], reverse = True)

    # 构造 3 个不同的词典，分别存储，
    # 每个词到 id 的映射关系：word2id_dict
    # 每个 id 出现的频率：word2id_freq
    # 每个 id 到词的映射关系：id2word_dict
    word2id_dict = dict()
    word2id_freq = dict()
    id2word_dict = dict()
```

```
#按照频率,从高到低,开始遍历每个单词,并为这个单词构造一个独一无二的 id
for word, freq in word_freq_dict:
    curr_id = len(word2id_dict)
    word2id_dict[word] = curr_id
    word2id_freq[word2id_dict[word]] = freq
    id2word_dict[curr_id] = word

return word2id_freq, word2id_dict, id2word_dict

word2id_freq, word2id_dict, id2word_dict = build_dict(corpus)
vocab_size = len(word2id_freq)
print("there are totoally % d different words in the corpus" % vocab_size)
for _, (word, word_id) in zip(range(50), word2id_dict.items()):
    print("word % s, its id % d, its word freq % d" % (word, word_id, word2id_freq[word_id]))
```

得到 word2id 词典后,我们还需要进一步处理原始语料,把每个词替换成对应的 ID,便于神经网络进行处理,代码如下:

```
#把语料转换为 id 序列
def convert_corpus_to_id(corpus, word2id_dict):
    #使用一个循环,将语料中的每个词替换成对应的 id,以便于神经网络进行处理
    corpus = [word2id_dict[word] for word in corpus]
    return corpus

corpus = convert_corpus_to_id(corpus, word2id_dict)
print("% d tokens in the corpus" % len(corpus))
print(corpus[:50])
```

接下来,需要使用二次采样法处理原始文本。二次采样法的主要思想是降低高频词在语料中出现的频次,降低的方法是随机将高频的词抛弃,频率越高,被抛弃的概率就越高,频率越低,被抛弃的概率就越低,这样像标点符号或冠词这样的高频词就会被抛弃,从而优化整个词表的词向量训练效果,代码如下:

```
#使用二次采样算法(subsampling)处理语料,强化训练效果
def subsampling(corpus, word2id_freq):

    #这个 discard 函数决定了一个词会不会被替换,这个函数是具有随机性的,每次调用结果不同
    #如果一个词的频率很大,那么它被遗弃的概率就很大
    def discard(word_id):
        return random.uniform(0, 1) <1 - math.sqrt(
            1e-4 / word2id_freq[word_id] * len(corpus))

    corpus = [word for word in corpus if not discard(word)]
    return corpus

corpus = subsampling(corpus, word2id_freq)
print("% d tokens in the corpus" % len(corpus))
print(corpus[:50])
```

在完成语料数据预处理之后,需要构造训练数据。根据上面的描述,我们需要使用一个

滑动窗口对语料从左到右扫描,在每个窗口内,中心词需要预测它的上下文,并形成训练数据。

在实际操作中,由于词表往往很大(50 000,100 000 等),对大词表的一些矩阵运算(如Softmax)需要消耗巨大的资源,因此可以通过负采样的方式模拟 Softmax 的结果,代码实现如下。

(1)给定一个中心词和一个需要预测的上下文词,把这个上下文词作为正样本。

(2)通过词表随机采样的方式,选择若干个负样本。

(3)把一个大规模分类问题转化为一个 2 分类问题,通过这种方式优化计算速度。

```python
# 构造数据,准备模型训练
# max_window_size 代表了最大的 window_size 的大小,程序会根据 max_window_size 从左到右扫描整个语料
# negative_sample_num 代表了对于每个正样本,我们需要随机采样多少负样本用于训练,
# 一般来说,negative_sample_num 的值越大,训练效果越稳定,但是训练速度越慢
def build_data(corpus, word2id_dict, word2id_freq, max_window_size = 3, negative_sample_num = 4):
    # 使用一个 list 存储处理好的数据
    dataset = []
    # 从左到右,开始枚举每个中心点的位置
    for center_word_idx in range(len(corpus)):
        # 以 max_window_size 为上限,随机采样一个 window_size,这样会使得训练更加稳定
        window_size = random.randint(1, max_window_size)
        # 当前的中心词就是 center_word_idx 所指向的词
        center_word = corpus[center_word_idx]

        # 以当前中心词为中心,左右两侧在 window_size 内的词都可以看成是正样本
        positive_word_range = (max(0, center_word_idx - window_size), min(len(corpus) - 1, center_word_idx + window_size))
        positive_word_candidates = [corpus[idx] for idx in range(positive_word_range[0], positive_word_range[1] + 1) if idx != center_word_idx]

        # 对于每个正样本来说,随机采样 negative_sample_num 个负样本,用于训练
        for positive_word in positive_word_candidates:
            # 首先把(中心词,正样本,label = 1)的三元组数据放入 dataset 中,
            # 这里 label = 1 表示这个样本是个正样本
            dataset.append((center_word, positive_word, 1))

            # 开始负采样
            i = 0
            while i < negative_sample_num:
                negative_word_candidate = random.randint(0, vocab_size - 1)

                if negative_word_candidate not in positive_word_candidates:
                    # 把(中心词,正样本,label = 0)的三元组数据放入 dataset 中,
                    # 这里 label = 0 表示这个样本是个负样本
                    dataset.append((center_word, negative_word_candidate, 0))
                    i += 1
    return dataset

dataset = build_data(corpus, word2id_dict, word2id_freq)
for _, (center_word, target_word, label) in zip(range(50), dataset):
```

```
print("center_word %s, target %s, label %d" % (id2word_dict[center_word],
                                    id2word_dict[target_word], label))
```

训练数据准备好后,把训练数据都组装成 mini-batch,并准备输入到网络中进行训练,代码如下:

```
# 构造 mini-batch,准备对模型进行训练
# 我们将不同类型的数据放到不同的张量里,便于神经网络进行处理
# 并通过 numpy 的 array 函数,构造出不同的张量来,并把这些张量送入神经网络中进行训练
def build_batch(dataset, batch_size, epoch_num):

    # center_word_batch 缓存 batch_size 个中心词
    center_word_batch = []
    # target_word_batch 缓存 batch_size 个目标词(可以是正样本或者负样本)
    target_word_batch = []
    # label_batch 缓存了 batch_size 个 0 或 1 的标签,用于模型训练
    label_batch = []

    for epoch in range(epoch_num):
        # 每次开启一个新 epoch 之前,都对数据进行一次随机打乱,提高训练效果
        random.shuffle(dataset)

        for center_word, target_word, label in dataset:
            # 遍历 dataset 中的每个样本,并将这些数据送到不同的张量里
            center_word_batch.append([center_word])
            target_word_batch.append([target_word])
            label_batch.append(label)

            # 当样本积攒到一个 batch_size 后,我们把数据都返回回来
            # 在这里我们使用 numpy 的 array 函数把 list 封装成张量
            # 并使用 Python 的迭代器机制,将数据 yield 出来
            # 使用迭代器的好处是可以节省内存
            if len(center_word_batch) == batch_size:
                yield np.array(center_word_batch).astype("int64"), \
                    np.array(target_word_batch).astype("int64"), \
                    np.array(label_batch).astype("float32")
                center_word_batch = []
                target_word_batch = []
                label_batch = []

    if len(center_word_batch) > 0:
        yield np.array(center_word_batch).astype("int64"), \
            np.array(target_word_batch).astype("int64"), \
            np.array(label_batch).astype("float32")

for _, batch in zip(range(10), build_batch(dataset, 128, 3)):
    print(batch)
```

5.3.3　网络定义

定义 Skip-gram 的网络结构,用于模型训练。在飞桨动态图中,对于任意网络,都需要

定义一个继承自 fluid.dygraph.Layer 的类来搭建网络结构、参数等数据的声明。同时需要在 forward 函数中定义网络的计算逻辑。值得注意的是,我们仅需要定义网络的前向计算逻辑,飞桨会自动完成神经网络的反向计算,代码如下:

```
#定义 Skip - gram 训练网络结构
#这里我们使用的是 Paddlepaddle 的 1.8.0 版本
#一般来说,在使用 fluid 训练的时候,我们需要通过一个类来定义网络结构,这个类继承了 fluid.
dygraph.Layer
class SkipGram(fluid.dygraph.Layer):
    def __init__(self, vocab_size, embedding_size, init_scale = 0.1):
        #vocab_size 定义了这个 skipgram 模型的词表大小
        #embedding_size 定义了词向量的维度是多少
        #init_scale 定义了词向量初始化的范围,一般来说,比较小的初始化范围有助于模型
训练
        super(SkipGram, self).__init__()
        self.vocab_size = vocab_size
        self.embedding_size = embedding_size

        #使用 paddle.fluid.dygraph 提供的 Embedding 函数,构造一个词向量参数
        #这个参数的大小为:[self.vocab_size, self.embedding_size]
        #数据类型为:float32
        #这个参数的名称为:embedding_para
        #这个参数的初始化方式为在[ - init_scale, init_scale]区间进行均匀采样
        self.embedding = Embedding(
            size = [self.vocab_size, self.embedding_size],
            dtype = 'float32',
            param_attr = fluid.ParamAttr(
                name = 'embedding_para',
                initializer = fluid.initializer.UniformInitializer(
                    low = - 0.5/embedding_size, high = 0.5/embedding_size)))

        #使用 paddle.fluid.dygraph 提供的 Embedding 函数,构造另外一个词向量参数
        #这个参数的大小为:[self.vocab_size, self.embedding_size]
        #数据类型为:float32
        #这个参数的名称为:embedding_para_out
        #这个参数的初始化方式为在[ - init_scale, init_scale]区间进行均匀采样
        #跟上面不同的是,这个参数的名称跟上面不同,因此,
        #embedding_para_out 和 embedding_para 虽然有相同的形状,但是权重不共享
        self.embedding_out = Embedding(
            size = [self.vocab_size, self.embedding_size],
            dtype = 'float32',
            param_attr = fluid.ParamAttr(
                name = 'embedding_out_para',
                initializer = fluid.initializer.UniformInitializer(
                    low = - 0.5/embedding_size, high = 0.5/embedding_size)))

    #定义网络的前向计算逻辑
    #center_words 是一个 tensor(mini - batch),表示中心词
    #target_words 是一个 tensor(mini - batch),表示目标词
    #label 是一个张量(mini - batch),表示这个词是正样本还是负样本(用 0 或 1 表示)
    #用于在训练中计算这个张量中对应词的同义词,用于观察模型的训练效果
    def forward(self, center_words, target_words, label):
```

```
#首先,通过 embedding_para(self.embedding)参数,将 mini-batch 中的词转换为词向量
#这里 center_words 和 eval_words_emb 查询的是一个相同的参数
#而 target_words_emb 查询的是另一个参数
center_words_emb = self.embedding(center_words)
target_words_emb = self.embedding_out(target_words)

#center_words_emb = [batch_size, embedding_size]
#target_words_emb = [batch_size, embedding_size]
#我们通过点乘的方式计算中心词到目标词的输出概率,并通过 Sigmoid 函数估计这个词
是正样本还是负样本的概率.
word_sim = fluid.layers.elementwise_mul(center_words_emb, target_words_emb)
word_sim = fluid.layers.reduce_sum(word_sim, dim = -1)
word_sim = fluid.layers.reshape(word_sim, shape = [-1])
pred = fluid.layers.sigmoid(word_sim)

#通过估计的输出概率定义损失函数,注意我们使用的是 sigmoid_cross_entropy_with_
logits 函数
#将 Sigmoid 计算和 cross entropy 合并成一步计算可以更好的优化,所以输入的是 word_
sim,而不是 pred

loss = fluid.layers.sigmoid_cross_entropy_with_logits(word_sim, label)
loss = fluid.layers.reduce_mean(loss)

#返回前向计算的结果,飞桨会通过 backward 函数自动计算出反向结果.
return pred, loss
```

5.3.4　网络训练

完成网络定义后,就可以启动模型训练。我们定义每隔 100 步打印一次 *Loss* 值,以确保当前的网络是正常收敛的。同时,我们每隔 10 000 步观察一下 Skip-gram 计算出来的同义词(使用 embedding 的乘积),可视化网络训练效果,代码如下:

```
#开始训练,定义一些训练过程中需要使用的超参数
batch_size = 512
epoch_num = 3
embedding_size = 200
step = 0
learning_rate = 0.001

#定义一个使用 word-embedding 查询同义词的函数
#这个函数 query_token 是要查询的词,k 表示要返回多少个最相似的词,embed 是我们学习到的
word-embedding 参数
#我们通过计算不同词之间的 cosine 距离,来衡量词和词的相似度
#具体实现如下,x 代表要查询词的 Embedding,Embedding 参数矩阵 W 代表所有词的 Embedding
#两者计算 Cos 得出所有词对查询词的相似度得分向量,排序取 top_k 放入 indices 列表
def get_similar_tokens(query_token, k, embed):
    W = embed.numpy()
    x = W[word2id_dict[query_token]]
    cos = np.dot(W, x) / np.sqrt(np.sum(W * W, axis = 1) * np.sum(x * x) + 1e-9)
    flat = cos.flatten()
```

```
        indices = np.argpartition(flat, -k)[-k:]
        indices = indices[np.argsort(-flat[indices])]
        for i in indices:
            print('for word %s, the similar word is %s' % (query_token, str(id2word_dict[i])))

#将模型放到 GPU 上训练(fluid.CUDAPlace(0)),如果需要指定 CPU,则需要改为 fluid.CPUPlace()
with fluid.dygraph.guard(fluid.CUDAPlace(0)):
    #通过我们定义的 SkipGram 类,来构造一个 Skip-gram 模型网络
    skip_gram_model = SkipGram(vocab_size, embedding_size)
    #构造训练这个网络的优化器
    adam = fluid.optimizer.AdamOptimizer(learning_rate = learning_rate, parameter_list =
skip_gram_model.parameters())

    #使用 build_batch 函数,以 mini-batch 为单位,遍历训练数据,并训练网络
    for center_words, target_words, label in build_batch(
        dataset, batch_size, epoch_num):
        #使用 fluid.dygraph.to_variable 函数,将一个 numpy 的张量,转换为飞桨可计算的张量
        center_words_var = fluid.dygraph.to_variable(center_words)
        target_words_var = fluid.dygraph.to_variable(target_words)
        label_var = fluid.dygraph.to_variable(label)

        #将转换后的张量送入飞桨中,进行一次前向计算,并得到计算结果
        pred, loss = skip_gram_model(
            center_words_var, target_words_var, label_var)

        #通过 backward 函数,让程序自动完成反向计算
        loss.backward()
        #通过 minimize 函数,让程序根据 loss,完成一步对参数的优化更新
        adam.minimize(loss)
        #使用 clear_gradients 函数清空模型中的梯度,以便于下一个 mini-batch 进行更新
        skip_gram_model.clear_gradients()

        #每经过 100 个 mini-batch,打印一次当前的 loss,看看 loss 是否在稳定下降
        step += 1
        if step % 100 == 0:
            print("step %d, loss %.3f" % (step, loss.numpy()[0]))

        #经过 10000 个 mini-batch,打印一次模型对 eval_words 中的 10 个词计算的同义词
        #这里我们使用词和词之间的向量点积作为衡量相似度的方法
        #我们只打印了 5 个最相似的词
        if step % 10000 == 0:
            get_similar_tokens('one', 5, skip_gram_model.embedding.weight)
            get_similar_tokens('she', 5, skip_gram_model.embedding.weight)
            get_similar_tokens('chip', 5, skip_gram_model.embedding.weight)
```

从打印结果可以看到,经过一定步骤的训练,Loss 逐渐下降并趋于稳定。同时也可以发现 Skip-gram 模型可以学习到一些有趣的语言现象,比如:跟 who 比较接近的词是 whose、he、she、him、himself。

5.3.5　词向量的有趣使用

在使用 word2vec 模型的过程中,研究人员发现了一些有趣的现象。比如当得到整个词

表的 word embedding 之后,对任意词都可以基于向量乘法计算跟这个词最接近的词。我们会发现,word2vec 模型可以自动学习一些同义词关系,如:

```
Top 5 words closest to "beijing" are:
1. newyork
2. paris
3. tokyo
4. berlin
5. seoul

...

Top 5 words closest to "apple" are:
1. banana
2. pineapple
3. huawei
4. peach
5. orange
```

除此以外,研究人员还发现可以使用加减法完成一些基于语言的逻辑推理,如:

```
Top 1 words closest to "king - man + woman" are
1. queen

...

Top 1 words closest to "captial - china + america" are
1. washington
```

还有更多有趣的例子,赶快使用飞桨尝试实现一下吧。

5.3.6　作业

(1) 如何使用飞桨实现 CBOW 算法?

(2) 有些词天然具有歧义,比如"苹果",在学习 word2vec 的时候,如何解决和区分歧义性词?

(3) 如何构造一个自然语言句子的向量表示?

作业提交方式

请读者扫描图书封底的二维码,在 AI Studio"零基础实践深度学习"课程中的"作业"节点下提交相关作业。

第6章 情感分析

6.1 自然语言情感分析

6.1.1 概述

众所周知,人类自然语言中包含了丰富的情感色彩:表达人的情绪(如悲伤、快乐)、心情(如倦怠、忧郁)、喜好(如喜欢、讨厌)、个性特征和立场等。利用机器自动分析这些情感倾向,不但有助于帮助企业了解消费者对其产品的感受,为产品改进提供依据;同时还有助于企业分析商业伙伴们的态度,以便更好地进行商业决策。

简单说,我们可以将情感分析(sentiment classification)任务定义为一个分类问题,即指定一个文本输入,机器通过对文本进行分析、处理、归纳和推理后自动输出结论,如图6.1所示。

通常情况下,人们把情感分析任务看成一个三分类问题,如图6.2所示。

- 正向:表示正面积极的情感,如高兴、幸福、惊喜、期待等。
- 负向:表示负面消极的情感,如难过、伤心、愤怒、惊恐等。
- 其他:其他类型的情感。

在情感分析任务中,研究人员除了分析句子的情感类型外,还细化到以句子中具体的"方面"为分析主体进行情感分析(aspect-level),如下:

> 这个薯片口味有点咸,太辣了,不过很脆。

关于薯片的口味方面是一个负向评价(咸,太辣),然而对于口感方面却是一个正向评价(很脆)。

> 我很喜欢夏威夷,就是这边的海鲜太贵了。

关于夏威夷是一个正向评价(喜欢),然而对于夏威夷的海鲜却是一个负向评价(价格太贵)。

■图 6.1　情感分析任务

■图 6.2　情感分析任务

6.1.2　使用深度神经网络完成情感分析任务

我们学习了通过把每个单词转换成向量的方式,可以完成单词语义计算任务。那么我们自然会联想到,是否可以把每个自然语言句子也转换成一个向量表示,并使用这个向量表示完成情感分析任务呢?

在日常工作中有一个非常简单粗暴的解决方式:就是先把一个句子中所有词的embedding 进行加权平均,再用得到的平均 embedding 作为整个句子的向量表示。然而由于自然语言变幻莫测,我们在使用神经网络处理句子的时候,往往会遇到如下两类问题:

(1)变长的句子:自然语言句子往往是变长的,不同的句子长度可能差别很大。然而大部分神经网络接受的输入都是张量,长度是固定的,那么如何让神经网络处理变长数据成为了一大挑战。

(2)组合的语义:自然语言句子往往对结构非常敏感,有时稍微颠倒单词的顺序都可能改变这句话的意思,比如:

> • 你等一下我做完作业就走。
> • 我等一下你做完工作就走。
> • 我不爱吃你做的饭。
> • 你不爱吃我做的饭。
> • 我瞅你咋地。
> • 你瞅我咋滴。

因此,我们需要找到一个可以考虑词和词之间顺序(关系)的神经网络,用于更好地实现自然语言句子建模。

1. 处理变长数据

在使用神经网络处理变长数据时,需要先设置一个全局变量 max_seq_len,再对语料中的句子进行处理,将不同的句子组成 mini-batch,用于神经网络学习和处理。

1）设置全局变量

设定一个全局变量 max_seq_len,用来控制神经网络最大可以处理文本的长度。我们可以先观察语料中句子的分布,再设置合理的 max_seq_len 值,以最高的性价比完成句子分类任务（如情感分类）。

2）对语料中的句子进行处理

我们通常采用"截断＋填充"的方式,对语料中的句子进行处理,将不同的句子组成 mini-batch,以便让句子转换成一个张量给神经网络进行处理计算,如图 6.3 所示。

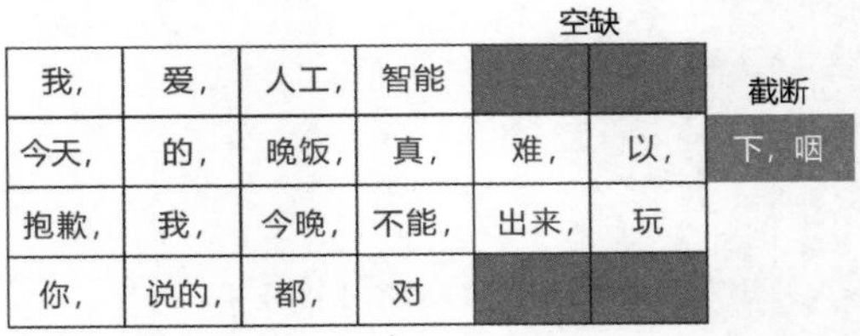

■图 6.3　变长数据处理

（1）对于长度超过 max_seq_len 的句子,我们通常会把这个句子进行截断,以便可以输入到一个张量中。句子截断的过程是有技巧的,有时截取句子的前一部分会比后一部分好,有时则恰好相反。当然也存在其他的截断方式,有兴趣的读者可以翻阅一下相关资料,兹不赘述。

- 前向截断:"晚饭,真,难,以,下,咽"
- 后向截断:"今天,的,晚饭,真,难,以"

（2）对于句子长度不足 max_seq_len 的句子,我们一般会使用一个特殊的词语对这个句子进行填充,这个过程称为 Padding。假设给定一个句子"我,爱,人工,智能",max_seq_len＝6,那么可能得到两种填充方式:

- 前向填充:"[pad],[pad],我,爱,人工,智能"
- 后向填充:"我,爱,人工,智能,[pad],[pad]"

同样,不同的填充方式也对网络训练效果有一定影响。一般来说,我们比较倾向选择后向填充的方式。

2. 学习句子的语义

从举例中我们也会观察到,一个句子中词的顺序往往对这个句子的整体语义有比较重要的影响。因此,在刻画整个句子的语义信息过程中,不能撇开顺序信息。如果简单粗暴地把这个句子中所有词的向量做加和,会使得我们的模型无法区分句子的真实含义,例如:

> 我不爱吃你做的饭。
> 你不爱吃我做的饭。

一个有趣的想法,把一个自然语言句子看成一个序列,把整个自然语言的生成过程看成

是一个序列生成的过程。例如对于句子"我,爱,人工,智能",这句话的生成概率 P(我,爱,人工,智能)可以被表示为:

$$P(我,爱,人工,智能) = P(我|<s>) * P(爱|<s>,我) * P(人工|<s>,我,爱) * P(智能|<s>,我,爱,人工) * P(</s>|<s>,我,爱,人工,智能)$$

其中$<s>$和$</s>$是两个特殊的不可见符号,表示一个句子在逻辑上的开始和结束。

上面的公式把一个句子的生成过程建模成一个序列的决策过程,这就是香农在1950年左右提出的使用马尔可夫过程建模自然语言的思想。使用序列的视角看待和建模自然语言有一个明显的好处,那就是在对每个词建模的过程中,都有一个机会去学习这个词和之前生成的词之间的关系,并利用这种关系更好地处理自然语言。如图6.4所示,生成句子"我,爱,人工"后,"智能"在下一步生成的概率就变得很高了,因为"人工智能"经常同时出现。

■图6.4 自然语言生成过程示意图

通过考虑句子内部的序列关系,我们就可以清晰地区分"我不爱吃你做的菜"和"你不爱吃我做的菜"这两句话之间的联系差异了。事实上,目前大多数成功的自然语言模型都建立在对句子的序列化建模上。下面让我们学习两个经典的序列化建模模型:循环神经网络(Recurrent Neural Network,RNN)和长短时记忆网络(Long Short-Term Memory,LSTM)。

6.1.3 作业

(1) 情感分析任务对你有什么启发?

(2) 对一个句子生成一个单一的向量表示有什么缺点,你还知道其他方式吗?

作业提交方式

请读者扫描图书封底的二维码,在 AI Studio"零基础实践深度学习"课程中的"作业"节点下提交相关作业。

6.2 循环神经网络 RNN 和长短时记忆网络 LSTM

6.2.1 RNN 和 LSTM 网络的设计思考

与读者熟悉的卷积神经网络(Convolutional Neural Networks,CNN)一样,特殊形态的神经网络在设计之初,都有着针对某一场景需求的巧妙思考。CNN 网络的设计就具备适合视觉任务"局部视野"特点,即基于图片局部的完整物体即可以判断物体的语义信息,这与人类观察物体的方式类似。如在一张图片的 1/4 区域上有一只小猫,如果将图片 3/4 的内容遮挡,人类依然可以判断这是一只猫。

与此思路类似,RNN 和 LSTM 的设计初衷也是满足需要神经网络需要有"记忆"能力才能很好解决的任务。在自然语言处理任务中,往往一段文字中某个词的语义可能与前一段句子的语义相关,只有记住了上下文的神经网络才能很好地处理句子的语义关系。例如:

我一边吃着苹果,一边玩着苹果手机。

网络只有正确的记忆两个"苹果"的上下文"吃着"和"玩着…手机",才能正确地识别两个苹果的语义,分别是水果和手机品牌。如果网络没有记忆功能,那么两个"苹果"只能归结到更高概率出现的语义上,得到一个相同的语义输出,这显然是不合理的。

如何设计神经网络的记忆功能呢? 我们先了解下 RNN 网络是如何实现具备记忆功能的。RNN 相当于将神经网络单元进行了横向连接,处理前一部分输入的 RNN 单元不仅有正常的模型输出,还会输出"记忆"传递到下一个 RNN 单元。而处于后一部分的 RNN 单元,不仅仅有来自于任务数据的输入,同时会接收从前一个 RNN 单元传递过来的记忆输入,这样就使得整个神经网络具备了"记忆"能力。

但是 RNN 网络只是初步实现了"记忆"功能,在此基础上科学家们又发明了一些 RNN 的变体,来加强网络的记忆能力。但 RNN 对"记忆"能力的设计是比较粗糙的,当网络处理的序列数据过长时,累积的内部信息就会越来越复杂,直到超过网络的承载能力,通俗的说"事无巨细的记录,总有一天大脑会崩溃"。为了解决这个问题,科学家巧妙的设计了一种记忆单元,称之为"长短时记忆网络(Long Short－Term Memory,LSTM)"。在每个处理单元内部,加入了输入门、输出门和遗忘门的设计,三者有明确的任务分工:

输入门:控制有多少输入信号会被融合;

遗忘门:控制有多少过去的记忆会被遗忘;

输出门:控制最终输出多少记忆。

三者的作用与人类的记忆方式有异曲同工之处,即:

与当前任务无关的信息会直接过滤掉,如非常专注的开车时,人们几乎不注意沿途的风景;

过去记录的事情不一定都要永远记住,如令人伤心或者不重要的事,通常会很快被淡忘;

根据记忆和现实观察进行决策,如开车时会结合记忆中的路线和当前看到的路标,决策转弯或直行。

了解了这些关于网络设计的本质理解,下面进入实现方案的细节。

6.2.2　循环神经网络 RNN

循环神经网络(Recurrent Neural Network,RNN)是一个非常经典的面向序列的模型,可以对自然语言句子或是其他时序信号进行建模,RNN 网络结构如图 6.5 所示。

不同于其他常见的神经网络结构,循环神经网络的输入是一个序列信息。假设给定任

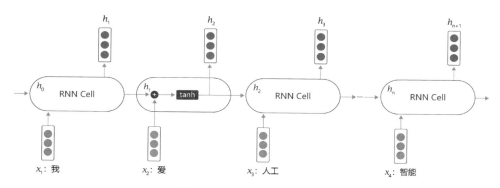

■图 6.5　循环神经网络结构

意一句话 $[x\_0, x\_1, \cdots, x_n]$，其中每个 x_i 都代表了一个词，如"我, 爱, 人工, 智能"。循环神经网络从左到右逐词阅读这个句子，并不断调用一个相同的 RNN Cell 来处理时序信息。每阅读一个单词，循环神经网络会先将本次输入的单词通过 embedding lookup 转换为一个向量表示。再把这个单词的向量表示和这个模型内部记忆的向量 h 融合起来，形成一个更新的记忆。最后将这个融合后的表示输出出来，作为它当前阅读到的所有内容的语义表示。当循环神经网络阅读过整个句子之后，我们就可以认为它的最后一个输出状态表示了整个句子的语义表示。

听上去很复杂，下面我们以一个简单的例子来说明，假设输入的句子为：

"我, 爱, 人工, 智能"

循环神经网络开始从左到右阅读这个句子，在未经过任何阅读之前，循环神经网络中的记忆向量是空白的。其处理逻辑如下：

（1）网络阅读单词"我"，并把单词"我"的向量表示和空白记忆相融合，输出一个向量 h_1，用于表示"空白＋我"的语义。

（2）网络开始阅读单词"爱"，这时循环神经网络内部存在"空白＋我"的记忆。循环神经网络会将"空白＋我"和"爱"的向量表示相融合，并输出"空白＋我＋爱"的向量表示 h_2，用于表示"我爱"这个短语的语义信息。

（3）网络开始阅读单词"人工"，同样经过融合之后，输出"空白＋我＋爱＋人工"的向量表示 h_3，用于表示"空白＋我＋爱＋人工"语义信息。

（4）最终在网络阅读了"智能"单词后，便可以输出"我爱人工智能"这一句子的整体语义信息。

说明：

在实现当前输入 x_t 和已有记忆 h_{t-1} 融合的时候，循环神经网络采用相加并通过一个激活函数 tanh 的方式实现：$h_t = \tanh(WX_t + VH_{t-1} + b)$。

tanh 函数是一个值域为 $(-1, 1)$ 的函数，其作用是长期维持内部记忆在一个固定的数值范围内，防止因多次迭代更新导致数值爆炸。同时 tanh 的导数是一个平滑的函数，会让神经网络的训练变得更加简单。

6.2.3　长短时记忆网络 LSTM

上述方法听上去很有效(事实上在有些任务上效果还不错),但是存在一个明显的缺陷,就是当阅读很长的序列时,网络内部的信息会变得越来越复杂,甚至会超过网络的记忆能力,使得最终的输出信息变得混乱无用。长短时记忆网络(Long Short-Term Memory,LSTM)内部的复杂结构正是为处理这类问题而设计的,其网络结构如图 6.6 所示。

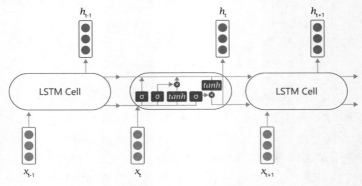

■图 6.6　LSTM 网络结构

长短时记忆网络的结构和循环神经网络非常类似,都是通过不断调用同一个 Cell 来逐次处理时序信息。每阅读一个新单词 x_t,就会输出一个新的输出信号 h_t,用来表示当前阅读到所有内容的整体向量表示。不过二者又有一个明显区别,长短时记忆网络在不同 Cell 之间传递的是两个记忆信息,而不像循环神经网络一样只有一个记忆信息,此外长短时记忆网络的内部结构也更加复杂,如图 6.7 所示。

区别于循环神经网络 RNN,长短时记忆网络最大的特点是在更新内部记忆时,引入了遗忘机制。即容许网络忘记过去阅读过程中看到的一些无关紧要的信息,只保留有用的历史信息。通过这种方式延长了记忆长度。举个例子:

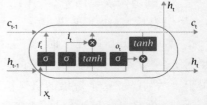

■图 6.7　LSTM 网络内部结构示意图

我觉得这家餐馆的菜品很不错,烤鸭非常正宗,包子也不错,酱牛肉很有嚼劲。但是服务员态度太恶劣了,我们在门口等了 50 分钟都没有能成功进去,好不容易进去了,桌子也半天没人打扫。整个环境非常吵闹,我的孩子都被吓哭了,我下次不会带朋友来。

当我们阅读上面这段话的时候,可能会记住一些关键词,如烤鸭好吃、牛肉有嚼劲、环境吵闹等,但也会忽略一些不重要的内容,如"我觉得""好不容易"等,长短时记忆网络正是受这个启发而设计的。

长短时记忆网络的 Cell 有三个输入:

(1)这个网络新看到的输入信号,如下一个单词,记为 x_t,其中 x_t 是一个向量,t 代表了当前时刻。

(2)这个网络在上一步的输出信号,记为 h_{t-1},这是一个向量,维度同 x_t 相同。

(3)这个网络在上一步的记忆信号,记为 c_{t-1},这是一个向量,维度同 x_t 相同。

得到这两个信号之后,长短时记忆网络没有立即去融合这两个向量,而是计算了如下门的权重:

(1) 输入门:$i_t = \text{sigmoid}(W_i X_t + V_i H_{t-1} + b_i)$,控制有多少输入信号会被融合。

(2) 遗忘门:$f_t = \text{sigmoid}(W_f X_t + V_f H_{t-1} + b_f)$,控制有多少过去的记忆会被遗忘。

(3) 输出门:$o_t = \text{sigmoid}(W_o X_t + V_o H_{t-1} + b_o)$,控制最终输出多少记忆。

(4) 单元状态:$g_t = \tanh(W_g X_t + V_g H_{t-1} + b_g)$,输入信号和过去的输入信号做一个信息融合。

通过学习这些门的权重设置,长短时记忆网络可以根据当前的输入信号和记忆信息,有选择性地忽略或者强化当前的记忆或是输入信号,帮助网络更好地学习长句子的语义信息:

$$记忆信号:c_t = f_t \cdot c_{t-1} + i_t \cdot g_t$$
$$输出信号:h_t = o_t \cdot \tanh(c_t)$$

说明:

事实上,长短时记忆网络之所以能更好地对长文本进行建模,还存在另外一套更加严谨的计算和证明,有兴趣的读者可以翻阅一下引文中的参考资料进行详细研究。

6.2.4 作业

除了 LSTM,你能否想到那些其他方法,构造一个句子的向量表示?

6.3 使用 LSTM 完成情感分析任务

6.3.1 概述

借助长短时记忆网络,我们可以非常轻松地完成情感分析任务。如图 6.8 所示。对于每个句子,我们首先通过截断和填充的方式,把这些句子变成固定长度的向量。然后,利用长短时记忆网络,从左到右开始阅读每个句子。在完成阅读之后,我们使用长短时记忆网络的最后一个输出记忆,作为整个句子的语义信息,并直接把这个向量作为输入,送入一个分类层进行分类,从而完成对情感分析问题的神经网络建模。

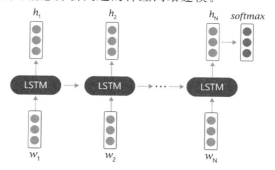

■图 6.8 LSTM 完成情感分析任务流程

6.3.2　使用飞桨实现基于 LSTM 的情感分析模型

接下来让我们看看如何使用飞桨实现一个基于长短时记忆网络的情感分析模型。在飞桨中,不同深度学习模型的训练过程基本一致,流程如下:

(1) 数据处理:选择需要使用的数据,并做好必要的预处理工作。

(2) 网络定义:使用飞桨定义好网络结构,包括输入层、中间层、输出层、损失函数和优化算法。

(3) 网络训练:将准备好的数据送入神经网络进行学习,并观察学习的过程是否正常,如损失函数值是否在降低,也可以打印一些中间步骤的结果出来。

(4) 网络评估:使用测试集合测试训练好的神经网络,看看训练效果如何。

在数据处理前,需要先加载飞桨平台(如果用户在本地使用,请确保已经安装飞桨)。

```
import io
import os
import re
import sys
import six
import requests
import string
import tarfile
import hashlib
from collections import OrderedDict
import math
import random
import numpy as np
import paddle
import paddle.fluid as fluid

from paddle.fluid.dygraph.nn import Embedding
```

1. 数据处理

首先,需要下载语料用于模型训练和评估效果。我们使用的是 IMDB 的电影评论数据,这个数据集是一个开源的英文数据集,由训练数据和测试数据组成。每个数据都分别由若干小文件组成,每个小文件内部都是一段用户关于某个电影的真实评价,以及他/她对这个电影的情感倾向(是正向还是负向),数据集下载的代码如下:

```
def download():
    # 通过 python 的 requests 类,下载存储在
    # https://dataset.bj.bcebos.com/imdb%2FaclImdb_v1.tar.gz 的文件
    corpus_url = "https://dataset.bj.bcebos.com/imdb%2FaclImdb_v1.tar.gz"
    web_request = requests.get(corpus_url)
    corpus = web_request.content

    # 将下载的文件写在当前目录的 aclImdb_v1.tar.gz 文件内
    with open("./aclImdb_v1.tar.gz", "wb") as f:
        f.write(corpus)
```

```
        f.close()

download()
```

接下来,将数据集加载到程序中,并打印一小部分数据观察一下数据集的特点,代码如下:

```
def load_imdb(is_training):
    data_set = []

    # aclImdb_v1.tar.gz 解压后是一个目录
    # 我们可以使用 Python 的 rarfile 库进行解压
    # 训练数据和测试数据已经经过切分,其中训练数据的地址为:
    # ./aclImdb/train/pos/ 和 ./aclImdb/train/neg/,分别存储着正向情感的数据和负向情感的
数据
    # 我们把数据依次读取出来,并放到 data_set 里
    # data_set 中每个元素都是一个二元组(句子,label),其中 label = 0 表示负向情感,label = 1
表示正向情感

    for label in ["pos", "neg"]:
        with tarfile.open("./aclImdb_v1.tar.gz") as tarf:
            path_pattern = "aclImdb/train/" + label + "/.*\.txt$" if is_training \
                else "aclImdb/test/" + label + "/.*\.txt$"
            path_pattern = re.compile(path_pattern)
            tf = tarf.next()
            while tf != None:
                if bool(path_pattern.match(tf.name)):
                    sentence = tarf.extractfile(tf).read().decode()
                    sentence_label = 0 if label == 'neg' else 1
                    data_set.append((sentence, sentence_label))
                tf = tarf.next()

    return data_set

train_corpus = load_imdb(True)
test_corpus = load_imdb(False)

for i in range(5):
    print("sentence %d, %s" % (i, train_corpus[i][0]))
    print("sentence %d, label %d" % (i, train_corpus[i][1]))
```

一般来说,在自然语言处理中,需要先对语料进行切词,这里我们可以使用空格把每个句子切成若干词的序列,代码如下:

在经过切词后,需要构造一个词典,把每个词都转化成一个 ID,以便于神经网络训练。代码如下:

```
def data_preprocess(corpus):
    data_set = []
    for sentence, sentence_label in corpus:
        # 这里有一个小 trick 是把所有的句子转换为小写,从而减小词表的大小
```

```
        #一般来说这样的做法有助于效果提升
        sentence = sentence.strip().lower()
        sentence = sentence.split(" ")
        data_set.append((sentence, sentence_label))
    return data_set

train_corpus = data_preprocess(train_corpus)
test_corpus = data_preprocess(test_corpus)
print(train_corpus[:5])
```

注意：

在代码中我们使用了一个特殊的单词[oov]（out-of-vocabulary 的首字母简写），用于表示词表中没有覆盖到的词。之所以使用[oov]这个符号，是为了处理某一些词，在测试数据中有，但训练数据没有的现象。

```
#构造词典，统计每个词的频率，并根据频率将每个词转换为一个整数 id
def build_dict(corpus):
    word_freq_dict = dict()
    for sentence, _ in corpus:
        for word in sentence:
            if word not in word_freq_dict:
                word_freq_dict[word] = 0
            word_freq_dict[word] += 1

    word_freq_dict = sorted(word_freq_dict.items(), key = lambda x:x[1], reverse = True)

    word2id_dict = dict()
    word2id_freq = dict()

    #一般来说，我们把 oov 和 pad 放在词典前面，给它们一个比较小的 id，这样比较方便记忆，并且
易于后续扩展词表
    word2id_dict['[oov]'] = 0
    word2id_freq[0] = 1e10

    word2id_dict['[pad]'] = 1
    word2id_freq[1] = 1e10

    for word, freq in word_freq_dict:
        word2id_dict[word] = len(word2id_dict)
        word2id_freq[word2id_dict[word]] = freq

    return word2id_freq, word2id_dict

word2id_freq, word2id_dict = build_dict(train_corpus)
vocab_size = len(word2id_freq)
print("there are totoally %d different words in the corpus" % vocab_size)
for _, (word, word_id) in zip(range(50), word2id_dict.items()):
    print("word %s, its id %d, its word freq %d" % (word, word_id, word2id_freq[word_id]))
```

在完成 word2id 词典假设之后，我们还需要进一步处理原始语料，把语料中的所有句子

都处理成 ID 序列,代码如下:

```
#把语料转换为 ID 序列
def convert_corpus_to_id(corpus, word2id_dict):
    data_set = []
    for sentence, sentence_label in corpus:
            #将句子中的词逐个替换成 id,如果句子中的词不在词表内,则替换成 oov
            #这里需要注意,一般来说我们可能需要查看一下 test-set 中,句子 oov 的比例,
            #如果存在过多 oov 的情况,那就说明我们的训练数据不足或者切分存在巨大偏差,需要
调整
        sentence = [word2id_dict[word] if word in word2id_dict \
                    else word2id_dict['[oov]'] for word in sentence]
        data_set.append((sentence, sentence_label))
    return data_set

train_corpus = convert_corpus_to_id(train_corpus, word2id_dict)
test_corpus = convert_corpus_to_id(test_corpus, word2id_dict)
print("%d tokens in the corpus" % len(train_corpus))
print(train_corpus[:5])
print(test_corpus[:5])
```

接下来,我们就可以开始把原始语料中的每个句子通过截断和填充,转换成一个固定长度的句子,并将所有数据整理成 mini-batch,用于训练模型,代码如下:

```
#编写一个迭代器,每次调用这个迭代器都会返回一个新的 batch,用于训练或者预测
def build_batch(word2id_dict, corpus, batch_size, epoch_num, max_seq_len, shuffle = True):

    #模型将会接受的两个输入:
    # 1. 一个形状为[batch_size, max_seq_len]的张量,sentence_batch,代表了一个 mini-batch
的句子.
    # 2. 一个形状为[batch_size, 1]的张量,sentence_label_batch,
    #    每个元素都是非 0 即 1,代表了每个句子的情感类别(正向或者负向)
    sentence_batch = []
    sentence_label_batch = []

    for _ in range(epoch_num):

        #每个 epoch 前都 shuffle 一下数据,有助于提高模型训练的效果
        #但是对于预测任务,不要做数据 shuffle
        if shuffle:
            random.shuffle(corpus)
        for sentence, sentence_label in corpus:
            sentence_sample = sentence[:min(max_seq_len, len(sentence))]
            if len(sentence_sample) <max_seq_len:
                for _ in range(max_seq_len - len(sentence_sample)):
                    sentence_sample.append(word2id_dict['[pad]'])

            sentence_sample = [[word_id] for word_id in sentence_sample]

            sentence_batch.append(sentence_sample)
            sentence_label_batch.append([sentence_label])
            if len(sentence_batch) == batch_size:
```

```
                yield np.array(sentence_batch).astype("int64"), np.array(sentence_label_
batch).astype("int64")
                sentence_batch = []
                sentence_label_batch = []

    if len(sentence_batch) == batch_size:
        yield np.array(sentence_batch).astype("int64"), np.array(sentence_label_batch).
astype("int64")

for _, batch in zip(range(10), build_batch(word2id_dict,
                    train_corpus, batch_size = 3, epoch_num = 3, max_seq_len = 30)):
    print(batch)
```

2. 网络定义

1）定义长短时记忆模型

使用飞桨定义一个长短时记忆模型，以便情感分析模型调用，代码如下：

__init__ 函数

```
class SimpleLSTMRNN(fluid.Layer):
    def __init__(self,
                 hidden_size,
                 num_steps,
                 num_layers = 1,
                 init_scale = 0.1,
                 dropout = None):
        # 这个模型有几个参数：
        # 1. hidden_size, 表示 embedding - size, 或者是记忆向量的维度
        # 2. num_steps, 表示这个长短时记忆网络, 最多可以考虑多长的时间序列
        # 3. num_layers, 表示这个长短时记忆网络内部有多少层, 我们知道,
        # 给定一个形状为[batch_size, seq_len, embedding_size]的输入,
        # 长短时记忆网络会输出一个同样为[batch_size, seq_len, embedding_size]的输出,
        # 我们可以把这个输出再链接到一个新的长短时记忆网络上
        # 如此叠加多层长短时记忆网络, 有助于学习更复杂的句子甚至是篇章.
        # 4. init_scale, 表示网络内部的参数的初始化范围,
        # 长短时记忆网络内部用了很多 tanh, Sigmoid 等激活函数, 这些函数对数值精度非常敏感,
        # 因此我们一般只使用比较小的初始化范围, 以保证效果,
        super(SimpleLSTMRNN, self).__init__()
        self._hidden_size = hidden_size
        self._num_layers = num_layers
        self._init_scale = init_scale
        self._dropout = dropout
        self._input = None
        self._num_steps = num_steps
        self.cell_array = []
        self.hidden_array = []

        # weight_1_arr 用于存储不同层的长短时记忆网络中, 不同门的 W 参数
        self.weight_1_arr = []
        self.weight_2_arr = []
        # bias_arr 用于存储不同层的长短时记忆网络中, 不同门的 b 参数
        self.bias_arr = []
```

```
self.mask_array = []

# 通过使用 create_parameter 函数,创建不同长短时记忆网络层中的参数
# 通过上面的公式可知,我们总共需要 8 个形状为[_hidden_size, _hidden_size]的 W 向量
# 和 4 个形状为[_hidden_size]的 b 向量,因此,我们在声明参数的时候,
# 一次性声明一个大小为[self._hidden_size * 2, self._hidden_size * 4]的参数
# 和一个大小为[self._hidden_size * 4]的参数,这样做的好处是,
# 可以使用一次矩阵计算,同时计算 8 个不同的矩阵乘法
# 以便加快计算速度
for i in range(self._num_layers):
    weight_1 = self.create_parameter(
        attr = fluid.ParamAttr(
            initializer = fluid.initializer.UniformInitializer(
                low = - self._init_scale, high = self._init_scale)),
        shape = [self._hidden_size * 2, self._hidden_size * 4],
        dtype = "float32",
        default_initializer = fluid.initializer.UniformInitializer(
            low = - self._init_scale, high = self._init_scale))
    self.weight_1_arr.append(self.add_parameter('w_%d' % i, weight_1))
    bias_1 = self.create_parameter(
        attr = fluid.ParamAttr(
            initializer = fluid.initializer.UniformInitializer(
                low = - self._init_scale, high = self._init_scale)),
        shape = [self._hidden_size * 4],
        dtype = "float32",
        default_initializer = fluid.initializer.Constant(0.0))
    self.bias_arr.append(self.add_parameter('b_%d' % i, bias_1))
```

forward 函数

```
def forward(self, input_embedding, init_hidden = None, init_cell = None):
    self.cell_array = []
    self.hidden_array = []

    # 输入有三个信号:
    # 1. input_embedding,这个就是输入句子的 embedding 表示,
    # 是一个形状为[batch_size, seq_len, embedding_size]的张量
    # 2. init_hidden,这个表示 LSTM 中每一层的初始 h 的值,有时候,
    # 我们需要显式地指定这个值,在不需要的时候,就可以把这个值设置为空
    # 3. init_cell,这个表示 LSTM 中每一层的初始 c 的值,有时候,
    # 我们需要显式地指定这个值,在不需要的时候,就可以把这个值设置为空
    # 我们需要通过 slice 操作,把每一层的初始 hidden 和 cell 值拿出来,
    # 并存储在 cell_array 和 hidden_array 中
    for i in range(self._num_layers):
        pre_hidden = fluid.layers.slice(
            init_hidden, axes = [0], starts = [i], ends = [i + 1])
        pre_cell = fluid.layers.slice(
            init_cell, axes = [0], starts = [i], ends = [i + 1])
        pre_hidden = fluid.layers.reshape(
            pre_hidden, shape = [-1, self._hidden_size])
        pre_cell = fluid.layers.reshape(
            pre_cell, shape = [-1, self._hidden_size])
```

```
        self.hidden_array.append(pre_hidden)
        self.cell_array.append(pre_cell)

    # res 记录了 LSTM 中每一层的输出结果(hidden)
    res = []
    for index in range(self._num_steps):
        # 首先需要通过 slice 函数,拿到输入 tensor input_embedding 中当前位置的词的
        # 向量表示并把这个词的向量表示转换为一个大小为 [batch_size, embedding_size]
        # 的张量
        self._input = fluid.layers.slice(
            input_embedding, axes=[1], starts=[index], ends=[index + 1])
        self._input = fluid.layers.reshape(
            self._input, shape=[-1, self._hidden_size])

        # 计算每一层的结果,从下而上
        for k in range(self._num_layers):
            # 首先获取每一层 LSTM 对应上一个时间步的 hidden, cell,以及当前层的 W 和 b 参数
            pre_hidden = self.hidden_array[k]
            pre_cell = self.cell_array[k]
            weight_1 = self.weight_1_arr[k]
            bias = self.bias_arr[k]

            # 我们把 hidden 和拿到的当前步的 input 拼接在一起,便于后续计算
            nn = fluid.layers.concat([self._input, pre_hidden], 1)

            # 将输入门、遗忘门、输出门等对应的 W 参数,和输入 input 和 pre-hidden 相乘
            # 我们通过一步计算,就同时完成了 8 个不同的矩阵运算,提高了运算效率
            gate_input = fluid.layers.matmul(x=nn, y=weight_1)

            # 将 b 参数也加入到前面的运算结果中
            gate_input = fluid.layers.elementwise_add(gate_input, bias)

            # 通过 split 函数,将每个门得到的结果拿出来
            i, j, f, o = fluid.layers.split(
                gate_input, num_or_sections=4, dim=-1)

            # 把输入门、遗忘门、输出门等对应的权重作用在当前输入 input 和 pre-hidden 上
            c = pre_cell * fluid.layers.sigmoid(f) + fluid.layers.sigmoid(
                i) * fluid.layers.tanh(j)
            m = fluid.layers.tanh(c) * fluid.layers.sigmoid(o)

            # 记录当前步骤的计算结果,
            # m 是当前步骤需要输出的 hidden
            # c 是当前步骤需要输出的 cell
            self.hidden_array[k] = m
            self.cell_array[k] = c
            self._input = m

            # 一般来说,我们有时候会在 LSTM 的结果内加入 dropout 操作
            # 这样会提高模型的训练鲁棒性
            if self._dropout is not None and self._dropout > 0.0:
                self._input = fluid.layers.dropout(
                    self._input,
```

```
                        dropout_prob = self._dropout,
                        dropout_implementation = 'upscale_in_train')

            res.append(
                fluid.layers.reshape(
                    self._input, shape = [1, -1, self._hidden_size]))

        # 计算长短时记忆网络的结果返回, 包括:
        # 1. real_res: 每个时间步上不同层的 hidden 结果
        # 2. last_hidden: 最后一个时间步中, 每一层的 hidden 的结果,
        # 形状为: [batch_size, num_layers, hidden_size]
        # 3. last_cell: 最后一个时间步中, 每一层的 cell 的结果,
        # 形状为: [batch_size, num_layers, hidden_size]
        real_res = fluid.layers.concat(res, 0)
        real_res = fluid.layers.transpose(x = real_res, perm = [1, 0, 2])
        last_hidden = fluid.layers.concat(self.hidden_array, 1)
        last_hidden = fluid.layers.reshape(
            last_hidden, shape = [-1, self._num_layers, self._hidden_size])
        last_hidden = fluid.layers.transpose(x = last_hidden, perm = [1, 0, 2])
        last_cell = fluid.layers.concat(self.cell_array, 1)
        last_cell = fluid.layers.reshape(
            last_cell, shape = [-1, self._num_layers, self._hidden_size])
        last_cell = fluid.layers.transpose(x = last_cell, perm = [1, 0, 2])

        return real_res, last_hidden, last_cell
```

2) 定义情感分析模型

长短时记忆模型定义完成后, 我们便可以开始定义一个基于长短时记忆模型的情感分析模型, 代码如下:

__init__函数

```
class SentimentClassifier(fluid.Layer):
    def __init__(self,
                 hidden_size,
                 vocab_size,
                 class_num = 2,
                 num_layers = 1,
                 num_steps = 128,
                 init_scale = 0.1,
                 dropout = None):

        # 这个模型的参数分别为:
        # 1. hidden_size, 表示 embedding - size, hidden 和 cell 向量的维度
        # 2. vocab_size, 模型可以考虑的词表大小
        # 3. class_num, 情感类型个数, 可以是 2 分类, 也可以是多分类
        # 4. num_steps, 表示这个情感分析模型最大可以考虑的句子长度
        # 5. init_scale, 表示网络内部参数的初始化范围,
        # 长短时记忆网络内部用了很多 tanh, Sigmoid 等激活函数, 这些函数对数值精度非常敏感,
        # 因此我们一般只使用比较小的初始化范围, 以保证效果

        super(SentimentClassifier, self).__init__()
```

```
        self.hidden_size = hidden_size
        self.vocab_size = vocab_size
        self.class_num = class_num
        self.init_scale = init_scale
        self.num_layers = num_layers
        self.num_steps = num_steps
        self.dropout = dropout

        # 声明一个 LSTM 模型，用来把一个句子抽象成一个向量
        self.simple_lstm_rnn = SimpleLSTMRNN(
            hidden_size,
            num_steps,
            num_layers = num_layers,
            init_scale = init_scale,
            dropout = dropout)

        # 声明一个 embedding 层，用来把句子中的每个词转换为向量
        self.embedding = Embedding(
            size = [vocab_size, hidden_size],
            dtype = 'float32',
            is_sparse = False,
            param_attr = fluid.ParamAttr(
                name = 'embedding_para',
                initializer = fluid.initializer.UniformInitializer(
                    low = - init_scale, high = init_scale)))

        # 在得到一个句子的向量表示后，我们需要根据这个向量表示对这个句子进行分类
        # 一般来说，我们可以把这个句子的向量表示，
        # 乘以一个大小为[self.hidden_size, self.class_num]的 W 参数
        # 并加上一个大小为[self.class_num]的 b 参数
        # 通过这种手段达到把句子向量映射到分类结果的目标

        # 我们需要声明最终在使用句子向量映射到具体情感类别过程中所需要使用的参数
        # 这个参数的大小一般是[self.hidden_size, self.class_num]
        self.softmax_weight = self.create_parameter(
            attr = fluid.ParamAttr(),
            shape = [self.hidden_size, self.class_num],
            dtype = "float32",
            default_initializer = fluid.initializer.UniformInitializer(
                low = - self.init_scale, high = self.init_scale))
        # 同样地，我们需要声明最终分类过程中的 b 参数
        #   这个参数的大小一般是[self.class_num]
        self.softmax_bias = self.create_parameter(
            attr = fluid.ParamAttr(),
            shape = [self.class_num],
            dtype = "float32",
            default_initializer = fluid.initializer.UniformInitializer(
                low = - self.init_scale, high = self.init_scale))
```

forward 函数

```
def forward(self, input, label):

    # 首先我们需要定义 LSTM 的初始 hidden 和 cell，这里我们使用 0 来初始化这个序列的记忆
```

```
init_hidden_data = np.zeros(
    (1, batch_size, embedding_size), dtype='float32')
init_cell_data = np.zeros(
    (1, batch_size, embedding_size), dtype='float32')

# 将这些初始记忆转换为飞桨可计算的向量
# 并设置 stop-gradient = True,避免这些向量被更新,从而影响训练效果
init_hidden = fluid.dygraph.to_variable(init_hidden_data)
init_hidden.stop_gradient = True
init_cell = fluid.dygraph.to_variable(init_cell_data)
init_cell.stop_gradient = True

init_h = fluid.layers.reshape(
    init_hidden, shape=[self.num_layers, -1, self.hidden_size])

init_c = fluid.layers.reshape(
    init_cell, shape=[self.num_layers, -1, self.hidden_size])

# 将输入的句子的 mini-batch input,转换为词向量表示
x_emb = self.embedding(input)

x_emb = fluid.layers.reshape(
    x_emb, shape=[-1, self.num_steps, self.hidden_size])
if self.dropout is not None and self.dropout > 0.0:
    x_emb = fluid.layers.dropout(
        x_emb,
        dropout_prob=self.dropout,
        dropout_implementation='upscale_in_train')

# 使用 LSTM 网络,把每个句子转换为向量表示
rnn_out, last_hidden, last_cell = self.simple_lstm_rnn(x_emb, init_h,
                                                       init_c)
last_hidden = fluid.layers.reshape(
    last_hidden, shape=[-1, self.hidden_size])

# 将每个句子的向量表示,通过矩阵计算,映射到具体的情感类别上
projection = fluid.layers.matmul(last_hidden, self.softmax_weight)
projection = fluid.layers.elementwise_add(projection, self.softmax_bias)
projection = fluid.layers.reshape(
    projection, shape=[-1, self.class_num])
pred = fluid.layers.softmax(projection, axis=-1)

# 根据给定的标签信息,计算整个网络的损失函数,这里我们可以直接使用分类任务中常
使用的交叉熵来训练网络
loss = fluid.layers.softmax_with_cross_entropy(
    logits=projection, label=label, soft_label=False)
loss = fluid.layers.reduce_mean(loss)

# 最终返回预测结果 pred,和网络的 loss
return pred, loss
```

3. 模型训练

在完成模型定义之后,我们就可以开始训练模型了。当训练结束以后,我们可以使用测试集评估一下当前模型的效果,代码如下:

```
import paddle.fluid as fluid
# 开始训练
batch_size = 128
epoch_num = 5
embedding_size = 256
step = 0
learning_rate = 0.01
max_seq_len = 128

use_gpu = False
place = fluid.CUDAPlace(0) if use_gpu else fluid.CPUPlace()
with fluid.dygraph.guard(place):
    # 创建一个用于情感分类的网络实例, sentiment_classifier
    sentiment_classifier = SentimentClassifier(
        embedding_size, vocab_size, num_steps = max_seq_len)
    # 创建优化器 AdamOptimizer, 用于更新这个网络的参数
    adam = fluid.optimizer.AdamOptimizer(learning_rate = learning_rate, parameter_list =
sentiment_classifier.parameters())

    for sentences, labels in build_batch(
        word2id_dict, train_corpus, batch_size, epoch_num, max_seq_len):

        sentences_var = fluid.dygraph.to_variable(sentences)
        labels_var = fluid.dygraph.to_variable(labels)
        pred, loss = sentiment_classifier(sentences_var, labels_var)

        loss.backward()
        adam.minimize(loss)
        sentiment_classifier.clear_gradients()

        step += 1
        if step % 10 == 0:
            print("step %d, loss %.3f" % (step, loss.numpy()[0]))

    # 我们希望在网络训练结束以后评估一下训练好的网络的效果
    # 通过 eval() 函数, 将网络设置为 eval 模式, 在 eval 模式中, 网络不会进行梯度更新
    sentiment_classifier.eval()
    # 这里我们需要记录模型预测结果的准确率
    # 对于二分类任务来说, 准确率的计算公式为:
    # (true_positive + true_negative) /
    # (true_positive + true_negative + false_positive + false_negative)
    tp = 0.
    tn = 0.
    fp = 0.
    fn = 0.
    for sentences, labels in build_batch(
        word2id_dict, test_corpus, batch_size, 1, max_seq_len):

        sentences_var = fluid.dygraph.to_variable(sentences)
        labels_var = fluid.dygraph.to_variable(labels)
        # 获取模型对当前 batch 的输出结果
        pred, loss = sentiment_classifier(sentences_var, labels_var)
        # 把输出结果转换为 numpy array 的数据结构
```

```
# 遍历这个数据结构,比较预测结果和对应 label 之间的关系,并更新 tp,tn,fp 和 fn
pred = pred.numpy()
for i in range(len(pred)):
    if labels[i][0] == 1:
        if pred[i][1] > pred[i][0]:
            tp += 1
        else:
            fn += 1
    else:
        if pred[i][1] > pred[i][0]:
            fp += 1
        else:
            tn += 1

# 输出最终评估的模型效果
print("the acc in the test set is %.3f" % ((tp + tn) / (tp + tn + fp + fn)))
```

4. 文本匹配

借助相同的思路,我们可以很轻易地解决文本相似度计算问题,假设给定两个句子:

句子 1:我不爱吃烤冷面,但是我爱吃冷面。

句子 2:我爱吃菠萝,但是不爱吃地瓜。

同样使用 LSTM 网络,把每个句子抽象成一个向量表示,通过计算这两个向量之间的相似度,就可以快速完成文本相似度计算任务。在实际场景里,我们也通常使用 LSTM 网络的最后一步 hidden 结果,将一个句子抽象成一个向量,然后通过向量点积,或者 cosine 相似度的方式,去衡量两个句子的相似度,如图 6.9 所示。

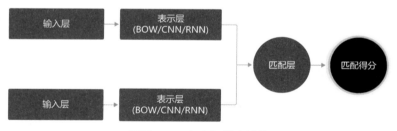

图 6.9　文本相似度计算

一般情况下,在训练阶段有 point-wise 和 pair-wise 两个常见的训练模式(针对搜索引擎任务,还有一类 list-wise 的方法,这里不做探讨)。

(1) point-wise 训练模式:在 point-wise 训练过程中,我们把不同的句子对二分为两类(或者更多类别):相似、不相似。通过这种方式把句子相似度计算任务转化为一个分类问题,通过常见的二分类函数(如 Sigmoid)即可完成分类任务。在最终预测阶段,使用 Sigmoid 函数的输出,作为两个不同句子的相似度值。

(2) pair-wise 训练模式:pair-wise 训练模式相对更复杂一些,假定给定 3 个句子,A、B 和 C。已知 A 和 B 相似,但是 A 和 C 不相似,那么原则上,A 和 B 的相似度值应该高于 A 和 C 的相似度值。因此我们可以构造一个新的训练算法:对于一个相同的相似度计算模型 m,假定 m(A,B)是 m 输出的 A 和 B 的相似度值,m(A,C)是 m 输出的 A 和 C 的相似度

值,那么 hinge-loss:

$$L = \lambda - (m(A,B) - m(A,C)) \, if \, m(A,B) - m(A,C) < \lambda \, else \, 0$$

这个损失函数要求对于每个正样本 $m(A,B)$ 的相似度值至少高于负样本 $m(A,C)$ 一个阈值 λ。

hinge-loss 的好处是没有强迫进行单个样本的分类,而是通过考虑样本和样本直接的大小关系来学习相似和不相似关系。相比较而言,pair-wise 训练比 point-wise 任务效果更加鲁棒一些,更适合如搜索、排序、推荐等场景的相似度计算任务。

6.4 AI 文本分类比赛

6.4.1 中文新闻标题分类比赛

本次比赛选用 THUCNews 数据集,使用文本分类算法,根据原始文本数据判断其所属类别。

本次比赛的项目代码、实战分享和相关讲解可以在本书配套的课程中找到,感兴趣的同学可以自行学习,链接如下: https://aistudio.baidu.com/aistudio/course/introduce/888

1. THUCNews 数据集

THUCNews 是根据新浪新闻 RSS 订阅频道 2005—2011 年间的历史数据筛选过滤生成,包含 74 万篇新闻文档(2.19GB),均为 UTF-8 纯文本格式。在原始新浪新闻分类体系的基础上,重新整合划分出 14 个候选分类类别:财经、彩票、房产、股票、家居、教育、科技、社会、时尚、时政、体育、星座、游戏、娱乐。

2. 格式介绍

为了使读者快速进入比赛核心阶段,书中已将训练集按照"标签 ID+\t+标签+\t+原文标题"的格式抽取出来,读者可以直接根据新闻标题进行文本分类任务,输出自己的解决方案。

3. 实现参考

```
# coding = utf - 8
import os
from multiprocessing import cpu_count
import numpy as np
import paddle
import paddle.fluid as fluid
# import paddlehub as hub


class classify():
    data_root_path = ""
    dict_path = "data/data9658/dict.txt"
    test_data_path = "data/data9658/Test_IDs.txt"
    model_save_dir = "work/classify_nn/"
    save_path = 'work/result.txt'

    def train(self):
```

```
            #
            # 学员自行填充训练代码,
            # 完成模型训练
            #
            print('训练模型保存完成!')
            self.test(self)

        # 获取数据
    def get_data(self, sentence):
        # 读取数据字典
        with open(self.dict_path, 'r', encoding = 'utf-8') as f_data:
            dict_txt = eval(f_data.readlines()[0])
        dict_txt = dict(dict_txt)
        # 把字符串数据转换成列表数据
        keys = dict_txt.keys()
        data = []
        for s in sentence:
            # 判断是否存在未知字符
            if not s in keys:
                s = '<unk>'
            data.append(int(dict_txt[s]))
        return data

    def test(self):
        data = []
        # 获取预测数据
        with open(self.test_data_path, 'r', encoding = 'utf-8') as test_data:
            lines = test_data.readlines()
        for line in lines:
            tmp_sents = []
            for word in line.strip().split(','):
                tmp_sents.append(int(word))
            data.append(tmp_sents)
        print ('数据加载完毕,数据长度: ',len(data))
        #a = self.get_data(self, 'w我是共产主义接班人!')
        # data = [a]
        def load_tensor(data):
            # 获取每句话的单词数量
            base_shape = [[len(c) for c in data]]
            # 创建一个执行器,CPU训练速度比较慢
            #place = fluid.CPUPlace()
            place = fluid.CUDAPlace(0)
            # 生成预测数据
            print('loading tensor')
            tensor_words = fluid.create_lod_tensor(data, base_shape, place)

            # infer_place = fluid.CPUPlace()
            infer_place = fluid.CUDAPlace(0)
            # 执行预测
            infer_exe = fluid.Executor(infer_place)
            # 进行参数初始化
            infer_exe.run(fluid.default_startup_program())
            print('feeder')
```

```
        # 从模型中获取预测程序、输入数据名称列表、分类器
        print('loading model')
        [infer_program, feeded_var_names, target_var] = fluid.io.load_inference_model
(dirname = self.model_save_dir, executor = infer_exe)
        result = []
        result = infer_exe.run(program = infer_program,
                               feed = {feeded_var_names[0]: tensor_words},
                               fetch_list = target_var)
        names = ["财经", "彩票", "房产", "股票", "家居", "教育", "科技",
                 "社会", "时尚", "时政", "体育", "星座", "游戏", "娱乐"]
        # 输出结果
        print('writting')
        for i in range(len(data)):
            lab = np.argsort(result)[0][i][-1]
            # print('预测结果标签为: % d, 名称为: % s, 概率为: % f' % (lab, names
[lab], result[0][i][lab]))
            with open(self.save_path, 'a', encoding = 'utf - 8') as ans:
                # print (names[lab])
                ans.write( names[lab] + "\n")
        ans.close()
    print('loading 1/4 data')
    load_tensor(data[:int(len(data)/4)])
    print('loading 2/4 data')
    load_tensor(data[int(len(data)/4):2 * int(len(data)/4)])
    print('loading 3/4 data')
    load_tensor(data[2 * int(len(data)/4):3 * int(len(data)/4)])
    print('loading 4/4 data')
    load_tensor(data[3 * int(len(data)/4):])
    print('测试输出已生成!')

if __name__ == "__main__":
    classify.train(classify)
# classify.test(classify)
```

6.4.2　更多思路参考

上面给出的是一份基础版本的代码,大家可以选择百度其他自然语言领域相关模型进行尝试,并获取更高精度的模型,更多思路参考如下:

(1) 在模型选取方面,使用飞桨 NLP 预训练模型,如 ERNIE。

ERNIE GitHub: https://github.com/PaddlePaddle/ERNIE

(2) 在算法层面,通过多任务学习提升任务的鲁棒性。

飞桨的多任务学习框架 GitHub: https://github.com/PaddlePaddle/PALM

作业提交方式

请读者扫描图书封底的二维码,在 AI Studio"零基础实践深度学习"课程中的"作业"节点下提交相关作业。

第7章 推荐系统

7.1 推荐系统介绍

当我们苦于听到一段熟悉的旋律而不得其名,看到一段电影片段而不知其出处时,心中不免颇有遗憾。在另外一些场景,我们偶然间在某些音乐平台、视频平台的推荐页面找到了心仪的音乐、电影,内心是极其激动的。这些背后往往离不开推荐系统的影子。

那究竟什么是推荐系统呢?

在此之前,我们先了解一下推荐系统产生的背景。

7.1.1 推荐系统的产生背景

互联网和信息计算的快速发展,衍生了海量的数据,我们已经进入了一个信息爆炸的时代,每时每刻都有海量信息产生,然而这些信息并不全是个人所关心的,用户从大量的信息中寻找对自己有用的信息也变得越来越困难。另一方面,信息的生产方也在绞尽脑汁地把用户感兴趣的信息送到用户面前,每个人的兴趣又不尽相同,所以可以实现千人千面的推荐系统应运而生。简单来说,推荐系统是根据用户的浏览习惯,确定用户的兴趣,通过发掘用户的行为,将合适的信息推荐给用户,满足用户的个性化需求,帮助用户找到对他胃口但是不易找到的信息或商品。

推荐系统在互联网和传统行业中都有着大量的应用。在互联网行业,几乎所有的互联网平台都应用了推荐系统,如资讯新闻/影视剧/知识社区的内容推荐、电商平台的商品推荐等;在传统行业中,有些用于企业的营销环节,如银行的金融产品推荐、保险公司的保险产品推荐等。根据QM报告,以推荐系统技术为核心的短视频行业在 2019 年的用户规模已超 8.2 亿,市场规模达 2000 亿,由此可见这项技术在现代社会的经济价值,如图 7.1 所示。

推荐系统的经济学本质随着现代工业和互联网的兴起,长尾经济变得越来越流行。在男耕女织的农业时代,人们以"个性化"的模式生产"个性化"的产品;在流水线模式的工业化时代,人们以"规模化"的模式生产

■ 图 7.1   随处可见的推荐系统

"标准化"的产品；而在互联网和智能制造业不断发展的今天，人们以"规模化"的模式生产"个性化"的产品，极大地丰富了商品种类。在此情况下，用户的注意力和消费力变成极为匮乏的资源。如何从海量的产品和服务中选择自己需要的，成为用户第一关心的事，这就是推荐系统的价值所在，如图 7.2 所示。但每个人的喜好极具个性化，例如年轻人偏爱健身的内容，而父母一代偏爱做菜的内容，如果推荐内容相反，用户会非常不满。正所谓"彼之砒霜，吾之蜜糖"，基于个性化需求进行推荐是推荐系统的关键目标，如图 7.3 所示。

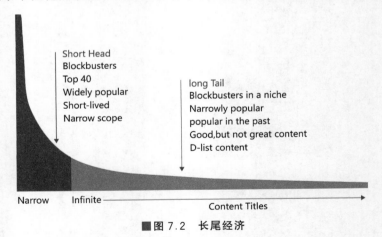

■ 图 7.2   长尾经济

7.1.2   推荐系统的基本概念

构建推荐系统本质上是要解决 5w 的问题。如图 7.4 所示，当用户在晚间休闲，上网阅读小说时，在阅读的军事小说下方，向他推荐三国志游戏，并给出推荐理由"纸上谈兵不如亲身实践"。

■图7.3 彼之砒霜,吾之蜜糖

■图7.4 个性化推荐解决5W问题

这是一个较好的推荐案例,很多军迷用户会下载游戏试玩。但反之,如果在用户白天开会投屏时,弹出提示框向用户推荐"巴厘岛旅游",会给在场的同事留下不认真工作的印象,用户也会非常恼火。可见,除了向谁(Who)推荐什么(What)之外,承载推荐的产品形式(Where)和推荐时机(When)也非常重要。另外给出推荐理由(Why)会对推荐效果产生帮助吗?答案是肯定的。心理学家艾伦·兰格做过一个"合理化行为"的实验,发现在提供行动理由的情况下,更容易说服人们采取行动,因为人们会认为自己是"合乎逻辑"的人。

艾伦设计了排队打印的场景,一个实验者想要插队,通过不同的请求方式,观测插队成功的概率。他做了三组实验:

(1)第一组:请求话术"打搅了,我有5页资料要复印,能否让我先来?",有60%的成功概率。

(2)第二组:请求话术中加入合理的理由"因为……(如赶时间)",成功率上升到94%。

(3)第三组:请求话术变成无厘头的理由"我能先用下复印机吗?因为我有东西要印",成功率仅略有下降,达到93%。

由此可见,哪怕我们提供一个不太靠谱的推荐理由,用户接受推荐的概率都会大大提高。虽然完整的推荐系统需要考虑5W问题,但向谁(Who)推荐什么(What)是问题的核心。所以,本章我们介绍一个解决这两个核心问题的推荐系统。使用的数据和推荐任务如图7.5所示,已知用户对部分内容的评分(偏好),推测他们对未评分内容的评分,并据此进行推荐。

	💄	🪮	💇	🧴	💨	✂️	🪥
👩	4	?	?	5	1	?	?
👩	5	5	4				
👩				2	4	5	
👩		3					3

■图7.5 只保留两个核心问题的推荐任务

7.1.3 思考有哪些信息可以用于推荐

观察只保留两个核心问题的推荐任务示例,思考有哪些信息可以用于推荐?图7.5中蕴含的数据可以分为三种：

（1）每个用户的不同特征，如性别、年龄。

（2）物品的各种描述属性，如品牌、品类。

（3）用户对部分物品的兴趣表达，即用户与物品的关联数据，如历史上的评分、评价、点击行为和购买行为。

结合这三种信息可以形成类似"女性 A 喜欢 LV 包"这样的表达，如图 7.6 所示。

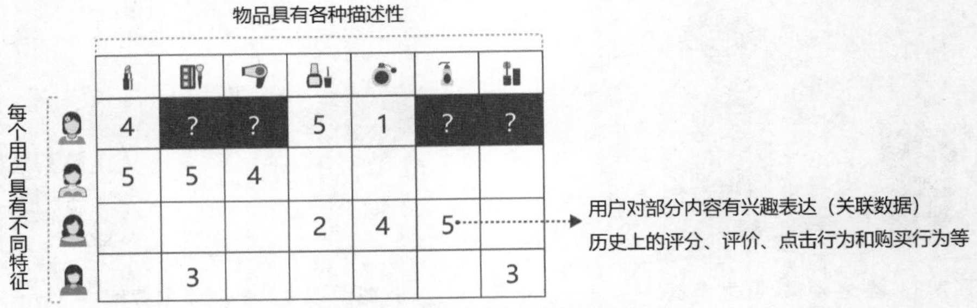

■图 7.6　推荐任务的思考

基于 3 的关联信息，人们设计了"协同过滤的推荐算法"。基于 2 的内容信息，设计出"基于内容的推荐算法"。现在的推荐系统普遍同时利用这三种信息，下面我们就来看看这些方法的原理，如图 7.7 所示。常用的推荐系统算法　常用的推荐系统算法实现方案有三种：

（1）协同过滤推荐（Collaborative Filtering Recommendation）、该算法的核心是分析用户的兴趣和行为，利用共同行为习惯的群体有相似喜好的原则，推荐用户感兴趣的信息。兴趣有高有低，算法会根据用户对信息的反馈（如评分）进行排序，这种方式在学术上称为协同过滤。协同过滤算法是经典的推荐算法，经典意味着简单、好用。协同过滤算法又可以简单分为两种：①基于用户的协同过滤：根据用户的历史喜好分析出相似兴趣的人，然后给用户推荐其他人喜欢的物品。假如小李，小张对物品 A、B 都给了十分好评，那么可以认为小李、小张具有相似的兴趣爱好，如果小李给物品 C 十分好评，那么可以把 C 推荐给小张，可简单理解为"人以类聚"。②基于物品的协同过滤：根据用户的历史喜好分析出相似物品，然后给用户推荐同类物品。比如小李对物品 A、B、C 给了十分好评，小王对物品 A、C 给了十分好评，从这些用户的喜好中分析出喜欢 A 的人都喜欢 C，物品 A、C 是相似的，如果小张给了 A 好评，那么可以把 C 也推荐给小张，可简单理解为"物以群分"。

（2）基于内容过滤推荐（Content-based Filtering Recommendation）。基于内容的过滤是信息检索领域的重要研究内容，是更为简单直接的算法，该算法的核心是衡量出两个物品

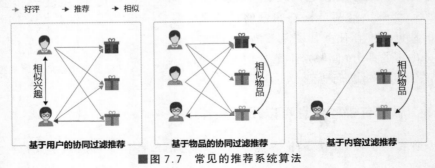

■图 7.7　常见的推荐系统算法

的相似度。首先对物品或内容的特征做出描述,发现其相关性,然后基于用户以往的喜好记录,推荐给用户相似的物品。比如,小张对物品 A 感兴趣,而物品 A 和物品 C 是同类物品,可以把物品 C 也推荐给小张。

(3)组合推荐(Hybrid Recommendation)。以上算法各有优缺点,比如基于内容的过滤推荐是基于物品建模,在系统启动初期往往有较好的推荐效果,但是没有考虑用户群体的关联属性;协同过滤推荐考虑了用户群体喜好信息,可以推荐内容上不相似的新物品,发现用户潜在的兴趣偏好,但是这依赖于足够多且准确的用户历史信息。所以,实际应用中往往不只采用某一种推荐方法,而是通过一定的组合方法将多个算法混合在一起,以实现更好的推荐效果,比如加权混合、分层混合等。具体选择哪种方式和应用场景有很大关系。

7.1.4 使用飞桨探索电影推荐

本章我们探讨基于深度学习模型实现电影推荐系统,使用用户特征、电影特征和用户对电影的评分数据作为推荐输入信息。

在开始动手实践之前,我们先来分析一下数据集和模型设计方案。

1. 数据集介绍

个性化推荐算法的数据大多是文本和图像。比如网易云音乐推荐中,数据是音乐的名字、歌手、音乐类型等文本数据;抖音视频推荐中,数据是视频或图像数据;也有可能同时使用图像和文本数据,比如 YouTube 的视频推荐算法中,会同时考虑用户信息和视频类别、视频内容信息。

本次实践我们采用 ml-1m 电影推荐数据集,它是 GroupLens Research 从 MovieLens 网站上收集并提供的电影评分数据集。包含了 6000 多位用户对近 3900 个电影的共 100 万条评分数据,评分均为 1~5 的整数,其中每个电影的评分数据至少有 20 条。该数据集包含三个数据文件,分别是:

- users.dat,存储用户属性信息的文本格式文件。
- movies.dat,存储电影属性信息的文本格式文件。
- ratings.dat,存储电影评分信息的文本格式文件。

另外,为了验证电影推荐的影响因素,我们还从网上获取到了部分电影的海报图像。现实生活中,相似风格的电影在海报设计上也有一定的相似性,比如暗黑系列和喜剧系列的电影海报风格是迥异的。所以在进行推荐时,可以验证一下加入海报后,对推荐结果的影响。电影海报图像在 posters 文件夹下,海报图像的名字以 mov_id+电影 ID+.png 的方式命名。由于这里的电影海报图像有缺失,我们整理了一个新的评分数据文件,新的文件中包含的电影均是有海报数据的,因此,本次实践使用的数据集在 ml-1m 基础上增加了两份数据:

- posters,包含电影海报图像。
- new_rating.txt,存储包含海报图像的新评分数据文件。

用户信息、电影信息和评分信息包含的内容如表 7-1、表 7-2、表 7-3 所示。

表 7-1　用户信息

用户信息	UserID	Gender	Age	Occupation
样例	1	F【M/F】	1	10

表 7-2　电影信息

电影信息	MovieID	Title	Genres	PosterID
样例	1	Toy Story	Animation\Children's\Comedy	1

表 7-3　评分信息

评分信息	UserID	MovieID	Rating
样例	1	1193	5【1～5】

其中部分数据并不具有真实的含义，而是编号。年龄编号和部分职业编号的含义如表 7-4 所示。

表 7-4　年龄和职业编号

年 龄 编 号	职 业 编 号
• 1："Under 18" • 18："18-24" • 25："25-34" • 35："35-44" • 45："45-49" • 50："50-55" • 56："56＋"	• 0："other" or not specified • 1："academic/educator" • 2："artist" • 3："clerical/admin" • 4："college/grad student" • 5："customer service" • 6："doctor/health care" • 7："executive/managerial"

海报对应着尺寸大约为 180×270 的图片，每张图片尺寸稍有差别，如图 7.8 所示。

从样例的特征数据中，我们可以分析出特征一共有四类：

（1）ID 类特征：UserID、MovieID、Gender、Age、Occupation，内容为 ID 值，前两个 ID 映射到具体用户和电影，后三个 ID 会映射到具体分档。

（2）列表类特征：Genres，每个电影有多个类别标签，将电影类别编号，使用数字 ID 替换原始类别，内容是对应几个 ID 值的列表。

（3）图像类特征：Poster，内容是一张 180×270 的图片。

（4）文本类特征：Title，内容是一段英文文本。

因为特征数据有四种不同类型，所以构建模型网络的输入层预计也会有四种子结构。

2．如何实现推荐

如何根据上述数据实现推荐系统呢？首先思考下，实现推荐系统究竟需要什么？

如果能将用户 A 的原始特征转变成一种代表用户 A 喜好的特征向量，将电影 1 的原始特征转变成一种代表电

■图 7.8　1 号海报的图片

影1特性的特征向量。那么,我们计算两个向量的相似度,就可以代表用户 A 对电影 1 的喜欢程度。据此,推荐系统可以按以下方式构建:

假如给用户 A 推荐,计算电影库中"每一个电影的特征向量"与"用户 A 的特征向量"的余弦相似度,根据相似度排序电影库,取 Top k 的电影推荐给 A,如图 7.9 所示。

这样设计的核心是两个特征向量的有效性,会决定推荐的效果。

3. 如何获得有效特征

如何获取两种有效代表用户和电影的特征向量?首先,需要明确什么是"有效"?

对于用户评分较高的电影,电影的特征向量和用户的特征向量应该高度相似,反之则相异。

我们已经获得大量评分样本,因此可以构建一个如图 7.10 所示训练模型,根据用户对电影的评分样本,学习出用户特征向量和电影特征向量的计算方案。

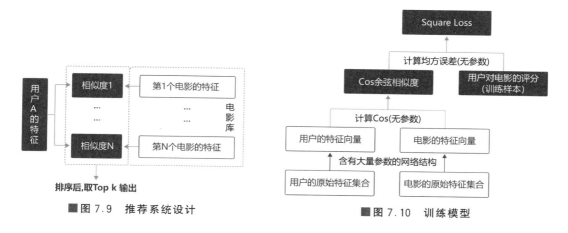

■图 7.9 推荐系统设计   ■图 7.10 训练模型

(1) 第一层结构:特征变换,原始特征集变换为两个特征向量。

(2) 第二层结构:计算向量相似度。为确保结果与电影评分可比较,两个特征向量的相似度从 0~1 缩放 5 倍到 0~5。

(3) 第三层结构:计算 Loss,计算缩放后的相似度与用户对电影的真实评分的"均方误差"。

以在训练样本上的 Loss 最小化为目标,即可学习出模型的网络参数,这些网络参数本质上就是从原始特征集合到特征向量的计算方法。根据训练好的网络,我们可以计算任意用户和电影向量的相似度,进一步完成推荐。

4. 从原始特征到特征向量之间的网络如何设计?

基于上面的分析,推荐模型的网络结构初步设想如图 7.11 所示。

将每个原始特征转变成 Embedding 表示,再合并成一个用户特征向量和一个电影特征向量。计算两个特征向量的相似度后,再与训练样本(已知的用户对电影的评分)做损失计算。

但不同类型的原始特征应该如何变换?有哪些网络设计细节需要考虑?我们将在后续几节结合代码实现逐一探讨。

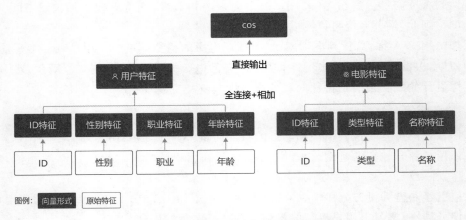

■图 7.11　推荐模型的网络结构设想

7.1.5　作业

基于 CV 和 NLP 章节所学知识，给出一个推荐模型的网络设计方案，并将网络结构画图或代码表示。

作业提交方式

请读者扫描图书封底的二维码，在 AI Studio"零基础实践深度学习"课程中的"作业"节点下提交相关作业。

7.2　数据处理与读取

7.2.1　数据集回顾

在进行数据处理前，我们先回顾一下本章使用的 ml-1m 电影推荐数据集。

ml-1m 是 GroupLens Research 从 MovieLens 网站上收集并提供的电影评分数据集。包含了 6000 多位用户对近 3900 部电影的共 100 万条评分数据，评分均为 1～5 的整数，其中每部电影的评分数据至少有 20 条。该数据集包含三个数据文件，分别是：

- users.dat，存储用户属性信息的文本格式文件。
- movies.dat，存储电影属性信息的文本格式文件。
- ratings.dat，存储电影评分信息的文本格式文件。

电影海报图像在 posters 文件夹下，海报图像的名字以 mov_id＋电影 ID＋.png 的方式命名。由于这里的电影海报图像有缺失，我们整理了一个新的评分数据文件，新的文件中包含的电影均是有海报数据的，因此，本次实验使用的数据集在 ml-1m 基础上增加了两份数据：

- posters，包含电影海报图像。

- new_rating.txt,存储包含海报图像的新评分数据文件。

注意:

海报图像的数据将不在本实验中使用,而留作本章的作业。

7.2.2　数据处理流程

在计算机视觉和自然语言处理章节中,我们已经了解到数据处理是算法应用的前提,并掌握了图像数据处理和自然语言数据处理的方法。总结一下,数据处理就是将人类容易理解的图像文本数据,转换为机器容易理解的数字形式,把离散的数据转为连续的数据。在推荐算法中,这些数据处理方法也是通用的。

本次实验中,数据处理一共包含如下六步:

(1) 读取用户数据,存储到字典;

(2) 读取电影数据,存储到字典;

(3) 读取评分数据,存储到字典;

(4) 读取海报数据,存储到字典;

(5) 将各个字典中的数据拼接,形成数据读取器;

(6) 划分训练集和验证集,生成迭代器,每次提供一个批次的数据。

流程如图 7.12 所示。

1. 用户数据处理

用户数据文件 user.dat 中的数据格式为: UserID::Gender::Age::Occupation::Zip-code,存储形式如图 7.13 所示。

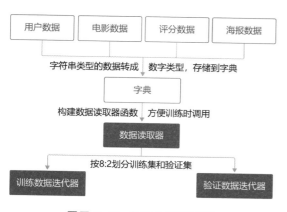

■图 7.12　数据处理流程图

■图 7.13　user.dat 数据格式

上图中,每一行表示一个用户的数据,以::隔开,第一列到最后一列分别表示 UserID、Gender、Age、Occupation、Zip-code,各数据对应关系如表 7-5 所示。

表 7-5　数据字段

数 据 类 别	数 据 说 明	数 据 示 例
UserID	每个用户的数字代号	1、2、3 等序号
Gender	F 表示女性，M 表示男性	F 或 M
Age	用数字表示各个年龄段	• 1："Under 18" • 18："18-24" • 25："25-34" • 35："35-44" • 45："45-49" • 50："50-55" • 56："56＋"
Occupation	用数字表示不同职业	• 0："other"或未指定 • 1："academic/educator" • 2："artist" • 3："clerical/admin" • 4："college/grad student" • 5："customer service" • 6："doctor/health care" • 7："executive/managerial" • 8："farmer" • 9："homemaker" • 10："K-12 student" • 11："lawyer"
Occupation	用数字表示不同职业	• 12："programmer" • 13："retired" • 14："sales/marketing" • 15："scientist" • 16："self-employed" • 17："technician/engineer" • 18："tradesman/craftsman" • 19："unemployed" • 20："writer"
zip-code	邮政编码，与用户所处的地理位置有关。 在本次实验中，不使用这个数据	48 067

比如 82::M::25::17::48380 表示 ID 为 82 的用户，性别为男，年龄为 25-34 岁，职业为 technician/engineer。

首先，解压数据集。

```
# 解压数据集
!cd work && unzip -o -q ml-1m.zip
```

之后，我们读取用户信息文件中的数据。

```
import numpy as np
usr_file = "./work/ml-1m/users.dat"
# 打开文件,读取所有行到 data 中
with open(usr_file, 'r') as f:
    data = f.readlines()
# 打印 data 的数据长度、第一条数据、数据类型
print("data 数据长度是: ",len(data))
print("第一条数据是: ", data[0])
print("数据类型: ", type(data[0]))
```

观察以上结果,用户数据一共有 6040 条,以::分隔,是字符串类型。为了方便后续数据读取,区分用户的 ID、年龄、职业等数据,一个简单的方式是将数据存储到字典中。另外在自然语言处理章节中我们了解到,文本数据无法直接输入到神经网络中进行计算,所以需要将字符串类型的数据转换成数字类型。另外,用户的性别 F、M 是字母数据,这里需要转换成数字表示。

我们定义如下函数实现字母转数字,将性别 M、F 转成数字 0、1 表示。

```
def gender2num(gender):
    return 1 if gender == 'F' else 0
print("性别 M 用数字 {} 表示".format(gender2num('M')))
print("性别 F 用数字 {} 表示".format(gender2num('F')))
```

接下来把用户数据的字符串类型的数据转成数字类型,并存储到字典中,实现如下:

```
usr_info = {}
max_usr_id = 0
# 按行索引数据
for item in data:
    # 去除每一行中和数据无关的部分
    item = item.strip().split("::")
    usr_id = item[0]
    # 将字符数据转成数字并保存在字典中
    usr_info[usr_id] = {'usr_id': int(usr_id),
                        'gender': gender2num(item[1]),
                        'age': int(item[2]),
                        'job': int(item[3])}
    max_usr_id = max(max_usr_id, int(usr_id))

print("用户 ID 为 3 的用户数据是: ", usr_info['3'])
```

至此,我们完成了用户数据的处理,完整的代码如下:

```
import numpy as np

def get_usr_info(path):
    # 性别转换函数,M-0, F-1
    def gender2num(gender):
        return 1 if gender == 'F' else 0

    # 打开文件,读取所有行到 data 中
```

```
with open(path, 'r') as f:
    data = f.readlines()
# 建立用户信息的字典
use_info = {}

max_usr_id = 0
# 按行索引数据
for item in data:
    # 去除每一行中和数据无关的部分
    item = item.strip().split("::")
    usr_id = item[0]
    # 将字符数据转成数字并保存在字典中
    use_info[usr_id] = {'usr_id': int(usr_id),
                        'gender': gender2num(item[1]),
                        'age': int(item[2]),
                        'job': int(item[3])}
    max_usr_id = max(max_usr_id, int(usr_id))

return use_info, max_usr_id
```

```
usr_file = "./work/ml-1m/users.dat"
usr_info, max_usr_id = get_usr_info(usr_file)
print("用户数量:", len(usr_info))
print("最大用户 ID:", max_usr_id)
print("第 1 个用户的信息是: ", usr_info['1'])
```

从上面的结果可以得出，一共有 6040 个用户，其中 ID 为 1 的用户信息是{'usr_id': [1],'gender': [1],'age': [1],'job': [10]}，表示用户的性别序号是 1（女），年龄序号是 1（Under 18），职业序号是 10（K-12 student），都已处理成数字类型。

2. 电影数据处理

电影信息包含在 movies.dat 中，数据格式为：MovieID::Title::Genres，保存的格式与用户数据相同，每一行表示一条电影数据信息，如图 7.14 所示。

各数据对应关系如表 7-6 所示。

```
movies.dat                ×
1   1::Toy Story (1995)::Animation|Children's|Comedy
2   2::Jumanji (1995)::Adventure|Children's|Fantasy
3   3::Grumpier Old Men (1995)::Comedy|Romance
4   4::Waiting to Exhale (1995)::Comedy|Drama
5   5::Father of the Bride Part II (1995)::Comedy
6   6::Heat (1995)::Action|Crime|Thriller
7   7::Sabrina (1995)::Comedy|Romance
8   8::Tom and Huck (1995)::Adventure|Children's
9   9::Sudden Death (1995)::Action
10  10::GoldenEye (1995)::Action|Adventure|Thriller
11  11::American President, The (1995)::Comedy|Drama|Romance
12  12::Dracula: Dead and Loving It (1995)::Comedy|Horror
13  13::Balto (1995)::Animation|Children's
14  14::Nixon (1995)::Drama
15  15::Cutthroat Island (1995)::Action|Adventure|Romance
16  16::Casino (1995)::Drama|Thriller
```

■图 7.14　movies.dat 数据格式

表 7-6 数据类别

数 据 类 别	数 据 说 明	数 据 示 例
MovieID	每个电影的数字代号	1、2、3 等序号
Title	每个电影的名字和首映时间	比如：Toy Story (1995)
Genres	电影的种类，每个电影不止一个类别，不同类别以|隔开	比如：Animation| Children's| Comedy 包含的类别有：【Action，Adventure，Animation，Children's，Comedy，Crime，Documentary，Drama，Fantasy，Film-Noir，Horror，Musical，Mystery，Romance，Sci-Fi，Thriller，War，Western】

首先，读取电影信息文件里的数据。需要注意的是，电影数据的存储方式和用户数据不同，在读取电影数据时，需要指定编码方式为 ISO-8859-1：

```
movie_info_path = "./work/ml-1m/movies.dat"
# 打开文件,编码方式选择 ISO-8859-1,读取所有数据到 data 中
with open(movie_info_path, 'r', encoding="ISO-8859-1") as f:
    data = f.readlines()

# 读取第一条数据,并打印
item = data[0]
print(item)
item = item.strip().split("::")
print("movie ID:", item[0])
print("movie title:", item[1][:-7])
print("movie year:", item[1][-5:-1])
print("movie genre:", item[2].split('|'))
```

从上述代码可以看出，每条电影数据以::分隔，是字符串类型。类似处理用户数据的方式，需要将字符串类型的数据转换成数字类型，存储到字典中。不同的是，在用户数据处理中，我们把性别数据 M、F 处理成 0、1，而电影数据中 Title 和 Genres 都是长文本信息，为了便于后续神经网络计算，我们把其中每个单词都拆分出来，不同的单词用对应的数字序号指代。

所以，我们需要对这些数据进行如下处理：

（1）统计电影 ID 信息。

（2）统计电影名字的单词，并给每个单词一个数字序号。

（3）统计电影类别单词，并给每个单词一个数字序号。

（4）保存电影数据到字典中，方便根据电影 ID 进行索引。

实现方法如下。

1）统计电影 ID 信息

将电影 ID 信息存到字典中，并获得电影 ID 的最大值。

```
movie_info_path = "./work/ml-1m/movies.dat"
# 打开文件,编码方式选择 ISO-8859-1,读取所有数据到 data 中
with open(movie_info_path, 'r', encoding="ISO-8859-1") as f:
    data = f.readlines()

movie_info = {}
```

```
for item in data:
    item = item.strip().split("::")
    # 获得电影的 ID 信息
    v_id = item[0]
    movie_info[v_id] = {'mov_id': int(v_id)}
max_id = max([movie_info[k]['mov_id'] for k in movie_info.keys()])
print("电影的最大 ID 是: ", max_id)
```

2) 统计电影名字的单词,并给每个单词一个数字序号

不同于用户数据,电影数据中包含文字数据,可是,神经网络模型是无法直接处理文本数据的,我们可以借助自然语言处理中 word embedding 的方式完成文本到数字向量之间的转换。按照 word embedding 的步骤,需要先将每个单词用数字代替,然后利用 embedding 的方法完成数字到映射向量之间的转换。此处数据处理中,我们只需要先完成文本到数字的转换。

接下来,我们把电影名字的单词用数字代替。在读取电影数据的同时,统计不同的单词,从数字 1 开始对不同单词进行标号。

考虑到年份对衡量两个电影的相似度没有很大的影响,后续神经网络处理时,并不使用年份数据。

```
# 用于记录电影 title 每个单词对应哪个序号
movie_titles = {}
# 记录电影名字包含的单词最大数量
max_title_length = 0
# 对不同的单词从 1 开始计数
t_count = 1
# 按行读取数据并处理
for item in data:
    item = item.strip().split("::")
    # 1. 获得电影的 ID 信息
    v_id = item[0]
    v_title = item[1][:-7] # 去掉 title 中年份数据
    v_year = item[1][-5:-1]
    titles = v_title.split()
    # 获得 title 最大长度
    max_title_length = max((max_title_length, len(titles)))

    # 2. 统计电影名字的单词,并给每个单词一个序号,放在 movie_titles 中
    for t in titles:
        if t not in movie_titles:
            movie_titles[t] = t_count
            t_count += 1

    v_tit = [movie_titles[k] for k in titles]
    # 保存电影 ID 数据和 title 数据到字典中
    movie_info[v_id] = {'mov_id': int(v_id),
                        'title': v_tit,
                        'years': int(v_year)}

print("最大电影 title 长度是: ",  max_title_length)
```

```
ID = 1
# 读取第一条数据,并打印
item = data[0]
item = item.strip().split("::")
print("电影 ID:", item[0])
print("电影 title:", item[1][:-7])
print("ID 为 1 的电影数据是:", movie_info['1'])
```

3) 统计电影类别的单词,并给每个单词一个数字序号

参考处理电影名字的方法处理电影类别,给不同类别的单词不同数字序号。

```
# 用于记录电影类别每个单词对应哪个序号
movie_titles, movie_cat = {}, {}

max_title_length = 0
max_cat_length = 0

t_count, c_count = 1, 1
# 按行读取数据并处理
for item in data:
    item = item.strip().split("::")
    # 1. 获得电影的 ID 信息
    v_id = item[0]
    cats = item[2].split('|')

    # 获得电影类别数量的最大长度
    max_cat_length = max((max_cat_length, len(cats)))

    v_cat = item[2].split('|')
    # 3. 统计电影类别单词,并给每个单词一个序号,放在 movie_cat 中
    for cat in cats:
        if cat not in movie_cat:
            movie_cat[cat] = c_count
            c_count += 1
    v_cat = [movie_cat[k] for k in v_cat]

    # 保存电影 ID 数据和 title 数据到字典中
    movie_info[v_id] = {'mov_id': int(v_id),
                        'category': v_cat}

print("电影类别数量最多是: ", max_cat_length)
ID = 1
# 读取第一条数据,并打印
item = data[0]
item = item.strip().split("::")
print("电影 ID:", item[0])
print("电影种类 category:", item[2].split('|'))
print("ID 为 1 的电影数据是: ", movie_info['1'])
```

4) 电影类别和电影名称定长填充,并保存所有电影数据到字典中

在保存电影数据到字典前,值得注意的是,由于每个电影名字和类别的单词数量不一样,转换成数字表示时,还需要通过补 0 将其补全成固定数据长度。原因是这些数据作为神经网络的输入,其维度影响了第一层网络的权重维度初始化,这要求输入数据的维度是定长

的,而不是变长的,所以通过补 0 使其变为定长输入。补 0 并不会影响神经网络运算的最终结果。

从上面两小节我们已知:最大电影名字长度是 15,最大电影类别长度是 6,15 和 6 分别表示电影名字、种类包含的最大单词数量。因此我们通过补 0 使电影名字的列表长度为 15,使电影种类的列表长度补齐为 6。实现如下:

```python
# 建立三个字典,分别存放电影 ID、名字和类别
movie_info, movie_titles, movie_cat = {}, {}, {}
# 对电影名字、类别中不同的单词从 1 开始标号
t_count, c_count = 1, 1

count_tit = {}
# 按行读取数据并处理
for item in data:
    item = item.strip().split("::")
    # 1. 获得电影的 ID 信息
    v_id = item[0]
    v_title = item[1][:-7] # 去掉 title 中年份数据
    cats = item[2].split('|')
    v_year = item[1][-5:-1]

    titles = v_title.split()
    # 2. 统计电影名字的单词,并给每个单词一个序号,放在 movie_titles 中
    for t in titles:
        if t not in movie_titles:
            movie_titles[t] = t_count
            t_count += 1
    # 3. 统计电影类别单词,并给每个单词一个序号,放在 movie_cat 中
    for cat in cats:
        if cat not in movie_cat:
            movie_cat[cat] = c_count
            c_count += 1
    # 补 0 使电影名称对应的列表长度为 15
    v_tit = [movie_titles[k] for k in titles]
    while len(v_tit)<15:
        v_tit.append(0)
    # 补 0 使电影种类对应的列表长度为 6
    v_cat = [movie_cat[k] for k in cats]
    while len(v_cat)<6:
        v_cat.append(0)
    # 4. 保存电影数据到 movie_info 中
    movie_info[v_id] = {'mov_id': int(v_id),
                        'title': v_tit,
                        'category': v_cat,
                        'years': int(v_year)}

print("电影数据数量: ", len(movie_info))
ID = 2
print("原始的电影 ID 为 {} 的数据是: ".format(ID), data[ID-1])
print("电影 ID 为 {} 的转换后数据是: ".format(ID), movie_info[str(ID)])
```

完整的电影数据处理代码如下:

```python
def get_movie_info(path):
    # 打开文件,编码方式选择 ISO-8859-1,读取所有数据到 data 中
    with open(path, 'r', encoding="ISO-8859-1") as f:
        data = f.readlines()
    # 建立三个字典,分别用户存放电影所有信息,电影的名字信息、类别信息
    movie_info, movie_titles, movie_cat = {}, {}, {}
    # 对电影名字、类别中不同的单词计数
    t_count, c_count = 1, 1
    # 初始化电影名字和种类的列表
    titles = []
    cats = []
    count_tit = {}
    # 按行读取数据并处理
    for item in data:
        item = item.strip().split("::")
        v_id = item[0]
        v_title = item[1][:-7]
        cats = item[2].split('|')
        v_year = item[1][-5:-1]

        titles = v_title.split()
        # 统计电影名字的单词,并给每个单词一个序号,放在 movie_titles 中
        for t in titles:
            if t not in movie_titles:
                movie_titles[t] = t_count
                t_count += 1
        # 统计电影类别单词,并给每个单词一个序号,放在 movie_cat 中
        for cat in cats:
            if cat not in movie_cat:
                movie_cat[cat] = c_count
                c_count += 1
        # 补 0 使电影名称对应的列表长度为 15
        v_tit = [movie_titles[k] for k in titles]
        while len(v_tit) < 15:
            v_tit.append(0)
        # 补 0 使电影种类对应的列表长度为 6
        v_cat = [movie_cat[k] for k in cats]
        while len(v_cat) < 6:
            v_cat.append(0)
        # 保存电影数据到 movie_info 中
        movie_info[v_id] = {'mov_id': int(v_id),
                            'title': v_tit,
                            'category': v_cat,
                            'years': int(v_year)}
    return movie_info, movie_cat, movie_titles


movie_info_path = "./work/ml-1m/movies.dat"
movie_info, movie_cat, movie_titles = get_movie_info(movie_info_path)
print("电影数量: ", len(movie_info))
ID = 1
print("原始的电影 ID 为 {} 的数据是: ".format(ID), data[ID-1])
print("电影 ID 为 {} 的转换后数据是: ".format(ID), movie_info[str(ID)])

print("电影种类对应序号: 'Animation':{} 'Children's':{} 'Comedy':{}".format(movie_cat
['Animation'],
```

```
movie_cat["Children's"],
movie_cat['Comedy']))
print("电影名称对应序号: 'The':{} 'Story':{} ".format(movie_titles['The'], movie_titles['
Story']))
```

从上面的结果来看,ml-1m 数据集中一共有 3883 个不同的电影,每个电影信息包含电影 ID、电影名称、电影类别,均已处理成数字形式。

3. 评分数据处理

有了用户数据和电影数据后,还需要获得用户对电影的评分数据,ml-1m 数据集的评分数据在 ratings.dat 文件中。评分数据格式为 UserID::MovieID::Rating::Timestamp,如图 7.15 所示。

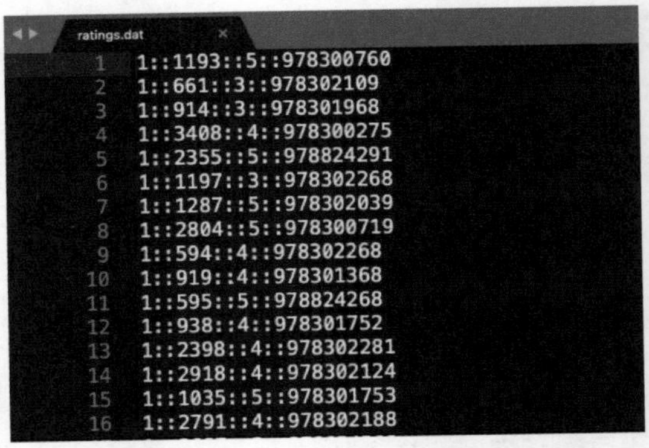

图 7.15 ratings.dat 数据格式

这份数据很容易理解,如 1::1193::5::978300760 表示 ID 为 1 的用户对电影 ID 为 1193 的评分是 5。

978300760 表示 Timestamp 数据,是标注数据时记录的时间信息,对当前任务来说是没有作用的数据,可以忽略这部分信息。

接下来,读取评分文件中的如下数据:

```
use_poster = False
if use_poster:
    rating_path = "./work/ml-1m/new_rating.txt"
else:
    rating_path = "./work/ml-1m/ratings.dat"
# 打开文件,读取所有行到 data 中
with open(rating_path, 'r') as f:
    data = f.readlines()
# 打印 data 的数据长度,以及第一条数据中的用户 ID、电影 ID 和评分信息
item = data[0]

print(item)

item = item.strip().split("::")
usr_id, movie_id, score = item[0], item[1], item[2]
print("评分数据条数: ", len(data))
print("用户 ID: ", usr_id)
```

```
print("电影 ID: ", movie_id)
print("用户对电影的评分: ", score)
```

从以上统计结果来看,一共有 1 000 209 条评分数据。电影评分数据不包含文本信息,可以将数据直接存到字典中。

我们将评分数据封装到 get_rating_info()函数中,并返回评分数据的信息。

```
def get_rating_info(path):
    # 打开文件,读取所有行到 data 中
    with open(path, 'r') as f:
        data = f.readlines()
    # 创建一个字典
    rating_info = {}
    for item in data:
        item = item.strip().split("::")
        # 处理每行数据,分别得到用户 ID,电影 ID,和评分
        usr_id, movie_id, score = item[0], item[1], item[2]
        if usr_id not in rating_info.keys():
            rating_info[usr_id] = {movie_id:float(score)}
        else:
            rating_info[usr_id][movie_id] = float(score)
    return rating_info

# 获得评分数据
# rating_path = "./work/ml-1m/ratings.dat"
rating_info = get_rating_info(rating_path)
print("ID 为 1 的用户一共评价了{}个电影".format(len(rating_info['1'])))
```

4. 海报图像读取

电影发布时,都会包含电影海报,海报图像的名字以 mov_id＋电影 ID＋.jpg 的方式命名。因此,我们可以用电影 ID 去索引对应的海报图像。

海报图像展示如图 7.16 和图 7.17 所示。

■图 7.16　电影 ID-2296 的海报

■图 7.17　电影 ID-2291 的海报

我们可以从新的评分数据文件 new_rating.txt 中获取到电影 ID，进而索引到图像，实现如下：

```python
from PIL import Image
import matplotlib.pyplot as plt

# 使用海报图像和不使用海报图像的文件路径不同,处理方式相同
use_poster = True
if use_poster:
    rating_path = "./work/ml-1m/new_rating.txt"
else:
    rating_path = "./work/ml-1m/ratings.dat"

with open(rating_path, 'r') as f:
    data = f.readlines()

# 从新的 rating 文件中收集所有的电影 ID
mov_id_collect = []
for item in data:
    item = item.strip().split("::")
    usr_id, movie_id, score = item[0], item[1], item[2]
    mov_id_collect.append(movie_id)

# 根据电影 ID 读取图像
poster_path = "./work/ml-1m/posters/"

# 显示 mov_id_collect 中第几个电影 ID 的图像
idx = 1

poster = Image.open(poster_path + 'mov_id{}.jpg'.format(str(mov_id_collect[idx])))

plt.figure("Image")                                      # 图像窗口名称
plt.imshow(poster)
plt.axis('on')                                           # 关掉坐标轴为 off
plt.title("poster with ID {}".format(mov_id_collect[idx]))   # 图像题目
plt.show()
```

7.2.3　构建数据读取器

至此我们已经分别处理了用户、电影和评分数据，接下来我们要利用这些处理好的数据，构建一个数据读取器，方便在训练神经网络时直接调用。

首先，构造一个函数，把读取并处理后的数据整合到一起，即在 rating 数据中补齐用户和电影的所有特征字段。

```python
def get_dataset(usr_info, rating_info, movie_info):
    trainset = []
    # 按照评分数据的 key 值索引数据
    for usr_id in rating_info.keys():
        usr_ratings = rating_info[usr_id]
        for movie_id in usr_ratings:
```

```
            trainset.append({'usr_info': usr_info[usr_id],
                            'mov_info': movie_info[movie_id],
                            'scores': usr_ratings[movie_id]})
    return trainset

dataset = get_dataset(usr_info, rating_info, movie_info)
print("数据集总数据数: ", len(dataset))
```

接下来构建数据读取器函数 load_data()，先看一下整体结构：

```
import random
def load_data(dataset = None, mode = 'train'):

    """定义一些超参数等等"""

    # 定义数据迭代加载器
    def data_generator():

        """定义数据的处理过程"""

        data    = None
        yield data

    # 返回数据迭代加载器
    return data_generator
```

我们来看一下完整的数据读取器函数实现，核心是将多个样本数据合并到一个列表（batch），当该列表达到 batchsize 后，以 yield 的方式返回（Python 数据迭代器）。

在进行批次数据拼合的同时，完成数据格式和数据尺寸的转换：

- 由于飞桨框架的网络接入层要求将数据先转换成 np.array 的类型，再转换成框架内置变量 variable 的类型。所以在数据返回前，需将所有数据均转换成 np.array 的类型，方便后续处理。
- 每个特征字段的尺寸也需要根据网络输入层的设计进行调整。根据之前的分析，用户和电影的所有原始特征可以分为四类，ID 类（用户 ID，电影 ID，性别，年龄，职业）、列表类（电影类别）、文本类（电影名称）和图像类（电影海报）。因为每种特征后续接入的网络层方案不同，所以要求他们的数据尺寸也不同。这里我们先初步的了解即可，待后续阅读了模型设计章节后，将对输入输出尺寸有更好的理解。

数据尺寸的说明：

（1）ID 类（用户 ID，电影 ID，性别，年龄，职业）处理成（256,1）的尺寸，以便后续接入 Embedding 层。第一个维度 256 是 batchsize，第二个维度是 1，因为 Embedding 层要求输入数据的最后一维为 1。

（2）列表类（电影类别）处理成（256,6,1）的尺寸，6 是电影最多的类比个数，以便后续接入全连接层。

（3）文本类（电影名称）处理成（256,1,15,1）的尺寸，15 是电影名称的最大单词数，以便接入 2D 卷积层。2D 卷积层要求输入数据为四维，对应图像数据是【批次大小，通道数、图像的长、图像的宽】,其中 RGB 的彩色图像是 3 通道,灰度图像是单通道。

(4) 图像类(电影海报)处理成(256,3,64,64)的尺寸,以便接入 2D 卷积层。图像的原始尺寸是 180×270 彩色图像,使用 resize 函数压缩成 64×64 的尺寸,减少网络计算。

```python
import random
use_poster = False
def load_data(dataset = None, mode = 'train'):
    # 定义数据迭代 Batch 大小
    BATCHSIZE = 256
    data_length = len(dataset)
    index_list = list(range(data_length))
    # 定义数据迭代加载器
    def data_generator():
        # 训练模式下,打乱训练数据
        if mode == 'train':
            random.shuffle(index_list)
        # 声明每个特征的列表
        usr_id_list,usr_gender_list,usr_age_list,usr_job_list = [],[],[],[]
        mov_id_list,mov_tit_list,mov_cat_list,mov_poster_list = [],[],[],[]
        score_list = []
        # 索引遍历输入数据集
        for idx, i in enumerate(index_list):
            # 获得特征数据保存到对应特征列表中
            usr_id_list.append(dataset[i]['usr_info']['usr_id'])
            usr_gender_list.append(dataset[i]['usr_info']['gender'])
            usr_age_list.append(dataset[i]['usr_info']['age'])
            usr_job_list.append(dataset[i]['usr_info']['job'])

            mov_id_list.append(dataset[i]['mov_info']['mov_id'])
            mov_tit_list.append(dataset[i]['mov_info']['title'])
            mov_cat_list.append(dataset[i]['mov_info']['category'])
            mov_id = dataset[i]['mov_info']['mov_id']

            if use_poster:
                # 不使用图像特征时,不读取图像数据,加快数据读取速度
                poster = Image.open(poster_path + 'mov_id{}.jpg'.format(str(mov_id)))
                poster = poster.resize([64, 64])
                if len(poster.size) <= 2:
                    poster = poster.convert("RGB")

                mov_poster_list.append(np.array(poster))

            score_list.append(int(dataset[i]['scores']))
            # 如果读取的数据量达到当前的 batch 大小,就返回当前批次
            if len(usr_id_list) == BATCHSIZE:
                # 转换列表数据为数组形式,reshape 到固定形状
                usr_id_arr = np.array(usr_id_list)
                usr_gender_arr = np.array(usr_gender_list)
                usr_age_arr = np.array(usr_age_list)
                usr_job_arr = np.array(usr_job_list)

                mov_id_arr = np.array(mov_id_list)
```

```
                    mov_cat_arr = np.reshape(np.array(mov_cat_list), [BATCHSIZE, 6]).astype
(np.int64)
                    mov_tit_arr = np.reshape(np.array(mov_tit_list), [BATCHSIZE, 1, 15]).
astype(np.int64)

                if use_poster:
                    mov_poster_arr = np.reshape(np.array(mov_poster_list)/127.5 - 1,
[BATCHSIZE, 3, 64, 64]).astype(np.float32)
                else:
                    mov_poster_arr = np.array([0.])

                scores_arr = np.reshape(np.array(score_list), [-1, 1]).astype(np.
float32)

                # 返回当前批次数据
                yield [usr_id_arr, usr_gender_arr, usr_age_arr, usr_job_arr], \
                    [mov_id_arr, mov_cat_arr, mov_tit_arr, mov_poster_arr], scores_arr

                # 清空数据
                usr_id_list, usr_gender_list, usr_age_list, usr_job_list = [], [], [], []
                mov_id_list, mov_tit_list, mov_cat_list, score_list = [], [], [], []
                mov_poster_list = []
    return data_generator
```

load_data()函数通过输入的数据集,处理数据并返回一个数据迭代器。

我们将数据集按照8∶2的比例划分训练集和验证集,可以分别得到训练数据迭代器和验证数据迭代器。

```
dataset = get_dataset(usr_info, rating_info, movie_info)
print("数据集总数量: ", len(dataset))

trainset = dataset[:int(0.8 * len(dataset))]
train_loader = load_data(trainset, mode = "train")
print("训练集数量: ", len(trainset))

validset = dataset[int(0.8 * len(dataset)):]
valid_loader = load_data(validset, mode = 'valid')
print("验证集数量:", len(validset))
```

数据迭代器的使用方式如下:

```
for idx, data in enumerate(train_loader()):
    usr_data, mov_data, score = data

    usr_id_arr, usr_gender_arr, usr_age_arr, usr_job_arr = usr_data
    mov_id_arr, mov_cat_arr, mov_tit_arr, mov_poster_arr = mov_data
    print("用户 ID 数据尺寸", usr_id_arr.shape)
    print("电影 ID 数据尺寸", mov_id_arr.shape, ", 电影类别 genres 数据的尺寸", mov_cat_
arr.shape, ", 电影名字 title 的尺寸", mov_tit_arr.shape)
    break
```

用户 ID 数据尺寸(256,)
电影 ID 数据尺寸(256,),电影类别 genres 数据的尺寸(256,6),电影名字 title 的尺寸(256,1,15)

7.2.4　小结

本节主要介绍了电影推荐数据集 ml-1m，并对数据集中的用户数据、电影数据、评分数据进行介绍和处理，将字符串形式的数据转成了数字表示的数据形式，并构建了数据读取器，最终将数据处理和数据读取封装到一个 Python 类中，如图 7.18 所示。

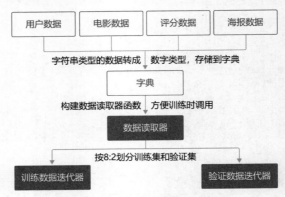

■图 7.18　数据处理流程图

各数据处理前后格式如表 7-7 所示。

表 7-7　数据处理前后的格式

数 据 分 类	输入数据样例	输出数据样例
用户数据	UserID∷Gender∷Age∷Occupation 1∷F∷1∷10	{'usr_id': 1, 'gender': 1, 'age': 1, 'job': 10}
电影数据	MovieID∷Title∷Genres 2∷Jumanji (1995)∷Adventure|Children's|Fantasy	{'mov_id': 2, 'title': [3, 0, 0, 0, 0, 0, 0, 0, 0, 0, 0, 0, 0, 0, 0], 'category': [4, 2, 5, 0, 0, 0]}
评分数据	UserID∷MovieID∷Rating 1∷1193∷5	{'usr_id': 1, 'mov_id': 1193, 'score': 5}
海报数据	"mov_id"＋MovieID＋".jpg"格式的图片	64×64×3 的像素矩阵

虽然我们将文本的数据转换成了数字表示形式，但是这些数据依然是离散的，不适合直接输入到神经网络中，还需要对其进行 Embedding 操作，将其映射为固定长度的向量。

7.3　电影推荐模型设计

7.3.1　模型设计介绍

神经网络模型设计是电影推荐任务中重要的一环。它的作用是提取图像、文本或者语音的特征，利用这些特征完成分类、检测、文本分析等任务。在电影推荐任务中，我们将设计一个神经网络模型，提取用户数据、电影数据的特征向量，然后计算这些向量的相似度，利用相似度的大小去完成推荐。

根据第 1 章中对建模思路的分析,神经网络模型的设计包含如下步骤:

(1) 分别将用户、电影的多个特征数据转换成特征向量。

(2) 对这些特征向量,使用全连接层或者卷积层进一步提取特征。

(3) 将用户、电影多个数据的特征向量融合成一个向量表示,方便进行相似度计算。

(4) 计算特征之间的相似度。

依据这个思路,我们设计一个简单的电影推荐神经网络模型,如图 7.19 所示。

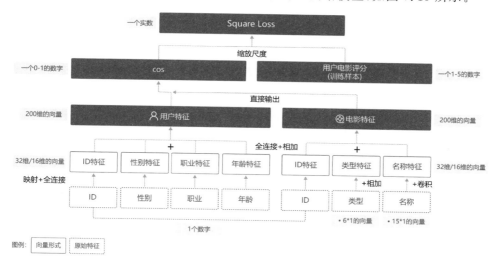

■图 7.19　网络结构的设计

该网络结构包含如下内容:

(1) 提取用户特征和电影特征作为神经网络的输入,其中:

• 用户特征包含四个属性信息,分别是用户 ID、性别、职业和年龄。

• 电影特征包含三个属性信息,分别是电影 ID、电影类型和电影名称。

(2) 提取用户特征。使用 Embedding 层将用户 ID 映射为向量表示,输入全连接层,并对其他三个属性也做类似的处理。然后将四个属性的特征分别全连接并相加。

(3) 提取电影特征。将电影 ID 和电影类型映射为向量表示,输入全连接层,电影名字用文本卷积神经网络得到其定长向量表示。然后将三个属性的特征表示分别全连接并相加。

(4) 得到用户和电影的向量表示后,计算二者的余弦相似度。最后,用该相似度和用户真实评分的均方差作为该回归模型的损失函数。

衡量相似度的计算有多种方式,比如计算余弦相似度、皮尔森相关系数、Jaccard 相似系数等,或者通过计算欧几里得距离、曼哈顿距离、明可夫斯基距离等方式计算相似度。余弦相似度是一种简单好用的向量相似度计算方式,通过计算向量之间的夹角余弦值来评估它们的相似度,本节我们使用余弦相似度计算特征之间的相似度。

为何如此设计网络呢?

网络的主体框架已经在第一章中做出了分析,但还有一些细节点没有确定。

(1) 如何将"数字"转变成"向量"?

如 NLP 章节的介绍,使用词嵌入(Embedding)的方式可将数字转变成向量。

（2）如何合并多个向量的信息？例如：如何将用户四个特征（ID、性别、年龄、职业）的向量合并成一个向量？

最简单的方式是先将不同特征向量（ID 32 维、性别 16 维、年龄 16 维、职业 16 维）通过 4 个全连接层映射到 4 个等长的向量（200 维度），再将 4 个等长的向量按位相加即可得到 1 个包含全部信息的向量。

电影类型的特征是多个数字转变成的多个向量（6 个），也可以通过该方式合并成 1 个向量。

（3）如何处理文本信息？

如 NLP 章节的介绍，使用卷积神经网络（CNN）和长短记忆神经网络（LSTM）处理文本信息会有较好的效果。因为电影标题是相对简单的短文本，所以我们使用卷积网络结构来处理电影标题。

（4）尺寸大小应该如何设计？这涉及信息熵的理念：越丰富的信息，维度越高。所以，信息量较少的原始特征可以用更短的向量表示，例如性别、年龄和职业这三个特征向量均设置成 16 维，而用户 ID 和电影 ID 这样较多信息量的特征设置成 32 维。综合了 4 个原始用户特征的向量和综合了 3 个电影特征的向量均设计成 200 维度，使得它们可以蕴含更丰富的信息。当然，尺寸大小并没有一贯的最优规律，需要我们根据问题的复杂程度，训练样本量，特征的信息量等多方面信息探索出最有效的设计。

第一章的设计思想结合上面几个细节方案，即可得出图 7.19 展示的网络结构。

接下来我们进入代码实现环节，首先看看如何将数据映射为向量。在自然语言处理中，我们常使用词嵌入（Embedding）的方式完成向量变换。

7.3.2　Embedding 介绍

Embedding 是一个嵌入层，将输入的非负整数矩阵中的每个数值，转换为具有固定长度的向量。

在 NLP 任务中，一般把输入文本映射成向量表示，以便神经网络的处理。在数据处理章节，我们已经将用户和电影的特征用数字表示。嵌入层 Embedding 可以完成数字到向量的映射。

飞桨已经支持 Embedding 的 API，该接口根据输入从 Embedding 矩阵中查询对应 Embedding 信息，并会根据输入参数 size（vocab_size，emb_size）自动构造一个二维 embedding 矩阵。该 API 重要参数如下所示，详细介绍可参见 Embedding API 接口文档。

函数形式：fluid.dygraph.Embedding(size, param_attr)

- size(tuple|list)：Embedding 矩阵的维度。必须包含两个元素，第一个元素是用来表示输入单词的最大数值，第二个元素是输出 embedding 的维度。
- param_attr(ParamAttr)：指定 Embedding 权重参数属性。

```
import paddle.fluid as fluid
import paddle.fluid.dygraph as dygraph
from paddle.fluid.dygraph import Linear, Embedding, Conv2D
import numpy as np
```

```
# 创建飞桨动态图的工作空间
with dygraph.guard():
    # 声明用户的最大 ID,在此基础上加 1(算上数字 0)
    USR_ID_NUM = 6040 + 1
    # 声明 Embedding 层,将 ID 映射为 32 长度的向量
    usr_emb = Embedding(size=[USR_ID_NUM, 32], is_sparse=False)
    # 声明输入数据,将其转成 variable
    arr_1 = np.array([1], dtype="int64").reshape((-1))
    print(arr_1)
    arr_pd1 = dygraph.to_variable(arr_1)
    print(arr_pd1)
    # 计算结果
    emb_res = usr_emb(arr_pd1)
    # 打印结果
    print("数字 1 的 embedding 结果是: ", emb_res.numpy(), "\n形状是: ", emb_res.shape)
```

使用 Embedding 时,需要注意 size 这个参数:

size 是包含两个整数元素的列表或者元组。第一个元素为 vocab_size(词表大小),第二个为 emb_size(Embedding 层维度)。使用的 ml-1m 数据集的用户 ID 最大为 6040,考虑到 0 的存在,所以这里我们需要将 Embedding 的输入 size 的第一个维度设置为 6041(=6040+1)。emb_size 表示将数据映射为 emb_size 维度的向量。这里将用户 ID 数据 1 转换成了维度为 32 的向量表示。32 是设置的超参数,读者可以自行调整大小。

通过上面的代码,我们简单了解了 Embedding 的工作方式,但是 Embedding 层是如何将数字映射为高维度的向量的呢?

实际上,Embedding 层和 Conv2D、Linear 层一样,Embedding 层也有可学习的权重,通过矩阵相乘的方法对输入数据进行映射。Embedding 中将输入映射成向量的实际步骤是:

(1)将输入数据转换成 one-hot 格式的向量。

(2)one-hot 向量和 Embedding 层的权重进行矩阵相乘得到 Embedding 的结果。

实现方法如下:

```
# 创建飞桨动态图的工作空间
with dygraph.guard():
    # 声明用户的最大 ID,在此基础上加 1(算上数字 0)
    USR_ID_NUM = 10
    # 声明 Embedding 层,将 ID 映射为 16 长度的向量
    usr_emb = Embedding(size=[USR_ID_NUM, 16], is_sparse=False)
    # 定义输入数据,输入数据为不超过 10 的整数,将其转成 variable
    arr = np.random.randint(0, 10, (3)).reshape((-1)).astype('int64')
    print("输入数据是: ", arr)
    arr_pd = dygraph.to_variable(arr)
    emb_res = usr_emb(arr_pd)
    print("默认权重初始化 embedding 层的映射结果是: ", emb_res.numpy())

    # 观察 Embedding 层的权重
    emb_weights = usr_emb.state_dict()
    print(emb_weights.keys())

    print("\n查看 embedding 层的权重形状: ", emb_weights['weight'].shape)
```

```
# 声明 Embedding 层,将 ID 映射为 16 长度的向量,自定义权重初始化方式
# 定义 MSRA 初始化方式
init = fluid.initializer.MSRAInitializer(uniform = False)
param_attr = fluid.ParamAttr(initializer = init)

usr_emb2 = Embedding(size = [USR_ID_NUM, 16], param_attr = param_attr)
emb_res = usr_emb2(arr_pd)
print("\nMSRA 初始化权重 embedding 层的映射结果是: ", emb_res.numpy())
```

上面代码中,我们在[0,10]范围内随机产生了 3 个整数,因此数据的最大值为整数 9,最小为 0。因此,输入数据映射为每个 one-hot 向量的维度是 10,定义 Embedding 权重的第一个维度 USR_ID_NUM 为 10。

这里输入的数据 shape 是[3,1],Embedding 层的权重形状则是[10,16],Embedding 在计算时,首先将输入数据转换成 one-hot 向量,one-hot 向量的长度和 Embedding 层的输入参数 size 的第一个维度有关。比如这里我们设置的是 10,所以输入数据将被转换成维度为[3,10]的 one-hot 向量,参数 size 决定了 Embedding 层的权重形状。最终维度为[3,10]的 one-hot 向量与维度为[10,16]Embedding 权重相乘,得到最终维度为[3,16]的映射向量。

我们也可以对 Embeding 层的权重进行初始化,如果不设置初始化方式,则采用默认的初始化方式。

神经网络处理文本数据时,需要用数字代替文本,Embedding 层则是将输入数字数据映射成了高维向量,然后就可以使用卷积、全连接、LSTM 等网络层处理数据了,接下来我们开始设计用户和电影数据的特征提取网络。

理解 Embedding 后,我们就可以开始构建提取用户特征的神经网络了,如图 7.20 所示。

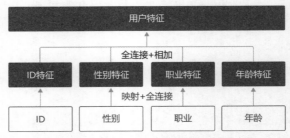

■图 7.20   提取用户特征网络示意

用户特征网络主要包括:

(1) 将用户 ID 数据映射为向量表示,通过全连接层得到 ID 特征。

(2) 将用户性别数据映射为向量表示,通过全连接层得到性别特征。

(3) 将用户职业数据映射为向量表示,通过全连接层得到职业特征。

(4) 将用户年龄数据影射为向量表示,通过全连接层得到年龄特征。

(5) 融合 ID、性别、职业、年龄特征,得到用户的特征表示。

在用户特征计算网络中,我们对每个用户数据做 embedding 处理,然后经过一个全连接层,激活函数使用 ReLU,得到用户所有特征后,将特征整合,经过一个全连接层得到最终

的用户数据特征,该特征的维度是 200 维,用于和电影特征计算相似度。

1. 提取用户 ID 特征

开始构建用户 ID 的特征提取网络,ID 特征提取包括两个部分。首先,使用 Embedding 将用户 ID 映射为向量;然后,使用一层全连接层和 ReLU 激活函数进一步提取用户 ID 特征。相比较电影类别和电影名称,用户 ID 只包含一个数字,数据更为简单。这里需要考虑将用户 ID 映射为多少维度的向量合适,使用维度过大的向量表示用户 ID 容易造成信息冗余,维度过低又不足以表示该用户的特征。理论上来说,如果使用二进制表示用户 ID,用户最大 ID 是 6040,小于 2 的 13 次方,因此,理论上使用 13 维度的向量已经足够了,为了让不同 ID 的向量更具区分性,我们选择将用户 ID 映射为维度为 32 维的向量。

下面是用户 ID 特征提取代码实现:

```
# 自定义一个用户 ID 数据
usr_id_data = np.random.randint(0, 6040, (2)).reshape((-1)).astype('int64')
print("输入的用户 ID 是:", usr_id_data)
# 创建飞桨动态图的工作空间
with dygraph.guard():
    USR_ID_NUM = 6040 + 1
    # 定义用户 ID 的 embedding 层和 fc 层
    usr_emb = Embedding([USR_ID_NUM, 32], is_sparse=False)
    usr_fc = Linear(input_dim=32, output_dim=32)

    usr_id_var = dygraph.to_variable(usr_id_data)
    usr_id_feat = usr_fc(usr_emb(usr_id_var))
    usr_id_feat = fluid.layers.relu(usr_id_feat)
    print("用户 ID 的特征是:", usr_id_feat.numpy(), "\n 其形状是:", usr_id_feat.shape)
```

注意到,将用户 ID 映射为 one-hot 向量时,Embedding 层参数 size 的第一个参数是,在用户的最大 ID 基础上加上 1。原因很简单,从上一节数据处理已经发现,用户 ID 是从 1 开始计数的,最大的用户 ID 是 6040。并且已经知道通过 Embedding 映射输入数据时,是先把输入数据转换成 one-hot 向量。向量中只有一个 1 的向量才被称为 one-hot 向量,比如,0 用四维的 one-hot 向量表示是 [1,0,0,0],同时,4 维的 one-hot 向量最大只能表示 3。所以,要把数字 6040 用 one-hot 向量表示,至少需要用 6041 维度的向量。

接下来我们会看到,类似的 Embedding 层也适用于处理用户性别、年龄和职业,以及电影 ID 等特征,实现代码均是类似的。

2. 提取用户性别特征

接下来构建用户性别的特征提取网络,同用户 ID 特征提取步骤,使用 Embedding 层和全连接层提取用户性别特征。用户性别不像用户 ID 数据那样有数千数万种不同数据,性别只有两种可能,不需要使用高维度的向量表示其特征,这里我们将用户性别用为 16 维的向量表示。

下面是用户性别特征提取实现:

```
# 自定义一个用户性别数据
usr_gender_data = np.array((0, 1)).reshape(-1).astype('int64')
```

```
print("输入的用户性别是:", usr_gender_data)
# 创建飞桨动态图的工作空间
with dygraph.guard():
    # 用户的性别用 0, 1 表示
    # 性别最大 ID 是 1,所以 Embedding 层 size 的第一个参数设置为 1 + 1 = 2
    USR_ID_NUM = 2
    # 对用户性别信息做映射,并紧接着一个 FC 层
    USR_GENDER_DICT_SIZE = 2
    usr_gender_emb = Embedding([USR_GENDER_DICT_SIZE, 16])
    usr_gender_fc = Linear(input_dim = 16, output_dim = 16)

    usr_gender_var = dygraph.to_variable(usr_gender_data)
    usr_gender_feat = usr_gender_fc(usr_gender_emb(usr_gender_var))
    usr_gender_feat = fluid.layers.relu(usr_gender_feat)
    print("用户性别特征的数据特征是: ", usr_gender_feat.numpy(), "\n 其形状是: ", usr_
gender_feat.shape)
    print("\n 性别 0 对应的特征是: ", usr_gender_feat.numpy()[0, :])
    print("性别 1 对应的特征是: ", usr_gender_feat.numpy()[1, :])
```

3. 提取用户年龄特征

构建用户年龄的特征提取网络,同样采用 Embedding 层和全连接层的方式提取特征。

前面我们了解到年龄数据分布是:

- 1:"Under 18"
- 18:"18-24"
- 25:"25-34"
- 35:"35-44"
- 45:"45-49"
- 50:"50-55"
- 56:"56＋"

得知用户年龄最大值为 56,这里仍将用户年龄用 16 维的向量表示。

```
# 自定义一个用户年龄数据
usr_age_data = np.array((1, 18)).reshape(-1).astype('int64')
print("输入的用户年龄是:", usr_age_data)
# 创建飞桨动态图的工作空间
with dygraph.guard():
    # 对用户年龄信息做映射,并紧接着一个 Linear 层
    # 年龄的最大 ID 是 56,所以 Embedding 层 size 的第一个参数设置为 56 + 1 = 57
    USR_AGE_DICT_SIZE = 56 + 1

    usr_age_emb = Embedding([USR_AGE_DICT_SIZE, 16])
    usr_age_fc = Linear(input_dim = 16, output_dim = 16)

    usr_age = dygraph.to_variable(usr_age_data)
    usr_age_feat = usr_age_emb(usr_age)
    usr_age_feat = usr_age_fc(usr_age_feat)
    usr_age_feat = fluid.layers.relu(usr_age_feat)
```

```
        print("用户年龄特征的数据特征是：", usr_age_feat.numpy(), "\n 其形状是：", usr_age_
feat.shape)
        print("\n 年龄 1 对应的特征是：", usr_age_feat.numpy()[0, :])
        print("年龄 18 对应的特征是：", usr_age_feat.numpy()[1, :])
```

4. 提取用户职业特征

参考用户年龄的处理方式实现用户职业的特征提取，同样采用 Embedding 层和全连接层的方式提取特征。由上一节信息可知用户职业的最大数字表示是 20。

```
# 自定义一个用户职业数据
usr_job_data = np.array((0, 20)).reshape(-1).astype('int64')
print("输入的用户职业是：", usr_job_data)
# 创建飞桨动态图的工作空间
with dygraph.guard():
    # 对用户职业信息做映射，并紧接着一个 Linear 层
    # 用户职业的最大 ID 是 20，所以 Embedding 层 size 的第一个参数设置为 20 + 1 = 21
    USR_JOB_DICT_SIZE = 20 + 1
    usr_job_emb = Embedding([USR_JOB_DICT_SIZE, 16])
    usr_job_fc = Linear(input_dim = 16, output_dim = 16)

    usr_job = dygraph.to_variable(usr_job_data)
    usr_job_feat = usr_job_emb(usr_job)
    usr_job_feat = usr_job_fc(usr_job_feat)
    usr_job_feat = fluid.layers.relu(usr_job_feat)

    print("用户年龄特征的数据特征是：", usr_job_feat.numpy(), "\n 其形状是：", usr_job_
feat.shape)
    print("\n 职业 0 对应的特征是：", usr_job_feat.numpy()[0, :])
    print("职业 20 对应的特征是：", usr_job_feat.numpy()[1, :])
```

5. 融合用户特征

特征融合是一种常用的特征增强手段，通过结合不同特征的长处，达到取长补短的目的。简单的融合方法有：特征（加权）相加、特征级联、特征正交等。此处使用特征融合是为了将用户的多个特征融合到一起，用单个向量表示每个用户，更方便计算用户与电影的相似度。上文使用 Embedding 加全连接的方法，分别得到了用户 ID、年龄、性别、职业的特征向量，可以使用全连接层将每个特征映射到固定长度，然后进行相加，得到融合特征。

```
with dygraph.guard():

    FC_ID = Linear(32, 200, act = 'tanh')
    FC_GENDER = Linear(16, 200, act = 'tanh')
    FC_AGE = Linear(16, 200, act = 'tanh')
    FC_JOB = Linear(16, 200, act = 'tanh')

    # 收集所有的用户特征
    _features = [usr_id_feat, usr_job_feat, usr_age_feat, usr_gender_feat]
    _features = [k.numpy() for k in _features]
    _features = [dygraph.to_variable(k) for k in _features]
```

```
id_feat = FC_ID(_features[0])
job_feat = FC_JOB(_features[1])
age_feat = FC_AGE(_features[2])
genger_feat = FC_GENDER(_features[-1])


# 对特征求和
usr_feat = id_feat + job_feat + age_feat + genger_feat
print("用户融合后特征的维度是: ", usr_feat.shape)
```

这里使用全连接层进一步提取特征,而不是直接相加得到用户特征的原因有两点:

(1)一是用户每个特征数据维度不一致,无法直接相加。

(2)二是用户每个特征仅使用了一层全连接层,提取特征不充分,多使用一层全连接层能进一步提取特征。而且,这里用高维度(200维)的向量表示用户特征,能包含更多的信息,每个用户特征之间的区分也更明显。

上述实现中需要对每个特征都使用一个全连接层,实现较为复杂,一种简单的替换方式是,先将每个用户特征沿着长度维度进行级联,然后使用一个全连接层获得整个用户特征向量,两种方式的对比如图 7.21 所示。

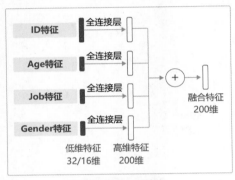 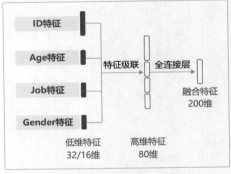

方案1 全连接+向量相加   **方案2** 特征级联(向量拼接)+全连接

■图 7.21　特征方式 1-特征逐个全连接后相加 & 特征方式 2-特征级联后使用全连接

两种方式均可实现向量的合并,虽然两者的数学公式不同,但它们的表达方式是类似的。下面是方式 2 的代码实现。

```
with dygraph.guard():
    usr_combined = Linear(80, 200, act = 'tanh')

    # 收集所有的用户特征
    _features = [usr_id_feat, usr_job_feat, usr_age_feat, usr_gender_feat]

    print("打印每个特征的维度: ", [f.shape for f in _features])

    _features = [k.numpy() for k in _features]
    _features = [dygraph.to_variable(k) for k in _features]

    # 对特征沿着最后一个维度级联
```

```
    usr_feat = fluid.layers.concat(input = _features, axis = 1)
    usr_feat = usr_combined(usr_feat)
print("用户融合后特征的维度是: ", usr_feat.shape)
```

打印每个特征的维度：$[[2,32],[2,16],[2,16],[2,16]]$
用户融合后特征的维度是：$[2,200]$

上述代码中，我们使用了 fluid.layers.concat()这个 API，该 API 有两个参数，一个是列表形式的输入数据，另一个是 axis，表示沿着第几个维度将输入数据级联到一起。

至此我们已经完成了用户特征提取网络的设计，包括 ID 特征提取、性别特征提取、年龄特征提取、职业特征提取和特征融合模块。

上面使用了向量级联＋全连接的方式实现了四个用户特征向量的合并，在下面处理电影特征的部分我们会看到使用另外一种向量合并的方式（向量相加）处理电影类型的特征（6个向量合并成 1 个向量）。

7.3.3　电影特征提取网络

接下来我们构建提取电影特征的神经网络，与用户特征网络结构不同的是，电影的名称和类别均有多个数字信息，我们构建网络时，对这两类特征的处理方式也不同，如图 7.22 所示。

电影特征网络主要包括：

（1）将电影 ID 数据映射为向量表示，通过全连接层得到 ID 特征。

（2）将电影类别数据映射为向量表示，对电影类别的向量求和得到类别特征。

（3）将电影名称数据映射为向量表示，通过卷积层计算得到名称特征。

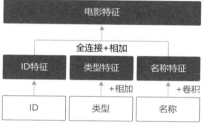

■图 7.22　构建神经网络基本方式

1. 提取电影 ID 特征

与计算用户 ID 特征的方式类似，我们通过如下方式实现电影 ID 特性提取。根据上一节信息得知电影 ID 的最大值是 3952。

```
# 自定义一个电影 ID 数据
mov_id_data = np.array((1, 2)).reshape(-1).astype('int64')
with dygraph.guard():
    # 对电影 ID 信息做映射,并紧接着一个 FC 层
    MOV_DICT_SIZE = 3952 + 1
    mov_emb = Embedding([MOV_DICT_SIZE, 32])
    mov_fc = Linear(32, 32)


    print("输入的电影 ID 是:", mov_id_data)
    mov_id_data = dygraph.to_variable(mov_id_data)
    mov_id_feat = mov_fc(mov_emb(mov_id_data))
    mov_id_feat = fluid.layers.relu(mov_id_feat)
```

```
    print("计算的电影 ID 的特征是", mov_id_feat.numpy(), "\n 其形状是: ", mov_id_feat.
shape)
    print("\n 电影 ID 为 {} 计算得到的特征是: {}".format(mov_id_data.numpy()[0], mov_id_
feat.numpy()[0]))
    print("电影 ID 为 {} 计算得到的特征是: {}".format(mov_id_data.numpy()[1], mov_id_feat.
numpy()[1]))
```

2. 提取电影类别特征

与电影 ID 数据不同的是,每个电影有多个类别,提取类别特征时,如果对每个类别数据都使用一个全连接层,电影最多的类别数是 6,会导致类别特征提取网络参数过多而不利于学习。我们对于电影类别特征提取的处理方式是:

(1) 通过 Embedding 网络层将电影类别数字映射为特征向量。

(2) 对 Embedding 后的向量沿着类别数量维度进行求和,得到一个类别映射向量。

(3) 通过一个全连接层计算类别特征向量。

数据处理章节已经介绍过,每个电影的类别数量是不固定的,且一个电影最大的类别数量是 6,类别数量不足 6 的通过补 0 到 6 维。因此,每个类别的数据维度是 6,每个电影类别有 6 个 Embedding 向量。我们希望用一个向量就可以表示电影类别,可以对电影类别数量维度降维,这里对 6 个 Embedding 向量通过求和的方式降维,得到电影类别的向量表示。

下面是电影类别特征提取的实现方法:

```
# 自定义一个电影类别数据
mov_cat_data = np.array(((1, 2, 3, 0, 0, 0), (2, 3, 4, 0, 0, 0))).reshape(2, -1).astype('
int64')
with dygraph.guard():
    # 对电影 ID 信息做映射,并紧接着一个 Linear 层
    MOV_DICT_SIZE = 6 + 1
    mov_emb = Embedding([MOV_DICT_SIZE, 32])
    mov_fc = Linear(32, 32)

    print("输入的电影类别是:", mov_cat_data[:, :])
    mov_cat_data = dygraph.to_variable(mov_cat_data)
    # 1. 通过 Embedding 映射电影类别数据
    mov_cat_feat = mov_emb(mov_cat_data)
    # 2. 对 Embedding 后的向量沿着类别数量维度进行求和,得到一个类别映射向量
    mov_cat_feat = fluid.layers.reduce_sum(mov_cat_feat, dim=1, keep_dim=False)

    # 3. 通过一个全连接层计算类别特征向量
    mov_cat_feat = mov_fc(mov_cat_feat)
    mov_cat_feat = fluid.layers.relu(mov_cat_feat)
    print("计算的电影类别的特征是", mov_cat_feat.numpy(), "\n 其形状是: ", mov_cat_feat.
shape)
    print("\n 电影类别为 {} 计算得到的特征是: {}".format(mov_cat_data.numpy()[0, :], mov_
cat_feat.numpy()[0]))
    print("\n 电影类别为 {} 计算得到的特征是: {}".format(mov_cat_data.numpy()[1, :], mov_
cat_feat.numpy()[1]))
```

待合并的 6 个向量具有相同的维度,直接按位相加即可得到综合的向量表示。当然,我

们也可以采用向量级联的方式,将 6 个 32 维的向量级联成 192 维的向量,再通过全连接层压缩成 32 维度,代码实现上要臃肿一些。

3. 提取电影名称特征

与电影类别数据一样,每个电影名称具有多个单词。我们对于电影名称特征提取的处理方式是:

(1) 通过 Embedding 映射电影名称数据,得到对应的特征向量。

(2) 对 Embedding 后的向量使用卷积层+全连接层进一步提取特征。

(3) 对特征进行降采样,降低数据维度。

提取电影名称特征时,使用了卷积层加全连接层的方式提取特征。这是因为电影名称单词较多,最大单词数量是 15,如果采用和电影类别同样的处理方式,即沿着数量维度求和,显然会损失很多信息。考虑到 15 这个维度较高,可以使用卷积层进一步提取特征,同时通过控制卷积层的步长,降低电影名称特征的维度。

如果只是简单地经过一层或二层卷积后,特征的维度依然很大,为了得到更低维度的特征向量,有两种方式,一种是利用求和降采样的方式,另一种是继续使用神经网络层进行特征提取并逐渐降低特征维度。这里,我们采用"简单求和"的降采样方式,来降低电影名称特征的维度,通过飞桨的 reduce_sum API 实现。

下面是提取电影名称特征的代码实现:

```
# 自定义两个电影名称数据
mov_title_data = np.array(((1, 2, 3, 4, 0, 0, 0, 0, 0, 0, 0, 0, 0, 0, 0),
                          (2, 3, 4, 5, 0, 0, 0, 0, 0, 0, 0, 0, 0, 0, 0))).reshape(2, 1, 15).
astype('int64')
with dygraph.guard():
    # 对电影名称做映射,紧接着 FC 和 pool 层
    MOV_TITLE_DICT_SIZE = 1000 + 1
    mov_title_emb = Embedding([MOV_TITLE_DICT_SIZE, 32], is_sparse = False)
    mov_title_conv = Conv2D(1, 1, filter_size = (3, 1), stride = (2, 1), padding = 0, act = '
relu')
    # 使用 3×3 卷积层代替全连接层
    mov_title_conv2 = Conv2D(1, 1, filter_size = (3, 1), stride = 1, padding = 0, act = 'relu')

    mov_title_data = dygraph.to_variable(mov_title_data)
    print("电影名称数据的输入形状: ", mov_title_data.shape)
    # 1. 通过 Embedding 映射电影名称数据;
    mov_title_feat = mov_title_emb(mov_title_data)
    print("输入通过 Embedding 层的输出形状: ", mov_title_feat.shape)
    # 2. 对 Embedding 后的向量使用卷积层进一步提取特征;
    mov_title_feat = mov_title_conv(mov_title_feat)
    print("第一次卷积之后的特征输出形状: ", mov_title_feat.shape)
    mov_title_feat = mov_title_conv2(mov_title_feat)
    print("第二次卷积之后的特征输出形状: ", mov_title_feat.shape)

    batch_size = mov_title_data.shape[0]
    # 3. 最后对特征进行降采样,;
    mov_title_feat = fluid.layers.reduce_sum(mov_title_feat, dim = 2, keep_dim = False)
    print("reduce_sum 降采样后的特征输出形状: ", mov_title_feat.shape)
```

```
mov_title_feat = fluid.layers.relu(mov_title_feat)
mov_title_feat = fluid.layers.reshape(mov_title_feat, [batch_size, -1])
print("电影名称特征的最终特征输出形状: ", mov_title_feat.shape)

print("\n 计算的电影名称的特征是", mov_title_feat.numpy(), "\n 其形状是: ", mov_title_
feat.shape)
print("\n 电影名称为 {} 计算得到的特征是: {}".format(mov_title_data.numpy()[0,:,0],
mov_title_feat.numpy()[0]))
print("\n 电影名称为 {} 计算得到的特征是: {}".format(mov_title_data.numpy()[1,:,0],
mov_title_feat.numpy()[1]))
```

上述代码中，通过 Embedding 层已经获得了维度是[batch,1,15,32]电影名称特征向量，因此，该特征可以视为是通道数量为 1 的特征图，很适合使用卷积层进一步提取特征。这里我们使用两个 3×1 大小的卷积核的卷积层提取特征，输出通道保持不变，仍然是 1。特征维度中 15 是电影名称数量的维度，使用 3×1 的卷积核，由于卷积感受野的原因，进行卷积时会综合多个名称的特征，同时设置卷积的步长参数 stride 为(2,1)，即可对名称数量维度降维，且保持每个名称的向量长度不变，防止过度压缩每个名称特征的信息。

从输出结果来看，第一个卷积层之后的输出特征维度依然较大，可以使用第二个卷积层进一步提取特征。获得第二个卷积的特征后，特征的维度已经从 7×32，降低到了 5×32，因此可以直接使用求和(向量按位相加)的方式沿着电影名称维度进行降采样($5\times32\rightarrow1\times32$)，得到最终的电影名称特征向量。

需要注意的是，降采样后的数据尺寸依然比下一层要求的输入向量多出一维[2,1,32]，所以最终输出前需调整下形状。

4. 融合电影特征

与用户特征融合方式相同，电影特征融合采用特征级联加全连接层的方式，将电影特征用一个 200 维的向量表示。

```
with dygraph.guard():
    mov_combined = Linear(96, 200, act = 'tanh')

    # 收集所有的电影特征
    _features = [mov_id_feat, mov_cat_feat, mov_title_feat]
    _features = [k.numpy() for k in _features]
    _features = [dygraph.to_variable(k) for k in _features]

    # 对特征沿着最后一个维度级联
    mov_feat = fluid.layers.concat(input = _features, axis = 1)
    mov_feat = mov_combined(mov_feat)
    print("融合后的电影特征维度是: ", mov_feat.shape)
```

至此已经完成了电影特征提取的网络设计，包括电影 ID 特征提取、电影类别特征提取和电影名称特征提取。

由上述电影特征处理的代码可以观察到：

- 电影 ID 特征的计算方式和用户 ID 的计算方式相同。
- 对于包含多个元素的电影类别数据，采用将所有元素的映射向量求和的结果作为最终的电影类别特征表示。考虑到电影类别的数量有限,这里采用简单的求和特征融合方式。

- 对于电影的名称数据,其包含的元素数量多于电影种类元素数量,则采用卷积计算的方式,之后再将计算的特征沿着数据维度进行求和。读者也可自行设计这部分特征计算网络,并观察最终训练结果。

下面使用定义好的数据读取器,实现从电影数据中提取电影特征。

```
# 测试电影特征提取网络
with dygraph.guard():
    model = MovModel(use_poster = False, use_mov_title = True, use_mov_cat = True, use_age_
job = True)
    model.eval()

    data_loader = model.train_loader

    for idx, data in enumerate(data_loader()):
        # 获得数据,并转为动态图格式
        usr, mov, score = data
        # 只使用每个 Batch 的第一条数据
        mov_v = [var[0:1] for var in mov]

        _mov_v = [np.squeeze(var[0:1]) for var in mov]
        print("输入的电影 ID 数据: {}\n 类别数据: {} \n 名称数据: {} ".format( * _mov_v))
        mov_v = [dygraph.to_variable(var) for var in mov_v]
        mov_feat = model.get_mov_feat(mov_v)
        print("计算得到的电影特征维度是: ", mov_feat.shape)
        break
```

7.3.4 相似度计算

计算得到用户特征和电影特征后,我们还需要计算特征之间的相似度。如果一个用户对某个电影很感兴趣,并给了五分评价,那么该用户和电影特征之间的相似度是很高的。衡量向量距离(相似度)有多种方案:欧式距离、曼哈顿距离、切比雪夫距离、余弦相似度等,本节我们使用忽略尺度信息的余弦相似度构建相似度矩阵。余弦相似度又称为余弦相似性,是通过计算两个向量的夹角余弦值来评估它们的相似度,如图 7.23 所示,两条红色的直线表示两个向量,之间的夹角可以用来表示相似度大小,角度为 0 时,余弦值为 1,表示完全相似。

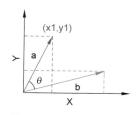

■图 7.23 余弦相似度

余弦相似度的公式为:

$$similarity = \cos(\theta) = \frac{A \cdot B}{A + B} = \frac{\sum_i^n A_i \times B_i}{\sqrt{\sum_i^n (A_i)^2 + \sum_i^n (B_i)^2}}$$

　　下面是计算相似度的实现方法,输入用户特征和电影特征,计算出两者之间的相似度。另外,我们将用户对电影的评分作为相似度衡量的标准,由于相似度的数据范围是[0,1],还需要把计算的相似度扩大到评分数据范围,评分分为 1～5 共 5 个档次,所以需要将相似度扩大 5 倍。飞桨已实现的 scale API,可以对输入数据进行缩放。同时计算余弦相似度可以使用 cos_sim API 完成。

```python
def similarty(usr_feature, mov_feature):

    res = fluid.layers.cos_sim(usr_feature, mov_feature)
    res = fluid.layers.scale(res, scale = 5)
    return usr_feat, mov_feat, res

# 使用上文计算得到的用户特征和电影特征计算相似度

with fluid.dygraph.guard():
    _sim = similarty(usr_feat, mov_feat)
    print("相似度是: ", np.squeeze(_sim[-1].numpy()))
```

　　从结果中我们发现相似度很小,主要有以下原因:

　　(1) 神经网络并没有训练,模型参数都是随机初始化的,提取出的特征没有规律性。

　　(2) 计算相似度的用户数据和电影数据相关性很小。

7.3.5　小结

　　本节中,我们介绍了个性化推荐的模型设计,包括用户特征网络、电影特征网络和特征相似度计算三部分。

　　其中,用户特征网络将用户数据映射为固定长度的特征向量,电影特征网络将电影数据映射为固定长度的特征向量,最终利用余弦相似度计算出用户特征和电影特征的相似度。相似度越大,表示用户对该电影越喜欢。

7.4　模型训练与特征保存

7.4.1　模型训练

　　在模型训练前需要定义好训练的参数,包括是否使用 GPU、设置损失函数、选择优化器以及学习率等。在本次任务中,由于数据较为简单,我们选择在 CPU 上训练,优化器使用 Adam,学习率设置为 0.01,一共训练 5 个 epoch。

　　然而,针对推荐算法的网络,如何设置损失函数呢? 在 CV 和 NLP 章节中用交叉熵作为分类的损失函数,损失函数的大小可以衡量出分类的准确性。在电影推荐中,可以作为标签的只有评分数据,因此,我们用评分数据作为监督信息,神经网络的输出作为预测值,使用均方差(Mean Square Error)损失函数去训练网络模型。

说明:

使用均方差损失函数即使用回归的方法完成模型训练。电影的评分数据只有 5 个,是否可以使用分类损失函数完成训练呢? 事实上,评分数据是一个连续数据,如评分 3 和评分 4 是接近的,如果使用分类的方法,评分 3 和评分 4 是两个类别,容易割裂评分间的连续性。整个训练过程和其他的模型训练大同小异,兹不赘述。

```python
def train(model):
    # 配置训练参数
    use_gpu = True
    lr = 0.01
    Epoches = 10

    place = fluid.CUDAPlace(0) if use_gpu else fluid.CPUPlace()
    with fluid.dygraph.guard(place):
        # 启动训练
        model.train()
        # 获得数据读取器
        data_loader = model.train_loader
        # 使用 Adam 优化器,学习率使用 0.01
        opt = fluid.optimizer.Adam(learning_rate = lr, parameter_list = model.parameters())

        for epoch in range(0, Epoches):
            for idx, data in enumerate(data_loader()):
                # 获得数据,并转为动态图格式
                usr, mov, score = data
                usr_v = [dygraph.to_variable(var) for var in usr]
                mov_v = [dygraph.to_variable(var) for var in mov]
                scores_label = dygraph.to_variable(score)
                # 计算出算法的前向计算结果
                _, _, scores_predict = model(usr_v, mov_v)
                # 计算 loss
                loss = fluid.layers.square_error_cost(scores_predict, scores_label)
                avg_loss = fluid.layers.mean(loss)
                if idx % 500 == 0:
                    print("epoch: {}, batch_id: {}, loss is: {}".format(epoch, idx, avg_loss.numpy()))

                # 损失函数下降,并清除梯度
                avg_loss.backward()
                opt.minimize(avg_loss)
                model.clear_gradients()
            # 每个 epoch 保存一次模型
            fluid.save_dygraph(model.state_dict(), './checkpoint/epoch' + str(epoch))
```

```python
# 启动训练
with dygraph.guard():
    use_poster, use_mov_title, use_mov_cat, use_age_job = False, True, True, True
    model = Model(use_poster, use_mov_title, use_mov_cat, use_age_job)
    train(model)
```

从训练结果来看,Loss 保持在 0.9 左右就难以下降了,主要是因为使用的均方差 Loss,计算得到预测评分和真实评分的均方差,真实评分的数据是 1～5 的整数,评分数据较大导致计算出来的 Loss 也偏大。

不过不用担心,我们只是通过训练神经网络提取特征向量,Loss 只要收敛即可。

对训练的模型在验证集上做评估,除了训练所使用的 Loss 之外,还有两个选择:

(1) 评分预测精度 ACC(Accuracy):将预测的 float 数字转成整数,计算和真实评分的匹配度。评分误差在 0.5 分以内的算正确,否则算错误。

(2) 评分预测误差(Mean Absolute Error)MAE:计算和真实评分之间的平均绝对误差。

下面是使用训练集评估这两个指标的代码实现。

```python
def evaluation(model, params_file_path):
    use_gpu = False
    place = fluid.CUDAPlace(0) if use_gpu else fluid.CPUPlace()

    with fluid.dygraph.guard(place):

        model_state_dict, _ = fluid.load_dygraph(params_file_path)
        model.load_dict(model_state_dict)
        model.eval()

        acc_set = []
        avg_loss_set = []
        for idx, data in enumerate(model.valid_loader()):
            usr, mov, score_label = data
            usr_v = [dygraph.to_variable(var) for var in usr]
            mov_v = [dygraph.to_variable(var) for var in mov]

            _, _, scores_predict = model(usr_v, mov_v)

            pred_scores = scores_predict.numpy()

            avg_loss_set.append(np.mean(np.abs(pred_scores - score_label)))

            diff = np.abs(pred_scores - score_label)
            diff[diff> 0.5] = 1
            acc = 1 - np.mean(diff)
            acc_set.append(acc)
        return np.mean(acc_set), np.mean(avg_loss_set)
```

```python
param_path = "./checkpoint/epoch"
for i in range(10):
    acc, mae = evaluation(model, param_path + str(i))
    print("ACC:", acc, "MAE:", mae)
```

上述结果中,我们采用了 ACC 和 MAE 指标测试在验证集上的评分预测的准确性,其中 ACC 值越大越好,MAE 值越小越好。

可以看到 ACC 和 MAE 的值不是很理想,但是这仅仅是对于评分预测不准确,不能直接衡量推荐结果的准确性。考虑到我们设计的神经网络是为了完成推荐任务而不是评分任务，所以总结一下：

（1）只针对预测评分任务来说，我们设计的神经网络结构和损失函数是不合理的，导致评分预测不理想；

（2）从损失函数的收敛可以知道网络的训练是有效的。评分预测的好坏不能反映推荐结果的好坏。

到这里，我们已经完成了推荐算法的前三步，包括：数据的准备、神经网络的设计和神经网络的训练。

目前还需要完成剩余的两个步骤：

（1）提取用户、电影数据的特征并保存到本地。

（2）利用保存的特征计算相似度矩阵，利用相似度完成推荐。

下面，我们利用训练的神经网络提取数据的特征，进而完成电影推荐，并观察推荐结果是否令人满意。

7.4.2　保存特征

训练完模型后，我们得到每个用户、电影对应的特征向量，接下来将这些特征向量保存到本地，这样在进行推荐时，不需要使用神经网络重新提取特征，节省时间成本。

保存特征的流程是：

（1）加载预训练好的模型参数。

（2）输入数据集的数据，提取整个数据集的用户特征和电影特征。注意数据输入到模型前，要先转成内置 variable 类型并保证尺寸正确。

（3）分别得到用户特征向量和电影特征向量，使用 Pickle 库保存字典形式的特征向量。

使用用户和电影 ID 为索引，以字典格式存储数据，可以通过用户或者电影的 ID 索引到用户特征和电影特征。

下面代码中，我们使用了一个 Pickle 库。Pickle 库为 Python 提供了一个简单的持久化功能，可以很容易地将 Python 对象保存到本地，但缺点是保存的文件可读性较差。

```python
from PIL import Image
# 加载第三方库 Pickle,用来保存 Python 数据到本地
import pickle
# 定义特征保存函数
def get_usr_mov_features(model, params_file_path, poster_path):
    use_gpu = False
    place = fluid.CUDAPlace(0) if use_gpu else fluid.CPUPlace()
    usr_pkl = {}
    mov_pkl = {}

    # 定义将 list 中每个元素转成 variable 的函数
    def list2variable(inputs, shape):
        inputs = np.reshape(np.array(inputs).astype(np.int64), shape)
        return fluid.dygraph.to_variable(inputs)

    with fluid.dygraph.guard(place):
```

```
        # 加载模型参数到模型中,设置为验证模式 eval()
        model_state_dict, _ = fluid.load_dygraph(params_file_path)
        model.load_dict(model_state_dict)
        model.eval()
        # 获得整个数据集的数据
        dataset = model.Dataset.dataset

        for i in range(len(dataset)):
            # 获得用户数据,电影数据,评分数据
            # 本案例只转换所有在样本中出现过的 user 和 movie,实际中可以使用业务系统中的
全量数据
            usr_info, mov_info, score = dataset[i]['usr_info'], dataset[i]['mov_info'],
dataset[i]['scores']
            usrid = str(usr_info['usr_id'])
            movid = str(mov_info['mov_id'])

            # 获得用户数据,计算得到用户特征,保存在 usr_pkl 字典中
            if usrid not in usr_pkl.keys():
                usr_id_v = list2variable(usr_info['usr_id'], [1])
                usr_age_v = list2variable(usr_info['age'], [1])
                usr_gender_v = list2variable(usr_info['gender'], [1])
                usr_job_v = list2variable(usr_info['job'], [1])

                usr_in = [usr_id_v, usr_gender_v, usr_age_v, usr_job_v]
                usr_feat = model.get_usr_feat(usr_in)

                usr_pkl[usrid] = usr_feat.numpy()

            # 获得电影数据,计算得到电影特征,保存在 mov_pkl 字典中
            if movid not in mov_pkl.keys():
                mov_id_v = list2variable(mov_info['mov_id'], [1])
                mov_tit_v = list2variable(mov_info['title'], [1, 1, 15])
                mov_cat_v = list2variable(mov_info['category'], [1, 6])

                mov_in = [mov_id_v, mov_cat_v, mov_tit_v, None]
                mov_feat = model.get_mov_feat(mov_in)

                mov_pkl[movid] = mov_feat.numpy()

    print(len(mov_pkl.keys()))
    # 保存特征到本地
    pickle.dump(usr_pkl, open('./usr_feat.pkl', 'wb'))
    pickle.dump(mov_pkl, open('./mov_feat.pkl', 'wb'))
    print("usr / mov features saved!!!")
```

```
param_path = "./checkpoint/epoch7"
poster_path = "./work/ml-1m/posters/"
get_usr_mov_features(model, param_path, poster_path)
```

　　保存好有效代表用户和电影的特征向量后,在下一节我们将讨论如何基于这两个向量构建推荐系统。

7.4.3　作业

（1）以上算法使用了用户与电影的所有特征（除 Poster 外），可以设计对比实验，验证哪些特征是重要的，把最终的特征挑选出来。为了验证哪些特征起到关键作用，读者可以启用或弃用其中某些特征，或者加入电影海报特征，观察是否对模型 Loss 或评价指标有提升。

（2）加入电影海报数据，验证电影海报特征（Poster）对推荐结果的影响，实现并分析推荐结果（有没有效果？为什么？）。

7.5　电影推荐

7.5.1　根据用户喜好推荐电影

在前面章节，我们已经完成了神经网络的设计，并根据用户对电影的喜好（评分高低）作为训练指标完成训练。神经网络有两个输入，用户数据和电影数据，通过神经网络提取用户特征和电影特征，并计算特征之间的相似度，相似度的大小和用户对该电影的评分存在对应关系。即如果用户对这个电影感兴趣，那么对这个电影的评分也是偏高的，最终神经网络输出的相似度就更大一些。完成训练后，我们就可以开始给用户推荐电影了。

根据用户喜好推荐电影，是通过计算用户特征和电影特征之间的相似性，并排序选取相似度最大的结果来进行推荐，流程如图 7.24 所示。

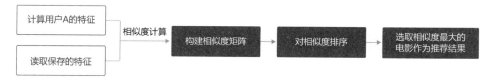

■图 7.24　推荐系统流程图

从计算相似度到完成推荐的过程，步骤包括：

（1）读取保存的特征，根据一个给定的用户 ID、电影 ID，我们可以索引到对应的特征向量。

（2）通过计算用户特征和其他电影特征向量的相似度，构建相似度矩阵。

（3）对这些相似度排序后，选取相似度最大的几个特征向量，找到对应的电影 ID，即得到推荐清单。

（4）加入随机选择因素，从相似度最大的 top_k 结果中随机选取 pick_num 个推荐结果，其中 pick_num 必须小于 top_k。

1. 读取特征向量

上一节我们已经训练好模型，并保存了电影特征，因此可以不用经过计算特征的步骤，直接读取特征。特征以字典的形式保存，字典的键值是用户或者电影的 ID，字典的元素是该用户或电影的特征向量。

下面实现根据指定的用户 ID 和电影 ID，索引到对应的特征向量。

```
! unzip - o save_feat.zip
```

```
import pickle
import numpy as np

mov_feat_dir = 'mov_feat.pkl'
usr_feat_dir = 'usr_feat.pkl'

usr_feats = pickle.load(open(usr_feat_dir, 'rb'))
mov_feats = pickle.load(open(mov_feat_dir, 'rb'))

usr_id = 2
usr_feat = usr_feats[str(usr_id)]

mov_id = 1
# 通过电影 ID 索引到电影特征
mov_feat = mov_feats[str(mov_id)]

# 电影特征的路径
movie_data_path = "./work/ml - 1m/movies.dat"
mov_info = {}
# 打开电影数据文件,根据电影 ID 索引到电影信息
with open(movie_data_path, 'r', encoding = "ISO - 8859 - 1") as f:
    data = f.readlines()
    for item in data:
        item = item.strip().split("::")
        mov_info[str(item[0])] = item

usr_file = "./work/ml - 1m/users.dat"
usr_info = {}
# 打开文件,读取所有行到 data 中
with open(usr_file, 'r') as f:
    data = f.readlines()
    for item in data:
        item = item.strip().split("::")
        usr_info[str(item[0])] = item

print("当前的用户是: ")
print("usr_id:", usr_id, usr_info[str(usr_id)])
print("对应的特征是: ", usr_feats[str(usr_id)])

print("\n 当前电影是: ")
print("mov_id:", mov_id, mov_info[str(mov_id)])
print("对应的特征是: ")
print(mov_feat)
```

以上代码中,我们索引到 usr_id = 2 的用户特征向量,以及 mov_id = 1 的电影特征向量。

2. 计算用户和所有电影的相似度,构建相似度矩阵

如下示例均以向 userid = 2 的用户推荐电影为例。与训练一致,以余弦相似度作为相似度衡量。

```
import paddle.fluid as fluid
import paddle.fluid.dygraph as dygraph

# 根据用户 ID 获得该用户的特征
usr_ID = 2
# 读取保存的用户特征

usr_feat_dir = 'usr_feat.pkl'
usr_feats = pickle.load(open(usr_feat_dir, 'rb'))
# 根据用户 ID 索引到该用户的特征
usr_ID_feat = usr_feats[str(usr_ID)]

# 记录计算的相似度
cos_sims = []
# 记录下与用户特征计算相似的电影顺序

with dygraph.guard():
    # 索引电影特征,计算和输入用户 ID 的特征的相似度
    for idx, key in enumerate(mov_feats.keys()):
        mov_feat = mov_feats[key]
        usr_feat = dygraph.to_variable(usr_ID_feat)
        mov_feat = dygraph.to_variable(mov_feat)

        # 计算余弦相似度
        sim = fluid.layers.cos_sim(usr_feat, mov_feat)
        # 打印特征和相似度的形状
        if idx == 0:
            print("电影特征形状:{}, 用户特征形状:{}, 相似度结果形状:{},相似度结果:{}".
format(mov_feat.shape, usr_feat.shape, sim.numpy().shape, sim.numpy()))
        # 从形状为(11)的相似度 sim 中获得相似度值 sim.numpy()[0][0],并添加到相似度列表
cos_sims 中
        cos_sims.append(sim.numpy()[0][0])
```

3. 对相似度排序,选出最大相似度

使用 np.argsort() 函数完成从小到大的排序,注意返回值是原列表位置下标的数组。因为 cos_sims 和 mov_feats.keys() 的顺序一致,所以都可以用 index 数组的内容索引,获取最大的相似度值和对应电影。

处理流程是先计算相似度列表 cos_sims,将其排序后返回对应的下标列表 index,最后从 cos_sims 和 mov_info 中取出相似度值和对应的电影信息。

```
# 对相似度排序,获得最大相似度在 cos_sims 中的位置
index = np.argsort(cos_sims)
# 打印相似度最大的前 topk 个位置
topk = 5
print("相似度最大的前{}个索引是{}\n 对应的相似度是:{}\n".format(topk, index[-topk:],
[cos_sims[k] for k in index[-topk:]]))

for i in index[-topk:]:
    print("对应的电影分别是: movie:{}".format(mov_info[list(mov_feats.keys())[i]]))
```

从以上结果可以看出,给用户推荐的电影多数是 Drama、War、Thriller 类型的电影。

是不是到这里就可以把结果推荐给用户了? 否,还有一个小步骤,我们继续往下看。

4. 加入随机选择因素,使得每次推荐的结果都有"新鲜感"

为了确保推荐的多样性,维持用户阅读推荐内容的"新鲜感",每次推荐的结果需要有所不同,我们随机抽取 top_k 结果中的一部分,作为给用户的推荐。比如从相似度排序中获取 10 个结果,每次随机抽取 6 个结果推荐给用户。

使用 np. random. choice 函数实现随机从 top_k 中选择一个未被选的电影,不断选择直到选择列表 res 长度达到 pick_num 为止,其中 pick_num 必须小于 top_k。

读者可以多次运行本段代码,观测推荐结果是否有所变化。

代码实现如下:

```
top_k, pick_num = 10, 6

# 对相似度排序,获得最大相似度在 cos_sims 中的位置
index = np.argsort(cos_sims)[-top_k:]

print("当前的用户是: ")
# usr_id, usr_info 是前面定义、读取的用户 ID、用户信息
print("usr_id:", usr_id, usr_info[str(usr_id)])
print("推荐可能喜欢的电影是: ")
res = []

# 加入随机选择因素,确保每次推荐的结果稍有差别
while len(res) <pick_num:
    val = np.random.choice(len(index), 1)[0]
    idx = index[val]
    mov_id = list(mov_feats.keys())[idx]
    if mov_id not in res:
        res.append(mov_id)

for id in res:
    print("mov_id:", id, mov_info[str(id)])
```

最后,我们将根据用户 ID 推荐电影的实现封装成一个函数,方便直接调用,其函数实现如下。

```
# 定义根据用户兴趣推荐电影
def recommend_mov_for_usr(usr_id, top_k, pick_num, usr_feat_dir, mov_feat_dir, mov_info_
path):
    assert pick_num <= top_k
    # 读取电影和用户的特征
    usr_feats = pickle.load(open(usr_feat_dir, 'rb'))
    mov_feats = pickle.load(open(mov_feat_dir, 'rb'))
    usr_feat = usr_feats[str(usr_id)]

    cos_sims = []

    with dygraph.guard():
```

```
            # 索引电影特征,计算和输入用户 ID 的特征的相似度
            for idx, key in enumerate(mov_feats.keys()):
                mov_feat = mov_feats[key]
                usr_feat = dygraph.to_variable(usr_feat)
                mov_feat = dygraph.to_variable(mov_feat)
                sim = fluid.layers.cos_sim(usr_feat, mov_feat)
                cos_sims.append(sim.numpy()[0][0])
        # 对相似度排序
        index = np.argsort(cos_sims)[-top_k:]

    mov_info = {}
    # 读取电影文件里的数据,根据电影 ID 索引到电影信息
    with open(mov_info_path, 'r', encoding="ISO-8859-1") as f:
        data = f.readlines()
        for item in data:
            item = item.strip().split("::")
            mov_info[str(item[0])] = item

    print("当前的用户是: ")
    print("usr_id:", usr_id)
    print("推荐可能喜欢的电影是: ")
    res = []

    # 加入随机选择因素,确保每次推荐的都不一样
    while len(res) < pick_num:
        val = np.random.choice(len(index), 1)[0]
        idx = index[val]
        mov_id = list(mov_feats.keys())[idx]
        if mov_id not in res:
            res.append(mov_id)

    for id in res:
        print("mov_id:", id, mov_info[str(id)])

movie_data_path = "./work/ml-1m/movies.dat"
top_k, pick_num = 10, 6
usr_id = 2
recommend_mov_for_usr(usr_id, top_k, pick_num, 'usr_feat.pkl', 'mov_feat.pkl', movie_data_
path)
```

```
当前的用户是:
usr_id: 2
推荐可能喜欢的电影是:
mov_id: 2075 ['2075', 'Mephisto (1981)', 'Drama|War']
mov_id: 3134 ['3134', 'Grand Illusion (Grande illusion, La) (1937)', 'Drama|War']
mov_id: 2762 ['2762', 'Sixth Sense, The (1999)', 'Thriller']
mov_id: 1272 ['1272', 'Patton (1970)', 'Drama|War']
mov_id: 3089 ['3089', 'Bicycle Thief, The (Ladri di biciclette) (1948)', 'Drama']
mov_id: 3730 ['3730', 'Conversation, The (1974)', 'Drama|Mystery']
```

从上面的推荐结果来看,给 ID 为 2 的用户推荐的电影多是 Drama、War 类型的。我们可以通过用户的 ID 从已知的评分数据中找到其评分最高的电影,观察和推荐结果的区别。

下面代码实现给定用户 ID,输出其评分最高的 topk 个电影信息,通过对比用户评分最

高的电影和当前推荐的电影结果，观察推荐是否有效。

```python
# 给定一个用户 ID,找到评分最高的 topk 个电影
usr_a = 2
topk = 10

############################################
## 获得 ID 为 usr_a 的用户评分过的电影及对应评分 ##
############################################
rating_path = "./work/ml-1m/ratings.dat"
# 打开文件,ratings_data
with open(rating_path, 'r') as f:
    ratings_data = f.readlines()

usr_rating_info = {}
for item in ratings_data:
    item = item.strip().split("::")
    # 处理每行数据,分别得到用户 ID、电影 ID 和评分
    usr_id, movie_id, score = item[0], item[1], item[2]
    if usr_id == str(usr_a):
        usr_rating_info[movie_id] = float(score)

# 获得评分过的电影 ID
movie_ids = list(usr_rating_info.keys())
print("ID 为 {} 的用户,评分过的电影数量是: ".format(usr_a), len(movie_ids))

####################################
## 选出 ID 为 usr_a 评分最高的前 topk 个电影 ##
####################################
ratings_topk = sorted(usr_rating_info.items(), key=lambda item:item[1])[-topk:]

movie_info_path = "./work/ml-1m/movies.dat"
# 打开文件,编码方式选择 ISO-8859-1,读取所有数据到 data 中
with open(movie_info_path, 'r', encoding="ISO-8859-1") as f:
    data = f.readlines()

movie_info = {}
for item in data:
    item = item.strip().split("::")
    # 获得电影的 ID 信息
    v_id = item[0]
    movie_info[v_id] = item

for k, score in ratings_topk:
print("电影 ID: {},评分是: {}, 电影信息: {}".format(k, score, movie_info[k]))
```

ID 为 2 的用户,评分过的电影数量是： 129
电影 ID：380,评分是：5.0, 电影信息：['380', 'True Lies (1994)', 'Action|Adventure|Comedy|Romance']
电影 ID：2501,评分是：5.0, 电影信息：['2501', 'October Sky (1999)', 'Drama']
电影 ID：920,评分是：5.0, 电影信息：['920', 'Gone with the Wind (1939)', 'Drama|Romance|War']
电影 ID：2002,评分是：5.0, 电影信息：['2002', 'Lethal Weapon 3 (1992)', 'Action|Comedy|Crime|Drama']
电影 ID：1962,评分是：5.0, 电影信息：['1962', 'Driving Miss Daisy (1989)', 'Drama']
电影 ID：1784,评分是：5.0, 电影信息：['1784', 'As Good As It Gets (1997)', 'Comedy|Drama']
电影 ID：318,评分是：5.0, 电影信息：['318', 'Shawshank Redemption, The (1994)', 'Drama']

电影 ID：356，评分是：5.0，电影信息：['356', 'Forrest Gump (1994)', 'Comedy|Romance|War']
电影 ID：1246，评分是：5.0，电影信息：['1246', 'Dead Poets Society (1989)', 'Drama']
电影 ID：1247，评分是：5.0，电影信息：['1247', 'Graduate, The (1967)', 'Drama|Romance']

通过上述代码的输出可以发现，Drama 类型的电影是用户喜欢的类型，可见推荐结果和用户喜欢的电影类型是匹配的。但是推荐结果仍有一些不足的地方，这些可以通过改进神经网络模型等方式来进一步调优。

7.5.2　几点思考收获

（1）Deep Learning is all about"Embedding Everything"。不难发现，深度学习建模是套路满满的。任何事物均用向量的方式表示，可以直接基于向量完成"分类"或"回归"任务；也可以计算多个向量之间的关系，无论这种关系是"相似性"还是"比较排序"。在深度学习兴起不久的 2015 年，当时 AI 相关的国际学术会议上，大部分论文均是将某个事物 Embedding 后再进行挖掘，火热的程度仿佛即使是路边一块石头，也要 Embedding 一下看看是否能挖掘出价值。直到近些年，能够 Embedding 的事物基本都发表过论文，Embedding 的方法也变得成熟，这方面的论文才逐渐有减少的趋势。

（2）在深度学习兴起之前，不同领域之间的迁移学习往往要用到很多特殊设计的算法。但深度学习兴起后，迁移学习变得尤其自然。训练模型和使用模型未必是同样的方式，中间基于 Embedding 的向量表示，即可实现不同任务交换信息。例如本章的推荐模型使用用户对电影的评分数据进行监督训练，训练好的特征向量可以用于计算用户与用户的相似度，以及电影与电影之间的相似度。对特征向量的使用可以极其灵活，而不局限于训练时的任务。

（3）网络调参：神经网络模型并没有一套理论上可推导的最优规则，实际中的网络设计往往是在理论和经验指导下的"探索"活动。例如推荐模型的每层网络尺寸的设计遵从了信息熵的原则，原始信息量越大对应表示的向量长度就越长。但具体每一层的向量应该有多长，往往是根据实际训练的效果进行调整。所以，建模工程师被称为数据处理工程师和调参工程师是有道理的，大量的精力花费在处理样本数据和模型调参上，如图 7.25 所示。

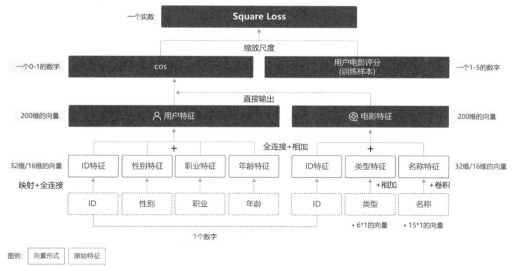

■ 图 7.25　推荐系统处理总流程

7.5.3　在工业实践中的推荐系统

本章介绍了比较简单的推荐系统构建方法,在实际应用中,验证一个推荐系统的好坏,除了预测准确度,还需要考虑多方面的因素,比如多样性、新颖性,甚至商业目标匹配度等。要实践一个好的推荐系统,值得更深入的探索研究。下面将工业实践推荐系统还需要考虑的主要问题做一个概要性的介绍。

(1) 推荐来源:推荐来源会更加多样化,除了使用深度学习模型的方式,还大量使用标签匹配的个性化推荐方式。此外,推荐热门的内容,具有时效性的内容和一定探索性的内容,都非常关键。对于新闻类的内容推荐,用户不希望地球人都在谈论的大事自己毫无所知,期望更快更全面的了解。如果用户经常使用的推荐产品总推荐"老三样",会使得用户丧失"新鲜感"而流失。因此,除了推荐一些用户喜欢的内容之外,谨慎的推荐一些用户没表达过喜欢的内容,可探索用户更广泛的兴趣领域,以便有更多不重复的内容可以向用户推荐。

(2) 检索系统:将推荐系统构建成"召回排序"架构的高性能检索系统,以更短的特征向量建倒排索引。在"召回+排序"的架构下,通常会训练出两种不同长度的特征向量,使用较短的特征向量做召回系统,从海量候选中筛选出几十个可能候选。使用较短的向量做召回,性能高但不够准确,然后使用较长的特征向量做几十个候选的精细排序,因为待排序的候选很少,所以性能低一些也影响不大。

(3) 冷启动问题:现实中推荐系统往往要在产品运营的初期一起上线,但这时候系统尚没有用户行为数据的积累。这时,我们往往建立一套专家经验的规则系统,比如一个在美妆行业工作的店员对各类女性化妆品偏好是非常了解的。通过规则系统运行一段时间积累数据后,再逐渐转向机器学习的系统。很多推荐系统也会主动向用户收集一些信息,比如大家注册一些资讯类 App 时,经常会要求选择一些兴趣标签。

(4) 推荐系统的评估:推荐系统的评估不仅是计算模型 Loss 所能代表的,是使用推荐系统用户的综合体验。除了采用更多代表不同体验的评估指标外(准确率、召回率、覆盖率、多样性等),还会从两个方面收集数据做分析:

① 行为日志:如用户对推荐内容的点击率,阅读市场,发表评论,甚至消费行为等。

② 人工评估:选取不同的具有代表性的评估员,从兴趣相关度、内容质量、多样性、时效性等多个维度评估。如果评估员就是用户,通常是以问卷调研的方式下发和收集。

其中,多样性的指标是针对探索性目标的。而推荐的覆盖度也很重要,代表了所有的内容有多少能够被推荐系统送到用户面前。如果推荐每次只集中在少量的内容,大部分内容无法获得用户流量的话,会影响系统内容生态的健康。比如电商平台如果只推荐少量大商家的产品给用户,多数小商家无法获得购物流量,会导致平台上的商家集中度越来越高,生态不再繁荣稳定。

从上述几点可见,搭建一套实用的推荐系统,不只是一个有效的推荐模型。要从业务的需求场景出发,构建完整的推荐系统,最后再实现模型的部分,如图 7.26 所示。如果技术人员的视野只局限于模型本身,是无法在工业实践中搭建一套有业务价值的推荐系统的。

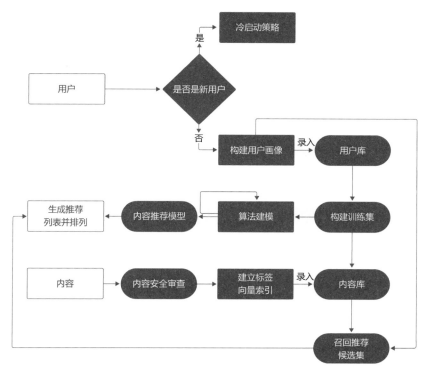

■ 图 7.26 推荐系统的全流程

7.5.4 作业

（1）设计并完成两个推荐系统，根据相似用户推荐电影（user-based）和根据相似电影推荐电影（item-based），并分析三个推荐系统的推荐结果差异。

上文中，我们已经将映射后的用户特征和电影特征向量保存在了本地，通过两者的相似度计算结果进行推荐。实际上，我们还可以计算用户之间的相似度矩阵和电影之间的相似度矩阵，实现根据相似用户推荐电影和根据相似电影推荐电影。

（2）构建一个【热门】【新品】和【个性化推荐】三条推荐路径的混合系统。构建更贴近真实场景的推荐系统，而不仅是个性化推荐模型，每次推荐 10 条，三种各占比例 2、3、5 条，每次的推荐结果不同。

（3）推荐系统的案例，实现本地的版本，进行训练和预测并截图提交。

作业提交方式

请读者扫描图书封底的二维码，在 AI Studio"零基础实践深度学习"课程中的"作业"节点下提交相关作业。

第8章 精通深度学习的高级内容

8.1 精通深度学习的高级内容

8.1.1 为什么要精通深度学习的高级内容

在前面章节中,我们首先学习了神经网络模型的基本知识和使用飞桨编写深度学习模型的方法,再学习了计算机视觉、自然语言处理和推荐系统的模型实现方法。至此,读者完全可胜任各个领域的建模任务。

但在人工智能的战场上取得胜利并不容易,我们还将面临如下挑战:

- 需要针对业务场景提出建模方案。
- 探索众多的复杂模型哪个更加有效。
- 探索将模型部署到各种类型的硬件上。

如果大家仅仅掌握基础的模型编写能力,就像一个不带武器上阵的士兵,战斗力十分有限,难以应对复杂多变的战场环境。在本章高级内容中,将全面介绍各种模型资源和辅助工具,让大家在人工智能的战场上武装到牙齿,和"AI大师"一样无往不利,如图8.1所示。

8.1.2 高级内容包含哪些武器

1. 模型资源

如今深度学习应用已经在诸多领域落地,研发人员建模的首选方案往往不是自己编写,而是使用现成的模型,或者在现成的模型上优化。这一方面会极大地减少研发人员的工作量,另一方面现成的模型一般在精度和性能上经过精进打磨,效果更好。

那么,去哪里找现成的模型资源呢?

飞桨提供了三种类型的模型资源:

(1)预训练模型工具(PaddleHub)。

(2)特定场景的开发套件,遍布计算机视觉、自然语言处理、语音、推荐系统等领域的十几个任务(如飞桨图像分割套件 PaddleSeg,飞桨语义理解套件 ERNIE 等)。

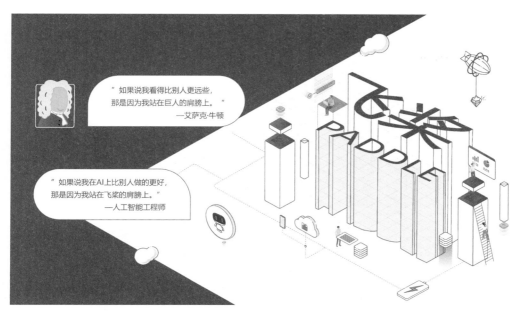

■图8.1　和"AI大师"一样无往不利

（3）开源的模型库（Paddle Models）。

2．设计思想与二次研发

当读者挑战一些最新的模型时，少数情况下会碰到模型需要的算子飞桨没有实现的情况。本章会告诉大家为飞桨框架增加自定义算子的方法，并通过讲述动态图和静态图的实现原理，让大家对飞桨框架的设计思路有一个更深入的认知。

3．工业部署

与模型的科研和教学不同，工业应用中的模型是需要部署在非常丰富的硬件环境上的，比如将模型嵌入用 C++语言写的业务系统，将模型作为单独的 Web 服务，或将模型放到摄像头上等。本章会介绍 Paddle Inference、Paddle Serving 和 Paddle Lite 来满足上面这些需求场景，并介绍模型压缩工具 PaddleSlim，可以让模型在有限条件的硬件上以更快的速度运行。

4．飞桨全流程研发工具

飞桨为大家提供了这么多的模型资源和工具组件，如何串联这些组件，并研发一个适合读者所在行业的可视化建模工具？本章会以一个官方出品的 Demo 为案例，向读者展示 PaddleX 可以为用户提供的全流程服务。

5．行业应用与项目案例

权威的咨询机构艾瑞预测未来十年人工智能的产业规模增长率达 40%，人工智能也作为国家新基建的战略重点，国务院关于 AI 应用发展规划也有很高的增长预期。虽然人工智能赋能各行各业在蓬勃发展，但依然有传统行业的朋友心存疑虑：

"我所在的行业太传统，人工智能没有用武之地吧？"

本章以能源行业为例，分析一家典型的电力企业在业务中可以用人工智能优化的环节，并展示基于飞桨建模的真实项目。

人工智能和深度学习是实践科学,如果这些武器不实际动手操练,是无法在战场上运用自如的。所以,本章精心选配了 6 个作业比赛,可以让大家在有趣的案例实践中,真正掌握这些武器,与顶级的深度学习专家一拼高下。

8.1.3　飞桨开源组件使用场景概览

接下来我们通过一张概览图回顾一下飞桨提供的全套武器。飞桨以百度多年的深度学习技术研究和业务应用为基础,集深度学习核心框架、基础模型库、端到端开发套件、工具组件和服务平台于一体,为用户提供了多样化的配套服务产品,助力深度学习技术的应用落地。飞桨支持本地和云端两种开发和部署模式,用户可以根据业务需求灵活选择,如图 8.2 所示。

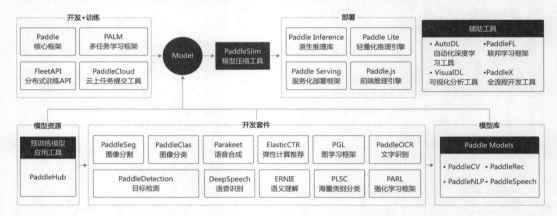

■ 图 8.2　飞桨 PaddlePaddle 组件使用场景概览

概览图上半部分是从开发、训练到部署的全流程工具,下半部分是预训练模型、各领域的开发套件和模型库等模型资源。

1. 框架和全流程工具

飞桨在提供用于模型研发的基础框架外,还推出了一系列的工具组件,来支持深度学习模型从训练到部署的全流程。

1)模型训练组件

飞桨提供了分布式训练框架 FleetAPI,还提供了开启云上任务提交工具 PaddleCloud。同时,飞桨也支持多任务训练,可使用多任务学习框架 PALM。

2)模型部署组件

飞桨针对不同硬件环境,提供了丰富的支持方案:

- Paddle Inference:飞桨原生推理库,用于服务器端模型部署,支持 Python、C、C++、Go 等语言,将模型融入业务系统的首选。
- Paddle Serving:飞桨服务化部署框架,用于云端服务化部署,可将模型作为单独的 Web 服务。
- Paddle Lite:飞桨轻量化推理引擎,用于 Mobile 及 IoT 等场景的部署,有着广泛的硬件支持。

- Paddle.js：使用 JavaScript(Web)语言部署模型,用于在浏览器、小程序等环境快速部署模型。
- PaddleSlim：模型压缩工具,获得更小体积的模型和更快的执行性能。
- X2Paddle：飞桨模型转换工具,将其他框架模型转换成 Paddle 模型,转换格式后可以方便地使用上述 5 个工具。

3) 其他全研发流程的辅助工具

- AutoDL：飞桨自动化深度学习工具,自动搜索最优的网络结构与超参数,免去用户在诸多网络结构中选择困难的烦恼和人工调参的烦琐工作。
- VisualDL：飞桨可视化分析工具,不仅仅提供重要模型信息的可视化呈现,还允许用户在图形上进一步交互式分析,得到对模型状态和问题的深刻认知,启发优化思路。
- PaddleFL：飞桨联邦学习框架,可以让用户运用外部伙伴的服务器资源训练,但又不泄露业务数据。
- PaddleX：飞桨全流程开发工具,可以让用户方便地基于 PaddleX 制作出适合自己行业的图形化 AI 建模工具。

2. 模型资源

飞桨提供了丰富的端到端开发套件、预训练模型和模型库。

PaddleHub：预训练模型管理和迁移学习组件,提供 100＋预训练模型,覆盖自然语言处理、计算机视觉、语音、推荐四大领域。模型即软件,通过 Python API 或者命令行工具,一行代码完成预训练模型的预测。结合 Fine-tune API,10 行代码完成迁移学习,是进行原型验证(POC)的首选工具。

开发套件：针对具体的应用场景提供了全套的研发工具,例如在图像检测场景不仅提供了预训练模型,还提供了数据增强等工具。开发套件也覆盖计算机视觉、自然语言处理、语音、推荐这些主流领域,甚至还包括图神经网络和增强学习。与 PaddleHub 不同,开发套件可以提供一个领域极致优化(State Of The Art)的实现方案,曾有国内团队使用飞桨的开发套件拿下了国际建模竞赛的大奖。一些典型的开发套件包括：

- ERNIE：飞桨语义理解套件,支持各类训练任务的 Fine-tuning,保证极速推理的 Fast-Inference API,兼具灵活部署的 ERNIE Service 和具备轻量方案的 ERNIE Tiny 系列工具集。
- PaddleClas：飞桨图像分类套件,目的是为工业界和学术界提供便捷易用的图像分类任务模型和工具集,打通模型开发、训练、压缩、部署全流程,助力开发者训练更好的图像分类模型和应用落地。
- PaddleDetection：飞桨目标检测套件,目的是帮助开发者更快更好地完成检测模型的训练、精度速度优化到部署全流程。以模块化的设计实现了多种主流目标检测算法,并且提供了丰富的数据增强、网络组件、损失函数等模块,集成了模型压缩和跨平台高性能部署能力。具备高性能、模型丰富和工业级部署等特点。
- PaddleSeg：飞桨图像分割套件,覆盖了 U-Net、DeepLabv3＋、ICNet、PSPNet 和 HRNet 等主流的分割模型。通过统一的配置,帮助用户更便捷地完成从训练到部署的全流程图像分割应用。具备丰富的数据增强、主流模型覆盖、高性能和工业级部署等特点。

- PLSC：飞桨海量类别分类套件，为用户提供了大规模分类任务从训练到部署的全流程解决方案。提供简洁易用的高层 API，通过数行代码即可实现千万类别分类神经网络的训练，并提供快速部署模型的能力。
- ElasticCTR：飞桨弹性计算推荐套件，提供了分布式训练 CTR 预估任务和 Serving 流程一键部署方案，以及端到端的 CTR 训练和二次开发的解决方案。具备产业实践基础、弹性调度能力、高性能和工业级部署等特点。
- Parakeet：飞桨语音合成套件，提供了灵活、高效、先进的文本到语音合成工具套件，帮助开发者更便捷高效地完成语音合成模型的开发和应用。
- PGL：飞桨图学习框架，原生支持异构图，支持分布式图存储及分布式学习算法，覆盖业界大部分图学习网络，帮助开发者灵活、高效地搭建前沿的图学习算法。
- PARL：飞桨深度强化学习框架，夺冠 NeurIPS 2019 和 NeurIPS 2018。具有高灵活性、可扩展性和高性能的特点，支持大规模的并行计算，覆盖 DQN、DDPG、PPO、IMPALA、A2C、GA3C 等主流强化学习算法。

模型库：包含了各领域丰富的开源模型代码，不仅可以直接运行模型，还可以根据应用场景的需要修改原始模型代码，得到全新的模型实现。

比较三种类型的模型资源，PaddleHub 的使用最为简易，模型库的可定制性最强且覆盖领域最广泛。读者可以参考"PaddleHub→各领域的开发套件→模型库"的顺序寻找需要的模型资源，在此基础上根据业务需求进行优化，即可达到事半功倍的效果。

在上述概览图之外，飞桨还提供云端模型开发和部署的平台，可实现数据保存在云端，提供可视化 GUI 界面，安全高效。

8.2 模型资源之一：预训练模型应用工具 PaddleHub

8.2.1 概述

十行代码能干什么？相信多数人的答案是可以写个 Hello world，或者做个简易计算器，本章将告诉你另一个答案，还可以实现人工智能算法应用。基于 PaddleHub，可以轻松使用十行代码完成所有主流的人工智能算法应用，比如目标检测、人脸识别、语义分割等任务。

PaddleHub 是飞桨预训练模型应用工具，集成了最优秀的算法模型，旨在帮助开发者使用最简单的代码快速完成复杂的深度学习任务，另外，PaddleHub 提供了方便的 Fine-tune API，开发者可以使用高质量的预训练模型结合 Fine-tune API 快速完成模型迁移到部署的全流程工作。

如图 8.3 所示，是 2020 年疫情期间，PaddleHub 提供的十行代码即可完成根据肺部影像诊断病情的任务，以及检测人像是否佩戴口罩的任务。

运行如下代码，快速体验一下。

■图 8.3　PaddleHub 口罩识别结果

（1）安装 PaddleHub 并升级到最新版本。

```
＃下载安装 paddlehub 到最新版本
!pip install paddlehub == 1.6.1 - i https://pypi.tuna.tsinghua.edu.cn/simple ＃指定版本安装
PaddleHub,使用清华源更稳定、更迅速
!pip install paddlehub -- upgrade - i https://pypi.tuna.tsinghua.edu.cn/simple ＃升级到最新
版本,使用清华源更稳定、更迅速
```

（2）使用 Paddlehub 实现口罩人脸检测,只需要几行命令。其中,test_mask_detection.jpg 是一张测试图片。

```
!wget   https://paddlehub.bj.bcebos.com/resources/test_mask_detection.jpg ＃下载测试图片
!hub install pyramidbox_lite_mobile_mask == 1.3.0                        ＃加载预训练模型
!hub run pyramidbox_lite_mobile_mask -- input_path test_mask_detection.jpg ＃运行预测结果
```

本节将从如下几个方面介绍 PaddleHub:

（1）预训练模型的应用背景。

（2）PaddleHub 的快速使用方法和 PaddleHub 支持的模型列表。

（3）通过一个完整的案例,介绍如何使用自己的数据 Fine-tune PaddleHub 的预训练模型。

8.2.2　预训练模型的应用背景

众所周知,深度学习任务依赖较多的数据完成神经网络的训练。在实际场景中,数据量的大小与成本成正比,常遇到语料数据或者图像数据较少,不足以支持完成神经网络模型训练的场景。

经过不断的探索,人们发现有两种思路可以解决训练数据不足的问题。

1. 多任务学习与迁移学习

人们发现处理很多任务所依赖的信息特征是相通的,比如从图片中框选出一只猫的任务与识别一个生物是不是猫的任务,均需要提取出标识猫的有效特征。这是符合认知的,人

类处理一件任务也会不自觉地运用上从其他任务上学习到的知识和方法,比如我们学习英语的时候,也会代入已经掌握的很多中文语法习惯。

基于迁移学习的思想,我们可以将模型先在数据丰富的任务上学习,再使用新任务的小数据量做 Fine-tune(网络参数的微调,继承了从数据丰富任务上学习到的知识),最终达到较好的效果。

如图 8.4 所示,展示了对于不同的自然语言任务,很多本质的信息和知识是可以共享的。词性标注、句子句法成分划分、命名实体识别、语义角色标注等 NLP 任务适合采用多任务学习来解决。PaddleHub 提供了预训练好的语义表示库 ERNIE,它是这方面的佼佼者。

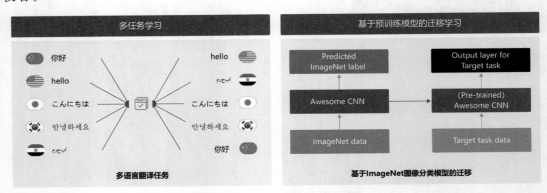

■图 8.4　多任务学习与迁移学习

2. 自监督学习

通过一些巧妙的方法,我们可以将一些无监督的数据样本转变成监督学习,来学习数据中的知识。如图 8.5 所示,按照通常的理解,一张无标签的图片和一段自然语言文本是无监督的数据。但我们可以将部分图像进行遮挡,未遮挡的部分作为监督模型的输入,遮挡的部分作为模型需要预测的输出。同样地,也可以将一段文本中的部分短语遮挡,未遮挡的部分作为监督模型的输入,遮挡的部分作为模型需要预测的输出。

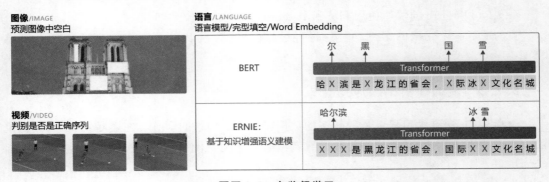

■图 8.5　自监督学习

PaddleHub 中预置了大量的预训练模型,均采用了上述两种技术,并结合了百度在互联网领域海量的独有数据积累,数十种广受开发者欢迎的模型均是 PaddleHub 独有的。

8.2.3　快速使用 PaddleHub

既然 PaddleHub 的使用如此简单,功能又如此强大,那么读者们是否迫不及待了呢? 下面我们就展示下快速使用 PaddleHub 的两种方式:Python 代码调用和命令行调用。

1. 通过 Python 代码调用方式,使用 PaddleHub

首先以计算机视觉任务为例,我们选用一张测试图片 test.jpg,分别实现如下四项功能:

(1) 人像抠图(deeplabv3p_xception65_humanseg)。

(2) 人体部位分割(ace2p)。

(3) 人脸检测(ultra_light_fast_generic_face_detector_1mb_640)。

(4) 关键点检测(human_pose_estimation_resnet50_mpii)。

注:有关调用的模型名字参考官方文档。该图片的显示可以在配套课程中查看。

1) 原图展示

```
#待预测图片
test_img_path = ["./test.jpg"]

import matplotlib.pyplot as plt
import matplotlib.image as mpimg

img = mpimg.imread(test_img_path[0])
#展示待预测图片
plt.figure(figsize = (10,10))
plt.imshow(img)
plt.axis('off')
plt.show()
```

如图 8.6 所示为原图。

■图 8.6　待预测图片

2）人像抠图

人像扣图
♯ 安装预训练模型
! hub install deeplabv3p_xception65_humanseg == 1.1.0

```
import paddlehub as hub

module = hub.Module(name = "deeplabv3p_xception65_humanseg")
res = module.segmentation(paths = ["./test.jpg"], visualization = True, output_dir = '
humanseg_output')
```

输出见图 8.7。

3）人体部位分割

```
♯ 安装预训练模型
! hub install ace2p == 1.1.0
```

```
import paddlehub as hub

module = hub.Module(name = "ace2p")
res = module.segmentation(paths = ["./test.jpg"], visualization = True, output_dir = 'ace2p_
output')
```

输出见图 8.8。

■图 8.7　抠图结果

■图 8.8　人体部位分割结果

4）人脸检测

```
♯ 安装预训练模型
! hub install ultra_light_fast_generic_face_detector_1mb_640 == 1.1.2
```

```
import paddlehub as hub

module = hub.Module(name = "ultra_light_fast_generic_face_detector_1mb_640")
res = module.face_detection(paths = ["./test.jpg"], visualization = True, output_dir = 'face
_detection_output')
```

输出如图 8.9 所示。

5）关键点检测

```
# 安装预训练模型
! hub install human_pose_estimation_resnet50_mpii == 1.1.0
```

```
import paddlehub as hub

module = hub.Module(name = "human_pose_estimation_resnet50_mpii")
res = module.keypoint_detection(paths = ["./test.jpg"], visualization = True, output_dir = '
keypoint_output')
```

输出如图 8.10 所示。

■图 8.9 人脸检测

■图 8.10 关键点检测结果

6）NLP 任务

对于自然语言处理任务，下面以中文分词和情感分类的任务为例，待处理的数据以函数参数的形式传入。

（1）使用 lac 进行分词。

```
# 安装预训练模型
! hub install lac == 2.1.1
```

```
import paddlehub as hub
lac = hub.Module(name = "lac")
test_text = ["1996年,曾经是微软员工的加布·纽维尔和麦克·哈灵顿一同创建了Valve软件公司。
他们在1996年下半年从id software取得了雷神之锤引擎的使用许可,用来开发半条命系列。"]
```

```
res = lac.lexical_analysis(texts = test_text)

print("中文词法分析结果: ", res)
```

中文词法分析结果：[{'word': ['1996年', ',', '曾经', '是', '微软', '员工', '的', '加布·纽维尔','和',
'麦克·哈灵顿', '一同', '创建', '了', 'Valve软件公司', '。', '他们', '在', '1996年下半年', '从',
'id', ' ', 'software', '取得', '了', '雷神之锤', '引擎', '的', '使用', '许可', ',', '用来', '开发',
'半条命', '系列', '。'], 'tag': ['TIME', 'w', 'd', 'v', 'ORG', 'n', 'u', 'PER', 'c', 'PER', 'd', 'v',
'u', 'ORG', 'w', 'r', 'p', 'TIME', 'p', 'nz', 'w', 'n', 'v', 'u', 'n', 'n', 'u', 'vn', 'vn', 'w', 'v',
'v', 'n', 'n', 'w']}]

（2）使用senta_bilstm进行分词。

```
＃安装预训练模型
! hub install senta_bilstm == 1.1.0
```

```
import paddlehub as hub
senta = hub.Module(name = "senta_bilstm")
test_text = ["味道不错,确实不算太辣,适合不能吃辣的人。就在长江边上,抬头就能看到长江的
风景。鸭肠、黄鳝都比较新鲜。"]
res = senta.sentiment_classify(texts = test_text)

print("中文词法分析结果: ", res)
```

中文词法分析结果：[{'text': '味道不错,确实不算太辣,适合不能吃辣的人。就在长江边上,抬头就
能看到长江的风景。鸭肠、黄鳝都比较新鲜。', 'sentiment_label': 1, 'sentiment_key': 'positive',
'positive_probs': 0.9775, 'negative_probs': 0.0225}]

2. 通过命令行调用方式使用 PaddleHub

PaddleHub在设计时,为模型的管理和使用提供了命令行工具,也提供了通过命令行
调用PaddleHub模型完成预测的方式。比如,上面人像分割和文本分词的任务也可以通过
命令行调用的方式实现。

```
＃通过命令行方式实现人像分割任务
! hub run deeplabv3p_xception65_humanseg -- input_path test.jpg
```

```
＃通过命令行方式实现文本分词任务
! hub run lac -- input_text "今天是个好日子"
```

上面的命令中包含四个部分,分别是:
（1）hub表示PaddleHub的命令。
（2）run调用run执行模型的预测。
（3）deeplabv3p_xception65_humanseg、lac表示要调用的算法模型。

（4）--input_path/--input_text 表示模型的输入数据,图像和文本的输入方式不同。

PaddleHub 的命令行工具在开发时借鉴了 Anaconda 和 PIP 等软件包管理的理念,可以方便快捷地完成模型的搜索、下载、安装、升级、预测等功能。可访问 Github 网址了解详情。目前,PaddleHub 的命令行工具支持以下 13 个命令:

（1）install:用于将 Module 安装到本地,默认安装在 ${HUB_HOME}/. paddlehub/modules 目录下。

（2）uninstall:卸载本地 Module。

（3）show:用于查看本地已安装 Module 的属性或者指定目录下确定的 Module 的属性,包括其名字、版本、描述、作者等信息。

（4）download:用于下载百度提供的 Module。

（5）search:通过关键字在服务端检索匹配的 Module,当想要查找某个特定模型的 Module 时,使用 search 命令可以快速得到结果,例如 hub search ssd 命令,会查找所有包含了 ssd 字样的 Module,命令支持正则表达式,例如 hub search ^s. * 搜索所有以 s 开头的资源。

（6）list:列出本地已经安装的 Module。

（7）run:用于执行 Module 的预测。

（8）version:显示 PaddleHub 版本信息。

（9）help:显示帮助信息。

（10）clear:PaddleHub 在使用过程中会产生一些缓存数据,这部分数据默认存放在 ${HUB_HOME}/. paddlehub/cache 目录下,用户可以通过 clear 命令来清空缓存。

（11）autofinetune:用于自动调整 Fine-tune 任务的超参数。

（12）config:用于查看和设置 Paddlehub 相关设置,包括对 server 地址、日志级别的设置。

（13）serving:用于一键部署 Module 预测服务。

PaddleHub 的产品理念是模型即软件,通过 Python API 或命令行实现模型调用,可快速体验或集成飞桨特色预训练模型。此外,当用户想用少量数据来优化预训练模型时,PaddleHub 也支持迁移学习,通过 Fine-tune API,内置多种优化策略,只需少量代码即可完成预训练模型的 Fine-tuning。

8.2.4　PaddleHub 提供的预训练模型

为了更好地应用 PaddleHub 的各种能力,我们需要知道 PaddleHub 集成了哪些模型。PaddleHub 提供的预训练模型涵盖了图像分类、目标检测、视频分类、图像生成、图像分割、关键点检测、词法分析、语义模型、情感分析、文本审核等主流模型。PaddleHub 的资源已有 100 多个分布在各领域的预训练模型,其中各领域均有百度独有数据训练或独有技术积累的模型,即只能在 PaddleHub 中找到的强大预训练模型,如图 8.11 所示。

PaddleHub 中集成的模型列表如下(持续扩充中):

（1）NLP 模型列表

- 语义模型:word2vec_skipgram、simnet_bow、rbtl3、rbt3、Ernie_v2_eng_large、ernie_v2_

PaddleHub预训练模型库结构　　百度飞桨独有优势特色模型

- 飞桨优势特色模型
- 图像
  - 图像分类
  - 目标检测
  - 图像分割
  - 关键点检测
  - 图像生成
- 文本
  - 中文词法分析与词向量
  - 情感分析
  - 文本相似度计算
  - 语义表示
- 视频

任务	模型名称	Master模型推荐辞
目标检测	YOLOv3	实现精度相比原作者提高5.9个绝对百分点，性能极致优化。
目标检测	人脸检测	百度自研，18年3月WIDER Face数据集冠军模型。
目标检测	口罩人脸检测与识别	业界首个开源口罩人脸检测与识别模型，引起广泛关注。
语义分割	HumanSeg	百度自建数据集训练，人像分割效果卓越。
语义分割	ACE2P	CVPR2019 LIP挑战赛中满贯三冠王。人体解析任务必选。
语义分割	Pneumonia_CT_LKM_PP	助力连心医疗开源业界首个肺炎CT影像分析模型
GAN	stylepro_artistic	百度自研风格迁移模型，趣味模型，推荐尝试
词法分析	LAC	百度自研中文特色模型词法分析任务。
情感分析	Senta	百度自研情感分析模型，海量中文数据训练。
情绪识别	emotion_detection	百度自研对话识别模型，海量中文数据训练。
文本相似度	simnet	百度自研短文本相似度模型，海量中文数据训练。
文本审核	porn_detection	百度自研色情文本审核模型，海量中文数据训练。
语义模型	ERNIE	SOTA 语义模型，中文任务全面优于BERT。
图像分类	菜品识别	私有数据集训练，适合进一步菜品方向微调。
图像分类	动物识别	私有数据集训练，适合进一步动物方向微调。

■图 8.11　PaddleHub 特色预训练模型

eng_base、ernie_tiny、ERNIE、chinese-roberta-wwm-ext-large、chinese-roberta-wwm-ext、chinese-electra-small、chinese-electra-base、chinese-bert-wwm-ext、chinese-bert-wwm

- 文本审核：porn_detection_lstm、porn_detection_gru、porn_detection_cnn
- 词法分析：lac
- 情感分析：senta_lstm、senta_gru、senta_cnn、senta_bow、senta_bilstm、emotion_detection_textcnn

（2）CV 模型列表

- 图像分类：vgg、xception、shufflenetv2、se_resnet、resnet、resnet_vd、resnet_v2、pnasnet、mobilenet、inception_v4、Googlenet、efficientnet、dpn、densent、darknet、alexnet
- 关键点检测：pose_resnet50_mpii、face_landmark_localization
- 目标检测：yolov3、ssd、Pyramidbox、faster_rcnn
- 图像生成：StyleProNNet、stgan、cyclegan、attgan
- 图像分割：deeplabv3、ace2p
- 视频分类：TSN、TSM、stnet、nonlocal

8.2.5　使用自己的数据 Fine-tune PaddleHub 预训练模型

　　果农需要根据水果的不同大小和质量进行产品的定价，所以每年收获的季节有大量的人工对水果分类的需求。基于人工智能模型的方案，收获的大堆水果会被机械放到传送带上，模型会根据摄像头拍到的图片，控制仪器实现水果的自动分拣，节省了果农大量的人力，如图 8.12 所示。

　　下面我们就看看如果采集到少量的桃子数据，如何基于 PaddleHub 对 ImageNet 数据集上预训练模型进行 Fine-tune，得到一个更有效的模型。桃子分类数据集取自 AI Studio 公开数据集桃脸识别，该桃脸识别数据集中已经将所有桃子的图片分为两个文件夹，一个是训练集,另一个是测试集。每个文件夹中有 4 个分类,分别是 R0、B1、M2、S3,如图 8.13 所示。

■图 8.12 水果在工厂传送带上自动分类

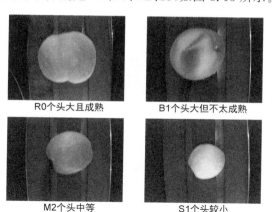

R0个头大且成熟　　　　B1个头大但不太成熟

M2个头中等　　　　S1个头较小

■图 8.13 自动分类结果示意

使用 PaddleHub 中的模型进行迁移学习的步骤如图 8.14 所示。

■图 8.14 PaddleHub 模型迁移学习步骤

实现迁移学习,包括如下步骤:

(1) 安装 PaddleHub。

(2) 数据准备。

(3) 模型准备。

(4) 训练准备。

(5) 组建 Fine-tune Task。

(6) 启动 Fine-tune。

在迁移学习的过程中,除了指定迁移学习的问题类型之外(通过选择模型的方式),还可以选择迁移学习的策略,以及对新收集样本做出数据增强的方法。

1. 安装 PaddleHub

PaddleHub 安装可以使用 pip 完成安装,如下:

```
# 安装并升级 PaddleHub,使用清华源更稳定、更迅速
pip install paddlehub == 1.6.1 - i https://pypi.tuna.tsinghua.edu.cn/simple
pip install paddlehub -- upgrade - i https://pypi.tuna.tsinghua.edu.cn/simple
```

2. 数据准备

在本书配套的在线教程提供的数据文件中,已经提供了分割好的训练集、验证集、测试集的索引和标注文件。如果用户利用 PaddleHub 迁移 CV 类任务使用自定义数据,则需要自行切分数据集,将数据集切分为训练集、验证集和测试集。需要三个文本文件来记录对应的图片路径和标签,此外还需要一个标签文件用于记录标签的名称。相关方法可参考用户自定义 PaddleHub 的数据格式。

```
├──data: 数据目录
   ├──train_list.txt: 训练集数据列表
   ├──test_list.txt: 测试集数据列表
   ├──validate_list.txt: 验证集数据列表
   ├──label_list.txt: 标签列表
   └──……
```

训练集、验证集和测试集的数据列表文件的格式如下,列与列之间以空格键分隔。

```
图片1路径 图片1标签
图片2路径 图片2标签
…
```

label_list.txt 的格式如下:

```
分类1名称
分类2名称
…
```

准备好数据后即可使用 PaddleHub 完成数据读取器的构建,实现方法如下所示: 构建数据读取 Python 类,并继承 BaseCVDataset 这个类完成数据读取器构建。只要按照 PaddleHub 要求的数据格式放置数据,就可以用这个数据读取器完成数据读取工作。

```
!unzip -q -o ./data/data34445/peach.zip -d ./work
```

```
import paddlehub as hub
from paddlehub.dataset.base_cv_dataset import BaseCVDataset    # 加载图像类自定义数据集,仅需要继承基类 BaseCVDatast,修改数据集存放地址即可

class DemoDataset(BaseCVDataset):
    def __init__(self):
        # 数据集存放位置
        self.dataset_dir = "./work/peach-classification"    # dataset_dir 为数据集实际路径,需要填写全路径
        super(DemoDataset, self).__init__(
            base_path = self.dataset_dir,
            train_list_file = "train_list.txt",
            validate_list_file = "validate_list.txt",
            test_list_file = "test_list.txt",
```

```
            # predict_file = "predict_list.txt",      # 如果还有预测数据(没有文本类别),可以
将预测数据存放在 predict_list.txt 文件
            label_list_file = "label_list.txt",
            # label_list = ["数据集所有类别"]      # 如果数据集类别较少,可以不用定义
label_list.txt,可以选择定义 label_list = ["数据集所有类别"]
            )
dataset = DemoDataset()
```

3. 模型准备

我们要在 PaddleHub 中选择合适的预训练模型来 Fine-tune,由于桃子分类是一个图像分类任务,这里采用 Resnet50 模型,并且是采用 ImageNet 数据集 Fine-tune 过的版本。这个预训练模型是在图像任务中的一个"万金油"模型,Resnet 是目前较为有效的处理图像的网络结构,50 层是一个精度和性能兼顾的选择,而 ImageNet 又是计算机视觉领域公开的最大的分类数据集。所以,在不清楚选择什么模型好的时候,可以优先以这个模型作为 baseline。

使用 PaddleHub,不需要重新手写 Resnet50 网络,可以通过一行代码实现模型的调用。

```
# 安装预训练模型
! hub install resnet_v2_50_imagenet

import paddlehub as hub
```

```
module = hub.Module(name = "resnet_v2_50_imagenet") # 加载 Hub 提供的图像分类的预训练模型
resnet_v2_50_imagenet
```

将训练数据输入模型之前,我们通常还需要对原始数据做一些数据处理的工作,比如数据格式的规范化处理,或增加一些数据增强策略。

构建图像分类模型的数据读取器(Reader),负责将桃子 dataset 的数据进行预处理,以特定格式组织并输入给模型进行训练。

如下数据处理策略,只做了两种操作:

(1)指定输入图片的尺寸,并将所有样本数据统一处理成该尺寸。

(2)对所有输入图片数据进行归一化处理。其中,需要通过参数指定上一步的 dataset 来链接到具体数据集,相当于在第一步的数据读取器上又包了一层处理策略。

```
data_reader = hub.reader.ImageClassificationReader(
    image_width = module.get_expected_image_width(),    # 预期桃子图片经过 reader 处理后的
图像宽度
    image_height = module.get_expected_image_height(),  # 预期桃子图片经过 reader 处理后的
图像高度
    images_mean = module.get_pretrained_images_mean(),  # 进行桃子图片标准化处理时所减均
值.默认为 None
    images_std = module.get_pretrained_images_std(),    # 进行桃子图片标准化处理时所除标准
差.默认为 None
    dataset = dataset)
```

4. 训练准备

定义好模型，也设定好数据读取器后，我们就可以开始设置训练的策略。训练的配置使用 hub.RunConfig 函数完成，包括配置 Fine-tune 的轮数、Batchsize、评估的间隔等等，实现如下：

```
config = hub.RunConfig(
    use_cuda = True,                               #是否使用 GPU 训练，默认为 False;
    num_epoch = 1,                                 #Fine-tune 的轮数;
    checkpoint_dir = "cv_finetune_turtorial_demo",  #模型 checkpoint 保存路径，若用户没有
指定，程序会自动生成;
    batch_size = 32,              #训练的批大小，如果使用 GPU，请根据实际情况调整 batch_size;
    eval_interval = 50,          #模型评估的间隔，默认每 100 个 step 评估一次验证集;
    strategy = hub.finetune.strategy.DefaultFinetuneStrategy())  #Fine - tune 优化策略;
```

5. 组建 Fine-tune Task

有了合适的预训练模型，并准备好要迁移的数据集后，我们开始组建一个 Task。在 PaddleHub 中，Task 代表了一个 Fine-tune 的任务。任务中包含了执行该任务相关的 Program、数据读取器 Reader、运行配置等内容。PaddleHub 预置了常见任务的 Task，每种 Task 都有特定的应用场景并提供了对应的度量指标，满足用户的不同需求。在这里可以找到图像分类任务的对应说明 ImageClassifierTask。

由于桃子分类是一个四分类的任务，而我们下载的分类 module 是在 ImageNet 数据集上训练的 1000 分类模型。所以需要对模型进行简单的微调，即将最后一层 1000 分类全连接层改成 4 分类的全连接层，并重新训练整个网络。实现方案如下：

（1）获取 module（PaddleHub 的预训练模型）的上下文环境，包括输入和输出的变量，以及 Paddle Program（可执行的模型格式）。

（2）从预训练模型的输出变量中找到特征图提取层 feature_map，在 feature_map 后面接入一个全连接层，在如下代码中通过 hub.ImageClassifierTask 的 feature_map 参数指定。

（3）网络的输入层保持不变，依然从图像输入层开始，在如下代码中通过 hub. ImageClassifierTask 的参数 feed_list 变量指定。hub.ImageClassifierTask 就是通过这两个参数明确我们的截取骨干网络的要求，按照这样的配置，我们截取的网络是从输入层 image 一直到特征提取的最后一层 feature_map。

```
input_dict, output_dict, program = module.context(trainable = True) #获取 module 的上下文信
息包括输入、输出变量以及 paddle program

img = input_dict["image"]                        #待传入图片格式

feature_map = output_dict["feature_map"] #从预训练模型的输出变量中找到最后一层特征图，
提取最后一层的 feature_map

feed_list = [img.name]                           #待传入的变量名字列表

task = hub.ImageClassifierTask(
    data_reader = data_reader,                   #提供数据的 Reader
    feed_list = feed_list,                       #待 feed 变量的名字列表
    feature = feature_map,                       #输入的特征矩阵
```

```
num_classes = dataset.num_labels,        #分类任务的类别数量
config = config)                          #运行配置
```

6. 启动 Fine-tune

最后,使用 Finetune_and_eval 函数可以同时完成训练和评估。在 Fine-tune 的过程中,控制台会周期性打印模型评估的效果,以便我们了解整个训练过程的精度变化。

```
run_states = task.finetune_and_eval() #通过众多 finetune API 中的 finetune_and_eval 接口,
可以边训练,边打印结果
```

当 Fine-tune 完成后,我们使用模型来进行预测,实现如下:

```
import numpy as np

data = ["./work/peach-classification/test/M2/0.png"]   #传入一张测试 M2 类别的桃子照片

task.predict(data = data, return_result = True) #使用 PaddleHub 提供的 API 实现一键结果预测,
return_result 默认结果是 False
```

以上为加载模型后实际预测结果(这里只测试了一张图片),返回的是预测的实际效果,可以看到我们传入待预测的是 M2 类别的桃子照片,经过 Fine-tune 之后的模型预测的效果也是 M2,由此成功完成了桃子分类的迁移学习。

8.2.6 PaddleHub 创意赛

通过 PaddleHub 提供的人脸检测、人脸关键点检测等一系列预训练模型,完成人脸方向的创意比赛。任何基于人像的有趣/实用的应用均符合比赛要求。

说明:PaddleHub 官方在 AI Studio 上为大家提供了三个子方向的完整创意项目,分别是 AI 川剧变脸、人像美颜、头部关键点检测。各位同学可以基于官方提供的项目,去实现更多人脸方向的有趣项目。

作品提交说明:

(1) 可以在其他技术社区提供项目实现的技术文章。

(2) 必须在 AI Studio 上完成项目并公开。

(3) PaddleHub QQ 群:703252161。

相关参考链接

• PaddleHub 官网链接:https://www.paddlepaddle.org.cn/hub。

• PaddleHub Github 链接:https://github.com/PaddlePaddle/PaddleHub。

• PaddleHub 课程链接:https://aistudio.baidu.com/aistudio/course/introduce/1070。

8.2.7 往届优秀学员作品展示

1. 人脸识别切换本地计算机窗口

1)项目背景

还记得小时候爸妈不在家偷偷看电视的你吗?还记得高中时代偷看小说防着老师的你

吗？还记得上班打游戏防着领导的你吗？有了它，光明正大干"坏事"不再是梦！

2）项目内容

通过摄像头对特定人脸进行识别，当特定人脸出现在摄像头内的时候，计算机自动切换界面。

3）实现方案

使用 RESNET-50 预训练的模型，训练了五位球星的照片作为特定人脸，最终实现的效果是当检测到科比时打开 PyCharm，当检测到库里时打开谷歌浏览器。

4）实现结果

项目界面见图 8.15。

■图 8.15　实现结果界面

5）项目点评

该项目通过迁移学习，运用 RESNET-50 的预训练模型，对自己数据集进行训练，并实现了一些小应用，对 Hub 的掌握和使用都很好。

6）项目链接：https://aistudio.baidu.com/aistudio/projectdetail/507630

2. 基于 Thinkcmf5.0 一键部署 paddlehub 的 Web 服务端

1）项目内容

通过 PaddleHub 完成一键抠图、图像合并、风格迁移的任务，并部署到 Web 服务端。

2）实现方案

使用 PaddleHub 的 stylepro_artistic 模型，将两张图片进行融合，最后得到人物的风格迁移化图片。

3）实现结果

人物图像见图 8.16；

风格图像见图 8.17；

输出融合后的图像见图 8.18。

■图 8.16　人像原图

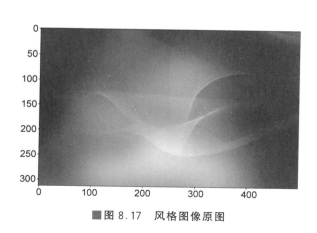

■图 8.17 风格图像原图

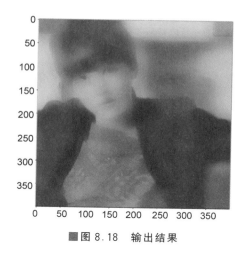

■图 8.18 输出结果

在 Web 服务端实现一键抠图和图像合并(见图 8.19):

■图 8.19 Web 服务端的实现

4) 项目点评

通过 Hub 模型的使用,对人像图片进行分割并可以进行多图片的合并与融合,完成度较高。同时在 Web 服务端进行部署,方便了可视化的应用。

5) 项目链接 https://aistudio.baidu.com/aistudio/projectdetail/520453

8.3　模型资源之二：各领域的开发套件

8.3.1　概述

如果说 PaddleHub 提供的是 AI 任务快速运行方案（POC），飞桨的开发套件则是比 PaddleHub 提供"更丰富的模型调节"和"领域相关的配套工具"，开发者基于这些开发套件可以实现当前应用场景中的最优方案（State of the Art）。

为什么这么说呢？经过前文我们已了解到，PaddleHub 属于预训练模型应用工具，集成了最优秀的算法模型，开发者可以快速使用高质量的预训练模型结合 Fine-tune API 快速完成模型迁移到部署的全流程工作。但是在某些场景下，开发者不仅仅满足于快速运行，而是希望能在开源算法的基础上继续调优，实现最佳方案。如果将 PaddleHub 视为一个拿来即用的工具，飞桨的开发套件则是工具箱，工具箱中不仅包含多种多样的工具（深度学习算法模型），更包含了这些工具的制作方法（模型训练调优方案）。如果工具不合适，可以自行调整工具以便使用起来更顺手。

飞桨提供了一系列的开发套件，内容涵盖各个领域和方向，如图 8.20 所示。

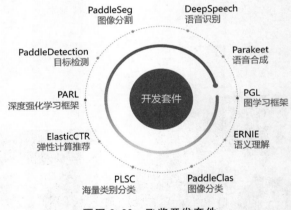

■图 8.20　飞桨开发套件

- 计算机视觉领域：图像分割 PaddleSeg、目标检测 PaddleDetection、图像分类 PaddleClas、海量类别分类 PLSC，文字识别 PaddleOCR。
- 自然语言领域：语义理解 ERNIE。
- 语音领域：语音识别 DeepSpeech、语音合成 Parakeet。
- 推荐领域：弹性计算推荐 ElasticCTR。
- 其他领域：图学习框架 PGL、深度强化学习框架 PARL。

本节以 PaddleSeg 为例，介绍飞桨开发套件的使用方式。其余开发套件的使用模式相似，均包括快速运行的命令、丰富优化选项的配置文件和与该领域问题配套的专项工具。如果读者对其他领域有需求，可以查阅对应开发套件的使用文档。

8.3.2 PaddleSeg 用于解决图像分割的问题

PaddleSeg 是飞桨为工业界和学术界提供的一款工具箱般便捷实用的图像分割开发套件,帮助用户高效地完成图像分割任务。图像分割任务,即通过给出图像中每个像素点的标签,将图像分割成若干带类别标签的区块,可以看作对每个像素进行分类。图像分割是图像处理的重要组成部分,也是难点之一。随着人工智能的发展,图像分割技术已经在无人驾驶、视频监控、影视特效、医疗影像、遥感影像、工业质检巡检等多个领域获得了广泛的应用。

如果用户直接使用 Python 设计、编写图像分割模型并进行训练,则需要消耗较大的工作量。通过 PaddleSeg 来实现则只需要 10 行左右的代码和命令,就可以完成不同应用领域的图像分割功能,如图 8.21 所示。

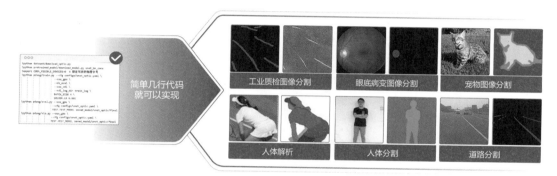

■图 8.21 PaddleSeg 的应用场景

PaddleSeg 覆盖了 DeepLabv3＋、U-Net、ICNet、PSPNet、HRNet 和 Fast-SCNN 几种主流的分割模型,并提供了多个损失函数和多种数据增强方法等高级功能,用户可以根据使用场景从 PaddleSeg 中选择出合适的图像分割方案,从而更快捷高效地完成从训练到部署的全流程图像分割应用。

这么多种类的模型都可以解决图像分割的问题,实际该怎么选用呢? 回答这个问题之前,我们先看一下典型的图像分割模型的架构,如图 8.22 所示。

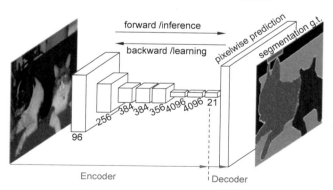

■图 8.22 图像分割模型的基本套路

观察以上网络结构,可以看到:

(1) 网络的输入是 H×W(H 为高、W 为宽)像素的图片,输出是 N×H×W 的概率图。

前文提到,图像分割任务是对每个像素点进行分类,需要给出每个像素点是什么分类的概率,所以输出的概率图大小和输入一致(H×W),而这个 N 就是类别。

（2）中间的网络结构分为 Encoder(编码)和 Decoder(解码)两部分。Encoder 部分是下采样的过程,这是为了增大网络感受野,类似于缩小地图,利于看到更大的区域范围找到区域边界；Decoder 部分是上采样的过程,为了恢复像素级别的特征地图,以实现像素点的分类,类似于放大地图,标注图像分割边界时更精细。

目前多数图像分割模型都是采用这一套路,每个模型的详细介绍可以通过 PaddleSeg 的文档了解。这里介绍一个比较通用的模型选择技巧：

（1）如果是图像分割的初学者,则推荐使用 U-Net 或模型 PSPNet。

（2）如果希望以较快的速度完成训练和预测,则推荐使用 DeepLabv3＋(MobileNetv2)、ICNet 或 Fast-SCNN 模型。

（3）如果希望获得最佳的综合性能,则推荐使用 HRNet 或 DeepLabv3＋(Xception65)模型。

8.3.3　PaddleSeg 是开发套件,不仅是模型库

为什么强调 PaddleSeg 是开发套件,与模型库有什么区别？作为开发套件,PaddleSeg 还提供了哪些附加功能呢？包括两点：一是提供了模块化的设计,支持模型的深度调优；二是提供了端到端的研发支持,包括数据处理和模型部署等环节,帮助用户更系统地完成图像分割任务的全流程工作。

1. PaddleSeg 模块化设计

（1）PaddleSeg 支持六种主流分割网络,结合预训练模型和可调节的骨干网络,可以满足不同性能和精度的要求。

例如 DeepLabv3＋分割网络,选用 Xception65 作为骨干网络可以得到高精度的模型,选用 MobileNetv2 作为骨干网络可以获得推理速度更快的模型,满足移动端场景需求。并且 PaddleSeg 提供了基于 COCO、Cityscapes 等数据集训练的预训练模型,基于此进行 Fine-tune 可以实现更好的效果。

（2）提供了不同的损失函数,如 Cross Entropy Loss、Dice Loss、BCE Loss 等类型,通过选择合适的损失函数,可以强化小目标和不均衡样本场景下的分割精度,如图 8.23 所示。

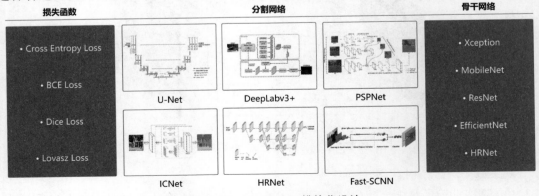

■图 8.23　PaddleSeg 模块化设计

2. PaddleSeg 对图像分割任务的端到端支持能力

开发者设计好了模型,把模型应用到实际业务中还有很多工作要做,这其中就包括数据增强和模型部署环节。

(1) PaddleSeg 提供了丰富的数据增强能力,基于百度视觉技术部的实际业务经验,内置 10+ 种数据增强策略,可结合实际业务场景进行定制组合,提升模型泛化能力和鲁棒性。

(2) 还提供了服务端和移动端的工业级部署能力,依托飞桨高性能推理引擎和高性能图像处理实现,开发者可以轻松完成高性能的分割模型部署和集成。通过飞桨轻量化推理引擎 Paddle Lite,可以在移动设备或者嵌入式设备上完成轻量级、高性能的图像分割模型部署。

1) 丰富的数据增强能力

为什么需要做数据增强?虽然我们已知的公开图像数据集数量很丰富,如 ImageNet1k 数据集包含 128 万张图片,即使不加其他策略训练,一般也能获得很高的精度。而在大部分实际业务场景中,需要使用自己的数据集进行训练,但是因为标注难度大且成本高,能获取的标注数据有限;另外线上应用中图像场景一般比较复杂,如可能存在图像遮挡、尺寸变化大等问题,这会导致训练和推理效果达不到预期。

这时,通过一些数据增强的方式去扩充训练样本,可以增加训练样本的丰富度,提升模型的泛化能力,并且可根据场景定制化数据增广。

PaddleSeg 内置了图像 Resize、图像翻转、图像裁剪、图像变换等 10+ 种数据增强策略,直观呈现了多种数据增强策略的效果,如图 8.24 所示。

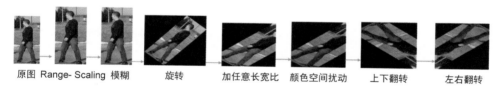

原图 Range- Scaling 模糊　　旋转　　加任意长宽比　颜色空间扰动　　上下翻转　　左右翻转

■图 8.24　丰富的数据增强策略

我们以图像 Resize 策略为例,看一下具体是采用什么方式变换的。

图像 Resize 是指将输入图像按照某种规则,将图片重新缩放到某一个尺寸,包括三种方式,如图 8.25 所示。

(1) Unpadding 将输入图像直接 Resize 到某一个固定大小。

(2) Range-Scaling 将输入图像按照长边变化进行 Resize,即图像长边对齐到某一长度,该长度在一定范围内随机变动,短边随同样的比例变化。

(3) Step-Scaling 将输入图像按照某一个比例 Resize,这个比例以某一个步长在一定范围内随机变动。

PaddleSeg 的模块化设计、数据增强策略,均可以通过配置文件方式自定义组合,帮助开发者更便捷地完成从训练到部署的全流程图像分割应用。

2) 工业级模型部署能力

PaddleSeg 依托飞桨高性能推理引擎提供了全场景的部署能力,无论是服务器端,还是移动端、嵌入式端、服务化部署都提供了便捷的实现方案,满足在不同硬件环境中部署的需求。在后面的工业部署章节将详细介绍这部分的实践方法。

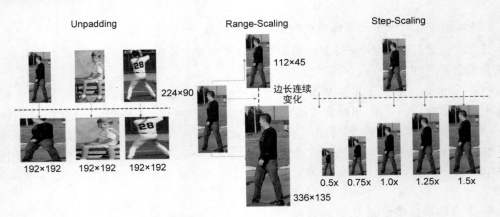

■图 8.25　图像 Resize 的三种方式

下面以医学视盘分割为例,介绍 PaddleSeg 的使用方法,更详细的 PaddleSeg 介绍可参考 GitHub 链接。

8.3.4　PaddleSeg 实战

下面将分为准备环境、处理数据集、下载预训练模型、训练模型、可视化训练过程及评估效果几个步骤来介绍使用流程。

(1) 准备环境:使用 PaddleSeg 的软件环境,具体包括安装的 Python 和飞桨的版本号和如何下载 PaddleSeg 代码库等内容。

(2) 准备数据集:介绍眼底医疗分割数据集的概况。

(3) 下载预训练模型:下载飞桨 PaddleSeg 提供的预训练模型(U-Net 模型)。

(4) 模型训练:训练配置和启动训练命令。

(5) 可视化训练过程:PaddleSeg 提供了一系列展示训练过程的可视化工具。

(6) 模型评估:评估模型效果。

1. 准备环境

在使用 PaddleSeg 训练图像分割模型之前,用户需要完成如下任务:

(1) 安装 Python3.5 或更高版本。

(2) 安装飞桨 1.8 或更高版本,具体安装方法请参见快速安装。由于图像分割模型计算开销大,推荐在 GPU 版本的 PaddlePaddle 下使用 PaddleSeg。

(3) 下载 PaddleSeg 的代码库。

```
# 下载 PaddleSeg 的代码库,同时支持 github 源和 gitee 源,为了更快下载,此处使用 gitee 源
# !git clone https://github.com/PaddlePaddle/PaddleSeg
!git clone https://gitee.com/paddlepaddle/PaddleSeg
```

4) 在命令行界面使用 pip 方式安装其他依赖文件。

注意:

除非特殊说明,以下所有命令应该在 PaddleSeg 目录下执行!

```
% cd ~/PaddleSeg/
```

```
!pip install - r requirements.txt
```

2. 下载训练数据集

本章节将使用视盘分割(optic disc segmentation)数据集进行训练,视盘分割是一组眼底医疗分割数据集,包含了 267 张训练图片、76 张验证图片、38 张测试图片。通过以下命令可以下载该数据集。

```
!python dataset/download_optic.py
```

数据集的原图和效果图如图 8.26 所示,任务是将眼球图片中的视盘区域分割出来。

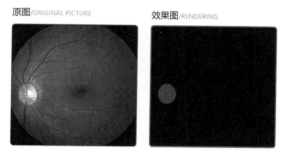

原图/ORIGINAL PICTURE　　效果图/RENDERING

■图 8.26　数据集的原图和效果图

3. 下载预训练模型

执行 python pretrained_model/download_model.py ${model_name}命令即可下载预训练模型。

```
!python pretrained_model/download_model.py unet_bn_coco
```

unet_bn_coco 为预训练模型名称,用户可以选择的预训练模型如表 8-1 所示。预训练模型名称是由三个配置项组成:骨干网络、Norm 类型和不同的数据集,组合出数十种预训练的分割模型。

表 8-1　预训练模型列表

模 型 名 称	预训练数据集	骨干网类型	Norm 类型
mobilenetv2-1-0_bn_imagenet	ImageNet	MobileNet V2	bn
mobilenetv2-0-25_bn_imagenet	ImageNet	MobileNet V2	bn
mobilenetv2-0-5_bn_imagenet	ImageNet	MobileNet V2	bn
mobilenetv2-1-5_bn_imagenet	ImageNet	MobileNet V2	bn
mobilenetv2-2-0_bn_imagenet	ImageNet	MobileNet V2	bn
xception41_imagenet	ImageNet	Xception	bn
xception65_imagenet	ImageNet	Xception	bn
deeplabv3p_mobilenetv2-1-0_bn_coco	COCO	MobileNet V2	bn

模 型 名 称	预训练数据集	骨干网类型	Norm 类型
deeplabv3p_xception65_bn_coco	COCO	Xception	bn
unet_bn_coco	COCO	—	bn
deeplabv3p_mobilenetv2-1-0_bn_cityscapes	Cityscapes	MobileNet V2	bn
deeplabv3p_xception65_gn_cityscapes	Cityscapes	Xception	gn
deeplabv3p_xception65_bn_cityscapes	Cityscapes	Xception	bn
icnet_bn_cityscapes	Cityscapes	—	bn
pspnet50_bn_cityscapes	Cityscapes	ResNet50	bn
pspnet101_bn_cityscapes	Cityscapes	ResNet101	bn
pspnet50_coco	COCO	ResNet50	bn
pspnet101_coco	COCO	ResNet101	bn
hrnet_w18_bn_cityscapes	Cityscapes	—	bn
hrnet_w18_bn_imagenet	ImageNet	—	bn
hrnet_w30_bn_imagenet	ImageNet	—	bn
hrnet_w32_bn_imagenet	ImageNet	—	bn
hrnet_w40_bn_imagenet	ImageNet	—	bn
hrnet_w44_bn_imagenet	ImageNet	—	bn
hrnet_w48_bn_imagenet	ImageNet	—	bn
hrnet_w64_bn_imagenet	ImageNet	—	bn

4. 模型训练

执行 pdseg/train.py 脚本即可启动模型训练,该脚本的命令行参数中包含了一个重要的配置文件和其他的训练配置项(如是否使用 GPU、Batchsize 的大小等)。

```
python pdseg/train.py ${FLAGS} ${OPTIONS}
```

本示例指定配置文件为 unet_optic.yaml,该 yaml 格式配置文件包括模型类型、骨干网络、训练和测试、预训练数据集和配套工具(如数据增强)等信息,均可以修改。

有的读者可能会有疑问,什么样的配置项应设计在配置文件中,什么样的配置项可作为脚本的命令行参数呢?

与模型方案相关的信息均在配置文件中,还包括对原始样本的数据增强策略等,命令行参数仅涉及对训练过程的配置。也就是说,配置文件 unet_optic.yaml 最终决定了使用什么模型。

```
!export CUDA_VISIBLE_DEVICES=0    # 指定可用的物理卡号

!python pdseg/train.py -- cfg configs/unet_optic.yaml \
                    -- use_gpu \
                    -- do_eval \
                    -- use_vdl \
                    -- vdl_log_dir train_log \
                    BATCH_SIZE 4 \
                    SOLVER.LR 0.001
```

1）配置文件

PaddleSeg 在配置文件 unet_optic. yaml 中详细列出了每一个可以优化的选项,用户只要修改这个配置文件就可以对模型进行定制,如自定义模型使用的骨干网络、模型使用的损失函数以及关于网络结构等配置。除了定制模型之外,配置文件中还可以配置数据处理的策略,如改变尺寸、归一化和翻转等数据增强的策略,如图 8.27 所示。

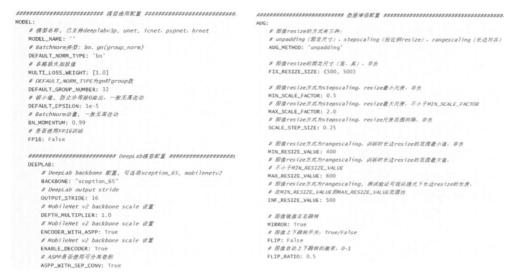

■图 8.27 模型配置和数据增强的部分配置样例

2）其他命令行参数

命令行中的 FLAGS 参数制定了配置文件,以及一些与训练资源和可视化工具相关的配置选项,如表 8-2 所示。

表 8-2 命令行参数

FLAGS	默认值	用 途
--cfg	None	指定配置文件路径。对于眼底医疗分割数据集的配置文件保存在. /configs 文件夹中。 文件夹中保存了不同模型类型的配置文件,包括 deeplabv3p_xception65_optic. yaml、hrnet_optic. yaml、icnet_optic. yaml、pspnet_optic. yaml 和 unet_optic. yaml
--use_gpu	False	指定使用 GPU 训练,如果未配置则使用 CPU 进行训练
--use_mpio	False	在 Linux 系统下训练,可以配置该参数使用多进程 I/O,通过提升数据增强的处理速度进而大幅度提升 GPU 利用率。Windows 平台下不支持该功能
--use_vdl	False	是否使用 VisualDL 记录训练数据
--log_steps	10	指定训练日志的打印周期(单位为 step)
--debug	False	指定打印 debug 信息,IoU 等指标涉及混淆矩阵的计算,会降低训练速度
--vdl_log_dir	None	VisualDL 的日志路径
--do_eval	None	指定保存模型时进行效果评估

命令中的 OPTIONS 参数是训练相关的配置选项，常用的配置选项如下所示：

- BASIC.BATCH_SIZE：批处理大小。
- SOLVER.LR：学习率。
- TRAIN.PRETRAINED_MODEL_DIR：预训练模型路径。
- TEST.TEST_MODEL：测试模型的路径。
- AUG.VAL_CROP_SIZE：验证时图像裁剪尺寸（宽，高）。
- AUG.TRAIN_CROP_SIZE：训练时图像裁剪尺寸（宽，高）。
- MODEL.MODEL_NAME：模型名称。
- DATASET.DATA_DIR：数据集主目录。

其他 OPTIONS 参数选择可以参见评估配置选项。

训练过程中模型会保存在指定路径下，路径由配置文件决定，其中 final 文件夹保存的是最终模型信息。

5.（可选）训练过程可视化

训练过程可视化需要在启动训练脚本 train.py 时，打开--do_eval 和--use_vdl 两个开关，并设置日志保存目录--vdl_log_dir，然后便可以通过 VisualDL 查看边训练边评估的效果。

```
visualdl -- logdir train_log -- host { $ HOST_IP} -- port { $ PORT}
```

其中 HOST_IP 和 PORT 为训练模型的 PC 或服务器的 IP 地址和端口。

启动 VisualDL 命令后，我们可以在浏览器中查看对应的训练数据。在 SCALAR 页签中，查看训练损失值（loss）、交并比（iou）、准确率（acc）的变化趋势，如图 8.28 所示。

在 IMAGES 页签下，用户可以查看样本的预测情况，如图 8.29 所示。

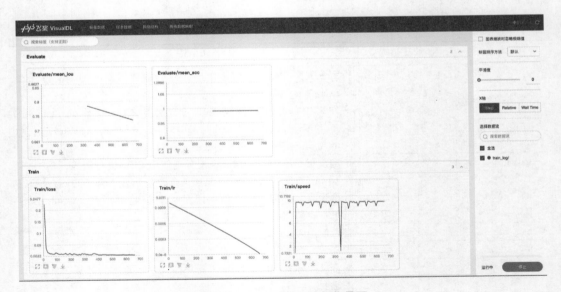

■图 8.28　VisualDL 可视化界面

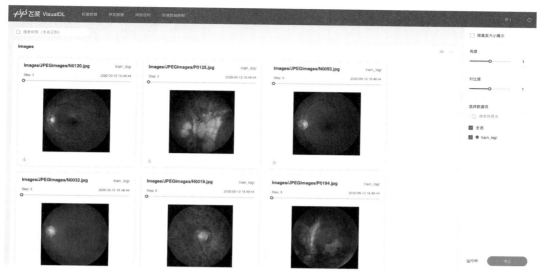

■图8.29　IMAGES页签下样本预测情况

6. 模型评估

训练完成后,用户可以使用评估脚本 eval.py 来评估模型效果。假设训练过程中遍历数据集的次数(Epoch)为 10,保存模型的间隔为 5,即每遍历 5 次数据集保存 1 次训练模型。因此一共会产生 2 个定期保存的模型,加上最终保存的 final 模型,一共有 3 个模型。建议用户选择最终保存的模型进行效果的评估,即通过配置项 TEST.TEST_MODEL 指定模型目录 PaddleSeg/saved_model/unet_optic/final。

```
python PaddleSeg/pdseg/eval.py ${FLAGS} ${OPTIONS}

!python pdseg/eval.py -- use_gpu \
                  -- cfg configs/unet_optic.yaml \
                  TEST.TEST_MODEL saved_model/unet_optic/final
```

评估脚本命令行参数的说明如表 8-3 所示,多数情况下使用上述最简单的命令即可。

表 8-3　命令行参数

FLAGS	默 认 值	用 途
--cfg	None	指定配置文件路径
--use_gpu	False	指定使用 GPU 评估,如果未配置则使用 CPU 进行评估
--use_mpio	False	在 Linux 系统下评估,可以配置该参数使用多进程 I/O,通过提升数据增强的处理速度进而大幅度提升 GPU 利用率。Windows 平台下不支持该功能

更多评估相关的 OPTIONS 参数可以参见训练配置选项,不再赘述。

在图像分割领域中,评估模型质量主要是通过三个指标进行判断:准确率(acc)、平均交并比(Mean Intersection over Union,简称 mIoU)、Kappa 系数。

(1)准确率:指类别预测正确的像素占总像素的比例,准确率越高模型质量越好。

（2）平均交并比：对每个类别数据集单独进行推理计算，计算出的预测区域和实际区域交集除以预测区域和实际区域的并集，然后将所有类别得到的结果取平均。在本例中，正常情况下模型在验证集上的 mIoU 指标值会达到 0.70 以上，显示信息示例如下所示，倒数第四行的 IoU＝0.8717 即为 mIoU。

（3）Kappa 系数：一个用于一致性检验的指标，可以用于衡量分类的效果。kappa 系数的计算是基于混淆矩阵的，取值为 $-1\sim1$，通常大于 0。其公式如下所示，P_0 为分类器的准确率，P_e 为随机分类器的准确率。Kappa 系数越高模型质量越好。$Kappa = \dfrac{P_0 - P_e}{1 - P_e}$。

随着评估脚本的运行，最终打印的评估日志如下。

```
...
[EVAL]step = 17 loss = 0.00687 acc = 0.9954 IoU = 0.8748 step/sec = 4.44 | ETA 00:00:00
[EVAL]step = 18 loss = 0.01774 acc = 0.9954 IoU = 0.8746 step/sec = 4.38 | ETA 00:00:00
[EVAL]step = 19 loss = 0.02528 acc = 0.9954 IoU = 0.8717 step/sec = 4.42 | ETA 00:00:00
[EVAL]# image = 76 acc = 0.9954 IoU = 0.8717
[EVAL]Category IoU: [0.9953 0.7481]
[EVAL]Category Acc: [0.9954 0.9888]
[EVAL]Kappa:0.8536
```

除了分析模型的 IoU、ACC 和 Kappa 指标之外，我们还可以查阅一些具体样本的切割样本效果，从 Bad Case 启发进一步优化的思路。

vis.py 脚本是专门用来可视化预测案例的，命令格式如下所示。执行该命令后，系统会在指定路径下生成一个文件夹，文件夹中会存放预测结果，用户可以通过查看测试结构图片进行评估。文件夹生成的位置由--vis_dir 参数决定，如果不配置该参数，则系统会在当前工作目录下生成一个 visual 文件夹。

```
python PaddleSeg/pdseg/vis.py ${FLAGS} ${OPTIONS}

!python pdseg/vis.py -- use_gpu \
                     -- cfg configs/unet_optic.yaml \
                 TEST.TEST_MODEL saved_model/unet_optic/final
```

评估脚本命令行参数的说明如表 8-4 所示，多数情况下我们使用上述最简单的命令即可。

表 8-4　命令行参数

FLAGS	默 认 值	用 途
--cfg	lNone	指定配置文件路径
--use_gpu	False	指定使用 GPU 训练，如果未配置则使用 CPU 进行训练
--vis_dir	"visual"	指定保存可视化图片的路径

命令中的 OPTIONS 参数是评估相关的配置选项，具体配置取值可以参见训练配置选项，兹不赘述。

执行上述命令后，主目录下会产生一个 visual 文件夹，用于存放测试集图片的预测结果。我们选择其中 1 张图片进行查看,会有如图 8.30 所示的效果。我们可以直观地看到模型的切割效果和原始标记之间的差别,从而产生一些优化的思路,比如切割的边界是否可以做规则化的处理等,如图 8.30 所示。

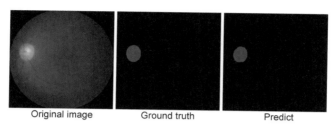

Original image   Ground truth   Predict

■图 8.30 切割效果和原始标记

PaddleSeg 等各领域的开发套件已经为真正的工业实践提供了顶级的方案,有国内的团队使用 PaddleSeg 的开发套件取得国际比赛的好成绩,可见开发套件提供的效果是 State Of The Art 的。

如果想查看模型实现的源代码以便进一步优化,或者所从事的领域没有现成的开发套件支持,那就需要进一步了解飞桨提供的业界最广泛和出色的模型库了(模型实现代码全部开源),我们在下一节进行介绍。

8.3.5 作业

(1) 基于 PaddleDetection 重新实现 AI 识虫项目。
(2) 应用 PaddleDetection 在 WIDER FACE 的 val 数据集,训练 blazeface 模型。

提示:

- AI Studio 作业指导项目 https://aistudio.baidu.com/aistudio/projectdetail/451281
- 项目中具体说明了 PaddleDetection 下载及使用方式,以及 WIDER FACE 的 val 数据集下载的方式。

8.3.6 相关参考

- PaddleSeg Github 项目地址:https://github.com/PaddlePaddle/PaddleSeg
- PaddleDetection GitHub 项目地址:https://github.com/PaddlePaddle/PaddleDetection

8.3.7 往届优秀学员作品展示

1. 给头像添加圣诞帽

1)项目背景

每当圣诞节来临时,大家都会把自己的 QQ 和微信头像加上一顶小圣诞帽。通过 AI 技术,有没有可能批量的生成戴圣诞帽的头像呢?

2)项目内容

通过识别图片中的人脸,针对人脸大小调整圣诞帽的大小,并放在对应位置上。

3）实现方案

运用 PaddleHub 中的 ultra_light_fast_generic_face_detector_1mb_320 模型，对人脸进行识别，并返回人脸位置的坐标值。根据坐标值调整圣诞帽大小，并放置圣诞帽。

4）实现结果

项目效果见图 8.31。

5）项目点评

该项目使用 PaddleHub 对人脸位置进行检测并返回坐标值，很好地与生活中的应用联系到一起，实用性较高。

6）项目链接

https://aistudio.baidu.com/aistudio/projectdetail/527863

2. 目标检测简单应用——电影任务捕捉

1）项目背景

对于单张图片的人物检测已较为成熟，那如何人物检测运用到视频中呢？此项目以电影视频为例，进行在视频流中的人物检测。

2）项目内容

获取一段 mp4 格式的视频，经过程序，生成的新的视频中每一帧都包含了人物的检测。

3）实现方案

通过 CV2 读取视频中的每一帧并统计数量，再经过 PaddleHub 预训练模型 yolov3_resnet50_vd_coco2017，输出每一帧的检测结果，并生成新视频。

4）实现结果

项目效果见图 8.32。

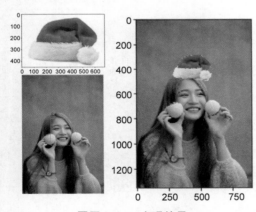

■图 8.31　实现结果

■图 8.32　实现结果

5）项目点评

本项目将图片的目标检测运用在视频流中，这也是实际应用中大多数场景会采用的检测策略。不过仍存在较大的提升空间——比如可以在视频流中实时监测，那样对模型的预测速度会有更高要求。

6）项目链接

https://aistudio.baidu.com/aistudio/projectdetail/505986

8.4 模型资源之三：模型库介绍

8.4.1 概述

飞桨官方模型库 Paddle Models 是由飞桨官方开发和维护的深度学习开源算法集合，包括代码、数据集和预训练模型。截至 1.8 版本，模型库发布了超过 100 个工业级的深度学习前沿算法和超过 200 个预训练模型，覆盖了计算机视觉、自然语言处理、语音识别、智能推荐、强化学习等领域。通过使用官方模型库可以极大地减少开发者的工作量，加速深度学习算法的应用落地。模型库的预训练模型，在通用场景下一般可达到 SOTA（State Of The Art）效果，即模型在常用的数据集上取得了当前最优的性能表现。通过使用业务数据持续训练和二次开发，可以进一步提升算法在特定场景下的效果。

飞桨官方模型库提供了丰富的模型种类，覆盖应用领域广泛，可以满足大部分深度学习应用场景的使用需求。飞桨模型库覆盖全景如图 8.33 所示。

以上全景图可以看出飞桨官方模型库覆盖了四大核心领域：计算机视觉（PaddleCV）、自然语言处理（PaddleNLP）、语音（PaddleSpeech）、推荐（PaddleRec），并在此之上构建了丰富的开发套件，如前文提到的图像分割套件 PaddleSeg，满足开发者在不同应用领域的需求。

1. 计算机视觉（PaddleCV）

PaddleCV 是基于飞桨深度学习框架的智能视觉工具、算法、模型和数据的开源项目。百度在 CV 领域多年的深厚积淀为 PaddleCV 提供了强大的核心动力。PaddleCV 集成了丰富的 CV 模型，涵盖图像分类、目标检测、图像分割、视频分类和动作定位、目标跟踪、图像生成、文字识别、度量学习、关键点检测、3D 视觉等 CV 技术。

2. 自然语言处理（PaddleNLP）

PaddleNLP 是基于飞桨深度学习框架开发的自然语言处理（NLP）工具、算法、模型和数据的开源项目。百度在 NLP 领域十几年的深厚积淀为 PaddleNLP 提供了强大的核心动力，使用 PaddleNLP，可以得到丰富而全面的 NLP 任务支持：

- 多粒度、多场景的应用支持。涵盖了从分词、词性标注、命名实体识别等 NLP 基础技术，到文本分类、文本相似度计算、语义表示、文本生成等 NLP 核心技术。同时，PaddleNLP 还提供了针对常见 NLP 大型应用系统（如阅读理解，对话系统，机器翻译系统等）的特定核心技术和工具组件、模型和预训练参数等，让您在 NLP 领域畅通无阻。
- 稳定可靠的 NLP 模型和强大的预训练参数。
- 集成了百度内部广泛使用的 NLP 工具模型，为您提供了稳定可靠的 NLP 算法解决方案。基于百亿级数据的预训练参数和丰富的预训练模型，助您轻松提高模型效果，为您的 NLP 业务注入强大动力。
- 持续改进和技术支持，零基础搭建 NLP 应用。

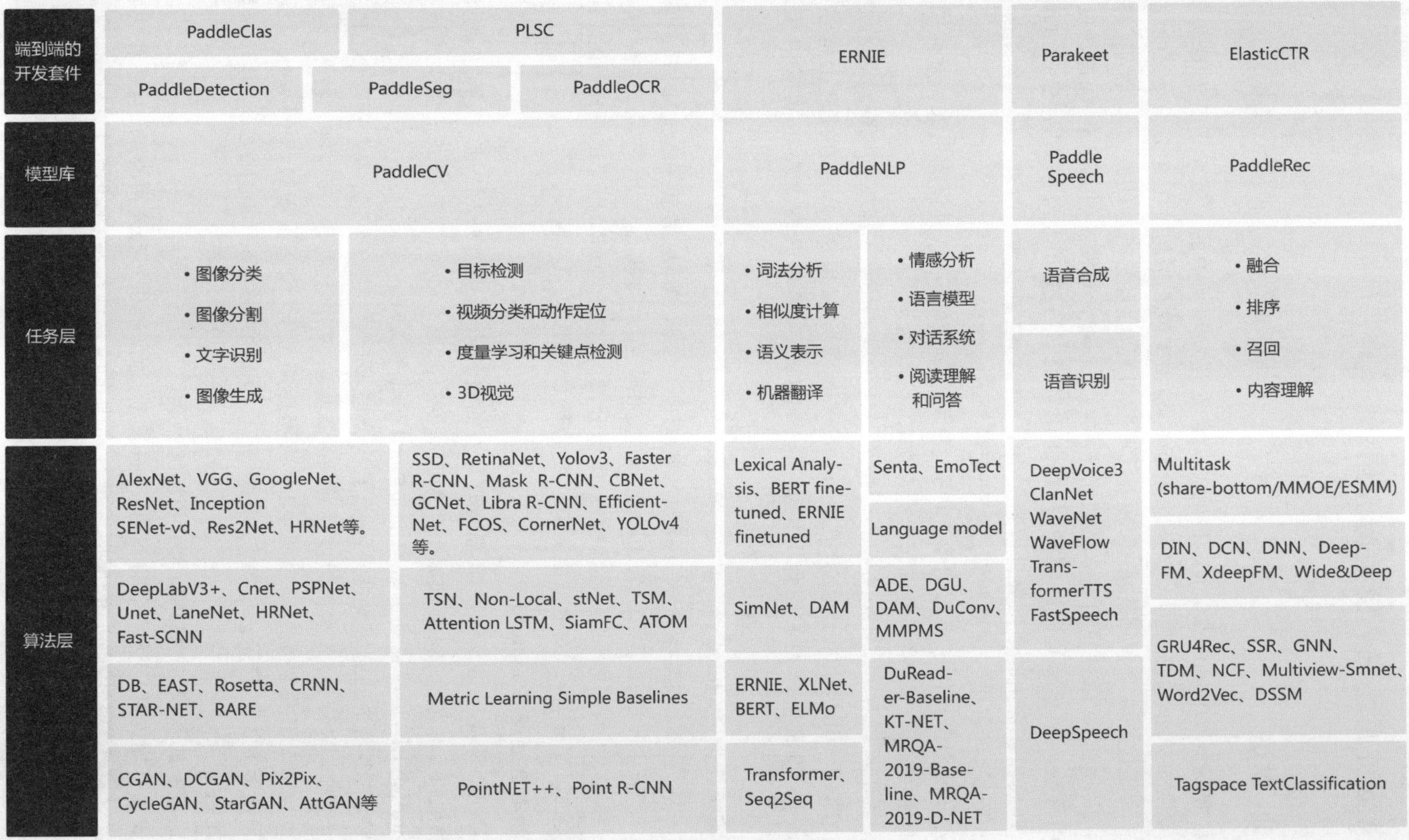

端到端的开发套件	PaddleClas / PLSC	PaddleDetection / PaddleSeg / PaddleOCR	ERNIE	Parakeet	ElasticCTR
模型库	PaddleCV	PaddleCV	PaddleNLP	Paddle Speech	PaddleRec
任务层	・图像分类 ・图像分割 ・文字识别 ・图像生成	・目标检测 ・视频分类和动作定位 ・度量学习和关键点检测 ・3D视觉	・词法分析 ・相似度计算 ・语义表示 ・机器翻译 ・情感分析 ・语言模型 ・对话系统 ・阅读理解和问答	・语音合成 ・语音识别	・融合 ・排序 ・召回 ・内容理解
算法层	AlexNet, VGG, GoogleNet, ResNet, Inception, SENet-vd, Res2Net, HRNet等。 DeepLabV3+, Cnet, PSPNet, Unet, LaneNet, HRNet, Fast-SCNN DB, EAST, Rosetta, CRNN, STAR-NET, RARE CGAN, DCGAN, Pix2Pix, CycleGAN, StarGAN, AttGAN等	SSD, RetinaNet, Yolov3, Faster R-CNN, Mask R-CNN, CBNet, GCNet, Libra R-CNN, Efficient-Net, FCOS, CornerNet, YOLOv4等。 TSN, Non-Local, stNet, TSM, Attention LSTM, SiamFC, ATOM Metric Learning Simple Baselines PointNET++, Point R-CNN	Lexical Analysis, BERT finetuned, ERNIE finetuned ／ Senta, EmoTect SimNet, DAM ／ Language model ERNIE, XLNet, BERT, ELMo ／ ADE, DGU, DAM, DuConv, MMPMS Transformer, Seq2Seq ／ DuReader-Baseline, KT-NET, MRQA-2019-Baseline, 2019-D-NET	DeepVoice3 ClanNet WaveNet WaveFlow TransformerTTS FastSpeech DeepSpeech	Multitask (share-bottom/MMOE/ESMM) DIN, DCN, DNN, DeepFM, XdeepFM, Wide&Deep GRU4Rec, SSR, GNN, TDM, NCF, Multiview-Smnet, Word2Vec, DSSM Tagspace TextClassification

■ 图8.33 飞桨模型库覆盖全景

3. 语音（PaddleSpeech）

PaddleSpeech 涵盖语音识别、语音合成任务领域。

- 自动语音识别（Automatic Speech Recognition，ASR）是将人类声音中的词汇内容转录成计算机可输入的文字的技术。语音识别的相关研究经历了漫长的探索过程，在 HMM/GMM 模型之后其发展一直较为缓慢，随着深度学习的兴起，其迎来了春天。在多种语言识别任务中，将深度神经网络（DNN）作为声学模型，取得了比 GMM 更好的性能，使得 ASR 成为深度学习应用非常成功的领域之一。而由于识别准确率的不断提高，有越来越多的语言技术产品得以落地，例如语言输入法、以智能音箱为代表的智能家居设备等基于语言的交互方式正在深刻地改变人类的生活。

- 语音合成（Speech Synthesis）技术是指用人工方法合成可辨识的语音。文本转语音（Text-To-Speech）系统是对语音合成技术的具体应用，其任务是给定某种语言的文本，合成对应的语音。语音合成技术是基于语音的人机交互，实时语音翻译等技术的基础。传统的文本转语音模型分为文本到音位、音位到频谱、频谱到波形等几个阶段分别进行优化，而随着深度学习技术在语音技术的应用的发展，端到端的文本转语音模型正在取得快速发展。

4. 推荐系统（PaddleRec）

推荐系统在当前的互联网服务中正在发挥越来越大的作用，目前大部分电子商务系统、社交网络、广告推荐、搜索引擎、信息流都不同程度地使用了各种形式的个性化推荐技术，帮助用户快速找到他们想要的信息。

在工业可用的推荐系统中，推荐策略一般会被划分为多个模块串联执行。以新闻推荐系统为例，存在多个可以使用深度学习技术的环节，例如新闻的内容理解——标签标注、个性化新闻召回、个性化匹配与排序、融合等。飞桨对推荐算法的训练提供了完整的支持，并提供了多种模型配置供用户选择。

看到这里，有些读者可能会有困惑，飞桨模型库和之前的各领域开发套件究竟是什么关系？其实各领域的开发套件是基于飞桨模型库实现的，进行了比较好的工具化封装。但飞桨模型库提供了更广泛的模型，同时也开放了模型实现的源代码，不仅支持用户的快速使用，也可以直接在源代码上进行模型的二次研发，优化出全新的模型。

如果在开发套件中没有找到自己需要的领域工具，或者感觉开发套件提供的配置项无法满足模型优化的需求，需要进一步修改模型源代码，就可以到飞桨模型库中寻找。

8.4.2　从模型库中筛选自己需要的模型

上面已经介绍到飞桨模型库中包含了丰富的模型资源，但是如何合理的选择和使用这些资源呢？

Paddle Models 的文档提供了两层索引：

（1）第一层索引以展示任务输入和输出的形式，供用户确定他的任务属于哪一类问题。

（2）第二层索引详细列出了在该类问题中存在的诸多模型究竟有什么区别，通常用户可以从模型精度、训练和预测速度、模型体积和适用于特定场景来决策使用哪个模型，对于历史上的经典模型也从学习的视角提供了实现。

以第一节桃子分类为例,输入的数据是桃子图像,希望得到的结果图像中的桃子是哪一种类别,是个头大且成熟的类别还是个头中等的类别。通过查阅文档中的第一层索引,形式如下图所示。桃子分类属于图像分类任务,得到图像所属类别。因此,可以选择模型库中分类的算法模型,如图8.34所示。

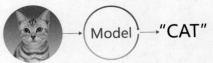

■图8.34　如何选择合适的模型

之后,我们需决策解决该类问题需使用哪一个模型,飞桨图像分类库中包含了丰富的模型,如表8-5所示。

表 8-5　飞桨图像中的模型名称及简介

模 型 名 称	模 型 简 介
AlexNet	首次在 CNN 中成功的应用了 ReLU,Dropout 和 LRN,并使用 GPU 进行运算加速
VGG19	在 AlexNet 的基础上使用 3×3 小卷积核,增加网络深度,具有很好的泛化能力
GoogLeNet	在不增加计算负载的前提下增加了网络的深度和宽度,性能更加优越
ResNet50	Residual Network,引入了新的残差结构,解决了随着网络加深,准确率下降的问题
ResNet_vd	服务器端应用实用模型。融合多种对 ResNet 改进策略,ResNet50_vd 的 top1 准确率达到 79.1%,相比标准版本提升 2.6%。在 V100 上预测一张图像的时间 3ms 左右。进一步采用 SSLD 蒸馏方案,其 top1 准确率可以达到 82.39%
Inceptionv4	将 Inception 模块与 Residual Connection 进行结合,通过 ResNet 的结构极大地加速训练并获得性能的提升
MobileNetV1	将传统的卷积结构改造成两层卷积结构的网络,在基本不影响准确率的前提下大大减少计算时间,更适合移动端和嵌入式视觉应用
MobileNetV2	MobileNet 结构的微调,直接在 thinner 的 bottleneck 层上进行 skip learning 连接以及对 bottleneck layer 不进行 ReLu 非线性处理可取得更好的结果
MobileNetV3	移动端应用实用模型。MobileNetV3 是对 MobileNet 系列模型的又一次升级,MobileNetV3_large_x1_0 的 top1 准确率达到 75.3%,在骁龙 855 上预测一张图像的时间只有 19.3ms。进一步采用 SSLD 蒸馏方案,其 top1 准确率可以达到 79%
SENet154_vd	在 ResNeXt 基础、上加入了 SE(Sequeeze-and-Excitation)模块,提高了识别准确率,在 ILSVRC 2017 的分类项目中取得了第一名
ShuffleNetV2	ECCV2018,轻量级 CNN 网络,在速度和准确度之间做了很好的平衡。在同等复杂度下,比 ShuffleNet 和 MobileNetv2 更准确,更适合移动端以及无人车领域
efficientNet	同时对模型的分辨率、通道数和深度进行缩放,用极少的参数就可以达到 SOTA 的精度
xception71	对 Inception-v3 的改进,用深度可分离卷积代替普通卷积,降低参数量的同时提高了精度
dpn107	融合了 DenseNet 和 ResNet 的特点
mobilenetV3_small_x1_0	在 v2 的基础上增加了 se 模块,并且使用 hard-swish 激活函数。在分类、检测、分割等视觉任务上都有不错表现

模 型 名 称	模 型 简 介
DarkNet53	检测框架 yolov3 使用的 backbone,在分类和检测任务上都有不错表现
DenseNet161	提出了密集连接的网络结构,更加有利于信息流的传递
ResNeXt152_vd_64x4d	提出了 cardinality 的概念,用于作为模型复杂度的另外一个度量,并依据该概念有效地提升了模型精度
SqueezeNet1_1	提出了新的网络架构 Fire Module,通过减少参数来进行模型压缩

除了参考每个模型的基本注解外,用户还可以根据各类算法的推理时间和推理精度选择合适的模型。在服务器硬件环境(较强的计算性能)和移动端硬件环境(较弱的计算性能),各类模型的精度和速度表现如图 8.35 和图 8.36 所示。

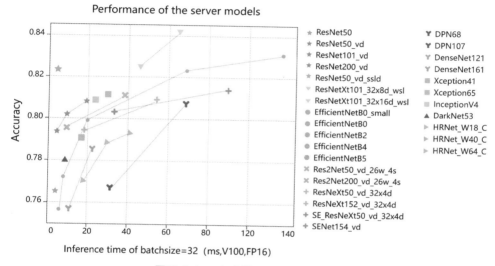

■图 8.35 各类模型的精度与速度

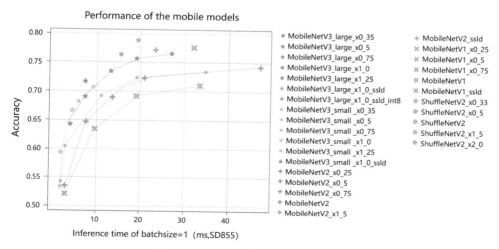

■图 8.36 各类模型的精度与速度

通过对桃子分类需求场景和硬件环境的分析,我们希望模型的精度超过 0.7,但是模型的推理速度不能超过 10ms。以此为条件筛选上述模型,我们可以选择 MobileNetV3_small_x1_0.25 或者 MobileNetV3_small_x1_0_ssld。

8.4.3   使用飞桨模型库或在其基础上二次研发的优势

飞桨官方模型库中的模型使用了大量在国际竞赛中夺冠的领先算法,确保了模型的精度水平。另一方面,飞桨官方模型库依托百度丰富中文的互联网数据资源和大数据处理能力,在中文自然语言处理领域具有更明显的领先优势,例如中文分词算法 LAC、中文情感分类模型、中文语义表示预训练模型 ERNIE 等,均保持业界领先的水平,如表 8-6 所示。

表 8-6   飞桨模型成绩

获 奖 模 型	国 际 竞 赛	名 次
PyramidBox 模型	WIDER FACE 三项测试子集	第一
Attention Clusters 网络模型	ActivityNet Kinetics Challenge 2017	第一
StNet 模型	ActivityNet Kinetics Challenge 2018	第一
基于 Faster R-CNN 的多模型	Google AI Open Images-Object Detection Track	第一
C-TCN 动作定位模型	ActivityNet Challenge 2018	第一
Multi-Perspective 模型	SemEval 2019 Task 9 SubTask A	第一
增强学习框架 PARL	NIPS AI for Prosthetics Challenge	第一

除了提供高精度算法外,官方模型库提供的算法在性能上也处于领先地位。例如自然语言处理领域的基础模型 transformer,飞桨做了包括算子融合、量化等优化,与业界同类模型相比推理速度可提高 4 倍,可以极大地节省计算资源。

飞桨官方模型库提供的算法在经过了大量实际应用场景验证后,具有很高的稳定性。例如图像检测 YoloV3 算法应用于南方电网,实现巡检机器人指针类表计自动读取;Fast R-CNN 算法应用于中科院遥感所实现地块智能分割;MobileNet 算法应用于大恒图像电池隔膜缺陷检测等。

讲到这里,大家是否已经迫不及待了呢? 接下来,我们以经典序列召回模型 GRU4REC 为例,介绍 Models 库中模型的使用方法。

8.4.4   一个案例掌握 Models 的使用方法

本章以 Models 中的 GRU4REC 为例,讲解 Models 中的模型使用方法。在飞桨官方的 Models 中包含了许多模型,同时包含模型使用的 readme 文档,每个模型按照类别分别存放在 PaddleCV、PaddleNLP、PaddleSpeech、PaddleRec 等目录下。

1. GRU4REC 模型简介

GRU4REC 模型的介绍可以参阅论文 Session-based Recommendations with Recurrent Neural Networks。该论文的贡献在于首次将 RNN(GRU)运用于 Session-Based 推荐,相比传统的 KNN 和矩阵分解,效果有明显的提升。

模型的核心思想是在一个 Session 中，同一个用户点击一系列 Item 的行为看作一个序列，这个序列可以看作一条数据。这样的数据组成的数据集将被用来训练召回模型，例如 Session 为{A1,A2,A3}，可以转变成 A1→A2(以 A1 为输入，预测 A2)，A2→A3 两条训练样本。

如图 8.37 所示，将用户访问商品的序列作为训练数据集进行训练，如图中的用户 A、用户 B、用户 C 点击的数据。模型使用这些数据进行训练的过程如下所示：

（1）用户的点击 Item 序列数据作为输入，这个 Item 在经过模型的 Embedding 层处理后会转化为词向量，词向量间的欧式距离代表着两个 Item 的相近程度，例如连衣裙和女鞋对应的向量间的距离就会近一些，篮球和女鞋之间的距离就会远一些。

（2）这些词向量将会依照点击顺序形成成对的输入格式，以用户 A 的数据为例，连衣裙对应的词向量 A1 是第一时刻的输入，其对应的推理输出就是女鞋对应的词向量 A2，依次类推。

（3）用户 A 的数据将被输入到 GRU 层进行处理，GRU 层会选择性的保留数据中重要信息，忽略不重要的信息，并输出两次推理的深层表达信息 A2'和 A3'。GRU 的具体实现过程可参考后面的具体实现过程。

（4）深层表达信息 A2'和 A3'以及对应的真实输出 A2 和 A3 一起输入到前向反馈层中，并由其中的损失函数处理计算出损失(LOSS)。

（5）在不断训练过程中，模型会根据 LOSS 不断反向调整模型参数。当完成训练后，用户可以根据模型的评估指标选出训练成功的模型，用于推理。

推理过程与训练过程基本相似，主要差异在于深层表达信息在前向反馈层中将交由词表维度矩阵进行映射，从而生成所有商品成为用户下一次点击对象的概率。概率最高的前 20 名的 Item 里如果包含真实结果，则表示推理成功。

session-based 推荐应用场景非常广泛，例如用户的商品浏览、新闻点击、地点签到等序列数据。召回模型需要对全局商品库进行筛选，所以不会拥有像排序模型那样复杂的特征和网络结构，而 session-based 的数据是用户与商品交互中最简单的一种形式。

GRU4REC 模型属于个性化推荐类模型，动态图实现的代码放置在 models 库中的 PaddleRec/gru4rec/dy_graph 中。

召回模型库包括如下文件：

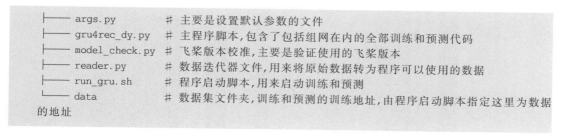

2. 训练准备

在训练 GRU4REC 召回模型之前，用户需要完成如下任务：

（1）安装 Python3.5 及 3.5 以上版本，具体安装方法请参见 Python 官方网站。

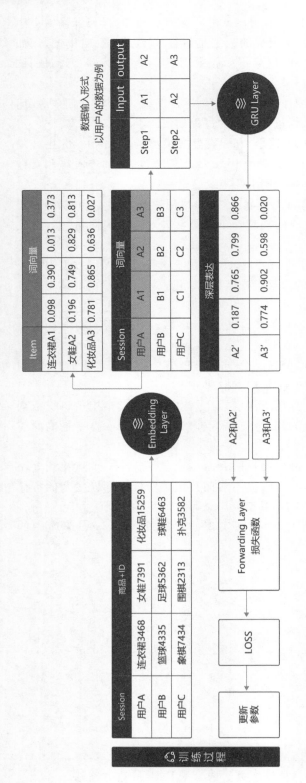

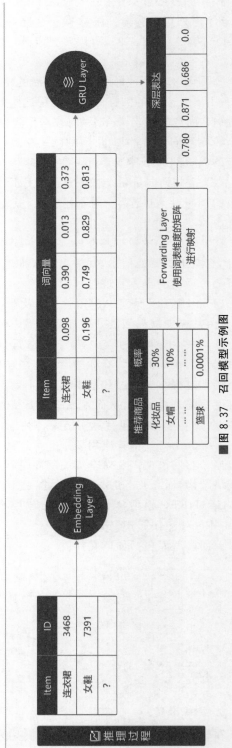

■ 图8.37　召回模型示例图

（2）安装 PaddlePaddle 最新版本。

（3）下载代码和数据包并解压。为了快速运行,我们已经提前下载好数据。

```
♯下载数据集
!wget https://paddlerec.bj.bcebos.com/gru4rec/dy_graph/ai_studio_18.tar
!tar xvf ai_studio_18.tar
```

模型的输入数据一行表示一个 Item 的 ID 序列,这些 ID 可以是用户网站中的页面 ID,也可以是网站中的商品 ID,还可以是其他代表用户兴趣和选择的编号。ID 之间按照空格切分,如图 8.38 所示,这些训练的数据保存在 data 目录下。

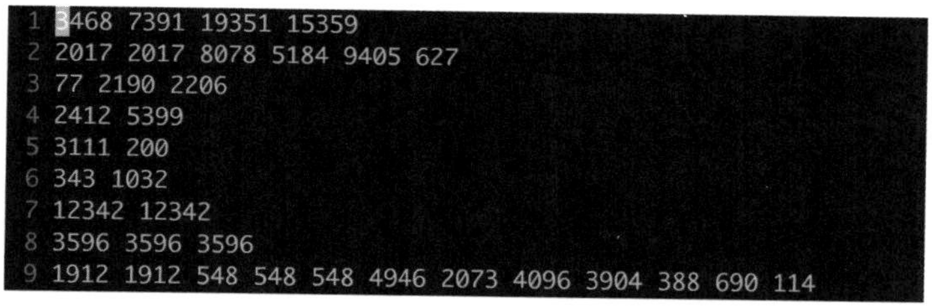

```
1 3468 7391 19351 15359
2 2017 2017 8078 5184 9405 627
3 77 2190 2206
4 2412 5399
5 3111 200
6 343 1032
7 12342 12342
8 3596 3596 3596
9 1912 1912 548 548 548 4946 2073 4096 3904 388 690 114
```

■图 8.38　数据格式

数据处理的代码实现在 reader.py 文件中。

3. 模型定义

模型的结构如图 8.39 所示,主要包括 Embedding layer、GRU 序列层(GRU layer)、前向回馈层几个部分。

模型定义的文件在 gru4rec_dy.py 文件中,大家可以参考模型的理论对模型源代码做出任何需要的改进,包括网络结构的每个细节。

4. 启动训练

训练代码定义在 gru4rec_dy.py 脚本的 train_ptb_lm() 函数中,启动运行可以使用命令行:

```
python - u gru4rec_dy.py  -- data_path data/ -- model_type gru4rec
```

也可以直接使用提供的脚本运行,如下:

```
sh run_gru.sh
```

训练的过程中,会打印如下信息,如图 8.40 所示。

（1）Epoch 表示训练的第几轮。

（2）Batch 表示训练的当前 batch 数目。

（3）ppl 表示 Perplexity,即模型收敛的程度,越小说明收敛越好。

（4）acc 表示 recall@20 的值。

（5）lr 表示当前学习率。

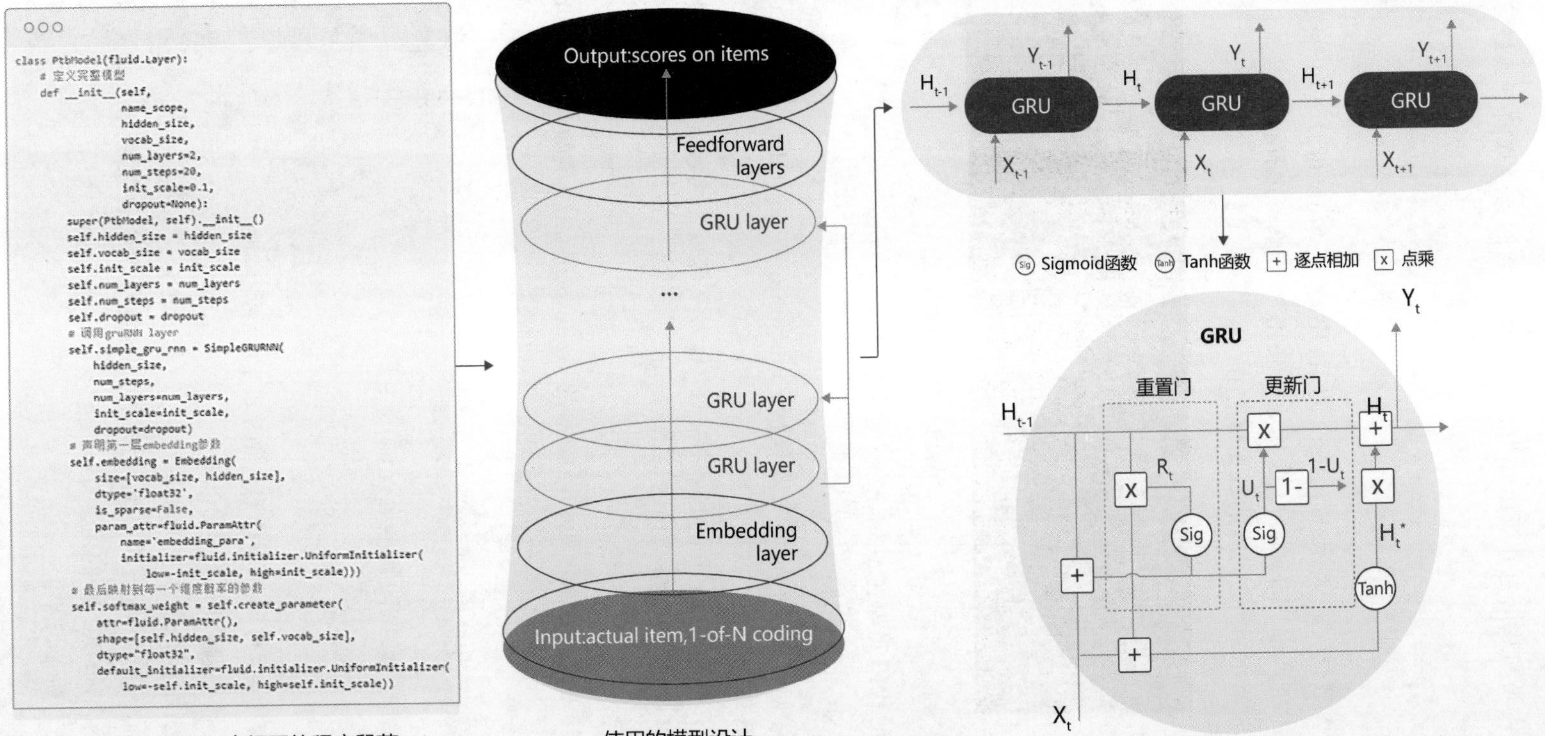
class PtbModel(fluid.Layer):
    # 定义完整模型
    def __init__(self,
                 name_scope,
                 hidden_size,
                 vocab_size,
                 num_layers=2,
                 num_steps=20,
                 init_scale=0.1,
                 dropout=None):
        super(PtbModel, self).__init__()
        self.hidden_size = hidden_size
        self.vocab_size = vocab_size
        self.init_scale = init_scale
        self.num_layers = num_layers
        self.num_steps = num_steps
        self.dropout = dropout
        # 调用gruRNN layer
        self.simple_gru_rnn = SimpleGRURNN(
            hidden_size,
            num_steps,
            num_layers=num_layers,
            init_scale=init_scale,
            dropout=dropout)
        # 声明第一层embedding参数
        self.embedding = Embedding(
            size=[vocab_size, hidden_size],
            dtype='float32',
            is_sparse=False,
            param_attr=fluid.ParamAttr(
                name='embedding_para',
                initializer=fluid.initializer.UniformInitializer(
                    low=-init_scale, high=init_scale)))
        # 最后映射到每一个维度概率的参数
        self.softmax_weight = self.create_parameter(
            attr=fluid.ParamAttr(),
            shape=[self.hidden_size, self.vocab_size],
            dtype="float32",
            default_initializer=fluid.initializer.UniformInitializer(
                low=-self.init_scale, high=self.init_scale))
Output:scores on items
Feedforward layers
GRU layer
...
GRU layer
GRU layer
Embedding layer
Input:actual item,1-of-N coding
H t-1
GRU
Y t-1
X t-1
H t
Y t
X t
H t+1
Y t+1
X t+1
Sigmoid函数
Tanh函数
逐点相加
点乘
GRU
重置门
更新门
R t
U t
1-U t
1-
Sig
Tanh
H t*
X t
Y t

gru4rec_dy.py中组网的程序段落

使用的模型设计

■图 8.39　召回模型结构图

```
-- Epoch:[3]; Batch:[5501]; ppl: 70.00990, acc: 0.66600, lr: 0.05000
-- Epoch:[3]; Batch:[5601]; ppl: 70.00793, acc: 0.67160, lr: 0.05000
-- Epoch:[3]; Batch:[5701]; ppl: 70.00526, acc: 0.67280, lr: 0.05000
-- Epoch:[3]; Batch:[5801]; ppl: 69.99886, acc: 0.67320, lr: 0.05000
-- Epoch:[3]; Batch:[5901]; ppl: 70.00072, acc: 0.67340, lr: 0.05000
-- Epoch:[3]; Batch:[6001]; ppl: 69.97916, acc: 0.67940, lr: 0.05000
```

图 8.40 训练打印出来的信息

模型每训练一个 Epoch 都会评估一次模型，评估会打印出最终的 recall@20 的值，表示预测的前 20 个中是否预测正确，recall@20 值越大表示预测效果越好。训练一个 Epoch 的评估结果如图 8.41 所示。

```
begion to eval
batch_id:0  recall@20:0.5622
batch_id:1  recall@20:0.5770
batch_id:2  recall@20:0.5833
batch_id:3  recall@20:0.5872
batch_id:4  recall@20:0.5929
batch_id:5  recall@20:0.5943
batch_id:6  recall@20:0.5968
batch_id:7  recall@20:0.5996
batch_id:8  recall@20:0.6008
batch_id:9  recall@20:0.6025
batch_id:10  recall@20:0.6031
batch_id:11  recall@20:0.6045
batch_id:12  recall@20:0.6056
batch_id:13  recall@20:0.6063
batch_id:14  recall@20:0.6079
batch_id:15  recall@20:0.6084
batch_id:16  recall@20:0.6081
eval finished
recall@20  0.608117647031
```

图 8.41 recall@20 的值

飞桨官方模型库中每个模型的代码结构和文档说明均是类似的，大家均可以参考 GRU4REC 的案例去使用任何模型。

如果期望模型不变，只是训练数据换成自己业务场景中的数据：只要将新数据放到 data/目录下，修改数据处理程序 reader. py 即可。

如果还希望进一步的优化模型：在主程序中 gru4rec_dy. py 中找到组网的段落，可以优化每一个细节。

8.4.5 相关参考

- 飞桨模型库 Github 链接：https://github.com/PaddlePaddle/models。
- 飞桨模型库官网链接：https://www.paddlepaddle.org.cn/modelbase。

8.5 设计思想、静态图、动态图和二次研发

8.5.1 飞桨设计思想的核心概念

神经网络模型是一个 Program，由多个 Block（控制流结构）构成，每个 Block 是由 Operator（算子）和数据表示 Variable（变量）构成，经过串联形成从输入到输出的计算流。

- 飞桨采用类似于编程语言的抽象语法树的形式描述用户的神经网络配置，我们称之为 Program。构建深度学习模型的代码时，将其中的计算模块写入 Program 中，可以理解为 Program 是模型计算的集合体。一个模型可以有多个 Program，比如 GAN 模型。
- Program 又由嵌套的 Block 构成，Block 是高级语言中变量作用域的概念，比如 if 条件语句下的代码可以视为是一个 Block，Block 是可以嵌套的。Block 中又包括 Operator 和 Variable。深度学习模型与 Program、Block 的关系如图 8.42 所示。

在一个 Block 中，飞桨将神经网络抽象为计算表示 Operator（算子）和数据表示 Variable

深度学习模型

■图 8.42　深度学习模型与 program、block 三者关系示意

（变量），如图 8.43 所示。神经网络的每层操作均由一个或若干 Operator 组成，每个 Operator 接收一系列的 Variable 作为输入，经计算后输出一系列的 Variable。

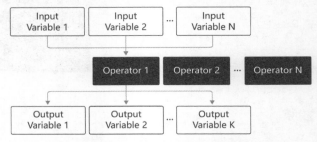

■图 8.43　OP 和 Variable 的关系

关于 Program 具体的结构和包含的类型可参考设计实现 framework.proto。

构建深度学习模型时，用户只需定义前向计算网络、损失函数和优化算法，框架会自动生成前向计算和梯度优化的流程，该流程由初始化程序（startup_program）与主程序（main_program）实现。

一个 Program 的集合通常包含初始化程序（startup_program）与主程序（main_program），默认情况下，飞桨的神经网络模型都包括两个 program，分别是 fluid.default_startup_program() 以及 fluid.default_main_program()，它们共享参数。default_startup_program 只运行一次来初始化参数，训练时，default_main_program 在每个 batch 中运行并更新权重。

如何根据 Python 代码构建 Program

下面，我们通过几行代码说明飞桨是如何根据 Python 代码构建 Program 的。

完成神经网络的构建一般离不开：构建训练数据，定义网络层定义，计算损失函数，声明优化器。上述三种情况可以用几行代码说明：

```
# 声明数据
data = fluid.data(name = 'X', shape = [batch_size, 1], dtype = 'float32')
# 定义网络层
```

```
hidden = fluid.layers.fc(input = data, size = 10)
#计算损失函数
loss = fluid.layers.mean(hidden)
#声明优化器
sgd_opt = fluid.optimizer.SGD(learning_rate = 0.01).minimize(loss)
```

每执行一行代码,飞桨都会在构建的 Program 里添加 variable 和 operator。
每行代码在 Program 里的影响如图 8.44 所示。

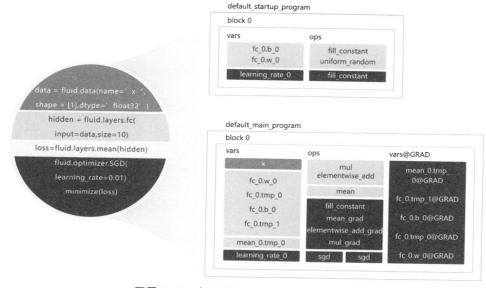

■图 8.44　每行代码在 Program 里的影响

图 8.44 中,代码的颜色和 Program 中 vars 和 ops 中的颜色块相对应,比如:

(1) 褐色的代码是声明数据的代码,其定义了一个数据源节点,名字是 X,所以在 main_program 中添加褐色了 X 这个 variable。

(2) 浅紫色的代码是定义全连接网络层 fc 的代码,神经网络层是一种计算,所以它属于 operator,全连接层由矩阵相乘运算和元素相加运算组成,因此,全连接层包括两个 operator,分别是 mul 和 elementwise_add,隶属于 operator 的范畴,所以该部分添加到 ops 的网格中。同时,网络层又包含可训练的参数,包括权重 fc_0.w_0 和偏置 fc_0.b_0,这些参数均是待初始化的 variable。另外,全连接层本身的 operator 会产生输出 variable,即是新的 variable fc_0.tmp。

(3) 橙色的代码表示损失函数计算,使用的是 fluid.layers.mean 这个 API,该 API 包含一个取平均的 operator,同时有一个输出的 variable,所以分别在 ops 和 vars 中添加了 mean 和 mean_0.tmp_0。

(4) 绿色的代码表示定义优化器,优化器有输入参数学习率,内部计算时会将学习率以 fill_constant 这个 API 转换成 variable。SGD 涉及权重的梯度计算和参数更新,包含的 operator 较多(ops 中绿色部分)。同时,SGD 会给整个网络的计算图添加反向计算,所有可更新的 variable 都有对应的梯度变量 vars@grad。

所以，飞桨中所有对数据的操作都由 Operator 表示，为了便于用户使用，在 Python 端，飞桨的 Operator 被一步封装到 paddle. Tensor 和 paddle. nn 等模块（注：从 Paddle 2.0 版本开始）。用户可以使用飞桨提供的 API 快速完成算法的组网。

在组网时，飞桨在内部会不断添加新的 Variable 和 Operator 到计算图里。直到计算图构建完成，在启动训练时，飞桨会按照 Operator 的顺序执行，直到完成训练。

下面，我们通过一个简单的矩阵乘法，观察 Program 的内容。

```python
import paddle.fluid as fluid
# 当输入为单个张量时

train_program = fluid.Program()
start_program = fluid.Program()

place = fluid.CPUPlace()
with fluid.program_guard(train_program, start_program):
    data = fluid.data(name = "data1", shape = [2, 3], dtype = "float32")
    data2 = fluid.data(name = "data2", shape = [3, 4], dtype = "float32")
    res = fluid.layers.mul(data, data2)
    print(fluid.default_main_program())
```

乍一看 Program 的内容很难理解，但是不难发现其规律，从打印的 Program 中我们可以发现，Program 呈现字典形式的结构：

```
blocks{
    vars{
        """vars attribute"""
    }
    vars{
        """vars attribute"""
    }
    ops{
        """opeartors attribute"""
    }
    version{
        """other information"""
    }
}
```

上面的代码中，我们实现矩阵乘法，使用了飞桨的 fluid. layers. mul API 来实现。从打印结果来看，Program 中有一个 Block，Block 中包含了 vars 和 ops，此处的 vars 一共有三个，分别是两个输入的矩阵变量，以及 mul 的输出变量，operator 只有一个乘法 mul 运算。和上图中的结构一一对应。如果是更复杂的网络结构，其 Program 也更加复杂。

下面运行上图中的代码，并打印 Program 的内容到 program. txt 文件中。通过查看 Program 中 vars 和 ops，可以发现，和图 8.44 的说明一一对应。

```python
import paddle.fluid as fluid

train_program = fluid.Program()
```

```
start_program = fluid.Program()

place = fluid.CPUPlace()
with fluid.program_guard(train_program, start_program):
    data = fluid.data(name = "data1", shape = [2, 3], dtype = "float32")
    data2 = fluid.data(name = "data2", shape = [3, 4], dtype = "float32")
    res = fluid.layers.mul(data, data2)
    print(fluid.default_main_program(), file = open("program.txt", 'w'))
```

8.5.2 飞桨声明式编程(静态图)与命令式编程(动态图)

从深度学习模型构建方式上看,飞桨支持声明式编程(静态图)和命令式编程(动态图)两种方式。二者的区别是:

(1)静态图采用先编译后执行的方式。用户需预先定义完整的网络结构,再对网络结构进行编译优化后,才能执行获得计算结果。

(2)动态图采用解析式的执行方式。用户无需预先定义完整的网络结构,每执行一行代码就可以获得代码的输出结果。

在飞桨设计上,把一个神经网络定义成一段类似程序的描述,就是在用户写程序的过程中,就定义了模型表达及计算。在静态图的控制流实现方面,飞桨借助自己实现的控制流OP而不是Python原生的if else和for循环,这使得在飞桨中的定义的Program即一个网络模型,可以有一个内部的表达,是可以全局优化编译执行的。考虑对开发者来讲,更愿意使用Python原生控制流,飞桨也做了支持,并通过解释方式执行,这就是动态图。但整体上,我们两种编程范式是相对兼容统一的。

举例来说,假设用户写了一行代码:y=x+1。在静态图模式下,运行此代码只会往计算图中插入一个Tensor加1的Operator,此时Operator并未真正执行,无法获得y的计算结果。但在动态图模式下,所有Operator均是即时执行的,运行完代码后Operator已经执行完毕,用户可直接获得y的计算结果。

静态图模式和动态图模式的能力对比如表8-7所示。

表8-7 静态图和动态图模式对比

对 比 项	静态图模式	动态图模式
是否可实时获得每层计算结果	否,必须构建完整网络后才能运行	是
调试难易性	欠佳,不易调试	结果即时,调试方便
性能	由于计算图完全确定,可优化的空间更多,性能更佳	计算图动态生成,图优化的灵活性受限,部分场景性能不如静态图
预测部署能力	可直接预测部署	不可直接预测部署,需要转换为静态图模型后再能部署

飞桨正逐步完善将动态图模式编写的模型,一键转变成静态图模式的功能,然后可方便地进行高性能的分布式训练和模型部署。

1. 飞桨静态图

1) 静态图核心架构

飞桨静态图核心架构分为 Python 前端和 C++ 后端两个部分,如图 8.45 所示。

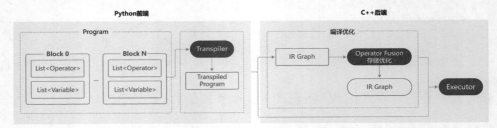

■图 8.45　飞桨静态图核心架构示意图

用户通过 Python 语言使用飞桨,但训练和预测的执行后端均为 C++ 程序,这使得飞桨兼具用户轻松的编程体验和极高的执行效率,如图 8.46 所示。

■图 8.46　原始 Program 经过特定的 Transpiler 形成特定功能的 Program

-Python 前端:

(1) 在 Python 端,静态图模式是在形成 Program 的完整表达后,编译优化并交于执行器执行。Program 由一系列的 Block 组成,每个 Block 包含各自的 Variable 和 Operator。

(2)(可选操作)Transpiler 将用户定义的 Program 转换为 Transpiled Program,如:分布式训练时,将原来的 Program 拆分为 Parameter Server Program 和 Trainer Program。

-C++ 后端:

(1)(可选操作)C++ 后端将 Python 端的 Program 转换为统一的中间表达(Intermediate Representation,IR Graph),并进行相应的编译优化,最终得到优化后可执行的计算图。其中,编译优化包括但不限于:

• Operator Fusion:将网络中的两个或多个细粒度的算子融合为一个粗粒度算子。例如,表达式 z＝relu(x＋y) 对应着 2 个算子,即执行 x ＋ y 运算的 elementwise_add 算子和激活函数 relu 算子。若将这 2 个算子融合为一个粗粒度的算子,一次性完成 elementwise_add 和 relu 这 2 个运算,可节省中间计算结果的存储、读取等过程,以及框架底层算子调度的开销,从而提升执行性能和效率。

• 存储优化:神经网络训练/预测过程会产生很多中间临时变量,占用大量的内存/显存空间。为节省网络的存储占用,飞桨底层采用变量存储空间复用、内存/显存垃圾及时回收等策略,保证网络以极低的内存/显存资源运行。

（2）Executor 创建优化后计算图或 Program 中的 Variable，调度图中的 Operator，从而完成模型训练/预测过程。

-IR graph：

IR 全称是 Intermediate Representation，表示统一的中间表达。IR 的概念起源于编译器，是介于程序源代码与目标代码之间的中间表达形式，如图 8.47 所示。它有如下好处：

（1）便于编译优化（非必须）；

（2）便于部署适配不同硬件（Nvidia GPU、Intel CPU、ARM、FPGA 等），减少适配成本。

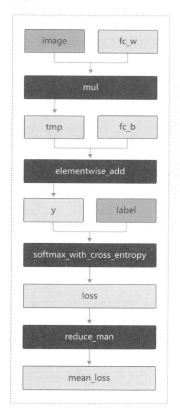
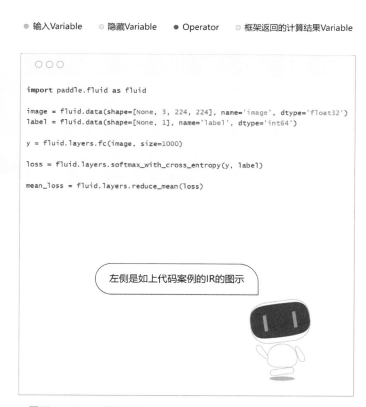

■图 8.47　IR 代码图示

2）静态图的核心概念

飞桨静态图的核心概念如下：

- Variable：表示网络中的数据。
- Operator：表示网络中的操作。
- Block：表示编程语言中的控制流结构，如条件结构（if-else）、循环结构（while）等。
- Program：基于 Protobuf 的序列化能力提供模型保存、加载功能。Protobuf 是 Google 推出的一个结构化数据的序列化框架，可将结构化数据序列化为二进制流，或从二进制流中反序列化出结构化数据。飞桨模型的保存、加载功能依托于 Protobuf 的序列化和反序列化能力。

- Transpiler：可选的编译步骤，作用是将一个 Program 转换为另一个 Program。
- Intermediate Representation：在执行前期，用户定义的 Program 会转换为一个统一的中间表达。
- Executor：用于快速调度 Operator，完成网络训练/预测。

2. 飞桨动态图

在动态图模式下，Operator 是即时执行的，即用户每调用一个飞桨 API，API 均会马上执行返回结果。在模型训练过程中，在运行前向 Operator 的同时，框架底层会自动记录对应的反向 Operator 所需的信息，即一边执行前向网络，另一边同时构建反向计算图。

举例来说，在只有 relu 和 reduce_sum 两个算子的网络中，动态图执行流程如图 8.48 所示。

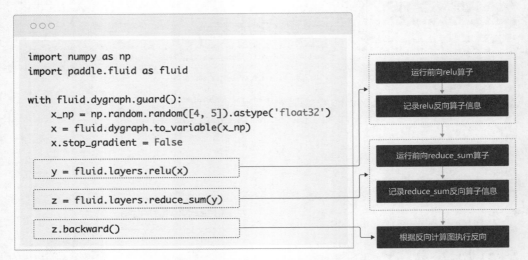

■图 8.48　动态图代码执行流程

(1) 当用户调用 y＝fluid.layers.relu(x) 时，框架底层会执行如下两个操作：
- 调用 relu 算子，根据输入 x 计算输出 y。
- 记录 relu 反向算子需要的信息。relu 算子的反向计算公式为 x_grad＝y_grad * (y> 0)，因此反向计算需要前向输出变量 y，在构建反向计算图时会将 y 的信息记录下来。

(2) 当用户调用 z＝fluid.layers.reduce_sum(y) 时，框架底层会执行如下两个操作：
- 调用 reduce_sum 算子，根据输入 y 计算出 z。
- 记录 reduce_sum 反向算子需要的信息。reduce_sum 算子的反向计算公式为 y_grad＝z_grad.broadcast(y.shape)，因此反向计算需要前向输入变量 y，在构建反向计算图时会将 y 的信息记录下来。

由于前向计算的同时，反向算子所需的信息已经记录下来，即反向计算图已构建完毕，因此后续用户调用 z.backward() 的时候即可根据反向计算图执行反向算子，完成网络反向计算，即依次执行，如图 8.49 所示。

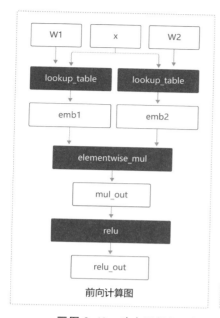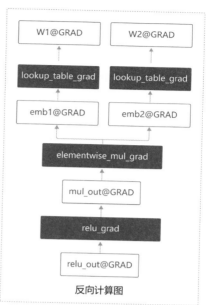

■图 8.49 动态图根据"前向计算图"自动构建"反向计算图"

```
z_grad = [1]  # 反向执行的起点 z_grad 为[1]
y_grad = z_grad.broadcast(y.shape)  # 执行 reduce_sum 的反向算子: y_grad 为与 y 维度相同的张
量,每个元素值均为 1
x_grad = y_grad * (y>0)  # 执行 relu 的反向算子: x_grad 为与 y 维度相同的张量,每个元素值
为 1(当 y>0 时)或 0(当 y<=0 时)
```

3. 动态图和静态图的差异

动态图模式和静态图模式底层算子实现的方法是相同的,不同点在于:

(1) 代码组织方式不同。

(2) 代码执行方式不同。

1) 代码组织方式不同

在使用静态图实现算法训练时,需要使用很多代码完成预定义的过程,包括 Program 声明,执行器 Executor 执行 Program 等。但是在动态图中,动态图的代码是实时解释执行的,训练过程也更加容易调试,如图 8.50 所示。

- 如图 8.50 右侧所示,是我们相对熟悉的动态图编写模式: 使用类的方式声明网络后,开启两层的训练循环,每层循环中完整的完成四个训练步骤(前向计算、计算损失,计算梯度和后向传播)。

- 但图 8.50 左侧则是静态图的编写模式: 使用函数方式声明网络,然后要编写大量预定义的配置项,如选择的损失函数,训练所在的机器环境等。在这些训练配置定义好后,声明一个执行器 exe(运行 Program,调度 Operator 完成网络训练/预测),将数据和模型传入 exe.run()函数,一次性地完成整个训练过程。

2) 代码执行方式不同

(1) 在静态图模式下,完整的网络结构在执行前是已知的,因此图优化分析的灵活性比

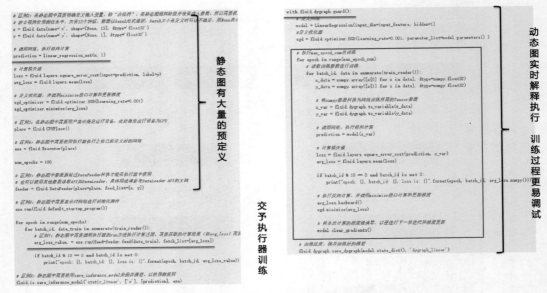

■图 8.50　动态图和静态图编码对比

较大，往往执行性能更佳，但调试难度大。

以算子融合 Operator Fusion 为例，假设网络中有 3 个变量 x，y，z 和 2 个算子 tanh 和 relu。在静态图模式下，我们可以分析出变量 y 在后续的网络中是否还会被使用，如果不再使用 y，则可以将算子 tanh 和 relu 融合为一个粗粒度的算子，消除中间变量 y，以提高执行效率。

```
y = tanh(x)
z = relu(y)
```

（2）在动态图模式下，完整的网络结构在执行前是未知的，因此图优化分析的灵活性比较低，执行性能往往不如静态图，但调试方便。

仍以 Operator Fusion 为例，因为后续网络结构未知，我们无法得知变量 y 在后续的网络中是否还会被使用，因此难以执行算子融合操作。但因为算子即时执行，随时均可输出网络的计算结果，更易于调试。

8.5.3　飞桨二次研发

飞桨有着丰富的模型资源，开发者可以使用飞桨众多现有的模型，也可以在开源模型的基础上完成二次开发。国内曾有团队使用飞桨的 PaddleDetection 取得了国际 AI 比赛的第一名，也有一些企业使用飞桨的官方模型完成了多项业务的落地。

用户在使用飞桨研开发最新模型或特殊领域模型的时候，极少数情况下会遇到飞桨缺少一些特殊算子（完成某个计算函数的网络层）的实现。此时有两种解决方案：

（1）按照飞桨的 OP 规范，写一个 C++ OP 添加到飞桨框架中，重新编译飞桨框架以支持这个特殊 OP。

（2）使用飞桨的 py_func 功能实现特殊的 API。飞桨支持使用 Python 在框架外部实现 OP，即 py_func，无须更改底层框架，即可快速实现自定义的 API。

前一种方案的算子性能略好，但后一种方案更加容易实现，我们优先推荐使用后一种方式。在本节，我们将以 Relu 函数为例，展示向飞桨框架中添加算子的方法。

如果您使用飞桨实现了优秀的模型，无论您是已入职场的深度学习从业者、爱好者，或者是在校学生，百度飞桨非常欢迎您能够在开源生态 Github 中贡献代码，与我们实时分享项目的成功应用和您的奇思妙想。贡献的代码可以是算法模型、框架的算子、框架新增功能、飞桨平台优化建议或者模型的使用教程等。一旦您贡献的代码被飞桨接受，将有机会让更多的深度学习用户受益。同时，为了促进深度学习快速发展和应用，飞桨会定期组织优秀代码展播和表彰等活动，您可以随时关注飞桨官网了解更详细的信息。在本节，我们将讲述在飞桨 Github 贡献模型代码的流程，期望大家在飞桨生态中有"人人为我，我为人人"的精神。

1. 基于 py_func 的方式添加算子

飞桨框架中集成了数百个的算子（各种网络中的函数计算方法），但是仍有一些学术最新模型可能覆盖不到的功能，或者由于极少使用而没有开发的功能。为了解决这个问题，飞桨提供了外部用户可以自定义 API 的功能 py_func，它支持用户在 Python 端自定义 OP。相当于用户在框架外部定义好实现函数，框架将其作为一个外部 API 使用。

py_func 的设计原理在于飞桨中的 LodTensor 与 numpy 数组可以方便地互相转换，从而可使用 Python 中的 NumPy API 来自定义一个 Python OP。由于外部 API 是 NumPy 或者其他库实现的，当代码运行到外部 API 时，会转到 CPU 上运行，导致运行速度变慢。这是使用 py_func 方式添加算子的一个不足之处，但多数情况下并不会显著影响训练和推理性能。

下面以 ReLU 函数为例，介绍 py_func 的使用方法。

使用 py_func 完成自定义 API 需要三个步骤：

（1）定义 API 的前向计算和反向计算函数。

（2）创建前向输出变量，将外部 API 输出的 NumPy 类型转变成框架内置类型。

（3）调用 py_func，使用自定义算子来组网。

1）定义 API 的前向计算和反向计算函数

使用深度学习框架完成算法构建时，我们只需要完成算法的前向计算即可，反向计算框架会为我们做好一切。但是自定义 API 时，如果需要该 API 参与反向计算，则完成自定义 API 前向计算的同时，也要完成自定义 API 的反向计算。实际上，框架中每个算子 API 均实现了前向计算和反向计算的逻辑，框架会根据用户前向计算的组网逻辑，自动生产后向计算的计算程序。

前向计算和反向计算函数有固定的格式，其格式如下所示。需注意，前向计算函数只需要输入值作为参数。但由于求导的链式法则，反向计算函数除了输出的梯度值外，还需要输出值本身，所以有两个参数。

```
# 前向计算函数,function 是前向计算函数的实现过程
def API(x):
    y = function(x)
    return y
```

```
# 反向计算函数, function_backward 是反向计算函数的实现过程
# y 是反向函数的输入数据, dy 是 y 的梯度
def API_backward(y, dy):
    res = function_backward(y, dy)
    return res
```

本节以 ReLU 激活函数为例子,介绍 py_func 的使用。下面使用 NumPy 完成 ReLU 激活函数的前向和反向计算过程。

ReLU 的前向计算函数如图 8.51 所示。

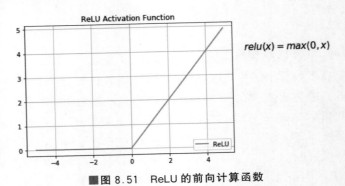

■图 8.51　ReLU 的前向计算函数

ReLU 激活函数仅对小于 0 的输入造成影响,ReLU 的导数计算公式是:

$$\frac{\mathrm{d}y}{\mathrm{d}x} = \begin{cases} 0, & y \leqslant 0 \\ 1, & y > 0 \end{cases}$$

从 ReLU 的导数公式可以得出,当 ReLU 的输出 y 大于 0 时,输入 x 的梯度 $\mathrm{d}x = 1 \times \mathrm{d}y = \mathrm{d}y$,当 y 小于 0 时,$\mathrm{d}x = 0 \times \mathrm{d}y = 0$

用 Python 实现 ReLU 函数的前向和反向函数,并定义一个随机的输入数据和一个随机的输出梯度,测试下两个函数的正确性。

```
import numpy as np

# 定义前向计算
def relu(x):
    y = np.maximum(x, 0.0)
    return y

# 定义反向计算函数
def relu_backward(y, dy):
    dx = np.zeros_like(y)
    dx[y > 0] = 1.0
    res = np.array(dy) * dx
    return res


def test_relu():
    x = np.random.uniform(-1, 1, [2, 4]).astype(np.float32)
    y = relu(x)
```

```
print("relu的输入数据: {} \nrelu的输出: {}".format(x, y))
dy = np.random.uniform(-1, 1, [2, 4]).astype(np.float32)
dydx = relu_backward(y, dy)

print("\n假设的y的梯度是: {} \n通过relu_backward计算得到的x的梯度是: {}".format
(dy, dydx))

test_relu()
```

2）定义算子输出变量

外部 API 都是通过 NumPy 实现的，飞桨网络需要的数据类型是张量，因此，需要将外部 API 的输出转换成张量。

飞桨通过 Program.current_block().create_var 创建前向输出变量，其中变量的名称 name、数据类型 dtype 和维度 shape 为必选参数，格式如下：

```
import paddle.fluid as fluid

def create_tmp_var(program, name, dtype, shape):
    return program.current_block().create_var(name = name, dtype = dtype, shape = shape)

# 手动创建前向输出变量
y_var = create_tmp_var(fluid.default_main_program(), 'output', 'float32', [-1, 4])
print(y_var)
```

3）调用 py_func 组建网络

定义好前向反向计算函数，并且有了创建输出变量的函数，就可以使用 py_func API 在代码中使用自定义的函数了。

py_func 的使用方法如下：

```
fluid.layers.py_func(func = relu, x = in_var, out = out_var, backward_func = relu_backward)
```

py_func 有四个输入参数，分别是前向计算函数，输出，输出和反向计算函数。

（1）func：接收自定义 API 的前向输入函数名。

（2）x：自定义 API 的前向输入数据，如果有多个输入，把多个输入放在一个列表里传给 x，如 x=[inputs1, inputs2]。

（3）out：自定义 API 的输出。

（4）backward_func：自定义 API 的反向计算函数。

下面提供一个完整的案例，使用两层全连接层构建 MNIST 识别网络，第一层全连接的激活函数使用自定义的 ReLU 激活函数。

```
import paddle
import paddle.fluid as fluid

import numpy as np
# 第一步：定义前向和反向函数
# 定义 ReLU 函数的前向计算过程
```

```
def relu(x):
    return np.maximum(x, 0.0)

# 定义反向计算过程: y 是前向函数的输出, dy 是 y 的梯度
def relu_grad(y, dy):
    dx = np.zeros_like(y)
    dx[y > 0] = 1.0
    return np.array(dy) * dx

def create_tmp_var(name, dtype, shape):
    return fluid.default_main_program().current_block().create_var(
        name = name, dtype = dtype, shape = shape)

BATCH_SIZE = 256

def mnist(x):
    x = fluid.layers.fc(x, size = 100)
    # 创建 relu 激活函数的前向输出的变量
    output = create_tmp_var(name = 'relu', dtype = x.dtype, shape = x.shape)

    # 使用 py_func 组建网络, 设置前向、反向计算函数, 输入是 x, 输出是定义好的输出变量 output
    x = fluid.layers.py_func(func = relu, x = x,
                out = output, backward_func = relu_grad,
                skip_vars_in_backward_input = x)
    prediction = fluid.layers.fc(x, size = 10, act = 'softmax')
    return prediction
```

设置数据读取器, 使用飞桨自带的 MNIST 数据读取函数。

```
trainset = paddle.dataset.mnist.train()
testset = paddle.dataset.mnist.test()
# 包装数据读取器, 每次读取的数据数量设置为 batch_size = BATCH_SIZE
train_reader = paddle.batch(trainset, batch_size = BATCH_SIZE)
test_reader = paddle.batch(testset, batch_size = BATCH_SIZE)
```

设置训练过程, 使用自定义的 py_func 时, 不影响算法的训练部分, 因此训练部分的代码与一般的静态图训练算法相同, 启动训练代码如下:

```
import paddle.fluid as fluid
# 定义 program
train_program = fluid.Program()
start_program = fluid.Program()

place = fluid.CPUPlace()
with fluid.program_guard(train_program, start_program):
    # 声明输入数据
    data = fluid.data(name = "X", shape = [None, 784], dtype = "float32")
    label = fluid.data(name = "label", shape = [None, 1], dtype = "int64")
    # 定义优化器
    sgd = fluid.optimizer.SGD(learning_rate = 0.01)
```

```python
# 运行网络的前向计算,计算损失函数,计算精度
res = mnist(data)
loss = fluid.layers.cross_entropy(res, label)
loss = fluid.layers.mean(loss)
acc = fluid.layers.accuracy(res, fluid.layers.reshape(label, [-1, 1]))

# 优化器最小化 loss
sgd.minimize(loss)
# 定义执行器
exe = fluid.Executor(fluid.CPUPlace())
exe.run(fluid.default_startup_program())

# 启动训练
EPOCHS = 5
for epoch in range(EPOCHS):

    for batch_id, data in enumerate(train_reader()):
        # 获得图像数据,并转为 float32 类型的数组
        img_data = np.array([x[0] for x in data]).astype('float32')
        # 获得图像标签数据,并转为 float32 类型的数组
        label_data = np.array([[x[1]] for x in data]).astype('int64')

        loss_acc = exe.run(feed={'X':img_data, "label":label_data}, fetch_list=
[loss.name, acc.name])
        if batch_id % 100 == 0:
            print("iter [{}]/[{}], loss:{}, acc:{}".format(batch_id, int(60000/BATCH_
SIZE), loss_acc[0], loss_acc[1]))

    # 训练一个 Epoch 后启动测试
    test_program = fluid.default_main_program().clone(for_test=True)
    ACC = []

    for batch_id, data in enumerate(test_reader()):
        # 获得图像数据,并转为 float32 类型的数组
        img_data = np.array([x[0] for x in data]).astype('float32')
        # 获得图像标签数据,并转为 float32 类型的数组
        label_data = np.array([[x[1]] for x in data]).astype('int64')

        _acc = exe.run(test_program, feed={'X':img_data, "label":label_data}, fetch_
list=[acc.name])
        ACC.append(_acc)
    print("\nEpoch:{}, Test Done!, The accuracy is :{} \n".format(epoch, np.mean(ACC)))
```

从上述完整案例可见,使用 Py_func 加入一个新的算子是相当容易的,仅需要在组网的部分做好新算子的定义和使用,模型的训练代码并无变化。

2. 在 GitHub 上贡献模型代码

飞桨非常欢迎大家在开源生态 GitHub 中贡献代码,与大量开发者分享深度学习项目的成功应用和您的奇思妙想。在飞桨生态中的研发者们大都具备"人人为我,我为人人"的精神,在从生态中获得大量现成模型用于业务应用的同时,也有很多开发者将自己研发的或特殊优化过的模型放到飞桨的模型库中,与其他开发者分享自己的工作成果。

下面以 PaddlePaddle/models repo 为例(读者研发了新模型,想分享给飞桨生态中的其他开发者),详细介绍在 GitHub 上提交代码的操作方法,流程如图 8.52 所示。

■图 8.52   GitHub 贡献代码

说明:

在执行如下操作前,请确保本地已经安装 GIT,下载路径:https://git-scm. com/download/win,选择与 PC 系统对应的版本。

---

1) 创建本地 GitHub 环境

说明:

如果您首次使用飞桨 GitHub,需要先创建飞桨本地 GitHub 环境。如果您已经创建了飞桨本地 GitHub,此步骤可忽略。

（1）Fork 仓库

登录飞桨 GitHub 首页,单击 Fork,生成自己目录下的仓库,如 https://github. com/USERNAME/models。

（2）Clone 远程仓库到本地

任意选择一个本地目录,将远程仓库 clone 到本地,命令如下:

```
git clone https://github.com/USERNAME/models
cd Paddle
```

（3）创建本地分支

飞桨使用 Git 流分支模型进行开发、测试、发布和维护,特性开发和问题修复都要求在一个新的分支上完成。代码如下:

在 develop 分支上,使用 git checkout -b new_branch_name 创建并切换到新分支,如下所示。

```
git checkout - b my - cool - stuff
```

说明:

在 checkout 之前,需要保持当前分支目录 clean,否则会把 untracked 的文件也带到新分支上,可以通过 git status 查看。

（4）安装代码格式化插件

飞桨使用 pre-commit 管理 Git 预提交钩子，格式化源代码（C++，Python），在 commit 前自动检查代码基础质量的满足度（如每个文件只有一个 EOL，Git 中不允许添加大文件等）。

pre-commit 测试是 Travis-CI 中单元测试的一部分，不满足钩子的 PR 不允许提交到飞桨。请在当前目录运行如下代码：

```
➡ pip install pre - commit
➡ pre - commit install
```

说明：

- 飞桨使用 clang-format 参数调整 C/C++源代码格式，请确保 clang-format 版本在 3.8 以上。
- 通过 pip install pre-commit 和 conda install -c conda-forge pre-commit 安装的 yapf 稍有不同。建议使用 pip install pre-commit。

2）更新本地仓库

说明：

如果您是首次创建本地 GitHub 环境，代码已经和原仓库代码同步，此步骤可忽略。

同步原仓库代码如下：

（1）通过 git remote 查看当前远程仓库的名字。

```
➡ git remote
origin
➡ git remote - v
originhttps://github.com/USERNAME/models (fetch)
originhttps://github.com/USERNAME/models (push)
```

这里 origin 是 clone 的远程仓库的名字，也就是自己用户名下的 PaddlePaddle。

（2）创建一个原始 PaddlePaddle 仓库的远程主机，命名为 upstream。

```
➡ git remote add upstream https://github.com/PaddlePaddle/models
➡ git remote
origin
upstream
```

（3）获取 upstream 的最新代码并更新当前分支。

```
➡ git fetch upstream
➡ git pull upstream develop
```

3）开始开发

在本例中，删除了 README.md 中的一行，并创建了一个新文件。

通过 git status 查看当前状态，会提示当前目录的一些变化，同时也可以通过 git diff 查看文件具体被修改的内容。

```
➡  git status
On branch test
Changes not staged for commit:
  (use "git add <file> …" to update what will be committed)
  (use "git checkout -- <file> …" to discard changes in working directory)

modified:    README.md

Untracked files:
  (use "git add <file> …" to include in what will be committed)

test21…

no changes added to commit (use "git add" and/or "git commit -a")
```

4) 代码提交

（1）commit 代码到本地仓库。先取消对 README.md 文件的改变，然后提交新添加的 test 文件。

```
➡  git checkout -- README.md
➡  git status
On branch test
Untracked files:
  (use "git add <file> …" to include in what will be committed)

test

nothing added to commit but untracked files present (use "git add" to track)
➡  git add test
```

Git 每次提交代码，都需要写提交说明，这可以让其他人知道这次提交做了哪些改变，可以通过 git commit 完成。

```
Git 每次提交代码，都需要写提交说明，这可以让其他人知道这次提交做了哪些改变，可以通过 git commit 完成.
➡  git commit
CRLF end-lines remover..............................................(no files to check)Skipped
yapf................................................................(no files to check)Skipped
Check for added large files.........................................................Passed
Check for merge conflicts...........................................................Passed
Check for broken symlinks...........................................................Passed
Detect Private Key..................................................(no files to check)Skipped
Fix End of Files....................................................(no files to check)Skipped
clang-formater......................................................(no files to check)Skipped
[my-cool-stuff c703c041] add test file
1 file changed, 0 insertions(+), 0 deletions(-)
create mode 100644 233
```

需要注意的是：您需要在 commit 中添加说明（commit message）以触发 CI 单测，写法如下：

```
# 触发 develop 分支的 CI 单测
➡ git commit - m "test = develop"
```

（2）Push 代码到远程仓库

将本地的修改推送到 GitHub 上，也就是 https://github.com/USERNAME/models。

```
# 推送到远程仓库 origin 的 my - cool - stuff 分支上
➡ git push origin my - cool - stuff
```

5）完成 Pull Request

此时，可以去 https://github.com/USERNAME/models 下查看，会发现 my-cool-stuff 分支，切换到所建分支，单击 New pull request，如图 8.53 所示。

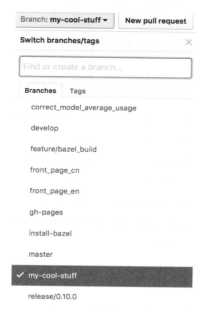

■图 8.53　Pull Request 界面

选择目标分支，如图 8.54 所示。

■图 8.54　目标分支界面

说明：

可以在 PR 描述中标识 PR 的功能，接下来等待 review。如果有需要修改的地方，参照上述步骤更新 origin 中的对应分支即可。

签署 CLA

首次向飞桨 GitHhub 提交 Pull Request 时，需要签署 CLA（Contributor License Agreement）协议，以保证您的代码可以正常合入，操作方式如下：

（1）查看 PR 中的 Check 部分，选择 license/cla，单击 Details，进入 CLA 网站，如图 8.55 所示。

■图 8.55　CLA 网站界面

（2）点击 CLA 网站中的 Sign in with GitHub to agree，完成后跳转到 Pull Request 页面，如图 8.56 所示。

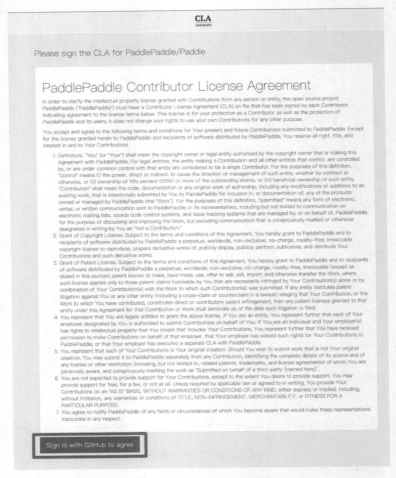

■图 8.56　Pull Request 界面

6）CI 测试

在 Pull Request 中每提交一次新的 commit，都会触发 CI 单元测试，请确保 commit message 中已加入必要的修改说明。

注意：

Pull Request 中的 CI 单元测试进程会持续几个小时，请您及时关注。当测试结果都出现了绿色的对勾，表示您本次的 commit 通过了 CI 单元测试。

7）后续处理

（1）代码审查（Code Review）。提交 PR 后，开发人员会进行代码审查，如果提出修改意见，需要相应的进行确认或修改，再次提交代码。一旦代码审查通过，PR 会被开发人员合入仓库。

（2）删除远程分支。在 PR 被 merge 进入主仓库后，我们可以在 PR 的页面删除远程仓库的分支。也可以使用 git push origin：分支名 删除远程分支，如：

```
➡ git push origin :my - cool - stuff
```

（3）删除本地分支。最后，删除本地分支。

```
# 切换到 develop 分支
➡ git checkout develop

# 删除 my - cool - stuff 分支
➡ git branch - D my - cool - stuff
```

8）注意模型文件组织和代码/文档的规范

为了使其他开发者便捷的使用模型，提交的模型最好遵守官方模型的研发规范。这样会给其他开发者一致的使用体验，也会使他们更快地掌握大家贡献的模型。官方研发规范：在文件组织、代码编写、文档编写等方面的要求，具体可参考官方模型库开发及 API 使用规范，如图 8.57 所示。

■图 8.57　文档编写要求

学习完本章内容，您已经可以轻松实现在飞桨 GitHub 贡献代码了。赶快动手实践一下，把自己编写的创新模型分享给其他深度学习的小伙伴吧！

8.6　工业部署

8.6.1　概述

　　飞桨不仅是一个深度学习框架,还是集深度学习核心框架、基础模型库、端到端开发套件、工具组件和服务平台于一体,为用户提供了多样化的配套服务产品,助力深度学习技术的应用落地。如图 8.58 所示,飞桨提供了多种部署工具,针对不同的模型部署场景。同时,还提供了模型压缩工具 PaddleSlim,满足对模型尺寸和速度有更高需求的部署场景。

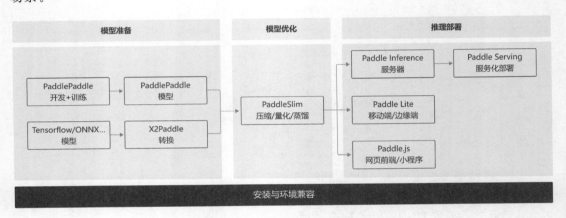

■图 8.58　飞桨模型部署组件概览

　　对于人工智能领域的研究者来说,一般算法模型的改进是其最关心的;对于企业用户和开发者而言,更希望应用现有的算法,部署到服务器或者端侧硬件上,解决一些实际应用问题。

　　模型部署面临和训练完全不一样的硬件环境和性能要求:

- 更广泛的硬件环境适配:资讯推荐(高性能服务器),人脸支付(移动端),工业质检(嵌入式端)。
- 更极致的计算性能:服务压力导致对时延(用户交互体验)和吞吐(海量用户并发)的要求。

　　飞桨在这两个方面都有优秀的体现,如图 8.59 所示,与其他框架相比较,Paddle Lite在模型部署的预测速度上具备明显的优势:

8.6.2　飞桨模型部署组件介绍

　　飞桨模型部署全景和使用场景如图 8.60 所示。

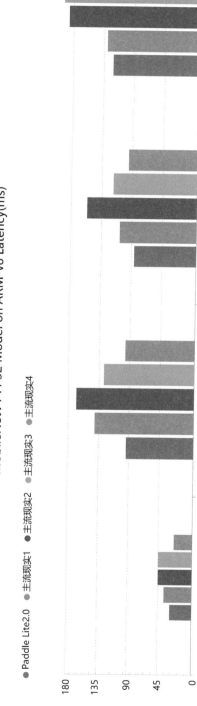

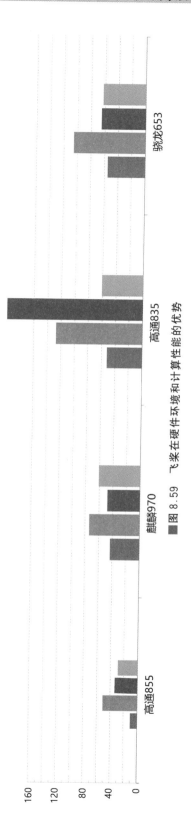

图8.59 飞桨在硬件环境和计算性能的优势

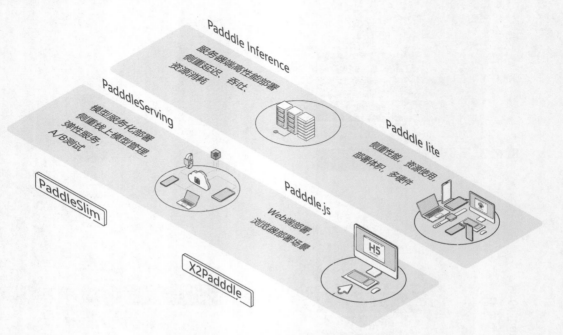

■图 8.60　飞桨模型部署全景和使用场景

- Paddle Inference：飞桨原生推理库，用于服务器端模型部署，支持 Python、C/C++等多语言。
- Paddle Serving：飞桨服务化部署框架，用于云端服务化部署，可以将模型作为单独的预测服务。
- Paddle Lite：飞桨轻量化推理引擎，用于 Mobile 及 IoT（如嵌入式设备芯片）等场景的部署。
- Paddle.js：使用 JavaScript（Web）语言部署模型，在网页和小程序中便捷地部署模型。
- 部署辅助工具 1-PaddleSlim：模型压缩，在保证模型精度的基础上减少模型尺寸，以得到更好的性能或便于放入存储较小的嵌入式芯片。
- 部署辅助工具 2-X2Paddle：将其他框架模型转换成 Paddle 模型，然后即可使用飞桨的一系列工具部署模型。

飞桨模型部署组件适用 4 个用户场景

（1）跑一批测试样本，快速预测结果：使用 Paddle Inference 的 Python 接口，跑一批测试样本，快速得到结果。

（2）在业务系统中加入模型：在业务系统中使用 Paddle Inference 的 C++/C 接口，其他编程语言的业务系统可以对接到 C API 扩展实现模型预测。如果业务系统是 C/S 或 B/S 模式，也可以使用 Paddle Serving 将模型服务化，供各种业务系统或客户端远程访问预测服务。

（3）移动端软件/嵌入式软件（APP/Web/智能设备）中加入模型：使用 PaddleSlim 对模型大小进一步压缩后，可以使用 Paddle Lite 构建 APP 及嵌入式端的模型，或者使用 Paddle.js 构建 Web/小程序中使用的模型。

（4）X2Paddle：将其他框架的模型转换成 Paddle 的模型，之后可以使用上述工具完成模型部署。

在模型实际部署时，不需要训练模型的部分，只需要模型的前向计算过程，另外，模型的推理和模型的训练有着不同的硬件环境和性能要求。部署模型多是使用飞桨的 save_inference_model 保存的模型。Inference 模型会额外保存模型的结构信息，在推理速度上性能优越，灵活方便，适合与实际系统集成。

8.6.3　飞桨原生推理库 Paddle Inference

在实际应用中，推理阶段会面临和训练时完全不一样的硬件环境，当然也对应着不一样的计算性能要求。我们训练得到的模型，需要能在具体生产环境中正确、高效地实现推理功能，完成上线部署。上线部署可能会遇到各种问题，比如：

- 预测面临特殊硬件环境：上线部署的硬件环境和训练时不同。
- 业务系统是多语言环境：业务系统使用 C++或者 Java 实现，不是 Python。
- 模型性能（速度和大小）需优化：推理计算耗时太高，可能造成服务不可用。模型的内存占用过高造成无法上线。

对工业级部署而言，要求的条件往往非常繁多而且苛刻，不是每个深度学习框架在实际生产部署上都能有良好的支持。飞桨提供了一系列的模型部署工具和方案，会让你的模型上线工作事半功倍。

1. Paddle Inference 是什么

Paddle Inference 是飞桨原生推理库，使用静态图或者动态图保存 Inference 模型，在 C++后端调用模型，并部署到高性能的业务系统中。

飞桨框架的推理部署能力经过多个版本的升级迭代，形成了完善的推理库 Paddle Inference。Paddle Inference 功能特性丰富、性能优异，针对不同平台不同应用场景进行了深度的适配优化，做到高吞吐、低时延，保证了飞桨模型在服务器端即训即用，快速部署。

针对前面提到的几个模型部署问题，Paddle Inference 提供了对应的解决方案：

1）主流软硬件环境兼容适配

支持服务器端 X86 CPU、NVIDIA GPU 芯片，兼容 Linux/MAC OS/Windows 系统。

2）多语言环境丰富接口可灵活调用

支持 C++、Python、C、Go 和 R 语言 API，接口简单灵活，20 行代码即可完成部署。可通过 Python API，实现对性能要求不太高的场景快速支持；通过 C++高性能接口，可与线上系统联编；通过基础的 C API 可扩展支持更多语言的生产环境。

3）多种性能优化策略

- 内存/显存复用提升服务吞吐量：在推理初始化阶段，对模型中的 OP 输出张量进行依赖分析，将两两互不依赖的张量在内存/显存空间上进行复用，进而增大计算并行量，提升服务吞吐量。
- 细粒度 OP 横向纵向融合减少计算量：在推理初始化阶段，按照已有的融合模式将模型中的多个 OP 融合成一个 OP，减少了模型的计算量的同时，也减少了 Kernel Launch 的次数，从而提升推理性能。目前 Paddle Inference 支持的融合模式多达几十个。

- 内置高性能的 CPU/GPU Kernel：内置同 Intel、NVIDIA 共同打造的高性能 kernel，保证了模型推理高性能的执行。
- 子图集成 TensorRT 加快 GPU 推理速度：Paddle Inference 采用子图的形式集成 TensorRT，针对 GPU 推理场景，TensorRT 可对一些子图进行优化，包括 OP 的横向和纵向融合，过滤冗余的 OP，并为 OP 自动选择最优的 kernel，加快推理速度。
- 支持加载 PaddleSlim 量化压缩后的模型：PaddleSlim 是飞桨深度学习模型压缩工具，Paddle Inference 可联动 PaddleSlim，支持加载量化、裁剪和蒸馏后的模型并部署，由此减小模型存储空间、减少计算占用内存、加快模型推理速度。

2. Paddle Inference 场景划分

Paddle Inference 应用场景，按照 API 接口类型可以分 C++、Python、C、Go 和 R。

- Python 适合直接应用，可通过 Python API 实现性能要求不太高的场景的快速支持；
- C++接口属于高性能接口，可与线上系统联编；
- C 接口是基于 C++，用于支持更多语言的生产环境。

不同接口的使用流程一致，但个别操作细节存在差异。其中，比较常见的场景是 C++和 Python。

3. Paddle Inference C++接口的部署流程

1）导出模型文件

模型部署首先要有部署的模型文件。在模型训练过程中或者模型训练结束后，可以通过 save_inference_model 接口来导出标准化的模型文件。save_inference_model 可以根据推理需要的输入和输出，对训练模型进行剪枝，去除和推理无关部分，得到的模型相比训练时更加精简，适合进一步优化和部署。

其中，静态图和动态图的保存模型 API 接口不同，如下面的案例所示。

2）静态图保存模型

```
fluid.io.save_inference_model(dirname = "./sample_model", feeded_var_names = ['image'],
target_vars = [out],
                    executor = exe, model_filename = 'model', params_filenname = 'params')
```

3）动态图保存模型

包括两个步骤：

（1）添加 declarative 装饰器；

（2）利用 ProgramTranslator 将动态图模型转换为静态图模型。

首先需要添加 declarative 装饰器，来标记需要动态图转静态图的代码块。注意：需要在最外层 class 的 forward 函数中添加。

```
from paddle.fluid.dygraph.jit import declarative

# 定义 MNIST 网络，必须继承自 fluid.dygraph.Layer
# 该网络由两个 SimpleImgConvPool 子网络、reshape 层、matmul 层、softmax 层、accuracy 层组成
```

```
class MNIST(fluid.dygraph.Layer):
    # 在__init__构造函数中会执行变量的初始化、参数初始化、子网络初始化的操作
    # 本例中执行了 self.pool_2_shape 变量、matmul 层中参数 self.output_weight、
SimpleImgConvPool 子网络的初始化操作
    def __init__(self):
        super(MNIST, self).__init__()
        self._simple_img_conv_pool_1 = SimpleImgConvPool(
            1, 20, 5, 2, 2, act = "relu")
        self._simple_img_conv_pool_2 = SimpleImgConvPool(
            20, 50, 5, 2, 2, act = "relu")

        # self.pool_2_shape 变量定义了经过 self._simple_img_conv_pool_2 层之后的数据
        # 除了 batch_size 维度之外其他维度的乘积
        self.pool_2_shape = 50 * 4 * 4
        # self.pool_2_shape、SIZE 定义了 self.output_weight 参数的维度
        SIZE = 10
        # 定义全连接层的参数
        self.output_weight = self.create_parameter(
            [self.pool_2_shape, 10])

    # forward 函数实现了 MNIST 网络的执行逻辑
    @declarative
    def forward(self, inputs, label = None):
        x = self._simple_img_conv_pool_1(inputs)
        x = self._simple_img_conv_pool_2(x)
        x = fluid.layers.reshape(x, shape = [ - 1, self.pool_2_shape])
        x = fluid.layers.matmul(x, self.output_weight)
        x = fluid.layers.softmax(x)
        if label is not None:
            acc = fluid.layers.accuracy(input = x, label = label)
            return x, acc
        else:
            return x
```

再利用 ProgramTranslator 进行转换。

```
from paddle.fluid.dygraph.dygraph_to_static import ProgramTranslator

with fluid.dygraph.guard():
    prog_trans = fluid.dygraph.ProgramTranslator()
    mnist = MNIST()

    in_np = np.random.random([10, 1, 28, 28]).astype('float32')
    label_np = np.random.randint(0, 10, size = (10,1)).astype( "int64")
    input_var = fluid.dygraph.to_variable(in_np)
    label_var = flui.dyraph.to_variable(label_np)

    out = mnist( input_var, label_var)

    prog_trans.save_inference_model("./mnist_dy2stat", fetch = [0,1])
```

4）使用 Paddle Inference 进行推理部署的流程

在保存好模型之后，使用 C++程序调用预测模型的步骤如图 8.61 所示。

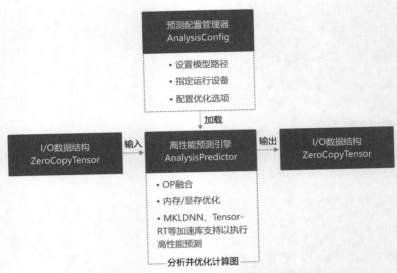

■ 图 8.61 C++ 程序调用预测模型的步骤

（1）配置推理选项。AnalysisConfig 是飞桨提供的配置管理器 API。在使用 Paddle Inference 进行推理部署过程中，需要使用 AnalysisConfig 详细地配置推理引擎参数，包括但不限于在何种设备（CPU/GPU）上部署、加载模型路径、开启/关闭计算图分析优化、使用 MKLDNN/TensorRT 进行部署的加速等。

（2）创建 AnalysisPredictor。AnalysisPredictor 是飞桨提供的推理引擎 API。根据设定好的推理配置 AnalysisConfig 创建推理引擎 AnalysisPredictor，也就是推理引擎的一个实例。创建期间会进行模型加载、分析和优化等工作。

（3）准备输入数据。准备好待输入推理引擎的数据，首先获得模型中每个输入的名称以及指向该数据块（CPU 或 GPU 上）的指针，再根据名称将对应的数据块复制到 ZeroCopyTensor。飞桨采用 ZeroCopyTensor 作为输入/输出数据结构，可以减少额外的拷贝，提升推理性能。

（4）调用 AnalysisPredictor 执行推理。

（5）获取推理输出。与输入数据类似，根据输出名称将输出的数据（矩阵向量）由 ZeroCopyTensor 复制到（CPU 或 GPU 上）以进行后续的处理。

（6）最后，获取输出并不意味着预测过程的结束，在一些特别的场景中，单纯的矩阵向量不能让使用者明白它有什么意义。进一步地，我们需要根据向量本身的意义，解析数据，获取实际的输出。举个例子，transformer 翻译模型，我们将字词变成向量输入到预测引擎中，而预测引擎反馈给我们的，仍然是矩阵向量。但是这些矩阵向量是有意义的，我们需要利用这些向量去找翻译结果所对应的句子，才能完成使用 transformer 翻译的过程。

4. Paddle Inference Python 接口的部署

使用 Python 预测 API 与 C++ 预测 API 相似，主要包括 ZeroCopyTensor、AnalysisConfig 和 AnalysisPredictor，分别对应于 C++ API 中同名的数据类型。下面通过加载一个简答模型以及随机输入的方式，展示了如何使用 Paddle Inference Python 接口进行模型预测。

```
# 设置 AnalysisConfig
config = AnalysisConfig(args.model_file, args.params_file)
config.disable_gpu()

# 创建 PaddlePredictor
Predictor = create_paddle_predictor(config)

# 设置输入,此处以随机输入为例,用户可自行输入真实数据
input = fake_input(args.batch_size)

# 运行预测引擎
outputs = predictor.run(inputs)
output_num = 512

# 获得输出并解析
output = outputs[0]
print(output.name)
output_data = output.as_ndarray() # return numpy.ndarray
assert list(output_data.shape) == [args.batch_size, output_num]
for i in range(args.batch_size):
    print(np.argmax(output_data[i]))
```

8.6.4 飞桨服务化部署框架 Paddle Serving

Paddle Serving 是飞桨服务化部署框架,能够帮助开发者轻松实现从移动端、服务器端调用深度学习模型的远程预测服务。Paddle Serving 围绕常见的工业级深度学习模型部署场景进行设计,具备完整的在线服务能力,支持的功能包括多模型管理、模型热加载、基于Baidu-RPC 的高并发低延迟响应能力、在线模型 A/B 实验等,并提供简单易用的 Client API。Paddle Serving 可以与飞桨训练框架联合使用,从而训练与远程部署之间可以无缝过度,让用户轻松实现预测服务部署,大大提升了用户深度学习模型的落地效率。

注: Baidu-RPC 是百度官方开源 RPC 框架,支持多种常见通信协议,提供基于 Protobuf 的自定义接口体验。

1. Paddle Serving 的优势特色

- 与飞桨训练框架紧密连接,绝大部分飞桨模型可以一键部署。
- 支持工业级的服务能力,例如模型管理、模型热加载、在线 A/B 测试等。
- 支持分布式键值对索引,助力于大规模稀疏特征作为模型输入。
- 支持客户端和服务端之间高并发和高效通信。
- 支持多种编程语言开发客户端,例如 Golang、C++和 Python。
- 可伸缩框架设计,当前以支持飞桨模型部署为主,但用户可以很容易嵌入其他的机器学习库部署在线预测。

使用 Paddle Serving 成功部署模型后,可以将模型预测(PaddleHub 中的预训练模型或用户编写并训练的模型)作为在线服务,预测服务可以通过 HTTP 或 RPC 请求访问,可供多种类型的端灵活调用。

2. Paddle Serving 快速使用

下面以波士顿房价预测为例,介绍如何使用 Paddle Serving 部署 HTTP 和 RPC 的服务。

1) 安装 Paddle Serving

其中客户端安装包支持 Centos 7 和 Ubuntu 18，或者您可以使用 HTTP 服务，这种情况下不需要安装客户端。

```
!pip install paddle - serving - client
!pip install paddle - serving - server
```

2) 保存模型

由于 Paddle Serving 部署一般需要额外的配置文件，所以 Paddle Serving 提供了一个 save_model 的 API 接口用于保存模型，该接口与 save_inference_model 类似，但是可将 Paddle Serving 在部署阶段需要用到的参数与配置文件统一保存打包。

```
import paddle_serving_client.io as serving_io
serving_io.save_model("housing_model", "housing_client_conf",
                      {"words": x}, {"prediction": y_predict},
                      fluid.default_main_program())
```

如果已使用 save_inference_model 接口保存好模型，Paddle Serving 也提供了 inference_model_to_serving 接口，该接口可以把已保存的模型转换成可用于 Paddle Serving 使用的模型文件。

```
import paddle_serving_client.io as serving_io
serving_io.inference_model_to_serving(dirname = path, serving_server = "serving_model",
serving_client = "client_conf",  model_filename = None, params_filename = None)
```

使用 paddle_serving_client.io 保存房价预测模型。

```
import sys
import paddle
import paddle.fluid as fluid

train_reader = paddle.batch(
    paddle.reader.shuffle(
        paddle.dataset.uci_housing.train(), buf_size = 500),
    batch_size = 16)

test_reader = paddle.batch(
    paddle.reader.shuffle(
        paddle.dataset.uci_housing.test(), buf_size = 500),
    batch_size = 16)

x = fluid.data(name = 'x', shape = [None, 13], dtype = 'float32')
y = fluid.data(name = 'y', shape = [None, 1], dtype = 'float32')

y_predict = fluid.layers.fc(input = x, size = 1, act = None)
cost = fluid.layers.square_error_cost(input = y_predict, label = y)
avg_loss = fluid.layers.mean(cost)
sgd_optimizer = fluid.optimizer.SGD(learning_rate = 0.01)
```

```
sgd_optimizer.minimize(avg_loss)

place = fluid.CPUPlace()
feeder = fluid.DataFeeder(place = place, feed_list = [x, y])
exe = fluid.Executor(place)
exe.run(fluid.default_startup_program())

import paddle_serving_client.io as serving_io

for pass_id in range(30):
    for data_train in train_reader():
        avg_loss_value, = exe.run(fluid.default_main_program(),
                                  feed = feeder.feed(data_train),
                                  fetch_list = [avg_loss])

serving_io.save_model("uci_housing_model", "uci_housing_client", {"x": x},
                      {"price": y_predict}, fluid.default_main_program())
```

通过一个小示例用 save_inference_model 保存模型数据，然后调用。

```
paddle_serving_client.io.inference_model_to_seving 转换模型参数
import paddle.fluid as fluid

path = "./infer_model"

#用户定义网络，此处以 Softmax 回归为例
image = fluid.layers.data(name = 'img', shape = [1, 28, 28], dtype = 'float32')
label = fluid.layers.data(name = 'label', shape = [1], dtype = 'int64')
feeder = fluid.DataFeeder(feed_list = [image, label], place = fluid.CPUPlace())
predict = fluid.layers.fc(input = image, size = 10, act = 'softmax')

loss = fluid.layers.cross_entropy(input = predict, label = label)
avg_loss = fluid.layers.mean(loss)

exe = fluid.Executor(fluid.CPUPlace())
exe.run(fluid.default_startup_program())

#数据输入及训练过程

#保存预测模型.注意,用于预测的模型网络结构不需要保存标签和损失.
fluid.io.save_inference_model(dirname = path, feeded_var_names = ['img'], target_vars =
[predict], executor = exe)
```

将保存的 inference_model 转换成 Paddle Serving 可用的模型。

```
import paddle_serving_client.io as serving_io
serving_io.inference_model_to_serving(dirname = path, serving_server = "serving_server",
        serving_client = "serving_client",  model_filename = None, params_filename = None)
```

3）启动服务

启动服务有如下两种模式，读者可根据场景选择。

- HTTP 模式：Web Service，支持平台广，服务器端方便加入前后处理（服务逻辑不仅是模型预测，比如加入用户权限的校验、数据的预处理、根据模型预测结果做进一步计算等内容），但速度慢。
- RPC 模式：速度快，但不方便加服务逻辑，支持的平台数量略少。

模式 1：使用 HTTP 服务启动服务

Paddle Serving 提供了一个名为 paddle_serving_server. serve 的内置 Python 模块，可以使用单行命令启动 RPC 服务或 HTTP 服务。如果我们指定参数--name uci，则意味着我们将拥有一个 HTTP 服务，其 URL 为 $ IP：$ PORT/uci/prediction。

这个启动服务命令的主要参数有四个：

- model：用的模型文件。
- thread：最大并发数。
- port：服务端口。
- name：服务的访问名称。

```
#此段代码在可以在本地上后台运行
!python - m paddle_serving_server.serve -- model uci_housing_model -- thread 10 -- port 9292
-- name uci
```

其他命令的参数介绍如表 8-8 所示。

表 8-8　更多命令参数

Argument	Type	Default	Description
thread	int	4	Concurrency of current service
port	int	9292	Exposed port of current service to users
name	str	""	Service name, can be used to generate HTTP request url
model	str	""	Path of paddle model directory to be served
mem_optim	bool	False	Enable memory optimization
ir_optim	bool	False	Enable analysis and optimization of calculation graph
use_mkl (Only for cpu version)	bool	False	Run inference with MKL

可通过如下网址 $ IP：$ PORT/uci/prediction 直接访问预测服务，通过 feed 和 fetch 变量设定模型输入和输出。我们可使用 curl 命令来发送 HTTP POST 请求给刚刚启动的服务。当然，用户也可以调用 Python 库来发送 HTTP POST 请求，请参考 Python 库 Request。

```
#在终端中运行这段代码
!curl - H "Content - Type:application/json" - X POST - d '{"feed":[{"x": [0.0137, -0.1136,
0.2553, -0.0692, 0.0582, -0.0727, -0.1583, -0.0584, 0.6283, 0.4919, 0.1856, 0.0795, -
0.0332]}], "fetch":["price"]}' http://127.0.0.1:9292/uci/prediction
```

模式 2：使用 RPC 服务启动服务

用户还可以使用 paddle_serving_server. serve 启动 RPC 服务。尽管用户需要基于 Paddle Serving 的 Python 客户端 API 进行一些开发，但是 RPC 服务通常比 HTTP 服务更快。当该命令没有指定--name 时，使用的就是 RPC 服务。

```
＃在终端中运行这段代码
!python - m paddle_serving_server. serve -- model uci_housing_model -- thread 10 -- port 9292
```

使用 RPC 服务则需要在访问预测服务的客户端写程序，同时客户端需事先安装 Paddle Serving Client。但客户端程序极为简单，仅用如下 9 行代码即可完成。

```
# client.py 文件中代码如下
from paddle_serving_client import Client

client = Client()
client.load_client_config("uci_housing_client/serving_client_conf.prototxt")
client.connect(["127.0.0.1:9292"])
data = [0.0137, -0.1136, 0.2553, -0.0692, 0.0582, -0.0727,
        -0.1583, -0.0584, 0.6283, 0.4919, 0.1856, 0.0795, -0.0332]
fetch_map = client.predict(feed={"x": data}, fetch=["price"])
print(fetch_map)
```

```
＃另开一个终端，输入命令
!python client.py
```

客户端程序通过配置文件 serving_client_conf. prototxt 设定更多高级功能。在声明了一个 client 实例后，client 通过 connect(["IP：PORT"])连接服务器，并使用 predict 获取预测结果。在这里，client. predict 函数具有两个参数。feed 是带有模型输入变量别名和值的 Python dict。fetch 要从服务器返回的预测变量赋值。在该示例中，在训练过程中保存可服务模型时，被赋值的张量名为 x 和 price。

8.6.5 飞桨轻量化推理引擎 Paddle Lite

飞桨具有完善的从训练到部署的一系列框架或工具，当读者完成模型的编写和训练后，如果希望将训练好的模型放到手机端或嵌入式端（如摄像头）等去运行，可以使用飞桨轻量化推理引擎 Paddle Lite。

Paddle Lite 支持包括手机移动端和嵌入式端在内的端侧场景，支持广泛的硬件和平台，是一个高性能、轻量级的深度学习推理引擎。除了和飞桨核心框架无缝对接外，也兼容支持其他训练框架如 TensorFlow、Caffe 保存的模型（通过 X2Paddle 工具即可将其他格式的模型转换成飞桨模型）。

1. 端侧推理引擎的由来

随着深度学习的快速发展、特别是小型网络模型的不断成熟，原本应用到云端的深度学习推理，就可以放到终端上来做，比如手机、手表、摄像头、传感器、音响，也就是端智能。此外，可用于深度学习计算的硬件也有井喷之势，从 Intel 到 NVIDIA、ARM、Mali、寒武纪等等。相比服务端智能，端智能具有延时低、节省资源、保护数据隐私等优势。目前已经在 AI 摄像、视觉特效等场景广泛应用，如图 8.62 所示。

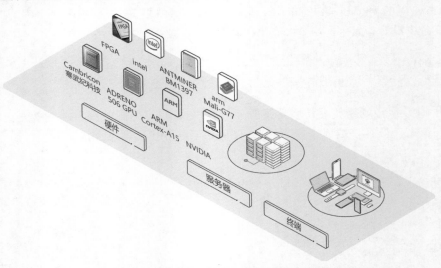

■图 8.62   多种推理终端和多种推理硬件层出不穷

然而，深度学习推理场景中，多样的平台、不同的芯片对推理库的能力提出了更高的要求。端侧模型的推理经常面临算力和内存的限制，加上日趋异构化的硬件平台和复杂的端侧使用状况，导致端侧推理引擎的架构能力颇受挑战。端侧推理引擎是端智能应用的核心模块，需要在有限算力、有限内存等限制下，高效地利用资源，快速完成推理。因此，飞桨期望提供面向不同业务算法场景、不同训练框架、不同部署环境，简单、高效、安全的端侧推理引擎。

2. Paddle Lite 的产品特色

为了能够完整地支持众多的硬件架构，实现在这些硬件之上的各种人工智能应用的性能优化，飞桨提供端侧推理引擎 Paddle Lite。截止到现在，Paddle Lite 已广泛应用于搜索广告、手机百度、百度地图、全民小视频等多个重要业务。

Paddle Lite 具备如下产品特色：

- 移动端和嵌入端的模型部署工具，可使用其部署飞桨、TensorFlow、Caffe、ONNX 等多种平台的主流模型格式，包括 MobileNetV1、YoloV3、UNet、SqueezeNet 等主流模型；
- 多种语言的 API 接口：C++/Java/Python，便于嵌入各种业务程序；
- 丰富的端侧模型：ResNet、EffcientNet、ShuffleNet、MobileNet、Unet、Face Detection、OCR_Attention 等；
- 支持丰富的移动和嵌入端芯片：ARM CPU、Mali GPU、Adreno GPU、昇腾 & 麒麟 NPU、MTK NeuroPilot、RK NPU、寒武纪 NPU、X86 CPU、NVIDIA GPU、FPGA 等多种硬件平台；
- 除了 Paddle Lite 本身提供的性能优化策略外，还可以结合 PaddleSlim 可以对模型进行压缩和量化，以达到更好的性能。

3. Paddle Lite 支持的模型

Paddle Lite 支持的模型如下。其中，Caffe、TensorFlow 或 ONNX 模型可以通过 X2Paddle 进行转换，如图 8.63 所示。

模型	fluid	Caffe	tensorflow	onnx
mobilenetv1	Y	Y	Y	
mobilenetv2	Y	Y	Y	Y
resnet18	Y	Y	Y	
resnet50	Y	Y	Y	Y
mnasnet	Y	Y	Y	
efficientnet	Y	Y	Y	Y
squ0ozenetv1.1	Y	Y	Y	Y
shuffilenet	Y	Y	Y	
mobillenet_ssd	Y	Y	Y	
mobilenet_yolowB	Y			
inceptionv4	Y			
mtcnn	Y	Y	Y	
tacedetection	Y	Y	Y	
unet	Y	Y	Y	
ocr_attention	Y			
vgg16	Y			

■图 8.63 Paddle Lite 支持的模型

4. Paddle Lite 部署模型工作流

使用 Paddle Lite 部署模型包括如下步骤，如图 8.64 所示。

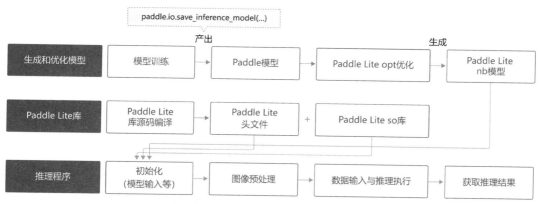

■图 8.64 Paddle Lite 部署模型步骤

（1）准备 Paddle Lite 推理库。Paddle Lite 新版本发布时已提供预编译库，因此无须进行手动编译，直接下载编译好的推理库文件即可。

（2）生成和优化模型。先经过模型训练得到 Paddle 模型，该模型不能直接用于 Paddle

Lite 部署,需先通过 Paddle Lite 的 opt 离线优化工具优化,然后得到 Paddle Lite nb 模型。如果是 Caffe,TensorFlow 或 ONNX 平台训练的模型,需要使用 X2Paddle 工具将模型转换到 Paddle 模型格式,再使用 opt 优化。

(3)构建推理程序。使用前续步骤中编译出来的推理库、优化后模型文件,首先经过模型初始化,配置模型位置、线程数等参数,然后进行图像预处理,如图形转换、归一化等处理,处理好以后就可以将数据输入到模型中执行推理计算,并获得推理结果。

5. Paddle Lite 移动端和嵌入端的模型部署

Paddle Lite 提供多平台下的示例工程 Paddle-Lite-Demo,其中包含 Android、iOS 和 Armlinux 平台,涵盖人脸识别、人像分割、图像分类、目标检测多个应用场景。

以 Android 平台为例,Paddle Lite 部署的流程如图 8.65 所示。

环境准备　　　　编译预测库　　　　模型优化　　　　构建并运行APP

■图 8.65　Paddle Lite 部署的流程

(1)下载推理库。从 Paddle Lite 预编译库网页下载推理库文件,供示例程序调用 Paddle Lite 完成推理。

(2)模型优化。使用离线优化工具对模型进行优化,如算子融合、内存复用、类型推断、模型格式变换等。

(3)构建并运行 APP。使用前续步骤中编译出来的推理库、优化模型,完成 Android/iOS 平台上的目标检测应用。我们已为用户准备好了完整的 Android/iOS 工程示例,方便用户体验和二次开发。

Android Demo 的代码结构如图 8.66 所示。

在上述 Project 代码结构中,有几个代码文件是比较关键的。如果想在 Demo 的基础上,换新的模型或者改变应用模型的方式,只要修改 Predicotr.java 和 model.nb 就可以看到实验效果。

(1)Predictor.java:推理代码。

```
#位置
object _ detection _ demo/app/src/main/java/com/baidu/paddle/lite/demo/object _ detection/
Predictor.java
```

(2)model.nb:模型文件(opt 工具转化后 Paddle Lite 模型);pascalvoc_label_list:训练模型时的 labels 文件。

```
#位置
object_ detection _ demo/app/src/main/assets/models/ssd _ mobilenet _ v1 _ pascalvoc _ for _ cpu/
model.nb
object_detection_demo/app/src/main/assets/labels/pascalvoc_label_list
```

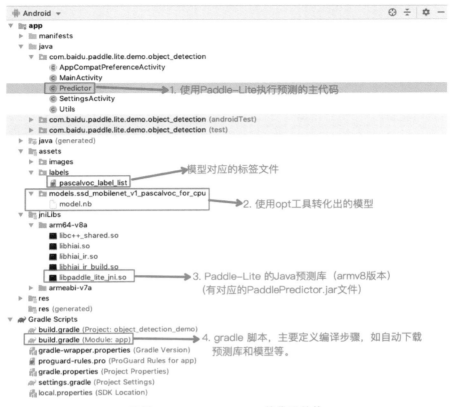

■图8.66 Android Demo 的代码结构

（3）libpaddle_lite_jni. so、PaddlePredictor. jar：Paddle Lite Java 推理库与 Jar 包。

```
# 位置
object_detection_demo/app/src/main/jniLibs/arm64 - v8a/libpaddle_lite_jni. so
object_detection_demo/app/libs/PaddlePredictor. jar
```

（4）build. gradle：定义编译过程的 gradle 脚本（不用改动，定义了自动下载 Paddle Lite 推理和模型的过程）。

```
# 位置
object_detection_demo/app/build. gradle
```

附录-Paddle Lite 目标检测部署实战

实战任务目标：将基于 Paddle Lite 预测库的 Android APP 部署到手机，实现物体检测。

环境准备：

- 下载 Paddle Lite Demo 到本地 PC。
- 安装 Android Studio。
- Android 手机（开启 USB 调试模式），连接电脑。

部署步骤

（1）目标检测的 Android 示例位于 Paddle-Lite-Demo\PaddleLite-android-demo\object_detection_demo

（2）用 Android Studio 打开 object_detection_demo 工程（本步骤需要联网）。

（3）手机连接电脑，打开 USB 调试和文件传输模式，在 Android Studio 上连接自己的手机设备（手机需要开启允许从 USB 安装软件权限），如图 8.67 所示。

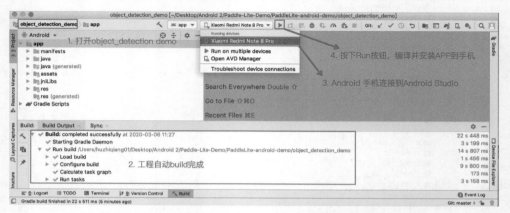

■ 图 8.67　在 Android Studio 上连接自己的手机设备

（4）按下 Run 按钮，自动编译 APP 并安装到手机。（该过程会自动下载 Paddle Lite 推理库和模型，需要联网）。成功后效果如图 8.68 和图 8.69 所示。

■ 图 8.68　效果图一

■ 图 8.69　效果图二

8.6.6 飞桨模型压缩工具 PaddleSlim

Paddle Lite 介绍中提到可以结合 PaddleSlim 对模型进行压缩和量化,以达到更好的性能。PaddleSlim 是飞桨开源的模型压缩工具库,包含模型剪裁、定点量化、知识蒸馏、超参搜索和模型结构搜索等一系列模型压缩策略,专注于模型小型化技术。

1. 为什么需要模型压缩

理论上来说,深度神经网络模型越深,非线性程度也就越大,相应地对现实问题的表达能力越强,但是相对应的代价是,训练成本和模型大小的增加,大模型在部署时需要更好的硬件支持,并且预测速度较低。

而随着 AI 应用越来越多的在手机端、IoT 端上部署,这种部署环境给我们的 AI 模型提出了新的挑战,受能耗和设备体积的限制,端侧硬件的计算性能和存储能力相对较弱,突出的诉求主要体现在以下三点:

(1)首先是速度,比如人脸闸机、人脸解锁手机等,对响应速度比较敏感,需要做到实时响应。

(2)其次是存储,比如电网周边环境监测这个场景,图像目标检测模型部署在监控设备上,可用的内存只有 200M。在运行了监控程序后,剩余的内存已经不到 30M。

(3)最后是能耗,离线翻译这种移动设备内置 AI 模型的能耗直接决定了它的续航能力。

以上诉求都需要我们根据终端环境对现有模型进行小型化处理,在不损失精度的情况下,让模型的体积更小、速度更快,能耗更低,如图 8.70 所示。

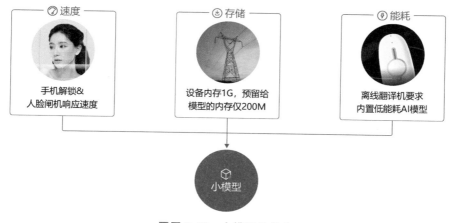

■图 8.70 小模型的优点

如何产出小模型?

常见的方式包括设计更高效的网络结构、将模型的参数量变少、将模型的计算量减少,同时提高模型的精度。

可能有人会提出疑问,为什么不直接设计一个小模型?

要知道,实际业务子垂类众多,任务复杂度不同,在这种情况下,人工设计有效小模型难度非常大,需要非常强的领域知识。而模型压缩可以在经典小模型的基础上,稍作处理就可以快速拔高模型的各项性能,达到"多快好省"的目的。

图 8.71 是分类模型使用了蒸馏和量化的效果图,横轴是推理耗时,纵轴是模型准确率。

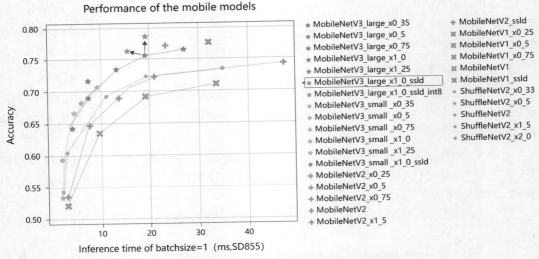

■图 8.71　分类模型使用蒸馏和量化的效果图

图中最上边红色的星星对应的是在 MobileNetV3_large model 基础上,使用蒸馏后的效果,相比它正下方的蓝色星星,精度有明显的提升。

图中所标浅蓝色的星星,对应的是在 MobileNetV3_large model 基础上,使用了蒸馏和量化的结果,相比原始模型,精度和推理速度都有明显的提升。

可以看出,在人工设计的经典小模型基础上,经过蒸馏和量化可以进一步提升模型的精度和推理速度。

2. PaddleSlim 如何实现模型压缩

PaddleSlim 可以对训练好的模型进行压缩,压缩后的模型更小,并且精度几乎无损。在移动端和嵌入端,更小的模型意味着对内存的需求更小,预测速度更快,如图 8.72 所示。

■图 8.72　小模型技术

PaddleSlim 提供了一站式的模型压缩算法:

- 对于业务用户,PaddleSlim 提供完整的模型压缩解决方案,可用于图像分类、检测、分割等各种类型的视觉场景。同时也在持续探索 NLP 领域模型的压缩方案。另外,PaddleSlim 提供且在不断完善各种压缩策略在经典开源任务的 benchmark,以便业务用户参考。

- 对于模型压缩算法研究者或开发者,PaddleSlim 提供各种压缩策略的底层辅助接口,方便用户复现、调研和使用最新论文方法。PaddleSlim 会从底层能力、技术咨询合作和业务场景等角度支持开发者进行模型压缩策略相关的创新工作。

PaddleSlim 提供了各种模型压缩功能,如图 8.73 所示。

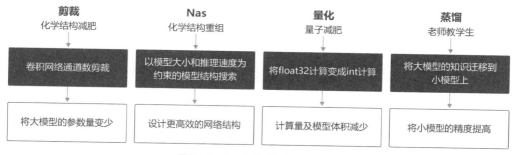

■图 8.73　各种模型压缩功能

(1) 剪裁:类似"化学结构式的减肥",裁剪掉一些对预测结果不重要的网络结构,网络结构变得更加"瘦身"。PaddleSlim 支持按照卷积通道均匀剪裁,也支持基于敏感度的卷积通道剪裁,或基于进化算法的自动剪裁。

(2) 神经网络结构自动搜索(NAS):类似"化学结构式的重构",支持基于进化算法的轻量神经网络结构、One-Hot 网络结构等多种自动搜索策略,甚至用户可以自定义搜索算法。

(3) 量化:类似"量子级别的减肥",例如将 float32 的数据计算精度变成 int8 的计算精度,在更快计算的同时,不过多降低模型效果,每个计算操作的原子变得"瘦身"。PaddleSlim 既支持在线量化训练(training aware),也支持离线量化训练(post training)。

(4) 蒸馏:类似"老师教学生",使用一个效果好的大模型指导一个小模型训练,因为大模型可以提供更多的软分类信息量,所以会训练出一个效果接近大模型的小模型。PaddleSlim 既支持单进程知识蒸馏,也支持多进程分布式知识蒸馏。

3. PaddleSlim 压缩效果对比

如图 8.74 所示,经过压缩的模型并没有显著下降精度,甚至在有些场景下由于泛化性的提高,模型的精度反而提升了。但模型的大小和速度有相当大的改进。

MobileNetV1-YOLOV3 on Pascal VOC (剪裁+蒸馏)	
Paddle Lite推理速度	+138%
模型大小	-67%
精度	78.8% (+2.6%)

MobileNetV1-YOLOV3 on COCO (剪裁+蒸馏)	
FLOPs (理论计算量)	-67%
模型大小	-67%
精度	29.0% (-0.3%)

■图 8.74　PaddleSlim 压缩效果对比

4. PaddleSlim 模型剪裁

下面以图像分类模型 MobileNetV1 为例,说明如何快速使用 PaddleSlim 接口,快速完成模型剪裁,在精度不损失的情况下,减少 10 倍的 FLOPs。该示例包含以下步骤:

(1) 安装 PaddleSlim 并导入依赖库。

(2) 构建网络。

(3) 分析敏感度。

(4) 剪裁模型。

完整的 PaddleSlim Demo 可以参考链接。

1) 安装 PaddleSlim 并导入依赖库

```
!pip install paddleslim
```

```
import paddle
import paddle.fluid as fluid
import paddleslim as slim
```

2) 构建网络

本示例中构造一个用于对 MNIST 数据进行分类的分类模型,选用 MobileNetV1,并将输入大小设置为 $[1, 28, 28]$,输出类别数为 10。为了方便展示示例,我们在 paddleslim.models 下预定义了用于构建分类模型的方法,执行以下代码构建分类模型。

```
#构建网络
exe, train_program, val_program, inputs, outputs = slim.models.image_classification("
MobileNet", [1, 28, 28], 10, use_gpu = True)
place = fluid.CUDAPlace(0)

#定义输入数据
import paddle.dataset.mnist as reader
train_reader = paddle.batch(
        reader.train(), batch_size = 128, drop_last = True)
test_reader = paddle.batch(
        reader.test(), batch_size = 128, drop_last = True)
data_feeder = fluid.DataFeeder(inputs, place)

#定义模型评估方法
import numpy as np
def test(program):
    acc_top1_ns = []
    acc_top5_ns = []
    for data in test_reader():
        acc_top1_n, acc_top5_n, _ = exe.run(
            program,
            feed = data_feeder.feed(data),
            fetch_list = outputs)
        acc_top1_ns.append(np.mean(acc_top1_n))
        acc_top5_ns.append(np.mean(acc_top5_n))
    print("Final eva - acc_top1: {}; acc_top5: {}".format(
```

```
            np.mean(np.array(acc_top1_ns)), np.mean(np.array(acc_top5_ns))))
        return np.mean(np.array(acc_top1_ns))

# 训练模型
for data in train_reader():
    acc1, acc5, loss = exe.run(train_program, feed = data_feeder.feed(data), fetch_list =
outputs)
    print(np.mean(acc1), np.mean(acc5), np.mean(loss))

# 测试模型
test(val_program)
```

3）获取待分析卷积参数，分析敏感度

只有训练好的模型才能做敏感度分析，因为该示例任务相对简单，上述代码中用训练一个 Epoch 产出的模型做敏感度分析。对于其他训练比较耗时的模型，您可以加载训练好的模型权重。

```
params = []
for param in train_program.global_block().all_parameters():
    if "_sep_weights" in param.name:
        params.append(param.name)
print(params)
params = params[:5]
```

（1）简单计算敏感度。调用 sensitivity 接口对训练好的模型进行敏感度分析。

在计算过程中，敏感度信息会不断追加保存到选项 sensitivities_file 指定的文件中，该文件中已有的敏感度信息不会被重复计算。

先用以下命令删除当前路径下可能已有的 sensitivities_0.data 文件。

```
!rm – rf sensitivities_0.data
```

除了指定待分析的卷积层参数，我们还可以指定敏感度分析的粒度和范围，即单个卷积层参数分别被剪裁掉的比例。

如果待分析的模型比较敏感，剪掉单个卷积层的 40% 的通道，模型在测试集上的精度损失就达 90%，那么 pruned_ratios 最大设置到 0.4 即可，比如：[0.1, 0.2, 0.3, 0.4]。

为了得到更精确的敏感度信息，我可以适当调小 pruned_ratios 的粒度，比如：[0.1, 0.15, 0.2, 0.25, 0.3, 0.35, 0.4]。

pruned_ratios 的粒度越小，计算敏感度的速度越慢。

```
sens_0 = slim.prune.sensitivity(
        val_program,
        place,
        params,
        test,
        sensitivities_file = "sensitivities_0.data",
        pruned_ratios = [0.1, 0.2])
print(sens_0)
```

（2）扩展敏感度信息。前文计算敏感度用的是 pruned_ratios＝[0.1, 0.2]，我们可以在此基础上将其扩展到 [0.1, 0.2, 0.3]。

敏感度分析所用时间取决于待分析的卷积层数量和模型评估的速度，我们可以通过多进程的方式加速敏感度计算。

在不同的进程设置不同 pruned_ratios，然后将结果合并。

首先，我们要计算 pruned_ratios＝[0.1, 0.2, 0.3] 的敏感度，并将其保存到了文件 sensitivities_0.data 中。

在另一个进程中，我们可以设置 pruned_ratios＝[0.4]，并将结果保存在文件 sensitivities_1.data 中。代码如下：

```
sens_0 = slim.prune.sensitivity(
        val_program,
        place,
        params,
        test,
        sensitivities_file = "sensitivities_0.data",
        pruned_ratios = [0.3])
print(sens_0)

sens_1 = slim.prune.sensitivity(
        val_program,
        place,
        params,
        test,
        sensitivities_file = "sensitivities_1.data",
        pruned_ratios = [0.4])
print(sens_1)
```

加载多个进程产出的敏感度文件，合并敏感度信息。

```
s_0 = slim.prune.load_sensitivities("sensitivities_0.data")
s_1 = slim.prune.load_sensitivities("sensitivities_1.data")
print(s_0)
print(s_1)
# 合并敏感度信息
s = slim.prune.merge_sensitive([s_0, s_1])
print(s)
```

根据前面步骤产出的敏感度信息，对模型进行剪裁。

4）模型剪裁

首先，调用 PaddleSlim 提供的 get_ratios_by_loss 方法根据敏感度计算剪裁率，通过调整参数 Loss 大小获得合适的一组剪裁率：

注意：

对测试网络进行剪裁时，需要将 only_graph 设置为 True，具体原因请参考 Pruner API 文档。

```
#计算裁剪率
loss = 0.01
ratios = slim.prune.get_ratios_by_loss(s_0, loss)
print(ratios)

#模型裁剪
pruner = slim.prune.Pruner()
print("FLOPs before pruning: {}".format(slim.analysis.flops(train_program)))
pruned_program, _, _ = pruner.prune(
        train_program,
        fluid.global_scope(),
        params = ratios.keys(),
        ratios = ratios.values(),
        place = place,
        only_graph = True)
print("FLOPs after pruning: {}".format(slim.analysis.flops(pruned_program)))
```

可以发现,裁剪后的模型相比较不裁剪的模型 FLOPs 尺寸少了 90%。

测试一下剪裁后的模型在测试集上的精度。

```
test(pruned_val_program)
```

可以发现裁剪后的精度很低,可以继续训练裁剪后的模型,并测试训练的精度。

```
for data in train_reader():
    acc1, acc5, loss = exe.run(pruned_program, feed = data_feeder.feed(data), fetch_list =
outputs)
print(np.mean(acc1), np.mean(acc5), np.mean(loss))

test(pruned_val_program)
```

最终发现,重新训练后的裁剪模型,裁剪后的模型精度几乎无损。

8.6.7　往届优秀学员作品展示

1. Cascade R-CNN 和 YOLOv3_Enhance 的布匹瑕疵检测模型训练部署

1) 项目背景

产品质量不稳定的问题一直困扰着我国许多传统制造业企业,而传统的质量管理手段实际执行时需要大量的人力资源、管理资源投入进行保障,并且,只是降低问题发生的概率,并不能够完全杜绝质量问题发生。

随着人工智能和计算机视觉等技术突飞猛进,诞生了工业质检的应用场景,如果能够将这些技术应用于各行各业,尤其是半导体、纺织、快速消费品等质量要求严格或劳动强度大的行业,将创造巨大的商业价值。

2) 项目内容

本文聚焦于纺织行业的布匹疵点智能检测场景,使用 PaddleDetection 中 Cascade R-CNN 和 YOLOv3 的增强模型进行训练、预测,大幅提升预测速度,并提供了多种模型部署方式,使模型具备在工业场景的落地能力,以期为各种工业质检场景提供解决方案示例。

3）实现方案

使用 PaddleDetection 结合 Cascade R-CNN，使用更大的训练与评估尺度（1000×1500），最终在单卡 V100 上速度为 20FPS，COCO mAP 达 47.8%。并将模型导出，接到 C++服务器端预测库或 Serving 服务。

4）实现结果

项目实现界面见图 8.75。

类别名	无疵点	破洞	水渍	油渍	污渍	三丝	结头	花板跳	百脚	毛粒
category id	0	1	2	2	2	3	4	5	6	7

类别名	粗经	松经	断经	吊经	粗维	纬缩	浆斑	整经结	星跳	跳花
category id	8	9	10	11	12	13	14	15	16	16

■图 8.75　项目实现结果

5）项目点评

基于 PaddleClas 中 SSLD 蒸馏方案训练得到的 ResNet50_vd 预训练模型，结合 PaddleDetection 中的丰富算子，面向服务器端实用的目标检测方案 PSS-DET，使 Cascade R-CNN 增强模型在预测速度上逼近 YOLOv3 增强模型，效果非常显著。并在 Paddle Serving 上进行工业部署，完成度十分高，实际意义很大。

6）项目链接

https://aistudio.baidu.com/aistudio/projectdetail/532715

2. Paddle Lite 和 PaddleSlim 的实践

1）项目背景

当我们在计算机端实现对输出模型的高精度保障之后，如何将其部署到移动设备，或者工业环境的嵌入式设备上，是一大难题。因为在落地应用中，模型的性能发挥可能受制于硬件设备的计算能力，传感器的精度，周围环境的噪声等。因此，探讨如何将模型成功部署，显得尤为重要。

2）项目内容

选择适用的模型网络，先在 Android 设备上运行验证。再通过压缩进行对比实验。

3）实现方案

该项目使用 MobileNetV3 Large 的骨干网络,使用 SSDLite 结构,通过 Paddle Lite 将目标检测项目部署在 Android 上运行。然后进行模型的压缩和加速——使用 PaddleSlim 工具。最终使用 yolov3_mobilenet_v1_fruit 模型检验在压缩前后模型的精度。

4）实现结果

模型压缩前如图 8.76 所示。

模型压缩后如图 8.77 所示。

总结:裁剪后模型的大小变小了,从 92.39MB 变成了 75.71MB。

推理时间变短,从 524.4ms 变成了 485.2ms。

■图 8.76　压缩前

■图 8.77　压缩后

训练的评估结果裁剪前是 mAP＝68.79,裁剪后是 mAP＝67.52。

两种训练方式都是按照相同的配置文件训练 20 000 次。

5）项目点评

完成了目标检测任务在移动端的部署,并且使用 PaddleSlim 对模型进行压缩对比精度、检测时间等指标,清晰完整地完成了作业的要求。

6）项目链接

https://aistudio.baidu.com/aistudio/projectdetail/518511

8.7　飞桨全流程开发工具 PaddleX

8.7.1　飞桨全流程开发工具 PaddleX

PaddleX 是飞桨全流程开发工具,集飞桨核心框架、模型库、工具及组件等深度学习开发所需全部能力于一身,打通从数据接入到推理部署的深度学习开发全流程,简化各环节串联工作,大幅提升开发效率。

PaddleX 提供 API 和可视化界面 Demo 两种使用模式,简明易懂的 Python API,方便用户根据实际生产需求直接调用或二次开发,为开发者提供飞桨全流程开发的最佳实践,用户通过简单集成即可生成所在行业的专属 AI 工具,如图 8.78 所示。

PaddleX 具备以下特点:

（1）全流程打通:打通从数据接入到推理部署的深度学习开发全流程,简化各环节串

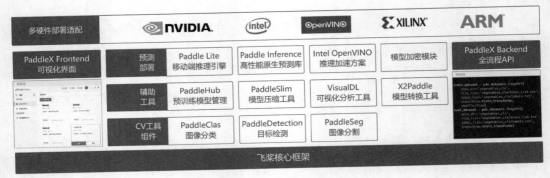

■图 8.78　飞桨核心框架

联工作,大幅提升开发效率。

(2) 开源技术内核:集成飞桨领先的视觉算法和工具组件,提供简明易懂的 Python API,完全开源开放,易于集成和二次开发。

(3) 产业深度兼容:兼容 Windows、Mac、Linux 系统,支持 GPU 加速模型训练,并且是本地开发,可确保数据安全,符合产业应用的需求。

(4) 完善的教程与服务:丰富的全流程开发文档,高效的技术服务支持,提供多种方式方便用户与技术团队直接交流。

8.7.2　PaddleX 图形化开发界面

为了帮助开发者更好地了解飞桨的开发步骤以及所涉及的模块组件,进一步提升项目开发效率,飞桨为开发者提供了基于 PaddleX 实现的图形化开发界面示例,用户可以基于该界面示例进行改造,开发符合自己习惯的操作界面。开发者可以根据实际业务需求,直接调用或改造 PaddleX 后端技术内核来开发项目,或使用图形化开发界面快速体验飞桨模型开发全流程,如图 8.79 所示。

■图 8.79　图形化开发界面

8.7.3　PaddleX 快速使用方法

下面以 MobileNetV3_ssld 完成化妆品分类为例,介绍 PaddleX 训练模型方式。

MobileNetV3_ssld 是通过 SSLD(简单的半监督标签知识蒸馏)方式得到的新模型。相对比原有的 MobileNetV3 预训练模型,在参数量不变的情况下,MobileNetV3_ssld 预训练模型在 ImageNet 数据集上的精度提升 3%。

在下文中,我们将介绍 API 和可视化界面 Demo 两种使用 PaddleX 的方法。

1. 安装 PaddleX

```
! pip install paddlex - i https://mirror.baidu.com/pypi/simple
```

2. 准备化妆品分类数据集

下载并解压数据集,数据形式如图 8.80 所示,这里展示了图片样本和对应的分类标签。

■图 8.80　图片样本和对应的分类标签

```
! wget https://bj.bcebos.com/paddlex/datasets/makeup.tar.gz
! tar xzf makeup.tar.gz
```

3. 训练准备

1) 配置训练环境,并导入 PaddleX 库

```
# Jupyter 中使用 Paddlex 需要设置 Matplotlib
import matplotlib
matplotlib.use('Agg')
# 设置使用 0 号 GPU 卡 (如无 GPU,执行此代码后仍然会使用 CPU 训练模型)
import os
os.environ['CUDA_VISIBLE_DEVICES'] = '0'
import paddlex as pdx
```

2) 定义图像处理流程 transforms

定义训练和验证过程中的图像处理流程,其中训练过程包括了部分数据增强操作(验证时不需要),如在本示例中,训练过程使用了 RandomCrop 和 RandomHorizontalFlip 两种数据增强方式,更多图像预处理流程 transforms 的使用可参见 paddlex.cls.transforms。

```
from paddlex.cls import transforms
train_transforms = transforms.Compose([
    transforms.RandomCrop(crop_size = 224),
    transforms.RandomHorizontalFlip(),
```

```
        transforms.Normalize()
    ])
eval_transforms = transforms.Compose([
        transforms.ResizeByShort(short_size = 256),
        transforms.CenterCrop(crop_size = 224),
        transforms.Normalize()
    ])
```

3）定义数据集 Dataset

使用 PaddleX 内置的数据集读取器读取训练和验证数据集，并应用上面配置的图像处理流程。本示例采用 ImageNet 数据集格式，因此这里采用 pdx. datasets. ImageNet 来加载数据集，该接口的介绍可参见文档 paddlex. datasets. VOCDetection。

```
train_dataset = pdx.datasets.ImageNet(
        data_dir = 'makeup',
        file_list = 'makeup/train_list.txt',
        label_list = 'makeup/labels.txt',
        transforms = train_transforms,
        shuffle = True)
eval_dataset = pdx.datasets.ImageNet(
        data_dir = 'makeup',
        file_list = 'makeup/val_list.txt',
        label_list = 'makeup/labels.txt',
        transforms = eval_transforms)
```

4）开始训练模型

在定义好数据集后，即可选择分类模型（这里使用了 MobileNetV3_large_ssld 模型）开始训练。MobileNetV3_large 是面向移动端应用场景的模型，而 MobileNetV3_large_ssld 是百度通过 SSLD 蒸馏策略所得的模型，具有更高的精度表现。

关于分类模型训练，更多参数介绍可参见文档 paddlex. cls. MobileNetV3_large_ssld。在如下代码中，模型训练过程每间隔 save_interval_epochs 轮次，会保存一次模型在 save_dir 目录下，同时在保存的过程中也会在验证数据集上计算相关指标，模型训练过程中相关日志的含义可参见文档。

注意：

本数据集在 P40 GPU 上训练 MobileNetV3_large_ssld，模型的训练过程预估为 10 分钟左右；如无 GPU，则预估为 30 分钟左右。

```
num_classes = len(train_dataset.labels)
model = pdx.cls.MobileNetV3_large_ssld(num_classes = num_classes)
model.train(num_epochs = 10,
            train_dataset = train_dataset,
            train_batch_size = 32,
            eval_dataset = eval_dataset,
            lr_decay_epochs = [4, 6, 8],
            save_interval_epochs = 1,
            learning_rate = 0.025,
            save_dir = 'output/mobilenetv3_large_ssld')
```

4．模型预测

```
result = model.predict('makeup/mascara/27.jpeg', topk = 1)
print("Predict Result:", result)
```

当然，PaddleX 的功能不止这么简单，这是一个极简功能的展示案例。实际上，PaddleX 可以和 PaddleSeg、PaddleClas、PaddleDetection 等开发套件一样，实现非常丰富的模型和训练配置。如果读者对这些功能感兴趣，欢迎继续查阅 PaddleX 的文档，或者可以通过 PaddleX 官方提供的图形化界面 Demo 了解。该 Demo 完整展示了基于 PaddleX 的 API 可以完成的功能，而且 PaddleX 的界面读者可以根据自己的需要重新设计。

8.7.4　PaddleX 客户端使用方法

1．下载 PaddleX 客户端

您需要前往飞桨官网填写基本信息后下载试用 PaddleX 客户端。

2．准备数据

在开始模型训练前，需要根据不同的任务类型，将数据标注为相应的格式。目前 PaddleX 支持图像分类、目标检测、语义分割、实例分割四种任务类型。不同类型任务的数据处理方式可查看数据集格式说明。

3．导入数据集

（1）数据标注完成后，您需要根据不同的任务，将数据和标注文件，按照客户端提示更名并保存到正确的文件中。

（2）在客户端新建数据集，选择与数据集匹配的任务类型，并选择数据集对应的路径，将数据集导入。

如果想用自己的数据集，可以上传自己的数据集，这里我们以化妆品分类为例，上传化妆品的数据集，如图 8.81 所示。

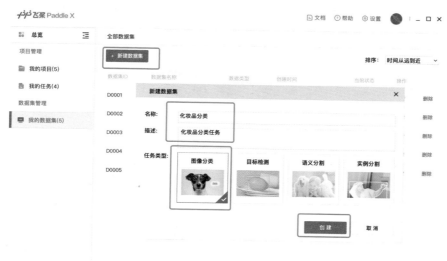

■图 8.81　上传数据集

上传成功后,会出现如下界面,如果需要重新划分训练集、验证集、测试集时,可以选择重新划分,如图 8.82 所示。

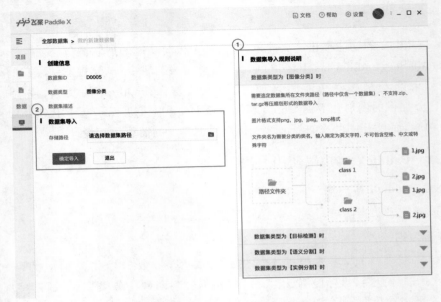

■图 8.82   数据集划分

- 训练集:用来训练模型。
- 验证集:中间小测验,用于进行模型评估,找到最优模型。
- 测试集:最终测试模型在现实场景的泛化误差,避免过拟合。

划分后的结果,如图 8.83 所示。

■图 8.83   划分数据集后的结果

4．创建项目

（1）在完成数据导入后，可单击"新建项目"创建一个项目。

（2）可根据实际任务需求选择项目的任务类型，需要注意项目所采用的数据集也带有任务类型属性，两者需要进行匹配，如图8.84所示。

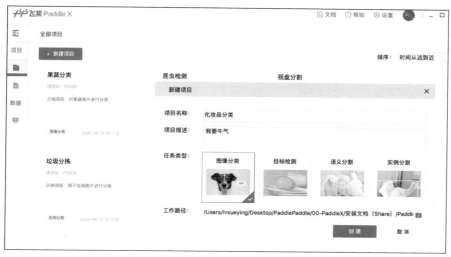

■图8.84　新建项目

5．项目开发

（1）选择数据：项目创建完成后，需要选择已载入客户端并校验后的数据集，并单击"下一步"，进入参数配置页面，如图8.85所示。

■图8.85　参数配置页面

（2）配置参数：主要分为模型参数、训练参数、优化策略三部分。可根据实际需求选择模型结构及对应的训练参数、优化策略，使得任务效果最佳，如图 8.86 所示。

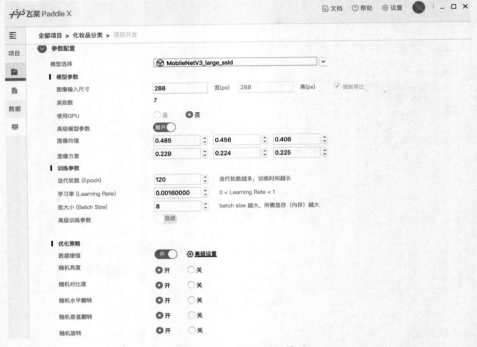

■图 8.86　各种训练策略

另外，可以在客户端中选择不同的数据增强方式，如图 8.87 所示。

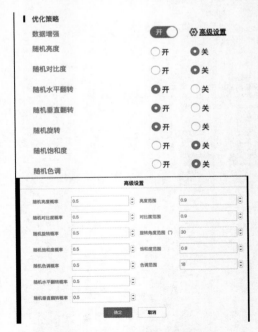

■图 8.87　不同数据增强方式

参数配置完成后,单击"启动训练",模型开始训练并进行效果评估。

(3)训练可视化:在训练过程中,可通过 VisualDL 查看模型训练过程时的参数变化、日志详情,及当前最优的训练集和验证集训练指标。模型在训练过程中通过单击"终止训练"随时终止训练过程,如图 8.88 所示。

■图 8.88　训练可视化

PaddleX 集成了飞桨可视化分析工具 VisualDL,可以很方便地查看训练过程的指标数据,如图 8.89 所示。

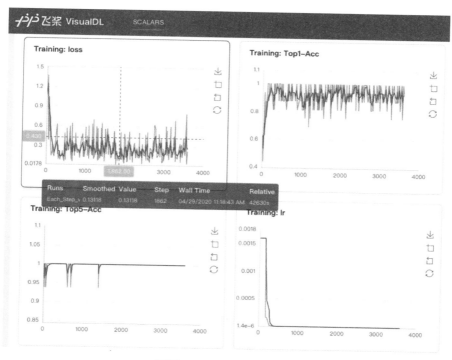

■图 8.89　VisualDL 界面

模型训练结束后,单击"下一步",从客户端中,也可以看到训练的完成进度和验证集精度。

（4）模型发布：当模型效果满意后,可根据实际的生产环境需求,将模型发布为需要的版本,如图 8.90 所示。

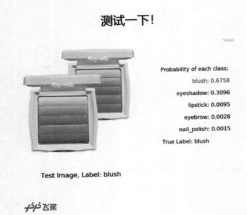

■图 8.90　模型发布

注意：

这个带可视化界面的 AI 研发软件仅仅是基于 PaddleX API 做出来的一个 Demo。受此启发,欢迎读者使用 PaddleX API 研发一款适合自己所在企业或行业使用的 AI 研发工具,整个软件的功能可以根据场景的需要来灵活定制。

8.7.5　往届优秀学员作品展示

PaddleX-API 扩展预览 Transform 的效果。

（1）项目背景。我们在做深度学习计算机视觉项目的时候,经常会用到图像增广数据增强的操作,可是操作后的结果是什么样子呢？此项目带你揭开 Transform 的神秘面纱。

（2）项目内容。使用 tkinter 的操作界面,可视化显示图像增强之后的图像形式。

（3）实现方案。使用 PaddleX 的 API 扩展,预览 Transform 的效果。

（4）实现结果

该项目实现的界面如图 8.91 所示。

（5）项目点评。不仅应用 PaddleX GUI 实现了应用自有数据对模型进行训练,增加了对卸妆水/卸妆油品类的识别,又自主基于 PaddleX API 完成了对数据增强 Transform 的可视化呈现工程。

（6）项目链接。https://aistudio.baidu.com/aistudio/projectdetail/545565

■图 8.91 项目实现结果

8.8 应用启发：行业应用与项目案例

8.8.1 人工智能在中国的发展和落地概况

根据艾瑞的分析报告，人工智能在未来十年迎来落地应用的黄金期，会全面赋能实体经济，行业的经济规模年增长率达 40%。在过去中国经济高速发展的 40 年，人们形成了统一的认知：对于个人发展，选择大于能力。一个人选择跳上一辆高速行驶的火车，比个人奔跑快要重要。人工智能在各行业落地相关的产业就是未来十年的高速列车，所以恭喜学习本书的诸位读者。在可预见的未来，大家会成为各行业应用人工智能技术的弄潮儿，如图 8.92 所示。

人工智能对国家产业转型的重要性不言而喻，一些美国政客已经明确提出要限制中国学者赴美进行人工智能领域的交流，以免中国智能实现工业和经济模式的升级转型。但这种趋势是不可避免的，中华人民共和国国务院已经制定了人工智能应用的发展规划，如图 8.93 所示。

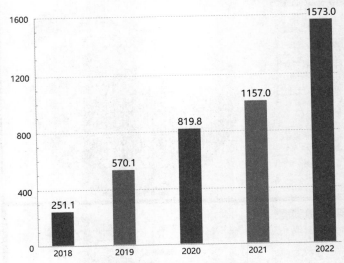

2018-2022年中国人工智能赋能实体经济市场规模
1600
1200
800
400
0
251.1
570.1
819.8
1157.0
1573.0
2018
2019
2020
2021
2022
人工智能赋能实体经济所产生的市场规模（亿元）

■图 8.92　艾瑞关于中国 AI 应用规模的预估

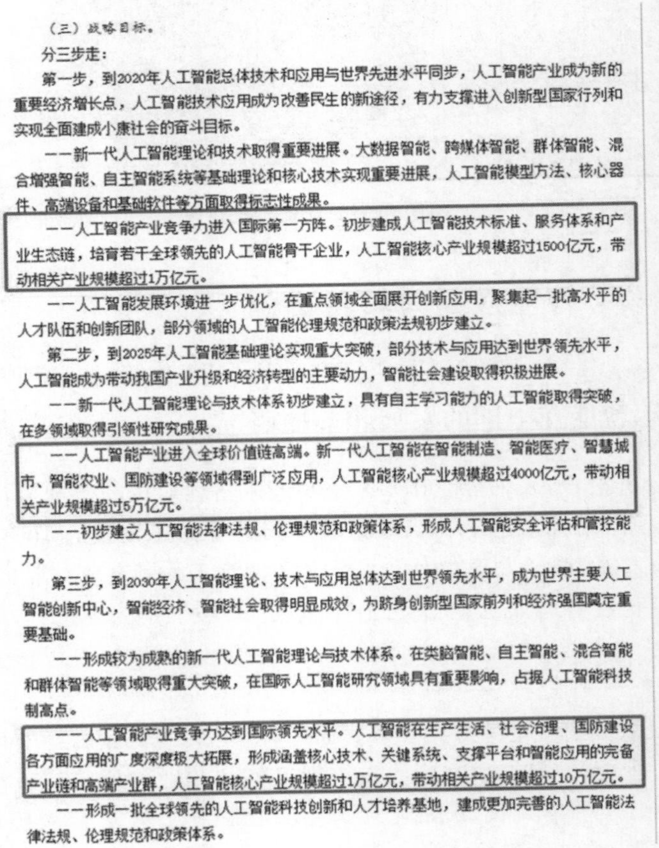

（三）战略目标。

分三步走：

第一步，到2020年人工智能总体技术和应用与世界先进水平同步，人工智能产业成为新的重要经济增长点，人工智能技术应用成为改善民生的新途径，有力支撑进入创新型国家行列和实现全面建成小康社会的奋斗目标。

——新一代人工智能理论和技术取得重要进展。大数据智能、跨媒体智能、群体智能、混合增强智能、自主智能系统等基础理论和核心技术实现重要进展，人工智能模型方法、核心器件、高端设备和基础软件等方面取得标志性成果。

——人工智能产业竞争力进入国际第一方阵。初步建成人工智能技术标准、服务体系和产业生态链，培育若干全球领先的人工智能骨干企业，人工智能核心产业规模超过1500亿元，带动相关产业规模超过1万亿元。

——人工智能发展环境进一步优化，在重点领域全面展开创新应用，聚集起一批高水平的人才队伍和创新团队，部分领域的人工智能伦理规范和政策法规初步建立。

第二步，到2025年人工智能基础理论实现重大突破，部分技术与应用达到世界领先水平，人工智能成为带动我国产业升级和经济转型的主要动力，智能社会建设取得积极进展。

——新一代人工智能理论与技术体系初步建立，具有自主学习能力的人工智能取得突破，在多领域取得引领性研究成果。

——人工智能产业进入全球价值链高端。新一代人工智能在智能制造、智能医疗、智慧城市、智能农业、国防建设等领域得到广泛应用，人工智能核心产业规模超过4000亿元，带动相关产业规模超过5万亿元。

——初步建立人工智能法律法规、伦理规范和政策体系，形成人工智能安全评估和管控能力。

第三步，到2030年人工智能理论、技术与应用总体达到世界领先水平，成为世界主要人工智能创新中心，智能经济、智能社会取得明显成效，为跻身创新型国家前列和经济强国奠定重要基础。

——形成较为成熟的新一代人工智能理论与技术体系。在类脑智能、自主智能、混合智能和群体智能等领域取得重大突破，在国际人工智能研究领域具有重要影响，占据人工智能科技制高点。

——人工智能产业竞争力达到国际领先水平。人工智能在生产生活、社会治理、国防建设各方面应用的广度深度极大拓展，形成涵盖核心技术、关键系统、支撑平台和智能应用的完备产业链和高端产业群，人工智能核心产业规模超过1万亿元，带动相关产业规模超过10万亿元。

——形成一批全球领先的人工智能科技创新和人才培养基地，建成更加完善的人工智能法律法规、伦理规范和政策体系。

■图 8.93　国务院关于 AI 应用发展的规划

国务院将人工智能的应用分为了三个阶段：

（1）到 2020 年人工智能总体技术和应用与世界先进水平同步，人工智能产业成为新的重要经济增长点，人工智能技术应用成为改善民生的新途径，有力支撑进入创新型国家行列和实现全面建成小康社会的奋斗目标。

（2）到 2025 年人工智能基础理论实现重大突破，部分技术与应用达到世界领先水平，人工智能成为带动我国产业升级和经济转型的主要动力，智能社会建设取得积极进展。

（3）到 2030 年人工智能理论、技术与应用总体达到世界领先水平，成为世界主要人工智能创新中心，智能经济、智能社会取得明显成效，为跻身创新型国家前列和经济强国奠定重要基础。

对应的产业规模分别达到 1 万亿/年，5 万亿/年和 10 万亿/年。这个数字在业内人士看，近期比较符合实际情况，远期还是相对保守。

由于 2020 年疫情肆虐，经济下行的压力较大。国家也提出了"新基建"的经济刺激计划。新型基础设施建设（简称：新基建），主要包括 5G 基站建设、特高压、城际高速铁路和城市轨道交通、新能源汽车充电桩、大数据中心、人工智能、工业互联网七大领域，涉及诸多产业链，是以新发展理念为引领，以技术创新为驱动，以信息网络为基础，面向高质量发展需要，提供数字转型、智能升级、融合创新等服务的基础设施体系。其中，人工智能是"新基建"的核心，如图 8.94 所示。

■图 8.94　人工智能是国家"新基建"核心

无论是咨询报告还是政府规划，都为人工智能的产业应用描述出无比壮阔的场景。那么，人工智能真的在各行业有这么多应用场景吗？

1. 各行业的 AI 应用场景井喷式爆发

如图 8.95 所示，是 IDC 关于人工智能在各行业应用场景的部分梳理，列出的应用仅仅是场景明确或规模较大的"冰山一角"。有部分场景是各行业均普遍需要的，比如与安防相关的计算机视觉应用，与各种文档处理相关的 OCR 应用，与客户营销相关的推荐应用，与客户服务相关的对话系统应用等。

从飞桨的用户所在的行业分布来看，所从事的应用场景要远远多于这张表所列。读者有兴趣的话，可以研究下自己所在行业中应用人工智能的场景，当前的进展以及如何基于飞桨进行实现。

行业	业务领域	应用场景	说明
金融	产品智能	自动化客服	采用对话式AI系统辅助或替代人工为客户提供服务
	产品智能	身份验证	采用人脸识别等进行身份验证，确保导向本人操作
	产品智能	精准营销系统	采用机器学习技术结合用户画像进行产品自动推荐，分层营销、交叉销售等
	运营智能	智能投顾	采用机器学习等人工智能技术进行自动化投资理财行为
	运营智能	欺诈分析及检测	采用机器学习自动识别异常交易数据等，识别欺诈和信贷风险
	运营智能	信贷风险分析/评估	采用机器学习评估信用等，进行风险审批和应对欺诈信贷风险
	运营智能	办公自动化	采用机器学习、OCR技术实现的办公自动化，提高员工生产力
	生产智能	交易界面智能化	采用机器学习、语义理解、多模态多种方式为用户工作
	生产智能	质量管理及维护自动化	采用机器学习技术，监控多种方式与界面
制造业	生产智能	维修及生产检测自动化	采用机器学习技术，系统自动对各种机器进行自动建模并预测维护并预防在维护周期
	运营智能	公共安全响应及预警	采用计算机视觉技术，结合监控中的重点嫌疑人员，监控交通卡口、公共场所的安全状态
政府	产品智能	自动化客服	采用对话式AI系统辅助的人工为客户提供服务
	产品智能	产品信息自动化	采用人脸等生物识别技术，无人超市等
	产品智能	自动化结账	采用机器学习技术、情绪分析等对各种商品进行自动化识别，结账
零售	产品智能	虚拟试改	采用A.R./VR等消费者互动
	运营智能	客流分析	采用图像分析结合自然场景对用户进行统计等
	运营智能	商品运营	采用视频监测等热力行为情况等工作
	运营智能	内容审核	采用图像分析、文本分析识别违禁内容等进行
商业地产	产品智能	无人驾	采用无人车进行货物运输、安全防护等
	产品智能	身份验证	采用人脸识别进行身份验证，确保导向本人操作
	产品智能	自动化客服	采用对话式AI系统辅助的人工为客户提供服务
专业服务/互联网/信息服务	产品智能	信息互动	采用A.R./VR等用户交互
	运营智能	精准推荐	采用机器学习技术结合用户画像进行产品自动推荐、千人千面、群众画像等
	运营智能	舆情管理	采用语义理解、情绪分析等技术对网络舆论的正负面、车厢事故处理
教育	产品智能	语言能力测试	采用语音识别技术、深度学习对语音测评等分析并制订个性化学习计划
	产品智能	自适应学习	采用机器学习、视频分析交通监控等对安全进行
交通运输	运营智能	车辆监控	采用图像识别等方式识别违章、车厢事故等问题
	运营智能	高速监控	采用机器学习、图像等自动发现事故车辆、抛锚车辆事故处理

行业	业务领域	应用场景	说明
医疗	产品智能	智能导诊	采用语音等交互方式为患者提供诊疗服务
	产品智能	辅助影像分析	采用机器学习+知识图谱辅助的临床影像诊断等决策
	产品智能	用药审核	采用语义理解方式进行记录等文本
	运营智能	电子病历	采用知识图谱等对话系统，文本等建立对话系统，以便智能检索
	运营智能	知识库	采用知识图谱等自动从医学数据中发现可能辅助诊疗的新药品
媒体	运营智能	药品研究及发现	采用语义理解、机器学习分析基因组数据发现因因或疾病的病变
	运营智能	出版检测	采用语义理解、机器学习等技术进行书籍等问题的筛选
	生产智能	智能撰稿	采用语义理解、语音生成等技术实现的办公自动化，段落自动生成句子、群众画像
	生产智能	智能撰写及编辑系统	采用语义理解、情绪分析等网络舆论的正负面、群众画像
能源行业	运营智能	舆情管理	采用机器学习、语义理解、OCR等技术实现的办公自动化
	产品智能	自动化客服	采用对话式AI系统辅助的人工为客户提供服务
	生产智能	维修发生产检测	采用机器学习，系统自动对各种机器自动建模并预测维护
电信	运营智能	办公自动化	采用机器学习、OCR等技术实现的办公自动化
	产品智能	自动化客服	采用对话式AI系统辅助的人工为客户提供服务
	运营智能	自动化审核	采用机器学习实现网络检测等、播放内容提供
	产品智能	自动化客服	采用对话式AI系统辅助的人工为客户提供服务
文化娱乐	产品智能	合成配音	采用A.R./VR等用户交互
	运营智能	内容审核	采用多媒体交互方式以完成人的指令，或者与人自然交互
农业	生产智能	自动检测	采用图像分析对农产品进行自动化审核
	生产智能	农作物监测	采用视频分析等自动监测农作物的生长状况
智能家居	产品智能	家居安全	采用人脸识别等进行身份的验证
	产品智能	家庭排程管理	采用机器学习进行用户需求的管理，智能调配排程等
机器人	产品智能	服务机器人	采用对话式AI、图像分析等进行智能服务
	生产智能	工业机器人	采用机器人技术进行工厂生产制造等
	产品智能	自动化客服	采用机器学习技术结合用户画像进行产品自动推荐
跨行业通用	产品智能	精准营销系统	采用机器学习技术结合用户画像进行产品自动推荐、千人千面、群众画像等
	运营智能	风险预测及预警	采用机器学习等技术进行分析预测各种风险征兆
	运营智能	影像识别处理系统及知识库	采用OCR技术识别图像证件、影像、防伪单据等
	运营智能	单据自动化	采用机器学习、语义理解、OCR等技术实现的办公自动化
	运营智能	办公自动化	采用机器学习、OCR等技术实现的办公自动化

■图 8.95　部分行业的应用场景举例

8.8.2 传统行业有 AI 应用空间吗

有来自传统行业的读者，即使看到了人工智能的市场发展、国家的政策支持、大量典型的应用场景，依然会心存疑虑：

"我知道很多新兴行业有不少人工智能的应用，但我所在的是非常传统的行业，我们发展了几十年了，目前运营很好，看不到需要人工智能的地方"。

相信这种疑虑也是普遍现象，对于非常传统的行业，能接受到人工智能的赋能吗？下面我们就以能源行业中的一家电力企业为例，向大家展示能源这样的传统行业，可以怎样挖掘和设计人工智能的应用场景。

典型的电力企业可以分为电网业务和支持保障业务，其中电网业务是核心业务，按照业务流程分为电网建设、购电、运行检修、售电和客户服务。在此之外，为了企业正常运营还有资源保障和辅助保障一系列的支撑型业务，如图 8.96 所示。

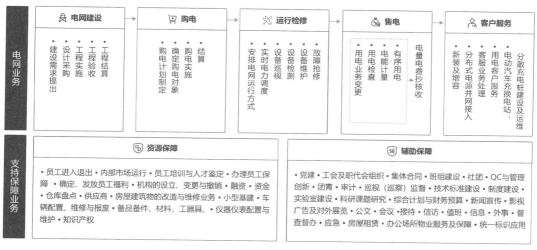

■图 8.96 典型电力企业的业务格局图

即使这样一家传统企业，在企业经营、生产管理和客户服务等多个方向，可以落地人工智能的全方位应用，如图 8.97 所示。

■图 8.97 在企业经营、生产管理和客户服务全方位的 AI 应用

- 在企业经营与规划方面：集中在规划电网工程，线路和站点应该如何排布，每个地区的售电量和负载预测等。
- 在企业生产管理方面：集中在现场人员的身份和行为管理，或者使用机器代替员工进行各种仪表和情况问题的巡检。
- 在客户服务方面：根据精准的用户画像进行产品推荐，营业厅、呼叫中心和微信公众号的自动客服。

通过这个案例，大家可以看到，无论行业是多么传统，在业务中间均有大量可以应用人工智能技术的空间。所以，无论身在什么行业，都让我们一起拥抱人工智能吧！

8.8.3　项目案例：飞桨助力国网山东进行输电通道可视化巡检

在电力企业的案例中可见，即使再传统的企业也可以大量应用人工智能。如果要做到这一点，就需要飞桨的帮助。下面展示电力企业基于飞桨实现的对电网设备进行无人巡检的方案。

由于建筑施工、人为或非人为的破坏，电网需要定期进行检测维修。之前这项工作由电网员工进行，不仅耗费人力，有些关键设施的检测还需要员工冒风险作业。为了解决这个问题，国家电网山东分公司为需要检测的电网安装了监控摄像头，并期望通过人工智能技术来处理拍摄到的图片，系统自动检测有风险的电网设施。

如图 8.98 所示，建筑施工导致的通道环境问题如吊车和水泥车的检测；本体检测包括绝缘子缺陷/导地线缺陷/线夹缺陷/细小工具/附属设施/鸟巢识别等。

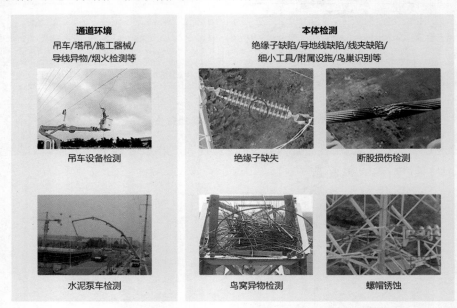

■图 8.98　对电网的通道环境检测和本体检测

首先，我们分析下任务的情况：

（1）检测设备受限：无源无线。监测装置（摄像头）安装在杆塔上，环境较差。一方面，现有的数据采集设备算力低下，且数量巨大，无法更换芯片（电力公司在历史上一次性的大采购)。另一方面,解决这个任务的识别精度要求高,且需提升识别速度。

(2)检测目标多变:多目标多尺度。需要检测吊车、塔吊、挖掘机等施工器械,导线异物以及烟火检测。任务属于多种目标和多种尺度的检测,这对算法提出了挑战。

根据上述分析,设计的建模方案如下:

(1)算法选型:在项目面临算力小、功耗低的情况下,采用 One-Stage 经典优秀方案 YOLOv3,在 PaddleDetection、PaddleHub 和 Paddle Models 中均有现成的模型。

(2)模型压缩:因为运行模型的硬件条件较差,所以模型部署之前需要进行压缩。使用 PaddleSlim 对模型做出压缩,采用三种压缩策略:

- 裁剪模型,减少低效的网络结构以提升模型运行速度。
- 蒸馏模型,使用高精但耗时的大模型训练小模型,以达到在不增加计算量情况下提升效果。
- 量化模型,模型计算量纲从 32bit 降低到 8bit,在保持效果不变的情况下降低模型大小。

(3)端侧部署:使用 Paddle Lite 实现端侧模型部署,Paddle Lite 支持众多的端侧设备,包括各种摄像头。

以上展示了一个传统的电力企业怎样分析自己业务中的 AI 应用场景,然后如何选择飞桨工具支持全流程的项目研发的过程。在本节的作业中,会请大家选择自己熟悉的行业进行产业实践的探讨,一起将人工智能的应用推向高潮。

8.8.4 作业

(1)请描述一个您所在行业的 AI 应用场景,并探讨可以用怎样的模型解决问题。

(2)收集该场景的数据,使用飞桨搭建模型解决。读者可扫描封底的二维码,在 AI Studio 上提交应用场景和解决方案的说明文档和模型代码。

提示:

所选行业可以是您所从事行业,也可以是亲朋所从事的行业。

8.8.5 往届优秀学员作品展示

1. 最具创意奖:海上战斗力实时分析

1)项目背景

一提到战斗力,就很容易让人想到的是七龙珠中左耳上套着像耳罩能把人的战斗力数值化的机器。如何通过计算机视觉分析作战能力呢? 接下来带来一个能把海上的作战能力进行数值化分析的小项目。

2)项目内容

通过 PaddleDetection 对六种战舰的图片进行迁移学习,并在服务器、移动端部署应用。

3)实现方案

分别选用 yolov3_darknet_voc_diouloss、ssd_mobilenet_v1_voc、yolov3_mobilenet_v3

三种模型网络进行迁移学习训练,并导出训练模型便于后续部署。首先使用 Paddle Lite 在移动端部署检测,然后使用 Paddle Serving 在服务器端部署检测,输出效果截图(见图 8.99)。

4)实现结果

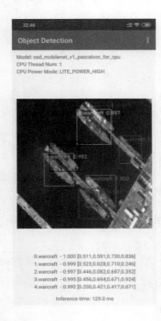

■图 8.99　项目实现效果

5)项目点评

该项目新颖,趣味性比较强。并且运用三种模型进行训练部署,精度和准确度都较高,同时还在视频流中进行检测。对工业化深度学习的部署理解较为到位。

6)项目链接

https://aistudio.baidu.com/aistudio/projectdetail/543314

2. 最具深度技术奖:垃圾分类模型部署到安卓手机

1)项目背景

垃圾分类已在全国范围内逐渐推广,使用深度学习神经网络对垃圾进行识别和分类,将节省大部分人力成本,因此本项目以此为切入点,探讨垃圾分类项目的部署可能。

2)项目内容

通过 PaddleHub 迁移学习一个目标检测模型,使用 Paddle Lite 把模型部署在 Android 手机上,完成垃圾分类。

3)实现方案

首先将原模型的 MobileNet_v2 替换为 resnet_v2_50_imagenet 进行迁移学习,并保存训练好的模型。接着使用 Paddle Lite 提供的 model_optimize_tool 对模型进行优化,同时转化成 Paddle Lite 支持的文件格式,在 Android 手机上部署。最后,对之前的模型进行裁剪,分析裁剪前后的精度和计算能力的差别。

4)实现结果

项目实现界面如图 8.100 所示。

■图 8.100　项目实现效果

5）项目点评

该项目使用的操作方法多且复杂,最后仍然能够做出完成度很高的作品。使用 PaddleDetection 进行迁移学习,然后使用 PaddleSlim 进行模型裁剪,最后使用 Paddle Lite 进行部署,完成了工业部署的全流程。在项目中可更换不同网络比较精度,学习价值较高。

6）项目链接

https://aistudio.baidu.com/aistudio/projectdetail/529339

3. 最具潜力奖：基于商业街入口摄像头的人流量分析

1）项目背景

随着疫情的逐渐好转,各大商业广场,步行街等,已开始逐步开放。以武汉光谷步行街为例,从五月初开始就有大约 70% 以上的商店开始营业,但在 6 月前他们的经营状况并不太乐观,非节假日几乎没有什么客人到步行街消费。如果能估算出每天不同时间点和节假日与非节假日的客流量,将对商家的开店时间,商业街的促进消费营销策略提供很有意义的参考。

2）项目内容

商业街的出入口人流量巨大,行人之间互相存在严重的遮挡现象,而商业街的监控摄像头大多为俯视角拍摄,即使行人之间存在遮挡,摄像头也能捕捉到大部分游客的头肩特征。因此基于这种考虑,通过检测行人的头肩特征来统计行人,能大幅提高召回率。通过使用 PaddleDetection 训练人体头肩检测模型,并在视频流中检测输出不同时间视频帧中出现行人的数量。

3）实现方案

首先使用 INRIA 的行人图片,用 lableimg 对人的头肩进行标注,然后在 PaddleX 下对标注好的数据集进行切分,最后使用 PaddleDetection 训练人体头肩检测模型（YOLO V3）并保存,将保存好的模型运用到给定的商场人流视频中,得到反馈人数的输出。

4）实现结果

项目实现界面如图 8.101 所示。

 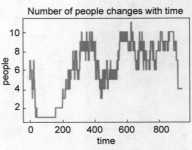

■图 8.101　项目实现效果

5）项目点评

使用 paddledetction 进行迁移学习,对人体头部和肩膀进行检测,来判断人流。可视化效果好。并且用在视频流的检测上,可以看到视频中每一帧的人流变化,实际意义较高。同时,根据此模型加上 DeepSORT 算法可以对行人的出入情况进行分析,较为准确地分析出具体出入人数,具有较大潜力。

6）项目链接

https://aistudio.baidu.com/aistudio/projectdetail/566066

4. 最用心奖:咖啡豆筛选

1）项目背景

在烘焙业中,普遍采用色选机对咖啡生豆进行筛选,色选机通过机械结构将咖啡分成一粒一粒的,再通过 CV 技术将咖啡豆进行分类。如何实现这一操作呢? 此项目通过深度学习目标检测,完成对虫洞、贝壳豆、瑕疵豆、碎片等的筛选。

2）项目内容

使用 PaddleX 完成对咖啡豆的质量分类。

3）实现方案

咖啡豆分类问题为典型的细粒度图像分类问题(FGVC)。期初采用的样本集只有 500-600 张图片,且分为 6 个类别,导致每个类别中样本数过少,在训练过程中,出现了 ResNet50 分类模型将所有样本分入同一类的情况。后来增加样本数至 1400 多个,并将分类数缩减为 3 个,在训练过程中采用随机图像增强、随机裁剪等策略,并调小 ResNet50 初始学习率至 0.001,经 30 个 Epoch 的训练,模型收敛并在验证集上取得 0.95 的分类精度,在测试集上取得了 0.9 的分类精度。三个分类的精确率为 $[1.0, 0.74, 0.94]$,召回率为 $[0.98, 0.89, 0.85]$。

4）实现结果

项目实现效果如图 8.102 所示。

5）项目点评

该项目使用 PaddleX 进行目标检测的迁移学习,在数据集的处理上不仅使用了 PaddleX 自带的一些图像增广方法,同时使用了一些常用的计算机视觉里面图像处理的方

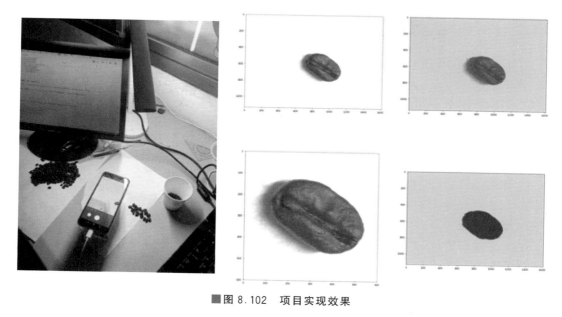

■图 8.102　项目实现效果

法,前期工作十分到位,非常用心。

　　6）项目链接

https://aistudio.baidu.com/aistudio/projectdetail/564541

"零基础实践深度学习"回顾

本书回顾

本书从使用 Python 编写一个简单的神经网络模型开始,向读者展示编写深度学习模型各方面的知识,并逐步以计算机视觉、自然语言处理和推荐等领域的建模任务为实践案例。在掌握了建模知识和实践能力后,进一步讲解了飞桨为大家提供的全套模型研发工具,将读者们武装到牙齿,可以完成任何工业实践场景的应用研发。

大家可能会关心,学完了本书下一部分应该如何继续深入呢?通常有下述几种选择:

(1)投笔从戎:投身于各个领域的应用模型的研发,在实践中进一步学习。对于实践中需要的知识或工具,进一步翻阅资深教程有针对性地学习,迅速成长为应用大师。

(2)继续深造:系统化地学习飞桨出品的深度学习资深教程,更深入地了解深度学习各个方向的知识和工具,并尝试基于飞桨复现最新模型或做模型优化的研究。

(3)我为人人:继续关注飞桨生态的内容,并与飞桨社区一同成长,将自己的学习心得、实践笔记和针对某些领域研发的全新模型,发布到飞桨生态,成为国内人工智能最大生态中的知名专家。

您想成为哪一种人呢?山高水长,让我们在人工智能的江湖中再见!